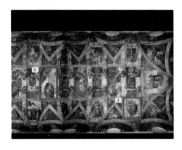

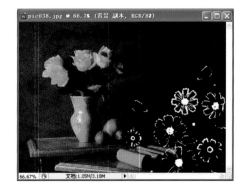

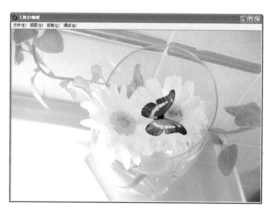

多媒体技术应用基础

FOUNDATION FOR MULTIMEDIA TECHNOLOGY APPLICATION

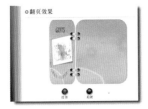
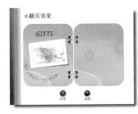
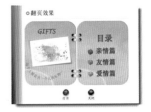

高等学校计算机专业教材精选·图形图像与多媒体技术

多媒体技术应用基础

韩立华 主编

常 樱 王玉梅 李建华

陆 凯 段淑凤 王晓芬 张玉梅 编著

刘明生 审

清华大学出版社

北京

内 容 简 介

本书是根据高等学校非计算机专业计算机课程教学大纲中对多媒体技术的教学要求,结合当前多媒体技术的发展和大学教学的实际需求而编写的。全书共 10 章,分为五大部分:第一部分介绍多媒体技术的基础知识,重点介绍多媒体及多媒体技术的基本概念、发展历史、应用领域、发展趋势。第二部分介绍多媒体计算机系统的组成和输入输出、存储等硬件设备。第三部分介绍多媒体信息的处理技术,包括图像处理技术、音频信息处理技术和视频信息处理技术。每章都是从基础知识、数字化处理、相关编辑和播放软件等方面介绍。第四部分介绍当今最流行的三大多媒体作品制作软件,即图像处理软件 Photoshop CS3、动画处理软件 Flash CS3、多媒体创作软件 PowerPoint 2007。每章都是从基础知识、基本操作、高级操作这3 个角度结合实例进行详细介绍,使学习者由浅入深循序渐进地掌握三大软件的操作技巧。第五部分以两个完整的实例介绍了媒体信息的处理和三大软件的综合应用。

本书主要面向高等院校非计算机专业的多媒体技术课程的师生,方便师生根据教学实际情况选择和组合内容模块。本书也适合作为高等学校和培训机构的多媒体技术课程教材及多媒体制作爱好者的读物。

本书中所有案例素材、源件都可以在清华大学出版社网站(http://www.tup.com.cn)本书相应页面下载,并提供免费电子课件供广大师生学习使用。

图书在版编目(CIP)数据

多媒体技术应用基础/韩立华主编 . --北京:清华大学出版社,2012.1
(高等学校计算机专业教材精选·图形图像与多媒体技术)
ISBN 978-7-302-27018-8

Ⅰ.①多… Ⅱ.①韩… Ⅲ.①多媒体技术 Ⅳ.①TP37

中国版本图书馆 CIP 数据核字(2011)第 201613 号

责任编辑:汪汉友
责任校对:白 蕾
责任印制:何 芊

出版发行:清华大学出版社　　　　　　　　　　　　　**地　　址:**北京清华大学学研大厦 A 座
　　　　http://www.tup.com.cn　　　　　　　　　　**邮　　编:**100084
社　总　机:010-62770175　　　　　　　　　　　　　**邮　　购:**010-62786544
投稿与读者服务:010-62795954,jsjjc@tup.tsinghua.edu.cn
质 量 反 馈:010-62772015,zhiliang@tup.tsinghua.edu.cn

印 装 者:北京鑫海金澳胶印有限公司
经　　销:全国新华书店
开　　本:185×260　　**印　张:**26.5　　**彩 插:**2　　**字　　数:**647 千字
版　　次:2012 年 1 月第 1 版　　　　　　　　　　　**印　　次:**2012 年 1 月第 1 次印刷
印　　数:1～3000
定　　价:44.50 元

产品编号:041864-01

出 版 说 明

我国高等学校计算机教育近年来迅猛发展,应用所学计算机知识解决实际问题,已经成为当代大学生的必备能力。

社会的进步与经济的发展对高等学校计算机教育的质量提出了更高、更新的要求。现在,很多高等学校都在积极探索符合自身特点的教学模式,涌现出一大批非常优秀的精品课程。

为了适应社会的需求,满足计算机教育的发展需要,清华大学出版社在进行了大量调查研究的基础上,组织编写了《高等学校计算机专业教材精选》。本套教材从全国各高校的优秀计算机教材中精挑细选了一批很有代表性且特色鲜明的计算机精品教材,把作者们对各自所授计算机课程的独特理解和先进经验推荐给全国师生。

本系列教材特点如下。

(1) 编写目的明确。本套教材主要面向广大高校的计算机专业学生,使学生通过本套教材,学习计算机科学与技术方面的基本理论和基本知识,接受应用计算机解决实际问题的基本训练。

(2) 注重编写理念。本套教材作者群为各高校相应课程的主讲教师,有一定经验积累,且编写思路清晰,有独特的教学思路和指导思想,其教学经验具有推广价值。本套教材中不乏各类精品课配套教材,并力图努力把不同学校的教学特点反映到每本教材中。

(3) 理论知识与实践相结合。本套教材贯彻从实践中来到实践中去的原则,书中的许多必须掌握的理论都将结合实例来讲,同时注重培养学生分析问题、解决问题的能力,满足社会用人要求。

(4) 易教易用,合理适当。本套教材编写时注意结合教学实际的课时数,把握教材的篇幅。同时,对一些知识点按教育部教学指导委员会的最新精神进行合理取舍与难易控制。

(5) 注重教材的立体化配套。大多数教材都将配套教师用课件、习题及其解答,学生上机实验指导、教学网站等辅助教学资源,方便教学。

随着本套教材陆续出版,我们相信它能够得到广大读者的认可和支持,为我国计算机教材建设及计算机教学水平的提高,为计算机教育事业的发展做出应有的贡献。

清华大学出版社

前　言

　　多媒体技术能够集文本、图像、声音、动画、影视等各种形式于一体,广泛应用于教育培训、电子出版、影视娱乐、网络通信、军事国防等各种领域,是计算机领域实用性最强、应用最普遍的技术之一。多媒体技术为传统计算机带来了深刻的变革,成为近年来迅速崛起和飞速发展的一门重要学科,已经成为当代青年学生必备的知识技能。随着信息化社会的进一步发展,必将对我们提出更高的要求,为此我们组织多名讲授多媒体技术与应用的教师,编写了这本适合高校非计算机专业学生使用的教程。

　　本书以培养能力、突出实用为基本出发点,在介绍多媒体技术理论的基础上,重点讲解基本概念、基本知识点,以够用、实用为宗旨,结合最新的多媒体制作软件,以实例讲解为主线,详细介绍制作步骤、方法和技巧等。

　　本书分为五大部分,共10章。第一部分即第1章介绍多媒体技术的基础知识,重点介绍多媒体及多媒体技术的基本概念、发展历史、应用领域、发展趋势。第二部分主要是多媒体计算机系统的组成和硬件设备,包括第2章和第3章,第2章介绍多媒体计算机系统组成,重点介绍多媒体计算机的硬件系统和软件系统。第3章介绍多媒体计算机的硬件设备,包括音频信息处理设备、视频信息处理设备、存储设备以及输入输出设备等。第三部分为多媒体信息的处理技术,包括第4章图像处理技术、第5章音频信息处理技术和第6章视频信息处理技术。每章都是从基础知识、数字化处理、相关编辑和播放软件三方面介绍。第四部分介绍当今最流行的三大多媒体作品制作软件,即第7章图像处理软件Photoshop CS3、第8章动画处理软件Flash CS3、第9章多媒体创作软件PowerPoint 2007。每章都是从基础知识、基本操作和高级操作三个角度结合实例进行详细介绍,使学习者由浅入深循序渐进的掌握三大软件的操作技巧。第五部分即第10章,以两个完整的实例介绍了媒体信息的处理和三大软件的综合应用。

　　本书由刘明生教授主审,韩立华老师负责全书的统稿并编写第1章、第2章、第9章,王玉梅老师编写第3章、第6章,李建华老师编写第4章、第5章,常樱老师编写第7章、第10章,陆凯老师编写第8章、第10章。段淑凤、王晓芬、张玉梅三位老师也参与了本书部分内容的编写和校对工作。

　　在本书的编写过程中,刘明生教授自始至终给予了大力支持和殷切关怀并担任全书的审稿工作,本书的出版与他的辛勤工作直接相关,在此表示由衷的感谢。本书部分图像和视频来自互联网检索的公开资料,在此也对媒体提供者们致谢。同时也感谢清华大学出版社有关编辑、校对等老师,正是他们的辛勤工作和密切合作,才使本书能够顺利出版。

　　本书适合作为普通高等学校的教材,授课学时可为48～80学时。教师可以根据学时、专业和学生的实际情况选讲,同时也可以作为广大多媒体技术爱好者的自学读物。

本书的案例素材、电子课件可到清华大学出版社网站本书相应页面下载。由于计算机技术发展迅速，多媒体应用软件日益更新，加上作者水平有限、时间仓促，错误和疏漏之处在所难免，恳请广大专家和读者批评指正(联系邮箱：hanlihua@stdu.edu.cn)。

作　者
2011 年 10 月

目　　录

第1章　多媒体技术概述

学习目标

- 理解多媒体与多媒体技术的基本概念。
- 掌握媒体的分类和每种类型的特点。
- 了解多媒体技术的主要特征。
- 了解多媒体技术产生与发展历史。
- 掌握多媒体技术的主要研究内容。
- 知道多媒体技术的主要应用领域。
- 了解多媒体技术的未来发展方向和研究领域。

多媒体技术(Multimedia Technology)是 20 世纪 80 年代末期兴起并得到迅速发展的一门新技术,它把文字、数字、图形、图像、动画、音频和视频等集成到计算机系统中,使人们能够更加自然、更加方便地使用和处理信息。多媒体技术最先出现于计算机领域,随着信息技术、通信技术、超大规模集成电路(VLSI)技术、网络技术的发展以及多媒体技术应用领域的不断开拓,如今多媒体技术不仅是计算机领域的研究热点之一,而且也是通信技术、信息技术等领域的热门课题。多媒体技术已渗透到不同行业的很多应用领域,使社会发生日新月异的变化。

多媒体技术已经影响到人们工作、学习和生活的各个方面,并将给人类社会带来巨大的影响。那么,多媒体技术究竟是一种什么样的技术? 如何应用多媒体技术? 有哪些常用的多媒体信息处理软件? 如何制作多媒体作品? 这正是本书要讲授的内容。

本章作为全书的导引,主要介绍多媒体与多媒体技术的基本概念、多媒体技术的分类和特点、多媒体技术的研究领域、多媒体技术的应用领域、多媒体技术的发展历程与发展趋势等。

1.1　多媒体的基本概念

近几十年来,数字技术的发展使得计算机、通信和广播电视这 3 个一直互相独立、各自有着不同特征和服务范围的技术领域相互渗透、相互融合,形成了一门崭新的技术——多媒体技术。多媒体技术最直接、最简单的体现就是配以声卡、显卡的多媒体计算机。多媒体技术使计算机由处理单一文字信息发展到能够综合处理文字、图形、图像、动画、音频和视频等多种媒体,它以丰富的图、文、声等信息和方便的交互性,极大地改善了人机界面,改变了人们使用计算机的方式,从而为计算机进入人类生活和生产的各个领域打开了方便之门,给人们的生活和娱乐带来了深刻的变化。可以说应用多媒体技术是 20 世纪 90 年代计算机的时代特征,是 20 世纪 90 年代的又一次计算机革命。

那么,什么是多媒体? 什么是多媒体技术呢? 本节将讲授多媒体、多媒体技术的基本概念。

1.1.1　媒体与多媒体

多媒体一词的核心词是媒体。所谓媒体是指信息传递与存储的最基本技术、手段和工具。传统的媒体,如报纸、杂志、广播、电影、电视等,都是以各自的媒体形式进行传播。在计算机领域中,媒体包含两层含义:一是指信息存储的实体,例如磁带、磁盘、光盘等载体;二是指信息传输的载体,或者说是各种信息的集合,例如文字、声音、图片、图像、动画、视频等。人们通过这些媒体获取信息,同时也可以利用这些媒体将有用的信息传送出去或保存起来。

多媒体是英文 Multimedia 一词的译文。而 Multimedia 一词是由词根 Multi 和 Media 构成的复合词,直译为多媒体或多媒介,即多种媒体信息的综合。多媒体的实质是将自然形式存在的各种媒体数字化,然后利用计算机对这些数字信息进行加工处理,以一种友好的方式提供给用户使用,因此,多媒体是一个丰富多彩的世界,它能调动人的多种感觉器官,使人的眼睛、耳朵、手指,特别是大脑兴奋起来。

众所周知,人类感受外界信息主要来自视觉、听觉、触觉、嗅觉、味觉,其中 90% 以上为视觉和听觉。视觉所感受的信息除表意文字外更多的是运动的图形和图像,在人的眼睛里这个世界是立体的、五彩缤纷的。触觉、嗅觉、味觉由于目前的技术和机理研究不是很成熟,表达的信息量很少(三者加起来占 10%),除特殊行业(例如电子鼻用到了嗅觉)和虚拟现实技术(数据手套用到了触觉)中有部分应用外,当前多媒体一般只包括视觉和听觉,其具体表现形式为文字、图形、图像、动画、视频和音频。随着多媒体技术的发展和进步,计算机所能处理的媒体种类会不断增加,有关多媒体的含义和范围还将扩展。例如法国一位多媒体研究人员已经发明出嗅觉多媒体,它能使多媒体计算机中不同的物体散发出不同的气味。

1.1.2　媒体的种类和特点

按照国际电信联盟(ITU)电信标准部(TSS)的 ITU-TI.347 建议,媒体分为以下 5 类。

1. 感觉媒体(Perception Medium)

感觉媒体是指能直接作用于人的感觉器官(听觉、视觉、味觉、嗅觉和触觉),并使人产生直接感觉的媒体,如作用于人的视觉器官的文字、图片、动画等,作用于听觉器官的声音、音乐、视频等。

2. 表示媒体(Representation Medium)

表示媒体是指为了加工、处理和传播感觉媒体而人为研究和创建的媒体,它以编码的形式反映不同的感觉媒体,如文字、声音、图形、图像、动画和视频等信息的数字化编码表示。它的目的是为了更有效地将感觉媒体从一个地方传播到另一个地方,以便于对其进行加工、处理和应用。

表示媒体就是通常所说的“多媒体”,一般包含以下几种媒体。

(1)文字。文字一直是一种最基本的表示媒体,也是多媒体信息系统中出现最频繁的媒体。由文字组成的文本常常是许多多媒体演示的重要部分。文本可包含的信息量很大,而所占用的存储空间却很少。

(2)图形图像。图形图像是构成动画或视频的基础,在多媒体系统中起着举足轻重的作用。图形又称矢量图形、几何图形,它是由一组指令来描述的,主要用于线形图和工程图。

图像又称点阵图或位图图像,位图图像是由许多点组成的,这些点称为像素。许许多多不同颜色的点(即像素)组合在一起便构成了一幅完整的图像。保存位图图像时,需要记录下每个像素的位置和色彩数据,以精确地记录色调丰富的图像,且逼真地表现自然界的景象,但文件所占容量较大。

(3) 动画与视频。图形与图像都是静态的,如果让它们活动起来,就可以得到动画与视频。这两种形式的媒体所携带的信息量更加丰富,也更易于被人们接受。

① 动画。动画是由计算机生成的连续渐变的图形序列,沿时间轴顺次更换显示,从而构成运动的视觉媒体。一般按空间感区分为二维动画(平面)和三维动画(立体)。在多媒体信息系统中使用动画,可使说明更形象,产生活泼的风格。动画广泛应用于计算机游戏、卡通片、网页和其他多媒体演示软件中。

② 视频。视频的运动序列中的每帧画面是由实时摄取的自然景观或活动对象转换成数字形式而形成的,因此占用很大的数据量。

(4) 声音。有用的音频信息是规则声音,包括语音、音乐和音效。语音在多媒体作品中多用来表达文字的意义或作为旁白。音乐多用来当成背景音乐,营造出整体气氛。音效则大多用来配合动画,使动态的效果能充分地表现。动态信息的演示常常与声音媒体同步进行,两者都具有时间的连续性。例如说到视频媒体,往往意味着包含声音信息,可以说这也是一种混合方式的媒体。

3. 显示媒体(Presentation Medium)

显示媒体是指将感觉媒体输入到计算机中或通过计算机展示感觉媒体的物理设备,即获取和显示感觉媒体信息的计算机输入和输出设备。例如,显示器、打印机、音箱等输出设备,键盘、鼠标、传声器、扫描仪、数字照相机、摄像机等输入设备。

4. 存储媒体(Storage Medium)

存储媒体又称存储介质,是指存储表示媒体数据的物理设备。例如,软盘、硬盘、磁带、光盘、内存和闪存等。

5. 传输媒体(Transmission Medium)

传输媒体又称传输介质,是指将表示媒体从一个地方传播到另一个地方的物理载体,即传输数据的物理设备。例如,电缆、光纤、无线电波的发送与接收设备等。

在人类信息的交流中,感觉媒体通过听觉和视觉接收信息,是最丰富的信息源流;表示媒体用于传播和表达感觉媒体,是 5 种媒体的核心,是最主要的一种媒体,它确定了信息的存在和表现形式。因此,本书主要研究表示媒体。

1.1.3 多媒体技术的概念

在谈论多媒体技术时,人们往往都与计算机联系起来,因为计算机的数字化和交互式处理能力,是推动多媒体技术发展的原动力。目前也可以把多媒体技术堪称是先进的计算机技术与视听技术、通信技术融为一体而形成的一种综合型技术。

具体到多媒体技术的定义,有多种说法,国际上流行的定义是,多媒体技术就是利用计算机对文字、图像、图形、动画、音频、视频等多种信息进行综合处理、建立逻辑关系和人机交互作用的产物。因此,真正的多媒体技术所涉及的对象是计算机技术的产物,是以计算机技术为核心的,而其他领域的单纯事物,比如电影、电视、音响等均不属于多媒体技术范畴。

多媒体技术具有以下几个特征。

1. 集成性

集成性有两层含义：第一层含义指将多种媒体信息（如文本、图形、图像、音频、动画和视频）有机地进行同步，综合完成一个完整的多媒体信息，即"数据信息的集成"；第二层含义是把输入显示媒体（如键盘、鼠标、摄像机等）和输出显示媒体（如显示器、打印机、扬声器等）集成为一个整体，即"媒体设备的集成"。

2. 交互性

交互性是指人和计算机能够"对话"，人借助交互活动可控制信息的传播，甚至参与信息的组织过程，使之能够对感兴趣的画面或内容进行记录或者专门地研究。传统的信息交流媒体只能单向地、被动地传播信息，而多媒体技术实现了人对信息的主动选择和控制。交互性是多媒体应用技术的关键特性。

3. 实时性

多媒体系统中的音频和视频与时间密切相关。因此，多媒体技术必须支持实时处理，就是说，能把计算机交互性、通信系统分布性和电视系统真实性有机地结合在一起，在人感官系统允许的情况下进行多媒体实时交互，就像面对面实时交流一样，图像和声音都是连续的。如远程数字音视频监控系统、视频会议系统等。

4. 数字化

多媒体软件中的文字、音频、图形、图像、动画和视频素材都以数字形式存储在计算机中，这样将会大大方便各种信息的处理和传输。

5. 非线性

多媒体技术的非线性特点改变了传统的"章、节、页"的框架顺序形式，以超链接的方式，使内容更加灵活，更符合人脑的思维方式，也更方便人们阅读。

6. 易控性

多媒体的各种媒体信息都已实现数字化，因此可以便捷地完成各媒体信息的获取、存储、组织和加工，并综合处理。借助性能越来越快的 CPU 等硬件设备，多媒体信息处理的效率越来越高，通过计算机语言，还可以很容易地实现对多媒体作品的设计和交互控制。

1.2　多媒体技术的产生与发展历史

1.2.1　多媒体技术产生的背景

多媒体技术不仅是时代的产物，也是技术发展的必然。人类社会文明进步的重要标志是人类具有不断丰富的信息交流手段。从人类交流信息的发展来看，最初人类交流的信息是声音和语言（包括肢体语言、口头语言和书面语言），后来出现了文字和图形，进而出现的印刷技术使人类能以简捷方便的形式表达、交换和存储信息。在现代文明社会，以数字照相机、摄像机等为代表的电子产品的出现，使图像（静止图像和运动图像）成为了人们喜闻乐见的交流信息的手段。正所谓"百闻不如一见"，人类所拥有的信息有 80% 以上是通过视觉获取的。如果能同时运用听觉、视觉、触觉，那么获取信息的效果将达到最佳，所以说多媒体技术体现了人类各种感觉器官的要求。

从计算机发展的角度来看,用户和计算机交互方式的不断发展一直是推动计算机技术发展的一个至关重要的因素。因为计算机内部是以0、1组成的二进制代码进行存储和运算的,早期的用户使用计算机,需要有专门的操作人员将程序转换成二进制数,再记录到专用纸带上并由计算机读入,计算机经过计算后输出二进制代码形式的结果,再由专人将其翻译成人类能看懂的结果。在这个过程中普通用户甚至无法接触到计算机。随着计算机技术的发展,用户可以利用键盘将高级语言源程序或操作命令输入给计算机,由计算机进行解释或编译执行,用户便可以看到运行结果,实现了用户和计算机的直接交互。随后,视窗技术和鼠标等输入设备的出现,使得人机交互更加方便灵活,并且大大减少了用户烦琐而复杂的操作,使得普通用户无须掌握专业的计算机知识便可以轻松地操作计算机。而多媒体技术的引入使得人机交互技术更加丰富多彩,因为图形图像的引入使人们能直观的理解人类的思维过程,声音和语言是人类交流中使用最普遍的方式,通过A/D转换将声音数字化并输入到计算机中进行各种处理,再通过D/A转换输出直观的模拟信号,既实现了音频的高效处理和传输,又能很好地符合人类的习惯,做到了最自然的人机交互。而视频图像直观、生动,是人类生活中最有效的交流方式。这些媒体如果单独存在都有很大的局限性,而多媒体技术将文字、声音、图形、图像、视频等集成为一体,实现了信息的获取、存储、加工、处理、传输一体化,使得人机交互达到了最佳的效果。

综上所述,多媒体技术是一种在计算机技术的基础上发展起来的综合性技术,它包括信号处理技术、音视频技术、计算机硬件和软件技术、通信技术、数据压缩技术、存储技术等,是处于发展过程中的不断融合各种高新技术的一门综合性技术。

1.2.2 多媒体技术的发展简史

任何技术都有其发生、发展的过程,多媒体技术也不例外。下面简要介绍多媒体技术的发展历程。

1. 启蒙发展阶段

多媒体技术最早起源于20世纪80年代中期,然而前期的技术发明也为其奠定了坚实的基础。

1968年,美国SRI公司发明了鼠标(Mouse),使计算机的输入操作方式发生了巨大的变化,为20世纪70年代的图形用户界面(GUI)等图形处理软件的诞生与应用,起到了支撑作用。

1971年,Intel公司推出世界上第一个微处理器Intel 4004,这是计算机发展史上的一座里程碑。随着大规模、超大规模集成电路(LSI、VLSI)的出现,计算机的文字处理、图形处理功能走向实用,声像处理功能取得突破,多媒体计算机已经是呼之欲出了。

自20世纪80年代以来,世界上很多国际性的大公司都在研制开发多媒体计算机技术,其中包括著名的家电生产厂商Philips及Sony公司,著名的计算机生产厂IBM、Intel及Apple公司等,均为多媒体计算机的开发做出了贡献。人们致力于研究将声音、图形和图像作为新的信息媒体输入输出计算机,使得计算机的应用更为直观、容易。

1982年,Philips和Sony公司联合推出数字激光唱片CD-DA。CD-DA在当时只能记录数字化的音频信息,但是它也能记录计算机的数据信息。

1984年Apple公司的Macintosh个人计算机,首先引入了位图(Bitmap)的概念来描述和处理图形和图像,并使用窗口(Window)和图标(Icon)构筑图形用户界面(GUI),深受用户的欢迎,同时鼠标作为交互设备的引入配合 GUI 的使用,大大方便了用户的操作。

1985 年 Apple 公司的 Macintosh 被誉为世界上最早的多媒体计算机(MPC)。它的组成部分包括主机、多媒体插板、CD-ROM 驱动器以及图像输入输出设备等。Macintosh 的主要贡献有:率先采用位映射和图符技术来处理图形;运用超级卡(Hyper Card),使高保真音响和动态图像处理功能融入计算机;运用了窗口、菜单、面向对象和超文本技术等。

1985 年,Philips 和 Sony 公司联合推出可读光盘系统(CD-ROM),它就是专为计算机使用的新一代存储系统。CD-ROM 盘片的直径为 12cm,容量 650MB,可记存 3 亿个汉字,相当于 15 万张 A4 纸的存储量。这个计算机硬件技术上取得的较大突破,为多媒体数据的存储和处理提供了理想条件,并对计算机多媒体技术的发展起到了决定性的推动作用。在这一时期,CDDA 技术(Compact Disk Digital Audio)也已经趋于成熟,使计算机具备了处理和播放高质量数字音响的能力。这样,在计算机的应用领域中又多了一种媒体形式,即音乐处理。

1986 年,Philips 和 Sony 公司再次联合推出可读光盘交互系统(CD-I),同时公布了一种新的 CD-ROM 存储格式,后来国际标准化组织(ISO)采纳该格式作为 CD-ROM Green Book 标准。CD-I 系统把高质量的声音、文字、计算机程序、图形、动画以及静止图像等都以数字的形式存放在容量为 650MB 的 5in 只读光盘中。用户可通过 CD-ROM 驱动器来播放光盘中的内容。

早在 1983 年,RCA 公司的戴维·沙诺夫研究中心开始开发交互式数字视频系统。在 1987 年 3 月第二次 Microsoft CD-ROM 会议上,首先公布了 DVI 技术的研究成果,它用计算机作为平台,把图像、视频、声音和其他数据,都存放在 CD-ROM 中,然后在计算机的交互控制下检索出来,在大屏幕上放映。1988 年 10 月 Intel 公司买下了 DVI 技术,1989 年 Intel 和 IBM 公司在国际市场上推出了 DVI 技术第一代产品 Action Media 750,1991 年又推出了第二代 DVI 技术产品 Action Media 750 Ⅱ。应该指出的是,CD-I 与 DVI 都是多媒体的先驱。

1989 年,新加坡 Creative Labs 公司在世界上率先推出支持数字化录音、放音功能的 PC 音效卡,号称"声霸卡"。1991 年推出 2.0 版,以后又推出 Sound Blaster Pro 版和 Sound Blaster 16 ASP 版等。此外,该公司还推出了视频卡,在 PC 上加接视频卡就可以存储、定格、处理和播放影视节目,在图像上叠加图形或文字,调节色度、亮度和对比度,可以使之与录像机、摄像机、有线电视、数字照相机、激光视盘等设备相连。还可以将图像界面存储到硬盘中。目前市场上还有多种视频输出卡,常见的有 TV-Coder 卡、ProVGA/TV 卡、Video Power-1000 卡等。

2. 标准化阶段

自 20 世纪 90 年代以来,多媒体技术逐渐发展成熟,多媒体技术从以研究开发为中心转移到以应用为中心,出现了大量的多媒体应用软件和应用设备。

1990 年 11 月,Microsoft 公司和包括 Philips 公司在内的一些计算机技术公司成立多媒体个人计算机市场协会(Multimedia PC Marketing Council)。该协会的主要任务是对计算机的多媒体技术进行规范化管理和制定相应的标准。该协会制定了多媒体计算机的"MPC

标准"。该标准将对计算机增加多媒体功能所需的软硬件规定了最低标准的规范、量化指标以及多媒体的升级规范等。

1991年，多媒体个人计算机市场协会提出 MPC1 标准。从此，全球计算机业界共同遵守该标准所规定的各项内容，促进了 MPC 的标准化和生产销售，使多媒体个人计算机成为一种新的流行趋势。

1992年，"运动图像专家小组"正式公布 MPEG-1 标准。

1993年5月，多媒体个人计算机市场协会公布了 MPC2 标准。该标准根据硬件和软件的迅猛发展状况做了较大的调整和修改，尤其对声音、图像、视频和动画的播放、Photo CD 做了新的规定。此后，多媒体个人计算机市场协会改为多媒体个人计算机工作组（Multimedia PC Working Group）。

1995年6月，多媒体个人计算机工作组公布了 MPC3 标准。该标准为适合多媒体个人计算机的发展，进一步提高了软件、硬件的技术指标。更为重要的是，MPC3 标准制定了视频压缩技术 MPEG 的技术指标，使视频播放技术更加成熟和规范化，并且指定了采用全屏幕播放、使用软件进行视频数据解压缩等技术标准。

1995年，由 Microsoft 公司开发的功能强大的 Windows 95 操作系统问世，使多媒体计算机的用户界面更容易操作，功能更为强劲。

1995—1997年，MPEG2 的其他项目也成为国际标准。1997—1998年，公布了 PC97、PC98 技术规范。Intel 公司于1998年也公布了 AC97 个人计算机音频规范，大大推动了个人计算机音频系统的技术进步和性能提升；1998年12月又颁布了 MPEG4 新标准，该标准已经能够向电视和 Internet 的各种范例提供支持，因此，它将成为使两者汇合的使用技术。

1998年10月提出的 MPEG7 标准草案，对各类多媒体进行标准化搜索查询。多媒体的发展带动了多媒体专用芯片、板卡和系统的不断开发。

2000年8月，Microsoft 公司公布了计算机视窗操作系统 Windows 2000；2002年又公布了新的计算机操作系统 Windows XP，使多媒体计算机的用户界面更加容易操作，功能更为强大。随着视频和音频压缩技术日趋成熟，高速的奔腾系列 CPU 开始"武装"个人计算机，并在个人计算机市场占据主导地位，多媒体技术得到蓬勃发展。另外，Internet 的兴起，也促进了多媒体技术的发展。

事实上，随着应用要求的提高，多媒体技术的不断改进和丰富，多媒体功能已成为新型 PC 的基本功能，这样，MPC 的新标准也无继续发布的必要了。

1.3　多媒体技术的主要研究内容

多媒体技术是一门综合技术，它涉及计算机技术、信号处理技术、通信技术、压缩编码技术、存储技术、硬件支持芯片技术、同步技术、超媒体技术等，近年来，随着计算机与网络的迅猛发展，多媒体被广泛应用于网络，又产生了一系列新的技术，如多媒体网络技术、流媒体技术、多媒体信息组织与管理技术等。因此多媒体技术研究涉及面非常广，在此只介绍主要的内容。

1.3.1 数字化技术

由于多媒体技术要利用计算机来综合处理文字、声音、图形、图像、视频等多种媒体信息,这些信息本身都是以模拟量存在的,只有经过数字化才能由计算机平台进行各种处理和综合。因此,数字化技术是多媒体技术的首要基础。对于不同形式的媒体,信息数字化的要求和实现方法均有不同。

音频信号除 CD 音响和电子乐器已是数字信号之外,现有的语音、广播(调幅和调频),以及立体声音乐均是模拟信号。一般需经滤波器和模数(A/D)转换器将上述各种模拟音频信号转换为数字信号。而视频信号通常是由摄像机、录像机等视频图像输入设备获得的模拟图像,这些信号大多是标准的彩色全电视信号,必须经彩色解码电路将全电视信号分解为模拟彩色分量信号——R.C.B(或 Y.U.V)信号,再经 A/D 转换器转换为数字信号,各种媒体信息的数字化通常是由各种多媒体信息的专用采集卡(图形卡、音频卡、视频卡等)来实现的,它集中体现了多媒体信息的数字化技术,其主要指标是采样速度、精度等。

关于数字化技术的详细内容还将在后面的有关章节中叙述。

1.3.2 数据压缩编码技术

1. 进行数据压缩的必要性

多媒体技术是面向文字、声音、动画、图片及视频等多媒体信息的处理技术,它使计算机具有综合处理和管理多媒体信息的能力。在计算机中多媒体信息是以数字化的形式存储和处理的。数字化之后的多媒体数据量是非常庞大的,在表 1-1 中列出了各种媒体信息数字化后的数据量。

表 1-1 各种媒体信息数字化后的数据量

媒体类型	数据量
图像	位图图像由像素构成,假设图像的分辨率为 800×600 像素,24 位/像素,则一幅画面所需要的存储空间(800×600×24)/8,约为 1.4MB。一片 1.44MB 的软盘只能存储一张这样大小的图像
音频	数字音频的数据量由采样频率、采样精度、声道数 3 个因素决定。假设需要还原的模拟声音频率是 22 050 Hz,这个频率已经达到人耳听觉的上限,则数字采样频率取 44 100 Hz,采样精度为 16 位,双声道立体声模式,则 1 分钟所需的数据量为 44 100 Hz×2B(16 位采样精度)×2(双声道)×60s=10MB/分钟,一首 3min 的音乐要占用 30MB 存储空间
视频	假设图像的分辨率为 800×600 像素,24 位/像素,则一幅画面所需要的存储空间(800×600×24)/8约为 1.4MB。在我国 PAL 制式下,1s 播放 25 帧画面,所以,1s 数字视频图像的数据量(1.4MB×25)约为 35MB,一部 90min 的电影大约需要占用 35×60×90=189 000MB=185GB;若用一张存储量为 650MB 的 CD 光盘,存放这种未经压缩的视频图像,只能播放约 19s

由以上计算可知,数字音频和视频庞大的数据量不仅造成了存储和传输的困难,而且连计算机的总线也难以承受。尽管有各种方法可以在不同程度上提高计算机的传输能力,但都不能从根本上解决问题。彻底解决问题的方法就是对多媒体信息数据化以后进行压缩。例如一首 3min 的乐曲未压缩之前占用 30MB 的存储空间,若将数据压缩 10 倍,则仅需要

3MB 的空间就可以存放一首歌曲。事实上,目前的一首长度为 3min 的 MP3 音乐占用的空间差不多就是 3MB 左右。由此可知,通过数据压缩手段可以大大减少多媒体信息的数据量,以压缩的形式存储和传输,既节约了存储空间,又提高了通信干线传输效率,同时也使得计算机实时处理音频、视频信息,以保证播放出高质量的视频、音频节目。

从上述分析可知,对数字化之后的多媒体信息进行压缩是极有必要的。

2. 进行数据压缩的可能性

研究发现,图像数据表示中存在着大量的冗余(冗余是指信息所具有的各种性质中多余的无用空间,其多余的程度叫做"冗余度")。除去这些冗余数据可以使原始图像数据大大减少,从而解决图像数据量巨大的问题。图像数据压缩技术就是研究如何利用图像数据的冗余性来减少图像数据量的方法。因此,进行图像压缩研究的起点是研究图像数据的冗余性。

下面介绍一些常见的数据冗余情况。

(1) 空间冗余。空间冗余是图像数据中最主要的一种冗余。在同一幅图像中,规则物体和规则背景(所谓规则是指表面是有序的而不是完全杂乱无章的排列)的表面物理特性具有相关性,例如一幅静态图像中的一大片蓝天、草地,其中每个像素的数据完全相同,如果逐点存储,就会产生所谓的空间冗余。完全一样的数据当然可以压缩,十分接近的数据也可以压缩,因为被压缩的数据恢复后人眼也分辨不出与原来的图片有什么区别,这种压缩就是对空间冗余的压缩。

(2) 时间冗余。时间冗余是序列图像(电视图像、运动图像)和语音数据中经常包含的冗余。在电视、动画图像中,在相邻帧之间往往包含了相同的背景,只不过运动物体的位置略有变换。因此对于序列图像中的相邻两帧仅记录它们之间的差异,去掉其中重复的,称为时间冗余的那部分信息。同样,由于人在说话时产生的音频也是连续和渐变的,因此声音信息中也会存在时间冗余。

(3) 结构冗余。在有些图像的纹理区,图像的像素值存在着明显的分布模式,例如草席等,人们称之为结构冗余,若已知分布模式,就可以通过某一过程生成图像。

(4) 知识冗余。有许多图像的理解与某些基础知识有相当大的相关性。例如,人脸的图像有固定的结构。比如说嘴的上方有鼻子,鼻子的上方有眼睛,鼻子位于脸的中线上,等等。这类规律性的结构可由先验知识和背景知识得到,称之为知识冗余。根据已有的知识,对某些图像中所包含的物体,可以构造其基本模型,并创建对应各种特征的图像库,进而图像的存储只需保存一些参数,从而可以大大减少数据量。

(5) 视觉冗余。视觉冗余是由于人体器官的不敏感性造成的。例如在高亮度下,人的视觉灵敏度下降,对灰度值的表示就可以粗糙一些。对于太强太弱的声音,如果超出了"阈值",人们听觉感受也会被掩蔽。利用感官上的这些特性,也可以压缩掉部分数据而不被人们感知(觉察)。

正因为多媒体数据中存在着上述的各种各样的冗余,所以多媒体数据是可以被压缩的。随着对人类视觉系统和图像模型的进一步研究,人们可能会发现更多的冗余性,使得图像数据压缩编码的可能性越来越大,从而推动图像压缩技术的进一步发展。

3. 数据压缩编码技术

由于音频和视频信号本身具有大量的冗余度,消除这些冗余度就可以达到数据压缩的目的。根据解码后的数据与原来数据是否完全一样来进行分类,数据压缩一般分为两类:

一类是无损压缩编码(Loss Less Compression Coding)和有损压缩编码(Loss Compression Coding)。凡是在压缩数据时不产生任何失真的压缩方法均属于无损压缩方法,用这类方法压缩后,解压还原的数据与原始数据完全相同,它是一种信息保持型的编码。凡是在压缩数据时可能产生数据失真的压缩方法均属于有损压缩方法,用这类方法压缩后,解压还原的数据与原始数据相比存在一定的误差,会产生一些失真,失真的程度与压缩比以及所使用的方法有关,当然,这种失真应限制在一定程度内才能满足应用的要求。

对多媒体数据进行压缩处理一般需要研究两个过程:一是编码过程,将原始数据经过编码进行压缩,以便于存储和传输;二是解码过程,对编码后的数据进行解码,还原为可以使用的数据。

一个好的数据压缩技术必须满足3项要求:一是压缩比(压缩比是指压缩前的数据与压缩后的数据的比值)高;二是实现压缩的算法简单,压缩、解压缩速度快;三是重现精度高,尽可能地接近原始数据。当三者不能兼得时,要综合考虑压缩数据的要求。

4. 压缩编码的国际标准

为适应多媒体信息数据的压缩编码,有关国际组织经过多年大量的工作已经制定了一些有关音频数据压缩编码和图像数据压缩编码的国际标准。从 1948 年 Oliver 提出 PCM (脉冲编码调制)编码理论,人们对数据压缩技术的研究和探讨已经有 60 多年的历史了,在这个过程中压缩编码技术日趋成熟。研究结果表明,选用合适的数据压缩技术,有可能将字符数据量压缩到原来的 1/2 左右,语音数据量压缩到原来的 1/10~1/2,图像数据量压缩到原来的 1/60~1/2。

国际标准化协会(International Standardization Organization,ISO)、国际电子学委员会(International Electronics Committee, IEC)、国际电信协会(International Telecommunication Union,ITU)等国际组织,领导制定了重要的多媒体国际标准,对静止图像压缩编码的国际标准有:JPEG(Joint Photographic Experts Group)标准、JPEG 2000,对运动图像压缩编码的标准有 MPEG(Moving Picture Expels Group)标准系列和 H.26X 标准。在语音压缩标准方面,ITU-T 制定的 G.729 和 G.723 是最新且码率最低的。

关于静止图像的压缩编码国际标准和运动图像的压编编码国际标准,本书将在后面几章详细论述。

1.3.3　大容量信息存储技术

多媒体的音频、视频、图像等信息即使经过压缩处理,但仍然需要相当大的存储空间。而且硬盘存储器的盘片是不可交换的,不能用于多媒体信息和软件的发行。大容量只读光盘存储器(CD-ROM)的出现,解决了多媒体信息存储空间及交换问题。

光盘机以存储量大、密度高、介质可交换、数据保存寿命长、价格低廉以及应用多样化等特点成为多媒体计算机中必不可少的设备。利用数据压缩技术,在一张 CD-ROM 光盘上能够存取 74min 全运动的视频图像或者十几个小时的语音信息或数千幅静止图像。CD-ROM 光盘机技术已比较成熟,但速度慢,其只读特点适合于需长久保存的资料。

在 CD-ROM 基础上,还开发了 CD-I 和 CD-V,即具有活动影像的全动作与全屏电视图像的交互式可视光盘。在只读 CD 家族中还有称为"小影碟"的 VCD、可刻录式光盘 CD-R、高画质、高音质的光盘 DVD 以及用数字方式把传统照片转存到光盘,使用户在屏幕上可欣赏高清晰度照片的 PHOTOCD。DVD(Digital Video Disc)是 1996 年年底推出的新一代光盘标准,它使得基于计算机的数字视盘驱动器将能从单个盘片上读取 4.7～17GB 的数据量,而盘片的尺寸与 CD 相同。

1.3.4 多媒体输入输出技术

多媒体输入输出技术包括多媒体变换技术、多媒体识别技术、多媒体理解技术和多媒体综合技术。

(1) 多媒体变换技术。该技术是指改变媒体的表现形式,如当前广泛使用的视频卡、音频卡(声卡)都属于多媒体变换设备。

(2) 多媒体识别技术。该技术是指对信息进行一对一的映像过程,例如语音识别是将语音映像为一串字、词或句子;触摸屏是根据触摸屏上的位置识别其操作要求。

(3) 多媒体理解技术。该技术是对信息进行更进一步的分析、处理,理解信息内容,如自然语言的理解、图像的理解、模式识别等技术。

(4) 多媒体综合技术。该技术是指把低维信息表示映像成高维模式空间的过程,例如,语音合成器就可以把语音的内部表示综合为声音输出。

媒体变换和识别技术相对比较成熟,应用较为广泛,而媒体理解和综合技术目前正在研究中,只在某些特定场合有一定的应用。

1.3.5 多媒体通信技术

多媒体通信是多媒体技术和通信技术的产物,它将计算机的交互性、通信的分布性和广播电视的真实性融为一体。多媒体系统要通过通信网络传送文本、图形、图像、动画、音频和视频等不同媒体,这些媒体对通信网各有不同的要求,文本和图片要求的平均速率较低,音频信号的传输速率不要求太高,但对实时性要求高,视频则需要极高的传输速率才能保证图像和声音的流畅和连续性。多媒体通信的发展要求有适合于传输多媒体信息的通信网,如以异步传输模式(ATM)为基础的宽带综合业务数字网(B-ISDN)、有线电视(CATV)以及计算机网络等。

多媒体通信技术的三大特征分别是集成性、交互性和同步性。多媒体通信系统中的集成性指的是能对内容数据信息、多媒体和超媒体信息、脚本信息、特定的应用信息等进行存储、传输、处理、显示的能力,它表现为多媒体信息的集成和处理这些媒体的设备的集成。交互性指的是在通信系统中人与系统之间的相互控制能力,为用户提供更加有效地控制和使用信息的手段,是一种需要更为复杂的交互操作通信过程。在多媒体通信系统中,交互性有两个方面的内容:一是人机接口,也就是人在使用系统的终端时,用户终端向用户提供的操作界面;二是用户终端与系统之间的应用层通信协议。同步性指的是在多媒体通信终端上显现的图像、声音和文字是以同步方式工作的,它是多媒体通信系统中最主要的特征之一,也是在多媒体通信系统中最为困难的技术问题之一。例如,用户要检索一个重要历史事件的片段,该事件的运动图像(或静止图像)存放在图像数据库中,其文字叙述和语言说明则放在其他数据库中。多媒体通信终端通过不同传输途径将所需要的信息从不同的数据库中提取出来,并将这些声音、图像、文字同步起来,构成一个整体的信息呈现在用户面前,使声音、图像、文字实现同步,并将同步的信息送给用户。在多媒体通信系统中,同步可以在 3 个层面上实现：一是链路层级同步，它通过信息帧结构的合理设计来实现；二是表示层级同步，它通过在客体（或文件）复合过程中引入同步机制和超文本组合过程中引入同步机制来实现；三是应用层级同步，它通过脚本的设计来实现。

1.3.6 超大规模集成电路技术

专用芯片是多媒体计算机硬件体系结构的关键。因为要实现音频、视频信号的快速压缩、解压缩和播放处理，需要大量的快速计算。而实现图像的许多特殊效果（如改变比例、淡入淡出、马赛克等）、图形的处理（图形的生成和绘制等）、语音信号处理（抑制噪声、滤波）、三维场景的渲染等，也都需要较快的运算和处理速度。因此只有采用专用芯片，才能获得满意的效果。多媒体计算机专用芯片可归纳为两种类型：一种是固定功能的芯片，另一种是可编程的数字信号处理器（DSP）芯片。DSP 芯片是为完成某种特定信号处理设计的，在通用机上需要多条指令才能完成的处理，在 DSP 上可用一条指令完成。

最早出现的固定功能专用芯片是基于图像压缩处理的芯片，即将实现静态图像的数据压缩/解压缩算法做在一个芯片上，从而大大提高其处理速度。以后，许多半导体厂商或公司又推出了执行国际标准压缩编码的专用芯片，例如，支持用于运动图像及其伴音压缩的 MPEG 标准芯片，芯片的设计还充分考虑到 MPEG 标准的扩充和修改。由于压缩编码的国际标准较多，一些厂家和公司还推出了多功能视频压缩芯片。另外还有高效可编程多媒体处理器，其计算能力可望达到 2BIPS（Billion Instructions Per Second）。这些高档的专用多媒体处理器芯片，不仅大大提高了音频、视频信号处理速度，而且在音频、视频数据编码时可增加特技效果。

1.3.7 多媒体同步技术

上文说过，同步性是多媒体通信技术的最主要特征之一。多媒体的同步技术是多媒体演示的时空组合问题。由于各种多媒体源往往分布在不同数据库中，或位于不同的局域网内，因此多媒体创作中的同步就是从不同的数据库中，将数据按时间顺序及空间的安排恰当地组合起来。对屏幕显示来说，是一系列屏幕视图的序列，每帧相当于一个页面，每一个页面应包括声、像、图、文字的编排，使人眼看起来没有延时的感觉。

多媒体信息空间的组合，要解决多媒体信息交换、信息格式的转换以及组合策略，由于网络延迟，存储器的存储等待、传输中的不同步以及多媒体时序性的要求等，也还需要解决系统对时间同步的描述方法以及在动态环境下实现同步的策略和方案。这样就可以形成更完善的计算机技术支持的协同工作环境，从而为用户提供更完善的信息服务。

1.3.8 超文本与超媒体技术

早期计算机上存储的信息是以文字的形式即文本表现出来的，文本的最显著特点是它在组织上是线性的和有序的，这种线性结构体现在阅读文本时只能按照固定的线性顺序阅读，先读前面的，再读后面的，就像读课本一样按顺序读下去。但人类的思维是"联想"式的互联网状结构，由于文化基础的不同、所处的时间、环境不同，会产生多种不同的联想结果。这种联想方式实际上表明了信息的网状结构和动态性。显然这种互联的网状信息结构用普通的文本是无法管理的，必须采用一种比文本更高层次的信息管理技术，即超文本

(Hypertext)。

超文本是一种新型的信息管理技术,它以结点为单位组织文本信息,在结点与结点之间通过表示它们之间关系的链加以连接,构成表达特定内容的信息网络。超文本组织信息的方式与人类的联想记忆方式有相似之处,从而可以更有效地表达和处理信息。如图 1-1 表示了文本的线性结构和超文本结构。

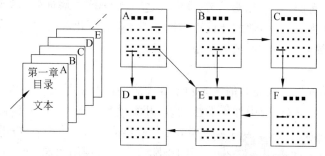

图 1-1　文本的线性结构与超文本结构

超文本与多媒体的融合产生了超媒体。允许超文本的信息结点存储多媒体信息(图形、图像、音频、视频、动画和程序),并使用与超文本类似的机制进行组织和管理,就构成了超媒体。

超文本和超媒体的主要组成成分是结点和链。结点是超文本与超媒体系统表达信息的基本单位。在创建超文本和超媒体系统时首先要根据信息间的自然关联,按需要把大块信息分成小的可管理的单元作为结点。结点的内容可以是文本,也可以是图形、图片、音频、视频等,还可以是一段程序。链定义了超媒体的结构,引导用户在结点间移动,提供浏览和检索结点的功能。链在形式上是表示从一个结点指向另一个结点的指针,表示不同结点存在的信息联系。

一个理想的超媒体系统应具有以下几个特征。

(1)系统结点多媒体化,具有支持文本、图形、图像、声音、视频等多种媒体的能力,用户界面以多窗口形式表现相关媒体。

(2)系统复杂信息链结构网状化。为使用户每一时刻均可得到当前结点的邻接环境,应提供用户显示结点和链结构动态的总情况图。

(3)用户可以根据自己的联想和需要动态的改变网络中的结点和链,通过窗口化管理,实现对网络中的信息进行快速、直观、灵活的访问(浏览、查询、标注等)。

(4)强调用户界面的"视觉和感觉",提供丰富的交互式操作和应用程序接口。

超文本和超媒体技术应用非常广泛,如教学、信息检索、字典和参考资料、商品介绍展示、旅游和购物指南及交互式娱乐等。

1.4　多媒体技术的主要应用领域

多媒体技术集图、文、声、像于一体,充分体现了科技发展的时代特征,其应用范围非常广泛,几乎涉及了人类社会的各个领域,深入到人类学习、工作和生活的各个方面。实际上,多媒体技术的优势还不仅仅局限于某些具体的应用,而在于它能把复杂的事物变得简单,把抽象的内容具体化。因此,多媒体技术的发展将会逐渐改变人类未来的工作、学习和生活方式。

下面简单介绍多媒体技术的几个主要应用领域。

1.4.1　教育培训领域

多媒体技术最有前途、应用最广泛的领域之一当属教育培训领域,大约占到了40%。从幼儿的启蒙教育到大、中小学的计算机辅助教学,从大众化教育、终身教育到专业技能培训,多媒体技术发挥着越来越关键的作用。

1. 幼儿启蒙教育

幼儿认识世界首先是从美妙的声音和多姿多彩的图片开始的,带有声音、音乐和动画的多媒体软件和游戏,不仅能吸引他们的注意力,开发他们的智力,也使他们有身临其境的感觉,在丰富有趣的玩乐中不知不觉地学到知识。图1-2显示了一款利用图像、音频等多种媒体技术进行识字练习的软件。

图 1-2　幼儿多媒体教育软件

2. 计算机辅助教学

计算机辅助教学(Computer-Assisted Instruction,CAI)就是把自己的教学思想,包括教学目的、内容、实现教学活动的策略、教学的顺序、控制方法等,用计算机程序进行描述,并存入计算机,经过调试成为可以运行的程序,通常称为"课件",它是传统教学方式的一种补充和完善,是深化教育改革的一种有效手段,特别是随着多媒体技术的加入,使得多媒体计算机辅助教学系统更加生动形象,它让学生在极大的兴趣中学到所需的知识,并能够自行调整教学内容和学习方法,从而达到因材施教的个性化教学。计算机辅助教学的意义还在于它改变了传统的读教材、听讲课、记笔记、做作业的学习方式,而是根据教育学的基本原理,利用计算机对信息的大容量存储、高速度处理等特点,通过与学生之间的交互活动,达到教学效果的最优化。它既可以代替教师的部分课程教学工作,也可作为一般课堂教学的辅助工具。它有如下明显的优势。

(1) 多媒体教学以图文、声像并茂的形式提供信息,丰富了教学手段,提高了获取知识的速度,扩充了课堂信息量,提高了教学质量,激发了学生的学习积极性。

(2) 多媒体教学能够实现学习的个性化和个别化,能够按照学生的不同能力和知识水平分层次教学,增强了教师和学生、学生和学生的交互。

(3) 把以教师为中心的教学模式转变为以学生为中心,增加了学生的主观能动性和学习自觉性,使学生产生一种学习责任感。

计算机辅助教学的实施离不开多媒体教学环境,目前大多数学校的大部分课程均使用了多媒体教学系统,其一般构成如图1-3所示。

3. 大众化教育和终身教育

多媒体技术可以使传统的以校园教育为主的教育模式扩充为更能促进现代社会发展的以家庭教育为主的教育方式,这使得现代人的继续教育可以完全走向家庭,通过多媒体教学网络在家里或办公室就可以接收各种教育信息,获取自己所要学的新知识,与异地的同学和

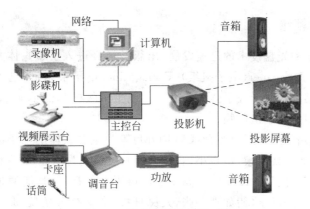

图 1-3　综合多媒体教学环境

教师交流学习经验和体会,使得终身教育更容易实现。随着网络技术的发展和因特网技术的不断完善,跨越时空的网络学校不断涌现,学习者拥有了更多的开放大学和上学的机会,不再为无学可上而烦恼,他们只需一台计算机和一条电话线就能足不出户上学读书。全民素质教育将会大幅度提高。图 1-4 为"中国网络教育"的网站首页。

图 1-4　中国网络教育网

4. 技能培训

员工技能培训是企业活动中不可缺少的重要环节,传统的员工训练,使教师和员工在同一时间、同一地点实施,首先是教师的示范操作、讲解,然后指导员工亲身体验,这种培训方法成本较高,特别是机械操作技能的训练,不仅需要消耗大量的产品原材料,同时操作失误还可能给员工造成身体上的伤害,而多媒体技能训练系统的出现,不仅可以省去这些费用和不必要的身体伤害,同时多媒体生动的教学内容和灵活方便的交互方式使得员工学习兴趣极大提高,学习时间更加自由。

1.4.2　电子出版领域

随着多媒体技术和光盘技术的迅速发展，出版业已经进入了多媒体光盘出版时代。E-book(电子图书)、E-newspaper(电子报纸)、E-magazine(电子杂志)等电子出版物的大量涌现对传统的新闻图书出版业形成了强大的冲击。电子出版物一般可分为两大类：单机型的电子出版物和网络型的电子出版物。

单机型的电子书刊是以磁盘、光盘(CD-ROM)等为主要载体的电子出版物。其中光盘的优点尤为突出(例如价格低廉、体积小、容量大等)，发展尤为迅速，现在已成为单机型电子出版物的主要形式。利用 CD-ROM，可将大量资料压缩保存，并且能通过阅读器阅读。一张光盘能存放 30 多亿个汉字(假如把一张《人民日报》全文存入光盘，那么一张光盘能存放相当于 1000 多张《人民日报》信息量的报纸；一张《十万个为什么》的光盘能存下一整套《十万个为什么》图书，而且图文、声情并茂，比图书更容易浏览)。电子出版物的很多性能均优于传统出版物，如查找方便迅速、体积小、携带方便、可靠性高、寿命长、不怕虫蛀等，而且用户在接收多媒体电子信息(如电子书刊)时，不仅仅是单纯阅读信息，还能亲身感受信息。图书馆中收藏的图书珍品用 CD-ROM 光盘收藏更加方便可靠。

网络型电子出版物则以多媒体数据库和互联网为基础，编辑制作完成后被存储在网络上某些服务器的硬盘中，在互联网上发行。读者通过连入网络的计算机等装置，读取出版物的信息。网络型电子出版物具有内容丰富，可实时交互，不受地理因素限制，可重复使用等特点。人们在阅读出版物的同时，还可以得到各种服务，如在线检索、在线字典查询等。由于采用交互式阅读方式，读者可以参与出版物的研讨，与作者和其他读者交流观点，及时向出版者反馈信息以使出版物更适应读者的要求，目前国内外许多报刊杂志都有其相应的网络电子版。

1.4.3　商业咨询领域

现代科技手段支持下的商业竞争日益激烈，多媒体技术为商业发展的各个方面都提供了新的技术手段，商业的竞争已从单纯的价格竞争转变为服务的竞争，如何方便客户、如何更好的为客户服务，让用户得到更多的信息，是众多商家面临的头等问题。

1. 商场导购系统

大型商场货物齐全，种类繁多，各种商品分区摆放，琳琅满目，初到商场的顾客很可能会由于不熟悉环境而多走很多冤枉路，到最后既浪费了时间又没能选购到自己想要的商品。而现在在很多商场都设有"商场导购系统"，利用多媒体技术和触摸屏技术，用户只要在触摸屏上轻轻一按，就能迅速浏览和查询自己想要的商品，了解其详细情况和具体摊位，不仅节约了顾客时间和体力，而且也使顾客感受到了商场人性化的周到服务。

2. 网上购物

随着网络技术的发展，因特网已经走进千家万户，明智的商家也紧跟时代潮流，纷纷将自己的商品转移到了网上销售。利用多媒体技术，商家可以在网上充分的展示自己的商品(如采用二维图片、三维全景图、音视频介绍等)，吸引了众多顾客。目前有很多专门的网站可以方便人们网上购物，例如淘宝、易趣、当当网等，在这些网站上无论是开店还是购买商品，都非常方便快捷，而且这些网站一般都提供了很多措施来保障买卖双方的利益，使得网

图1-5 三维室内装饰模型

上交易安全性也越来越高。由于网上购物具有省时、省力、价格低廉等优点，人们越来越青睐这种网上购物的方式。

3. 辅助设计和展示

在建筑领域，多媒体技术将建筑师的设计方案变成完整的三维立体模型，让施工人员对施工过程了解得更为详细全面，让购房者可以提前看房，甚至还可以到房间进行虚拟体验；在装饰行业，客户可以将自己的要求告诉装饰公司，公司利用多媒体技术将其提前展示出来，如图1-5所示，让客户从各个角度欣赏，如不满意还可重新设计，直到满意后才进行施工，避免了不必要的劳动和浪费。以多媒体技术制作的产品演示光盘为商家提供了一种全新的广告形式，商家通过多媒体演示光盘可以将产品表现得淋漓尽致，客户可以通过多媒体演示光盘随心所欲的观看广告，直观、经济、便捷，效果极好。

4. 多功能信息咨询和服务系统

多功能信息咨询和服务系统在国外被称做 POI(Point of Information)，旅游、邮电、交通、商业、气象等公共信息以及宾馆、百货大楼的服务指南都可以存放在多媒体数据库中，向公众提供"无人值守"的多媒体咨询服务、商务运作信息服务、旅游指南等。目前，POI 的应用越来越广泛。

1.4.4 影视娱乐领域

影视制作时，利用多媒体技术可在计算机上设计更为逼真的三维场景，提高制作各种特技的效率，极大地扩展了影视制作的能力，增强了影片的渲染效果和精彩程度。美国影片《黑客帝国》、《指环王》系列、《哈利·波特》系列、《绿巨人》以及《侏罗纪公园》等都是多媒体技术的杰作，如图1-6所示。

图1-6 《哈利·波特》海报

娱乐和游戏是多媒体的一个重要应用领域。计算机游戏深受年轻人的喜爱，游戏者对游戏不断提出的要求极大地促进了多媒体技术的发展，许多最新的多媒体技术往往首先应用于游戏软件。目前互联网上的多媒体娱乐活动更是多姿多彩，从在线音乐、在线影院到联网游戏，应有尽有，可以说娱乐和游戏是多媒体技术应用最为成功的领域之一。

1.4.5 办公自动化领域

办公自动化的主要内容是处理信息，办公系统也是一种信息系统，多媒体在办公自动化中的应用主要体现在声音和图像的信息处理上。

1. 声音信息的处理

声音信息的应用一方面是自动语音识别或声音数据的输入，目前通过语音自动识别系统,即可将人的语言转换成相应的文字,这一技术可以应用在电话自动记录上;另一方面的应用是语音的合成,即给出一段文字后,计算机会自动将其翻译成语言,并将其读出来,这一技术被广泛应用于文稿的校对上。

2. 图像识别

图像识别技术的应用,可以实现手写汉字的自动输入和图像扫描后的自动识别,即通过OCR系统,将扫描的图像分别以图形、表格、文字等形式分类存储,方便用户使用。

3. 电子地图

到目前为止,已有许多CD-ROM版本的电子地图面世,在电子地图中可以介绍世界上各个国家的地理位置及相应的人口、国土面积,还可以介绍该国的风土人情、当地方言、特产、旅游景点、建筑特色等。电子地图比普通地图的优点是可以精确到每一个城镇中的每一条街道、每一个建筑物,这不仅为在当地旅游的游客提供了极大的方便,而且还可以让坐在计算机旁异国他乡的"游客"足不出户就可以领略到当地的优美风景、民俗风貌等,轻松实现"电子旅游"。

1.4.6 通信与网络领域

多媒体技术的应用,离不开通信技术、网络技术的支持,在通信领域中融合进多媒体技术,其应用的范围越来越广,涉及面越来越宽。即使是前面所列举的多媒体在教育以及商业等领域的应用也离不开通信及网络技术的支持。随着Internet的普及和相关技术的进一步发展,可以说,多媒体技术、通信技术和网络技术将成为21世纪信息时代的重要技术和应用支柱。

多媒体通信的应用领域非常广泛,例如视频会议、可视电话、双向电视、电子商务、远程教育、远程医疗、网络游戏等。可视电话系统一般由语言处理、图像信号输入、图像信号输出以及图像信号处理4部分组成。目前国际国内都已有许多成熟的产品,利用普通电话线,只要通信双方都安装了可视电话,即可以在听到声音的同时看到对方的面貌,可视电话已进入了越来越多的普通家庭中。视频会议让人们可以在世界的任何地方通过显示器或电视屏幕来"面对面"的讨论、交谈、传送文件等,使人们的活动范围扩大而物理距离缩小,从而进一步提高工作效率和质量。交互式电视(又称为VOD,Video On Demand)的功能是用户可以根据自己的需要来点播电视节目,还可以自己设计故事情节,交互地"指挥"节目进行。

多媒体通信技术的广泛应用将能极大地提高人们的工作效率,减轻社会的交通负担,改变人们传统的生活、工作、教育和娱乐方式,多媒体通信必将成为本世纪人们通信的基本方式。

1.4.7 国防军事领域

多媒体技术在军事上的应用,对未来战争的作战和指挥产生了重要而深远的影响。在军事通信、军事演习中使用多媒体技术可以使现场信息及时、准确的转给指挥部。同时指挥部也能根据现场情况正确的判断形势,将信息反馈到现场进行实时的控制与指挥,如图1-7所示。

在军事指挥自动化系统 C^4I 中,多媒体技术被广泛应用于战场和军事的指挥(Command)、控制(Control)、通信(Communications)、计算机(Computers)和情报

(Intelligence)的各个应用过程和功能显示中,如图 1-8 所示。例如,在情报处理系统中,高空侦察机及侦察卫星拍摄的大量影像和军事照片不便于检索,利用多媒体技术可以完成对情报系统各种影像和照片的快速处理。

图 1-7　模拟战场　　　　　　　　图 1-8　C⁴I 海陆空一体军事指挥自动化系统

此外,计算机模拟培训(Computer Based Training,CBT)系统的出现和使用,也给飞机、舰艇、装甲车辆、导弹的操作和维护提供了一种更加直观、形象的训练手段,并可以节省大量的经费。

1.5　多媒体技术的新发展

1.5.1　虚拟现实技术

虚拟现实技术(Virtual Reality,VR)是多媒体技术的一个重要发展方向。其应用较为广泛,从军事领域到民用领域,已有很多的应用系统,并且已经在多个领域中发挥了重要作用。在医学、工业、商业、娱乐业、教育领域都有极大的发展潜力,在以后的几年中,发展将会更为迅速。然而目前的状况是,虚拟现实技术就像当初问世的计算机、互联网络一样,并不为大家所熟悉,也没有引起人们足够关注。与国外相比,我国在虚拟现实理论研究和技术应用水平方面尚有较大差距,虚拟现实技术的极其重要性与普及的程度形成了巨大反差。因此,这里有必要对虚拟现实技术做一个概要的了解。

1. 虚拟现实技术的概念

虚拟现实技术是指采用以计算机技术为核心的现代高科技手段生成逼真的视、听、触觉等一体化的虚拟环境,用户借助特殊的设备以自然的交互方式与虚拟世界中的物体进行交互,相互影响,从而产生亲临真实环境的感受和体验。一个典型的虚拟现实系统主要由计算机、输入输出设备、数据库、应用软件系统、用户(人)等组成。如图 1-9 所示。

2. 虚拟现实技术的特征

虚拟现实技术的 3 个主要特征分别是沉浸性(Immersion)、交互性(Interactivity)和想象性(Imagination)。

图 1-9　虚拟现实概念模型及输入输出设备

（1）沉浸性（Immersion）。沉浸性又称浸入性，是指用户感觉到好像完全置身于虚拟世界之中，被虚拟世界所包围。虚拟现实技术的主要技术特征就是让用户觉得自己是计算机系统所创建的虚拟世界中的一部分，使用户由被动的观察者变成主动的参与者，沉浸于虚拟世界之中，参与虚拟世界的各种活动。比较理想的虚拟世界可以达到使用户难以分辨真假的程度，甚至超越真实，实现比现实更逼真的照明和音响等效果。

（2）交互性（Interactivity）。虚拟现实系统强调人与虚拟世界之间是自然交互的，如人的走动、头的转动、手的移动等，通过这些动作实现用户与虚拟世界的交互，并且借助于虚拟现实系统中特殊的硬件设备（如数据手套、力反馈设备、动作捕捉仪等），以自然的方式，与虚拟世界进行交互，实时产生在真实世界中一样的感知，甚至连用户本人都意识不到计算机的存在。

（3）想象性（Imagination）。想象性指虚拟的环境是人想象出来的，同时这种想象体现出设计者相应的思想，因而可以用来实现一定的目标。所以说虚拟现实技术不仅仅是一个媒体或一个高级用户界面，它同时还是为解决工程、医学、军事等方面的问题而由开发者设计出来的应用软件。

3. 虚拟现实技术的应用

前面已述，虚拟现实技术有着十分广泛的应用领域。例如在房地产领域，虚拟现实技术是一个极好的展示工具和设计工具；在文化体育娱乐领域，虚拟体育运动、虚拟 3D 游戏、虚拟训练仿真系统、QQ 的 3D 真人秀互动聊天、虚拟演播室等都在不同程度上利用了虚拟现实技术；在商业领域，虚拟现实技术可用于物品的外观立体显示、物品亲身体验等；在医学领域，虚拟人的研发和应用、三维医疗技术等无一不采用虚拟现实技术；在教育领域，虚拟学习环境、虚拟实验室、虚拟实验基地、虚拟仿真校园等也都广泛采用了虚拟现实技术。在不远的将来，虚拟现实技术必将为人类工作和生活的各个方面带来翻天覆地的变化。

1.5.2　智能多媒体技术

1993 年 12 月，在多媒体系统和应用国际会议上，英国的两位科学家在会上作了关于建立智能多媒体系统的报告，首次提出了"智能多媒体"的概念，引起了人们的普遍关注和极大兴趣。他们认为，多媒体计算机要充分利用计算机的快速运算能力，综合处理图、文、声、像信息，要用交互式弥补计算机智能的不足，进一步的发展就应该增加计算机的智能。

目前,国内有的单位已初步研制成功了智能多媒体数据库,它的核心技术是将具有推理功能的知识库与多媒体数据库结合起来,形成智能多媒体数据库。另一个重要的研究课题是将多媒体数据库应用到基于内容的图像检索技术,参见第 1.5.4 节。但总体来说,智能多媒体技术的研究还处于起步阶段,其面临的挑战很多,举例如下。

(1) 多媒体信息空间的知识表示和推理。知识表示和推理是智能行为的基础,知识表示的首要任务在于描述丰富、复杂的自然界,多媒体信息种类繁多,数据量大,如何能用知识库的形式将其恰当表示,是实现智能检索的前提。

(2) 智能多媒体技术中的学习机制。机器学习始终是人工智能研究面临的难题,在多媒体信息空间中,更要求机器以拟人化的方式从大量形象、模糊的信息中获取知识。

(3) 冯·诺依曼体系与智能多媒体之间的语义鸿沟。冯·诺依曼机参照系与智能多媒体定义的参照系之间存在语义鸿沟,如何在冯·诺依曼体系上实现智能多媒体参照系的部分语义,如何提出有效支持智能多媒体的全新体系结构等,是智能多媒体研究亟待解决的问题。

尽管尚有众多的难题需要解决,但人工智能技术和多媒体计算机技术的有机结合无疑是多媒体计算机的一个长远发展方向。

1.5.3 科学计算可视化

科学计算可视化是当前计算机学科和多媒体技术的一个重要研究和发展方向,这一科学术语正式出现于 1987 年 2 月美国国家科学基金会召开的一个研讨会上。研讨会发表的总报告给出了科学计算可视化的定义、覆盖的领域以及近期与长期的研究方向。从 1990 年起,美国 IEEE 计算机学会开始举办一年一度的可视化国际学术会议,这标志着"科学计算可视化"作为一个学科已经成熟,它的应用遍及所有应用计算机从事计算的科学与工程学科,并且获得了巨大效益。

科学计算可视化意指运用计算机图形学技术和图像处理技术,将通过科学计算或者数据采集获得的数据(如有限元分析数据,医学数据等)转换为图像的过程,如图 1-10 所示。可视化将人眼无法直接观察的数据转变为人类可以接受的视觉信息,如果离开了可视化,很多数据将由于无法被理解而变得毫无意义,这一技术正成为科学发现和工程设计以及决策的强有力工具。

科学计算可视化可由 3 种处理方式来实现,即事后处理、跟踪和驾驭。事后处理就是把计算与计算结果的可视化分成两个阶段进行,二者之间不发生相互作用,效率较低。跟踪处理要求实时地显示计算过程中产生的结果,以便使研究人员了解当前的计算情况,当发现错误或认为没有必要继续往下计算时,可停止当前计算开始一个新的计算。驾驭处理不仅能使研究人员实时地观察到当前计算状态,而且能对计算进行实时干预。

科学计算可视化的形成是当代科学技术飞速发展的结果。人们现在正处于一个信息爆炸的时代,科学数据的大量产生与缺乏有效解释这些数据手段的矛盾日益尖锐,因此出现了一方面不断产生新的数据,另一方面因无法及时解释和利用这些数据而只能把大量的数据存储起来,造成信息的浪费。科学计算可视化首先是为了高效地处理科学数据和解释科学数据而提出并发展的。它将大量枯燥的数据以图形图像这种直观的方式显示出来,使观察者可以准确地发现隐藏在大量数据背后的规律,从而帮助人们更好地理解和分析这些数据。

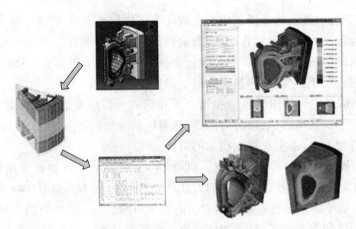

图 1-10　计算过程的可视化

由于可视化对于科学计算的重要作用,面向网格的可视化已经成为一个新的研究方向。美国、欧洲等在面向网格的可视化领域进行了较多研究,这些研究的侧重点有所不同,有些利用网格完成并行体绘制,有些是为现有可视化软件添加网格支持,有些侧重于大规模数据集的传输,有些则致力于面向网格的可视化中间件和体系结构。国内也正进行着有益的探索,浙江大学 CAD&CG 国家重点实验室实现了一个面向网格基于 Java 的交互式远程并行可视化体系结构和系统 Gvis,Gvis 由网格支撑层、可视化层和网格门户层组成,支持对可视化资源的动态管理、自治组织,支持对可视化任务的自主管理和调度,对大规模体数据的并行绘制和远程使用,是一个较为全面的面向网格的可视化系统。

可视化作为资源计算密集型应用和科学计算的重要后续处理步骤,在网格研究中占有重要地位。但作为一全新的研究领域,很多方面有待进一步的深入和完善。

1.5.4　图像检索技术

图像检索技术一直是多媒体技术和计算机图形学研究的热点,本节对图像检索技术进行简要介绍。

最初的图像检索方法利用传统的文本检索技术,为图像做出文字化的注释,以诠释图像的内容。这种方法的特点是简单、易于理解,但是其存在几个根本的问题难以解决。首先,随着图像/视频数据的不断增加,内容不断丰富,很难用文字标签来准确完全地表达其含义,同时对其进行注释的工作量也是非常巨大的。其次,传统的图像注释多采用手工完成,图像注释是靠观察者选出来加上去的,因此受主观因素影响很大,不同的观察者或同一观察者在不同条件下对同一幅图像可能做出不同的描述。最后,对不同的应用需要,可能需要对图像或视频进行不同的描述,这就需要对整个数据库中的数据进行重新制作,更新文字标签,因此这种方法只适用于特定的查询要求,不能满足不同用户的需求。

后来随着人们研究的深入和技术的发展,相继出现了基于内容的图像检索、基于语义的图像检索、基于反馈的图像检索以及基于知识的图像检索等各种方法,这些方法有的应用比较成熟,有的尚在理论探索之中。

1. 基于内容的图像检索技术

20 世纪 90 年代以来,基于内容的图像检索(Content-Based Image Retrieval,CBIR)的

研究和应用得到了长足的发展。CBIR 利用图像的颜色、形状、纹理、轮廓、对象的空间关系等基本视觉特征进行检索,这些特征都是客观独立地存在于图像中的。因此这种图像检索方法的主要特点是利用图像本身包含的客观视觉特性,不需要人为干预和解释,能够通过计算机自动实现对图像特征的提取和存储等。目前基于内容图像检索技术已经取得了不少的成就,一些著名的图像检索系统相继被推出,有 IBM 的 QBIC 系统,哥伦比亚大学开发的 Visual-SEEK,MIT 多媒体实验室开发的 Photo-Book,UCB erkeley 开发的 ChabotL7 系统等。

2. 基于语义的图像检索技术

为了克服基于简单视觉特征的图像检索方法的不足,人们提出了基于语义的图像检索方法。与基于低层物理特征查询不同,语义特征查询是基于文字的查询,包含了自然语言处理和传统图像检索技术。这种检索方法的目标是最大限度地减小图像简单视觉特征与丰富语义之间的语义鸿沟(Semantic Gap)。缩小语义鸿沟的办法有两种:由高层语义导出低层特征和由低层特征向高层语义的转换。

图像语义具有模糊性、复杂性、抽象性,一般包括 3 个语义层次:特征语义、目标和空间关系语义、高层语义。特征语义就是图像的颜色、形状、纹理等底层视觉特征,与视觉感知直接相连;目标语义和空间关系语义需要识别和提取图像中的目标类别、目标之间的空间位置等关系,涉及模式识别和逻辑推理的相关技术;高层语义主要涉及图像的场景语义(如海滨、街道、室内等)、行为语义(如表演、超越、进攻等)和情感语义(如平静、和谐、振奋等)。一般而言,高层的图像语义往往建立在较低层次语义获得的基础上,并且层次越高,语义越复杂,涉及的领域知识越多。基于语义的图像检索一般指的是基于目标和高级语义的图像检索方法。

3. 基于反馈的图像检索

反馈方法的基本思想是在检索过程中,允许用户对检索结果进行评价和标记,指出结果中哪些是用户希望得到的查询图像,哪些是不相关的,然后将用户标记的相关信息作为训练样本反馈给系统进行学习,指导下一轮检索,从而使得检索结果更符合用户的需要。

基于反馈的图像检索系统能够得到更精确的搜索结果,具有很大的实用价值。基于反馈的检索系统主要有以下几点要求:系统反馈的图像数目要合理,选的图像太少会降低系统的性能,选的图像太多不能达到用户的满意;系统迭代的次数不能太多,应该在几次交互操作后便能满足用户的需要;特征提取和系统处理时间要尽可能短,从而达到用户操作的要求。

4. 基于知识的图像检索

基于知识的图像检索系统是将人工智能领域的基于知识的处理方法引入到图像处理领域,通过对图像理解、知识表达、机器学习,并结合专家和用户的先验知识,建立图像知识库实现对图像数据库的智能检索。基于知识的图像检索方法主要涉及自然语言理解、专家系统、知识表达和机器学习等人工智能的主要研究领域。

基于知识的视觉检索系统应该具备下列特性。

(1)系统将图像的人工注释、机器自动提取的图像低层特征同高级语义和领域专家的先验知识相结合,构成知识库系统。

(2)计算机系统不仅能保存知识,而且可以用推理的方式,自动将知识用于图像的高级和低级语义的检索,体现了系统的智能化特点。

(3) 对用户而言应该形成一个简单的、友好的集成界面,理想的界面是普通的用户只需提出要求,而不必具有专业知识和了解其中的方法和过程。

图像检索的发展是一个从简单到复杂、从低级到高级的过程,从最初的文本信息查询发展到基于内容的图像检索。同时随着人们对图像理解、图像识别研究的不断深入,提出了基于图像语义的检索,充分利用了图像的语义信息,提高了图像检索系统的能力。另外,为了解决语义鸿沟的问题,人们提出了基于反馈的信息检索技术,利用人机交互行为,改进系统的能力,提高检索结果的准确性。最后,随着人工智能和信息技术的发展,一种智能的基于知识的信息检索系统成为信息检索领域的发展方向。基于知识的信息检索技术将基于视觉特征和基于文本语义的技术结合在一起,通过建立知识库,实现自动提取语义和图像特征的功能,并且充分考虑到用户特征对检索系统的影响,这是建立高效、实用、快速的图像检索系统的必然发展方向。图像检索领域的关键问题是对人类视觉机制的进一步了解,即探求人是如何去感知图像内容的,这个问题的解决能够进一步优化数据特征索引技术,解决对大规模数据库检索速度的瓶颈问题。随着多媒体数据压缩技术和互联网的迅速发展,信息的形式多种多样,视觉信息数据不仅包括单幅的图像数据还包括视频数据,针对视频数据的特点,进行高速、可靠的检索也是一个需要研究的课题。

本 章 小 结

本章对多媒体及多媒体技术进行了全面的综述,从多媒体的概念、分类、特征入手,讲解了多媒体技术的产生与发展历史、多媒体技术主要研究的内容、多媒体技术的诸多重要应用领域以及未来的几个热点研究方向等,为读者了解多媒体技术和本书的内容体系奠定了较好的基础。

思 考 题

1. 什么是多媒体?什么是多媒体技术?多媒体技术有哪些特征?
2. 多媒体技术的 MPC 标准指的是什么?
3. 简述多媒体技术的主要研究内容。
4. 多媒体技术的应用领域有哪些?谈谈你周围的多媒体技术的应用情况。
5. 多媒体技术的未来发展方向是怎样的?有哪些主要的发展趋势?
6. 何谓"科学计算可视化"?

第 2 章　多媒体计算机系统

学习目标

- 了解多媒体计算机的概念。
- 了解多媒体个人计算机的标准。
- 掌握多媒体计算机的层次结构。
- 了解多媒体计算机的硬件环境和硬件层次。
- 掌握多媒体计算机的软件层次。

2.1　多媒体计算机的概念

在多媒体计算机出现之前,传统的微型计算机或个人机处理的信息往往仅限于文字和数字,只能算是计算机应用的初级阶段,同时,由于人机之间的交互只能通过键盘和显示器,故交流信息的途径缺乏多样性。为了使计算机能够集声、文、图、像处理于一体,人类发明了有多媒体处理能力的计算机。所谓多媒体个人计算机(Multimedia Personal Computer,MPC)就是具有多媒体功能的个人计算机。它的硬件结构与一般所用的 PC 并无太大的差别,只不过是多了一些软硬件配置而已。一般用户如果要拥有 MPC 大概有两种途径:一是直接购买具有多媒体功能的 PC;二是在基本的 PC 上增加多媒体套件而构成 MPC。

2.1.1　多媒体计算机的标准

那么,什么样的计算机才可以被称为是 MPC 呢?

早在 1990 年 11 月,为了规范各多媒体计算机公司 MPC 产品标准化和兼容性的问题,Microsoft、IBM、Philips、NEC 等 14 家多媒体计算机公司组成了多媒体市场协会,制定了多媒体个人计算机平台标准 MPC1。随着计算机多媒体技术的发展,MPC 标准也在不断地修改。自 1991 年发表了 MPC1 标准后,1993 年推出了 MPC2 标准、1995 年推出了 MPC3 标准,1997 年又发布了 MPC4 的技术标准。表 2-1 给出了 4 种标准的性能指标。

表 2-1　多媒体个人计算机规范标准

计算机部件	MPC1	MPC2	MPC3	MPC4
CPU	80386	80486	Pentium 75	Pentium 133
内存/MB	2	4	8	16
软盘/MB	1.44	1.44	1.44	1.44
硬盘/MB	30	160	850	1600
CD-ROM	<1X	2X	4X	10X

计算机部件	MPC1	MPC2	MPC3	MPC4
声卡/位	8	16	16	16
图像	16 位彩色	16 位彩色	24 位彩色	32 位真彩色
分辨率	640×480	640×480	800×600	1280×1024
操作系统	Windows 2.x	Windows 3.x	Windows95	Windows 95

值得特别指出的是,MPC 标准只是提出了对系统的最低要求,是一种参照标准,并且 4 个标准之间并不完全是取代关系。从表可以看出,MPC 标准的发展,是向更高性能微处理器、更大容量存储器、更快运算速度以及更高质量音、视频规格的方向发展。目前市场上的主流计算机配置早已大大超过了 MPC4 标准对硬件的要求,硬件的种类也极大丰富,功能更加强大,多媒体功能已成为个人计算机的基本功能,MPC 标准已不再提及。

2.1.2 多媒体计算机系统的层次结构

多媒体计算机系统是指能综合处理多种信息媒体的计算机系统,是在普通计算机基础上配以多媒体软件和硬件环境,并通过各种接口部件连接而成。

图 2-1 多媒体系统的层次结构

多媒体计算机系统的层次结构如图 2-1 所示,它主要包括以下几层。

第 1 层(最底层)是多媒体硬件系统,它是多媒体计算机系统的硬件设备。除了一般 PC 的硬件之外,还有各种媒体控制板卡及其输入输出设备,其中包括多媒体实时压缩和解压缩卡,由于实时性要求高,有些板卡使用以专用集成电路为核心的硬件来实现。

第 2 层是多媒体驱动程序,它是直接用来控制和管理各种硬件并完成设备的初始化、设备的启动和停滞、设备的各种操作、基于硬件的压缩和解压缩等。不同的多媒体硬件设备需要相应的驱动程序来支持,它通常随着多媒体硬件产品一起提供。

第 3 层是多媒体操作系统,它除了一般操作系统的功能外,还具有实时任务调度、多媒体数据转换和数据同步控制、多媒体设备的驱动和控制以及具有图形和声像功能的用户接口等。根据多媒体系统的用途,多媒体操作系统一般分为两种:一种是专用的多媒体操作系统,它们通常只配置在一些公司推出的专用多媒体计算机系统上,如 Commodore 公司的 Amiga 多媒体系统上配置的 AmigaDos 系统,在 Philips 和 SONY 公司的 CD-I 多媒体系统上配置的 CD-RTOS 等。另一种是通用多媒体操作系统,随着计算机技术的发展,越来越多的计算机具备了多媒体功能,因此通用多媒体操作系统就应运而生。早期的通用多媒体操作系统是美国 Apple 公司为其著名的 Macintosh 微型计算机配置的操作系统,而目前使用最多的通用多媒体操作系统是美国 Microsoft 公司的 Windows 系列操作系统(包括 Windows 95/98/2000/XP/2003/Vista)。

第 4 层是多媒体开发工具,它主要是用于开发多媒体应用的工具软件,其内容丰富,种类繁多,通常包括多媒体素材制作工具、多媒体制作工具和多媒体编程工具等。开发人员可以根据自己的爱好和需求选择适用自己的开发工具,制作出丰富多彩的多媒体应用软件。

第 5 层(最顶层)是多媒体应用软件,这类软件直接面向普通用户,例如各种媒体播放器、图形图像浏览器等,用户只要根据多媒体应用软件给出的操作命令,通过简单的操作便可使用这些软件。

2.2 多媒体计算机系统的硬件

2.2.1 多媒体计算机系统的硬件环境

多媒体计算机系统的硬件环境指的是构成多媒体计算机系统的核心部件和所有外围设备,其中核心部件是计算机,包括计算机的主板、CPU、内存、硬盘、显示器、键盘和鼠标。外围设备则随着技术的不断发展而越来越丰富,起初的多媒体计算机系统外围设备仅有支持声像输入输出的声卡、显卡、音响设备以及光盘存储器等,如图2-2所示。如今,随着多媒体输入输出和存储手段的极大丰富,多媒体计算机的外围设备也越来越多,典型的如触摸屏、语音识别设备、投影仪、扫描仪、打印机、数字照相机、半导体存储介质等,如图2-3所示。相信随着科技的不断创新,今后会有更多的先进设备加盟到多媒体计算机系统中。关于多媒体硬件设备还将在第3章做专门讲述。

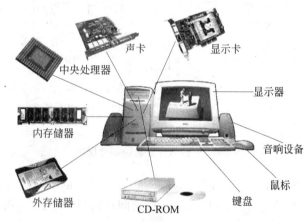

图 2-2 早期的多媒体计算机系统

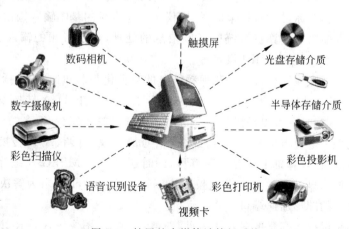

图 2-3 扩展的多媒体计算机系统

2.2.2　多媒体计算机系统的硬件层次

根据第 2.2.1 节的介绍,可以将多媒体计算机系统的硬件划分为几个层次:主机、基本输入输出设备、音频设备、视频设备、存储设备和高级多媒体设备,如图 2-4 所示。

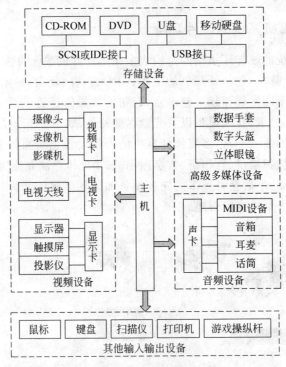

图 2-4　多媒体计算机的硬件层次

主机部分是整个多媒体计算机系统的核心,它需要具备以下几个特点:有一个或多个处理速度较快的中央处理器(CPU),较大的内存空间;高分辨率的显示系统;较为齐全的外设接口。

基本输入输出设备主要用于开发和发布多媒体产品时,文字和图形图像的输入和输出,必不可少的有键盘和鼠标,另外,打印机、扫描仪等也是常见的基本输入输出设备。

音频设备负责多媒体计算机系统的音频信息的处理,包括音频的输入、输出和处理设备,如声卡、音箱、话筒、耳麦、MIDI 设备等。

视频设备负责多媒体计算机图像和视频信息的数字化获取和处理,包括视频压缩卡、电视卡、加速显示卡等。视频压缩卡主要完成视频信号的 A/D 和 D/A 转换及数字视频的压缩和解压缩功能,其信号源可以是摄像头、录像机、影碟机等。现在,很多的压缩和解压缩功能已被软件所代替。电视卡主要完成普通电视信号的接收、解调、A/D 转换以及与主机之间的通信,从而可以在计算机上观看电视节目,同时还可以以 MPEG 压缩格式录制自己喜欢的电视节目。加速显示卡主要完成视频的流畅输出,是 Intel 公司为解决 PCI 总线带宽不足的问题而提出的图形加速端口。

存储设备用来保存大容量的多媒体信息,如声音、视频、图像等,CD-ROM、DVD 光盘是最经济实用的存储载体,但需要相应的刻录设备支持。另外,半导体存储设备(如 U 盘、可移动硬盘、MP3 等)以其容量大、携带方便、速度快等优点赢得了大家的欢迎。

高级多媒体设备：随着科技的进步,近来出现了一些新的输入输出设备,如为配合虚拟现实技术而出现的传输手势信息的数据手套、头盔、立体眼镜等。

2.3　多媒体计算机系统的软件

2.3.1　多媒体计算机系统的软件环境

如果说硬件是多媒体计算机系统的基础,那么软件就是多媒体计算机系统的灵魂。由于多媒体计算机系统涉及种类繁多的各种硬件,要处理形形色色差异巨大的各种多媒体数据,因此,如何将这些硬件有机地组织到一起,使用户能够方便的操作多媒体数据,是多媒体软件的主要任务。除了常见软件的一般特点外,多媒体软件常常要反映多媒体技术的特有内容,如数据压缩、各类多媒体硬件接口的驱动和集成、各种多媒体数据格式的转换,以及与用户的不同交互方式等。所以,一般来说,各种与多媒体有关的软件系统都可以划到多媒体的名下,但实际上许多专门的软件系统,如多媒体数据库、超媒体系统等都单独划出,通常所说的多媒体软件一般指那些公共的软件工具与系统。

2.3.2　多媒体计算机系统的软件层次

多媒体软件可以划分为不同的层次或类别,这种划分是在发展过程中形成的,并没有绝对的标准。本书按其功能划分为 6 类 4 个层次：驱动程序、多媒体操作系统、多媒体素材创作软件、多媒体制作软件、多媒体应用系统和多媒体应用软件,如图 2-5 所示。

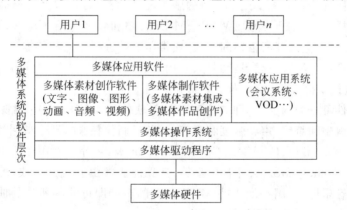

图 2-5　多媒体计算机软件系统的层次

多媒体驱动程序和多媒体操作系统已在前文中有介绍,这里仅对其他 4 类软件作简要介绍。

1. 多媒体素材创作软件

媒体素材指的是文本、图像、声音、动画和视频等不同种类的媒体信息,它们是多媒体产品中的主要组成部分。准备媒体素材包括对上述各种媒体数据的采集、输入、处理、存储和输出等过程,能完成这些功能的软件,称为媒体素材制作软件。下面分类介绍。

(1)文本编辑与录入软件。数字和文字可以统称为文本,是符号化的媒体中应用得最多的一种,同时也是非多媒体的计算机中使用的主要信息交流手段,在多媒体创作时,虽然有多种媒体可供使用,但是在有大段的内容需要表达时,文本方式依然是使用最广泛的,特别是在表达复杂而确切的内容时,人们总是以文字为主,其他方式为辅。

文本的录入方式一般有用键盘直接输入、利用 OCR 技术转换为文本形式、语音识别、手写识别等。

常用的文本编辑软件有:Microsoft Word、金山公司的 WPS;常用的文本录入软件有汉王语音录入和手写软件、清华 OCR、尚书 OCR 等。

(2) 图形和图像编辑与处理软件。在制作多媒体产品时,图形、图像资料一般都是以外部文件的形式加载输入到产品中的,所以可以把准备图像资料理解为准备各种数据格式(如 BMP、PCX 和 TIF 等)的图像文件。

图形图像素材的获取有多种途径,常用的有从光盘素材库中选取、使用软件自制、利用扫描仪输入、利用摄像机和数字照相机拍摄图像、通过网络下载等。

常用的图形图像编辑处理软件有 PainBush、PhotoStyle、Painter、Photoshop、CorelDRAW 等,其中 Adobe Photoshop 作为一种优秀的图像处理软件,一直受到许多用户的青睐和好评,目前,Photoshop 的用户已经超过了 1000 万,同类产品市场占有率达到 50% 以上。其特点是图像处理功能强大,它集图像编辑、图像合成和图像扫描等多种图像功能于一体,同时支持多种图像文件格式,并提供多种图像处理效果,可制作出各种生动形象的图像作品,是一个非常理想的图像处理工具。本书将在第 9 章详细介绍 Photoshop 的使用方法。

(3) 音频编辑与处理软件。声音与音乐在计算机中均为音频(Audio),是多媒体作品中使用最多的一类信息。音频主要用于节目的解说配音、背景音乐以及特殊音响效果等。音频的种类主要包括 3 种:波形音频(WAV)、MIDI 音频和数字音频(CD Audio)。其中波形音频的应用范围最广,但因其所占空间较大,通常压缩后进行存储和传输。

音频获取的途径一般有自己录音制作、利用现有的声音素材库、通过其他外部途径(如 CD、电视)购买版权获得音频、通过网络下载等。

音频处理软件可分为两大类,即波形声音处理软件和 MIDI 软件。常见的波形声音处理方式有波形的剪贴和编辑、声音强度和频率的调节、制作特殊的声音效果等。常用的波形声音处理软件有 WaveEdit、CoolEdit、GoldWave、Cakewalk 等。专用于 MIDI 编辑的软件也较多,如 MIDI Orchestrator、天才音乐家等,其界面通常由五线谱组成,可用鼠标在上面写音符并作各种音乐标记,用一块支持 MIDI 接口的声卡即可演奏所作的曲子。本书将在第 5 章详细介绍常用的音频处理软件。

(4) 视频编辑与处理软件。与图形、音频数据准备一样,视频也是以外部的文件形式加载到多媒体产品中的,所以准备视频资料就是采集或准备各种数据格式(如 AVI、MPG 等)的视频影像文件。

视频获取的途径主要有两种:一种是数字化光盘视频库,如 VCD、DVD 电影等,可以从中节选一些作为素材;另一种方式就是利用视频卡捕获视频,把摄像机、录像机与视频卡相连,可以将拍摄到的视频图像进行数字化处理进而转存到计算机中,如果是数字摄像机就可以直接将其保存到计算机中。

常用于视频处理的软件较多,如 Windows XP 系统自带的 MovieMaker,提供了简便易用的向导来帮助非专业人士轻松制作电影;电影魔方(MPEG Video Wiazrd)以其人性化的界面和丰富的转场特效使用户能够快速创建和编辑多媒体数字视频作品;此外 Adobe 公司推出的专业数字视频处理软件 Premiere,功能强大,可以配合多种硬件进行视频捕获和输出,提供各种视频编辑工具,并能产生广播级质量的视频文件。

(5)动画编辑软件。动画具有形象、生动的特点,适宜模拟表现抽象的过程,容易吸引人的注意力,在多媒体应用软件中对信息的呈现具有很大帮助。动画的制作方法分为两类:一类是由人具体的告知计算机角色运动的矢量及变化的方式;另一类是用户只需告知计算机角色的起始与最终状况,由计算机自动计算生成角色的运动方法。

动画素材的准备和编辑需要借助于动画创作工具,如二维动画创作工具 Animator Pro、Flash 和三维动画创作工具 3D Studio Max、Maya 等。其中 Macromedia 公司的 Flash 是主要用于制作 Web 站点的动画、图形、文本的应用程序,它支持动画、声音以及交互,具有强大的多媒体编辑功能,由它制作的 Flash 动画,目前已渗透到计算机多媒体应用的多个方面,特别是在 Web 网站中 Flash 动画的应用占据着举足轻重的地位。

2. 多媒体制作软件

多媒体制作软件又称为多媒体平台软件、多媒体著作工具,是指能够集成处理和统一管理文本、图形、静态图像、视频影像、动画、声音等多媒体信息,使之能够根据用户的需要生成多媒体应用软件的编辑工具。主要用于多媒体素材的集成、多媒体作品的创作等。早期的多媒体制作软件大多依赖于程序设计语言,如 C 语言、Visual Basic 语言等,但是由于多媒体技术的复杂性以及对各种媒体处理与合成的高难度,通常用程序设计多媒体应用系统比一般计算机应用系统的开发要难得多。为了有效地提高开发多媒体应用系统的质量和速度,人们把研究重点放在适合各种开发需要的多媒体制作工具上,通过这些多媒体著作工具,使得多媒体应用系统的开发不再是专业程序员的专利,各应用领域的开发人员甚至是普通用户也能够利用这些多媒体制作工具高效率的制作出适合不同场合的多媒体应用系统。

(1)多媒体创作模式。多媒体创作模式是应用程序创作中的概念模型,常见模式有6种,如图 2-6 所示。

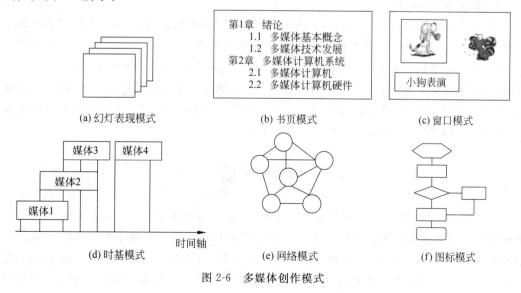

(a) 幻灯表现模式　　　(b) 书页模式　　　(c) 窗口模式

(d) 时基模式　　　(e) 网络模式　　　(f) 图标模式

图 2-6　多媒体创作模式

① 幻灯片表现模式。一种线性表现模式,使用这种模式的工具假定表现过程可以分为一系列的"幻灯片",即顺序表现的分离屏幕。

② 书页模式。这种模式中应用程序组织成一本或更多的"书",书又按照称为"页"的分离屏幕来组织。

③ 窗口模式。目标程序按分离的屏幕对象组织成为"窗口"的一个序列。

④ 时基模式。主要由动画、声音以及视频组成的应用程序或表现过程,可以按时间轴顺序制作。

⑤ 网络模式。这种模式允许程序组成一个网状的自由形式结构,可以根据用户的需要自由选择表现顺序或结构。

⑥ 图标模式。图标用来表示对应的内容、动作或交互控制,在制作过程中,通过一张显示一系列有不同对象链接的流程图来表示。

(2) 多媒体创作工具的类型。按上面所述的多媒体创作模式分类,可将多媒体著作工具分为以下几种。

① 幻灯式。线性表现结构,如 Microsoft PowerPoint。

② 书本式。建立像书一样的多维结构,如 ToolBook。

③ 窗口式。一个窗口就是屏幕上的一个与用户交互的对象,在窗口中的所有控件和对象都通过窗口接受控制,如 ToolBook。

④ 时基式。采用按时间轴顺序的创作方式,如 Micromedia Action。

⑤ 网络式。交互式最强的应用程序,允许用户从应用程序空间的任意一个对象不受限制的跳转至任何其他对象,如 Micromedia Dreamweaver。

⑥ 流程图式。提供直观的编程界面,利用各种功能图标逻辑结构的布局,体现程序运行的结构,如 Micromedia Authorware。

⑦ 总谱式。以角色和帧为对象的多媒体创作工具软件,可以视为时基式与脚本的结合,如 Micromedia Director。

3. 多媒体应用软件

多媒体应用软件直接面向用户,可满足用户对各种媒体的播放、查看、刻录、格式转换等多种要求,一般操作简便,易学易用。如音频播放软件千千静听、Winap、QQ 音乐播放器等;用于音视频播放的暴风影音、Kmplayer、RealPlayer、Windows Media Player、豪杰超级解霸等;用于图像查看和管理的 ACDSee、Windows 图片查看器、截图软件 SnagIt 等;光盘刻录软件较流行的有 Nero、WinISO、CloneCD、光盘刻录大师等;用于格式转换的软件也很多,实用的有格式工厂、Total Video Converter 等。

本 章 小 结

本章简要介绍多媒体计算机的概念和标准,描述了多媒体计算机的层次结构,其中包括多媒体计算机的硬件层次结构和软件层次结构,多媒体软件包括多媒体操作系统、多媒体素材制作软件、多媒体创作软件、多媒体应用软件等,其中图像处理软件 Photoshop、动画制作软件 Flash、多媒体创作工具 PowerPoint 以及众多的多媒体应用软件都将在本书后半部分做重点介绍。

思 考 题

1. 什么是多媒体计算机的标准?
2. 多媒体计算机的层次结构是怎样的?
3. 多媒体计算机的软件系统层次是什么?
4. 常用的多媒体创作软件有哪些?

第3章 多媒体计算机硬件设备

学习目标

- 理解音频信息处理设备的构成。
- 了解声卡的分类及基本功能。
- 了解常见的声音输入设备和还原设备。
- 理解视频信息处理设备的构成。
- 理解显卡的结构、种类、原理及性能指标。
- 熟悉不同类型显示器的性能对比。
- 了解多媒体存储器的分类及常见的存储设备。
- 了解扫描仪的工作原理及常见分类。
- 了解几种主要的触摸屏的性能优缺点。
- 了解激光打印机的工作原理。
- 了解投影机的分类和 LCD 投影机的工作原理。

多媒体信息的处理离不开各种多媒体硬件设备,与音频信息处理有关的设备主要有声音适配器(声卡)、声音输入(话筒)和声音还原设备(耳机、音箱);与视频信息处理有关设备主要有显示适配器(显卡)、各类视频卡、显示器等;多媒体信息的存储离不开内存、硬盘、光盘、移动存储设备等;此外,其他常见的多媒体信息输入输出设备如扫描仪、数字照相机、触摸屏、打印机、投影机等也在本章做简单介绍。

3.1 音频信息处理设备

3.1.1 声音适配器

处理音频信号的是声音适配器(Sound Card),也叫音频卡,即通常所说的声卡。声卡是多媒体技术中最基本的组成部分,是实现数字信号与模拟信号相互转换的一种硬件。传声器(俗称麦克风或话筒)和扬声器(俗称喇叭)所用的都是模拟信号,而计算机所能处理的都是数字信号,声卡的作用就是实现两者的相互转换。

1. 声卡的分类

声卡发展至今,主要分为板卡式、集成式和外置式 3 种接口类型,以适用不同用户的需求,如图 3-1 所示。3 种类型的产品各有优缺点。

(1) 板卡式。市场上最常见的是卡式产品,涵盖低、中、高各档次,售价从几十元至上千元不等。早期的板卡式产品多为 ISA 接口,由于此接口总线带宽较低、功能单一、占用系统资源过多,目前已被淘汰;PCI 接口的声卡则因为拥有更好的性能及兼容性,支持即插即用等优点,成为市场上的主流产品。

(2) 集成式。声卡只会影响到计算机的音质,对系统性能影响较小。大多用户对声卡

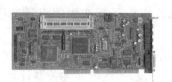

(a) ISA接口的板卡式声卡

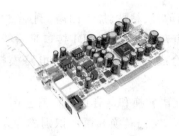

(b) PCI接口的板卡式声卡

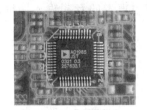

(c) 主板上的集成式声卡芯片

(d) 外置式声卡

图 3-1　各种声卡

的要求只满足于能用就行,更愿将资金投入到增强系统性能上。因此,更为廉价与简便的集成式声卡应运而生。此类声卡集成在主板上,具有不占用 PCI 接口、成本更为低廉、兼容性更好等优势,且能够满足普通用户的绝大多数音频需求,自然受到市场青睐。随着集成式声卡技术的不断进步,PCI 接口声卡具有的多声道、低 CPU 占有率等优势也相继出现在集成声卡上。因此,集成式声卡在中低端市场占有了绝对的主导地位。

(3) 外置式。外置式声卡是创新公司最早推出的新型声卡,它通过 USB 接口与 PC 连接,具有使用方便、便于移动等优势。但这类产品主要应用于特殊环境,如连接笔记本实现更好的音质等。目前市场上的外置声卡并不多,常见的有创新的 Extigy、Digital Music 两款,以及 MAYA EX、MAYA 5.1 USB 等。

此 3 种类型的声卡中,集成式声卡价格低廉,技术日趋成熟,现占据了较大的市场份额。随着技术进步,这类声卡在中低端市场还拥有非常大的前景;PCI 声卡凭借独立板卡在设计布线等方面的优势,发挥出更好的音质,成为中高端声卡领域的中坚力量;而外置式声卡的优势与成本对于家用 PC 来说并不明显,仍是一个填补空缺的边缘产品。

2. 声卡的基本功能

(1) 声音的输入。把话筒或音频连接线(line in)输入的声音(模拟信号),进行采样、量化和编码,变成数字化的声音进入计算机,即进行模数转换(Analog to Digital Convert,A/D Convert)。经过模数转换的数字化音频信号以文件形式保存在计算机中,可以利用音频信号处理软件对其进行加工、处理和播放。

(2) 声音的输出。声音的输出,也称为声音的还原,是指把计算机中的数字化声音数据还原为模拟信号,即进行数模转换(Digital to Analog Convert,D/A Convert)。经数模转换后的音频模拟信号,从音频连接线(line out)输出,然后经由扬声器、耳机播出。

(3) 声音的编辑。利用声卡上的数字信号处理器(DSP)对数字化音频信号进行处理,它可减轻 CPU 的负担。该处理器可以通过编程来完成高质量音频信号的处理,并可加快音频信号处理速度。在软件的配合下,声卡还可以对声音文件进行多种编辑和特殊效果的处理,包括剪裁、粘贴、加入回声、倒放、快放、慢放、循环播放等。

(4)声音的合成。MIDI接口是乐器接口的标准,通过声卡MIDI合成器的波表合成和频率调制合成两种方式,用电子电路模拟自然界或真实乐器所产生的声音进行电子音乐合成。

(5)文语转换和语音识别。有些声卡捆绑了文语转换软件(即文字到语音的转换)和语音识别软件,文语转换和语音识别成为人机交互的新手段,实现听写和控制计算机的功能。

3. 声卡的接口及其对应的外部设备

以板卡式声卡为例,声卡的接口如图3-2所示,其中声卡的音频输入端口通常有3个,用于模拟信号输入。

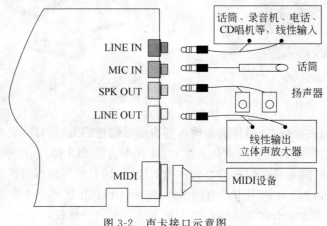

图3-2 声卡接口示意图

(1)线路输入端口(Line In)。把外界的音源输入计算机,可连接各种声源的音频输出端,例如收音机、话筒、电话、录音机、电视机、VCD机、CD机等。

(2)话筒输入端口(Mic In)。用于连接话筒。可通过此端口进行录制语音、进行语音识别或者打网络电话等。

(3)CD-ROM输入端口。这是专用端口,位于声卡电路板上,而不在声卡挡板上。该端口一般采用四线插座,左声道和右声道各有两条线,与CD-ROM的音频输出端相连。当CD-ROM播放音乐CD时,就能通过声卡发出声音,并能控制CD-ROM的播放动作。

声卡的音频输出端口一般有3个,用于音频模拟信号的输出。

(4)喇叭输出端口(Speaker Out)。此端口输出的音频信号经过声卡的功率放大器放大,能直接带动耳机或功率较小的音箱。

(5)线路输出端口(Line Out)。音频信号通过此端口传送到音频放大器或有源音箱的信号输入端,通常用于音质要求较高的场合,但是由于功率小,不能直接带动音箱发声。

(6)MIDI乐器接口(MIDI)。可连接MIDI音乐设备。

3.1.2 声音输入设备

要想将外部的声音录入到计算机中,必须要配有声音输入设备,即传声器(俗称话筒、麦克风),由Microphone翻译而来。话筒是一种电声器材,通过声波作用到电声元件上产生电压,再转为电能。如图 3-3 是常见的话筒。

图 3-3 各种话筒

按转换能量分类,话筒一般分为动圈话筒和电容话筒两类。

(1) 动圈话筒。由磁场中运动的导体产生电信号的话筒。是由振膜带动线圈振动,从而使在磁场中的线圈感应出电压。其特点是使用简单,性能稳定,价格较低,无须外接直流工作电压。

(2) 电容话筒。这类话筒的振膜就是电容器的一个电极,当振膜振动,振膜和固定的后极板间的距离跟着变化,就产生了可变电容量,这个可变电容量和话筒本身所带的前置放大器一起产生了信号电压。与动圈话筒相比,电容话筒灵敏度高,音色好,瞬态响应性能佳,不过一般价格较高,适用于对音质要求较高的场合,如专业录音棚、演播厅等。

3.1.3 声音还原设备

通过与声卡的线路输出端口相连接,把计算机中的数字化声音播放出来,还原为模拟的自然声音,这些设备即为声音还原设备,例如耳机、音箱等。

1. 耳机

耳机相当于个人音响,在选择耳机时,适用是最重要的,首先要符合使用需求,其次还要注意耳机的音质,最后就是佩戴是否舒服。

耳机从结构上分为开放式,半开放式和封闭式。从佩带形式上则有耳塞式、挂耳式和头带式。根据工作原理又可分为压电式、动圈方式、静电式和等磁式耳机,如图 3-4 所示。

图 3-4 各种耳机

压电式耳机利用压电陶瓷的压电效应发声。这种耳机的优点是效率和频率较高,缺点是失真大、驱动电压高、低频响应差、冲击力差。此类耳机多用于电报收发,现已基本淘汰。少数耳机采用压电陶瓷作为高音发声单元。

动圈式耳机是现在最普遍的耳机形式。它将线圈固定在振膜上,置于由永磁铁产生的固定磁场中,信号经过线圈切割磁力线,从而带动振膜一起振动发声。这种耳机的优点是制作相对容易,失真小、频响宽,缺点是效率低。

静电式耳机又称为静电平面振膜,是将铝或其他导电金属线圈直接电镀或印刷在很薄的塑料膜上,将其置于强静电场中(通常由直流高压发生器和固定金属片组成),信号通过线圈时切割电场,带动振膜振动发声。这种耳机的优点是线性好,失真小(电场比磁场均匀),瞬态响应好(振膜质量轻)。缺点是低频响应不好,需要专门的驱动电路和静电发生器,价格昂贵。

等磁式耳机的驱动器类似于缩小的平面扬声器,它将平面的音圈嵌入轻薄的振膜里,像印刷电路板一样,可以使驱动力平均分布。磁体集中在振膜的一侧或两侧(推挽式),振膜在其形成的磁场中振动。等磁体耳机振膜不如静电耳机振膜轻,但有同样大的振动面积和相近的音质,它不如动圈式耳机效率高,不易驱动。

2. 扬声器

扬声器(俗称喇叭)是一种十分常用的电声换能器件,在能发出声音的电子电器中都能见到它。扬声器在电子元器件中是一个最薄弱的器件,而对于音响效果而言,它又是一个最重要的器件。

扬声器可分为内置扬声器和外置扬声器,内置扬声器放在计算机设备内部或在主机箱内,可以不用外接音箱,也可以避免长时间佩戴耳机所带来的不便。而外置扬声器即一般所指的音箱。就其功能而言,外置扬声器又分为有源音箱和无源音箱。无源音箱直接和声卡的喇叭(SPEAKER)输出端口相连接,其特点是连接简单,重量轻、输出功率较小;有源音箱带有功率放大器,和声卡的线路输出(LINE OUT)端口相连接,特点是输出功率较大、连接线较多,并且有一定重量。扬声器按其换能原理也可分为电动式(即动圈式)、静电式(即电容式)、电磁式(即舌簧式)、压电式(即晶体式)等几种,后两种多用于农村有线广播网中。按频率范围扬声器又可分为低频扬声器、中频扬声器、高频扬声器,这些常在音箱中作为组合扬声器使用。如图 3-5 为各类型的扬声器。

(a) 笔记本内置扬声器　　　　　(b) 外置无源扬声器　　　　　(c) 外置有源扬声器

图 3-5　各种扬声器

3.2　视频信息处理设备

3.2.1　显示适配器

无论声音还是影像,交由计算机处理的时候都是以二进制编码方式存在的。在完成处理后,计算机必须把这些数字信号转换成模拟信号,才能够让人们识别。对于声音,完成这一工作的是前面讲过的声卡。而对于影像,完成这一转换功能的部件就是显示卡,或简称显卡,全名为显示适配器(Video Adapter)。

显卡是个人计算机最基本组成部件之一,它是显示器与主机通信的控制电路和接口。

大部分显卡是一块独立的电路板,安装在主板的扩展槽中。当然也有很多是直接与主板集成在一起。显卡的主要作用就是在程序运行时根据 CPU 提供的指令和有关数据,将程序运行的过程和结果进行相应的处理,转换成显示器能够接受的文字和图形显示信号,并通过屏幕显示出来,也就是说显示器必须依靠显卡提供的信号才能显示出各种字符和图像,如图 3-6 所示。

图 3-6　显示适配器与显示器

1. 显卡的结构

每块显卡基本上都是由显示芯片、显示内存、RAMDAC 芯片、显示 BIOS、显卡接口以及 PCB 板及板上的电容、电阻等元器件组成的。多功能显卡还配备了视频输出/输入接口,供特殊需要。

(1) 显示芯片。显示芯片也称加速引擎和图形处理器(Graphics Processing Unit, GPU),是显卡的核心,其主要任务就是处理系统输入的视频信息并对其进行构建、渲染等。GPU 使显卡减少了对 CPU 的依赖,并代替了部分 CPU 的工作。

(2) 显示内存。显示内存即显示缓存,简称显存,主要作用就是临时储存显示芯片已经处理或将要处理的数据。显存是显卡上的关键核心部件之一,它的优劣和容量大小直接关系到显卡的最终性能表现。无论显示芯片的性能如何出众,最终性能都要通过配套的显存来发挥。

(3) RAMDAC 芯片。RAMDAC(Random Access Memory Doptal nalog Convene,随机访问存储数字模拟转换器)是显卡中另一个重要芯片,其作用是把二进制的数字转换成和显示器相适应的模拟信号。该芯片决定了显示器所支持的分辨率以及图像的显示速度等。

数模转换工作频率的单位是 MHz,与最大分辨率的关系式为

数模转换的工作频率＝最大分辨率×显示刷新频率×带宽系数

(4) 显卡 BIOS。显卡的 BIOS 芯片类似于主板 BIOS,通常是一块闪存,除了存有显示卡的型号、规格、生产厂家及出厂时间等信息外,还存放显示芯片与驱动程序之间的控制程序及一些基本的配置信息,如显存频率等,其默认值就存放在 BIOS 芯片中。

(5) 显卡接口。显卡接口决定了显卡与系统之间数据传输的最大带宽,也就是瞬间所能传输的最大数据量。显卡发展至今共出现 ISA、PCI、AGP、PCI Express 等几种,所能提供的数据带宽依次增加。目前主流台式计算机可以使用的显卡接口包括 PCI、AGP、PCI Express 这 3 种,如图 3-7 所示。而 ISA 接口显卡已经被完全淘汰。

① PCI(Peripheral Component Interconnect,外设部件互连标准)。几乎所有的主板产品上都带有 PCI 插槽,它也是主板带有数量最多的插槽类型,在目前流行的台式机主板上,ATX 结构的主板一般带有 5～6 个 PCI 插槽,而小一点的 MATX 主板也都带有 2～3 个 PCI 插槽。由于 PCI 总线只有 133MBps 的带宽,虽然能够应付如声卡、网卡、视频卡等输入

 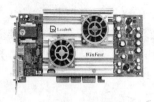 

(a) PCI接口显卡   (b) AGP接口显卡   (c) PCI Express接口显卡

图 3-7 不同接口的显卡

输出设备,但对性能日益强大的显卡则无法满足其需求,所以目前 PCI 接口的显卡已经不多见了,只有较老的 PC 上才有。

② AGP(Accelerate Graphical Port,加速图形接口)。它是 Intel 公司推出的视频接口技术标准,是为解决 PCI 总线的低带宽而开发的接口技术,它通过将显卡与系统主内存连接起来,在 CPU 和图形处理器之间直接开辟了更快的总线。AGP 接口的发展经历了 AGP 1.0(AGP1X、AGP2X)、AGP 2.0(AGP Pro,AGP 4X)、AGP 3.0(AGP 8X)等阶段,其传输速度也从最早的 AGP 1X 的 266MBps 的带宽发展到了 AGP 8X 的 2.1GBps。

③ PCI Express 是新一代总线接口。它采用点对点串行连接,与早期 PCI 的共享并行架构相比,每个设备都有自己的专用连接,不需要向整个总线请求带宽,从而把数据传输率大幅度提高。PCI Express 接口支持即插即拔和同步数据传输,规格从 PCI Express 1X 到 PCI Express 16X,最高带宽可以达到 10GBps,而且还有相当大的发展潜力。

2. 显卡的工作原理

(1) CPU 将有关作图的指令和数据通过总线传送给显卡。由于需要传送大量的图像数据,因而显卡接口在不断改进,从最早的 ISA 接口到 PCI,而后是 AGP 接口,以及现在普及的 PCI-E 接口,数据吞吐能力也在不断增强。

(2) GPU 根据 CPU 的要求,对送来的资料进行处理,并将最终图像数据保留在显存中。

(3) 对于普通显卡,RAMDAC 从显卡中读出图像数据,将数字信号转化为模拟信号传送给显示器。对于具有数字输出接口的显卡,则无须转换,直接将数据传递给数字显示器。

3. 显卡的性能指标

(1) 显存容量。显存容量与存取速度对显示卡的整体性能有着举足轻重的作用,显存容量越大,可以储存的图像数据就越多,支持的分辨率与颜色数也就越高,显卡的图形处理能力也就越强。

(2) 显示分辨率。显示分辨率以像素点为基本单位,显卡规格不同,支持的分辨率也有差别,显示分辨率越高,屏幕上显示的图像像素越多,则图像显示也就越清晰。显示分辨率和显示器、显卡都有密切的关系。

(3) 刷新频率。刷新频率是指图像在屏幕上更新的速度,即屏幕上每秒显示全画面的次数,其单位是赫兹(Hz)。刷新率越高,显示器的闪烁感也越小。为了保护眼睛,最好将显示刷新频率调到 75Hz 以上,人眼不易觉察其闪烁。刷新频率的性能取决于显卡上

RAMDAC 的速度。

（4）色彩位数。图形中每一个像素的颜色是用一组二进制数来描述的,这组描述颜色信息的二进制数长度（位数）就称为色彩位数。色彩位数越高,显示图形的色彩越丰富。

3.2.2 视频卡

视频卡是 PC 上用于处理视频的一种板卡,主要功能是对模拟视频进行实时动态地捕捉,数字化压缩、存储等处理。显卡是每台计算机必备的,而视频卡则是需要时才安装,将其插在主板的扩展槽内,安装好驱动程序后,借助视频处理软件工作。

1. 视频卡分类及其功能

根据用途不同,视频卡分为不同的种类,如图 3-8 所示。

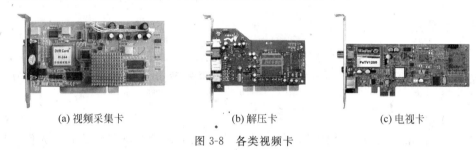

(a) 视频采集卡   (b) 解压卡   (c) 电视卡

图 3-8　各类视频卡

（1）视频采集卡。其功能是将连续的视频信号转换成数字视频信号,保存在计算机中或在 VGA 显示器上显示,完成这种功能的视频卡称之为视频采集卡,或称之为视频转换卡。

（2）视频播放卡。将压缩保存在计算机中的视频信号数据在计算机的显示器上播放出来的这种卡称为视频播放卡,或称解压卡,也称之为电影卡。

（3）电视转换卡。电视转换卡分为两类:电视卡和 TV 编码器。

电视卡是将标准的 NTSC、PAL、SECAM 电视信号转换成 VGA 信号在计算机屏幕上显示,这类卡也称为 TV-VGA 卡或电视调谐卡（TV Turner）等。

TV 编码器将计算机的 VGA 信号转换成 NTSC、PAL、SECAM 等标准的信号在电视上播放或进行录像,这类卡也叫做 PC-TV 卡、VGA-TV 卡等。

由于视频采集卡应用最多,所以视频卡一般指的就是视频采集卡。视频采集卡可以将摄像机、录像机和其他视频信号源的模拟视频信号转录到计算机内部,也可以用摄像机将现场的图像实时输入计算机。视频采集卡能在捕捉视频信息的同时获得伴音,使音频部分和视频部分在数字化时同步保存、同步播放。视频采集卡不但能把视频图像以不同的视频窗口大小显示在计算机的显示器上,而且还能提供许多特殊效果,如冻结、淡出、旋转、镜像等。

2. 视频卡的工作原理

这里以视频采集卡为例介绍视频卡的工作原理,如图 3-9 所示。

视频信号源、摄像机、录像机或激光视盘的信号首先经过 A/D 转换,送到多制式数字解码器进行解码得到 YUV 数据,然后由视频窗口控制器对其进行剪裁,改变比例后存入帧存

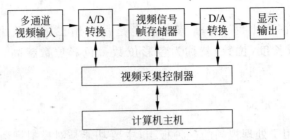

图 3-9　视频卡的工作原理

储器。帧存储器的内容在窗口控制器的控制下,与 VGA 同步信号或视频编码器的信号同步,再送到 D/A 转换器转成模拟的 RGB 信号,同时送到数字式视频编辑器进行视频编码,最后输出到 VGA 监视器、电视机或录像机。

3.2.3　显示器

显示器用于显示主机发出的各种信息,相当于计算机的"脸",是人与计算机沟通的主要媒介。随着显示器技术的不断发展,显示器的分类也越来越细化,主要分为以下几类。

1. CRT 显示器

CRT(Cathode Ray Tube)显示器,如图 3-10 所示,采用的阴极射线管就是人们俗称的显像管,是目前应用最广泛的显示器之一,具有可视角度大、无坏点、色彩还原度高、色度均匀、响应时间极短等 LCD 显示器难以超越的优点,而且 CRT 显示器价格相对比 LCD 显示器便宜。

显示器的显示系统和电视机类似,主要部件是显像管(电子枪)。在彩色显示器中,通常是 3 个电子枪,也有的 CRT 是 3 个电子枪在一起,称为单枪。显示管的屏幕上涂有一层荧光粉,电子枪发射出的电子击打在屏幕上,使被击打位置的荧光粉发光,从而产生了图像,每一个发光点又由红、绿、蓝 3 个小的发光点组成,这个发光点也就是一个像素。由于电子束是分为 3 条的,它们分别射向屏幕上的这 3 种不同的发光小点,从而在屏幕上出现绚丽多彩的画面,如图 3-11 所示。

图 3-10　CRT 显示器

电子枪

图 3-11　电子枪发射电子束

CRT 显示器的显示外观受制造工艺条件限制,经历了球面显示→柱面显示→物理纯平→视觉纯平几个发展阶段,使得人眼观看的显示效果越来越舒适和真实,如图 3-12 所示。

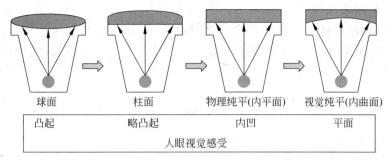

图 3-12 CRT 显示器显示效果的改善

（1）球面显示。早期形式,边缘信息变形严重,正前方看时可减少变形。

（2）柱面显示。横向弧形,纵向平面,左右观看仍有变形,俯仰观看是平面。

（3）物理纯平。该类显示器又称为"平面直角"显示器,显示屏内外表面均呈平面形式,观看者不用转动头部,用眼角余光就可以看到整个屏幕,由于内表面是平面,电子束到达各点的距离不等,光线发生折射的程度不等,因此实际给人眼的感觉是向内凹。

（4）视觉纯平。显示屏的外表面是平面,而内表面是曲面,使得电子束到达屏幕各点的距离几乎一致,补偿了光线折射,使内凹感消失,达到了真正的"视觉纯平"效果,目前这种技术已经十分成熟,市场上的 CRT 显示器均为真正的纯平显示器。

2. LCD 显示器

LCD(Liquid Crystal Display)即液晶显示器,是一种采用液晶控制透光度技术来实现色彩的显示器,如图 3-13 所示。根据所采用的材料构造,可把 LCD 分为 TN、STN、TFT 三大类。TFT-LCD 是目前最好的 LCD 彩色显示设备之一,其效果接近 CRT 显示器,是现在笔记本计算机(如图 3-14 所示)和台式机上的主流显示设备。

图 3-13　桌面 LCD 显示器

图 3-14　笔记本计算机

本书以 TFT-LCD 为例介绍 LCD 的工作原理。LCD 显示屏是由不同部分组成的分层结构,剖面图如 3-15 所示。LCD 由两块玻璃板构成,厚约 1mm,由含有液晶材料的物质均匀间隔开,间隔距离为 $5\mu m$。因为液晶材料本身并不发光,所以在显示屏两边都设有作为光源的灯管,而在液晶显示屏背面有一块偏光板(或称背光板)和反光膜,偏光板是由荧光物质组成的可以发射光线,其作用主要是提供均匀的背景光源。偏光板发出的光线在穿过第一层偏振过滤层之后进入包含成千上万液滴的液晶层。液晶层中的液滴都被包含在细小的单元格结构中,一个或多个单元格构成屏幕上的一个像素。在下层偏光板与液晶材料之间 TFT 基层上分布着透明的电极,电极分为行和列,通过改变电极的电压而改变液晶的旋光状态。如图 3-16 所示,当 LCD 中的某个电极产生电场时,液晶分子就会产生扭曲,从而将穿越其中的光线进行有规则的折射,然后经过颜色过滤层的过滤在屏幕上显示出来红色,而未加压的电极对应的液晶旋光状态未变,光线透不过去,对应的绿色在屏幕上显示不出来。

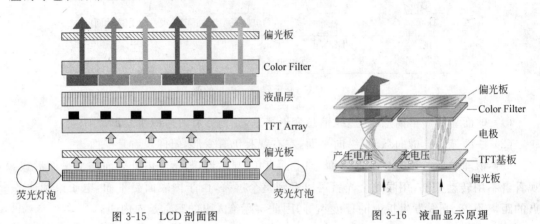

图 3-15　LCD 剖面图　　　　　　　图 3-16　液晶显示原理

和 CRT 显示器相比,LCD 的优点非常明显,主要表现在如下方面。

(1) LCD 显示器画面稳定,无闪烁感。由于 LCD 显示器是通过控制是否透光来控制亮和暗,当色彩不变时,液晶也保持不变。此时无须考虑刷新率,即使刷新率不高图像也很稳定,无闪烁感。因此长时间观看 LCD 显示器屏幕不会对眼睛造成很大伤害。

(2) 由于 LCD 显示器让底板整体发光,所以它做到了真正的完全平面。

(3) LCD 显示器不易产生电辐射,对人体危害小。

(4) LCD 显示器还具有机身薄,体积小,能耗低等优点。一般一台 15in 的 LCD 显示器的耗电量也就相当于 17in 纯平 CRT 显示器的三分之一。

正是由于这些优点,越来越多的用户倾向于选择 LCD 显示器。

当然 LCD 显示器也有一些缺点。与 CRT 显示器相比较,LCD 显示器图像质量仍不够完善,色彩表现和饱和度在不同程度上不及 CRT 显示器,而且液晶显示器的响应时间也比 CRT 显示器长,当画面静止的时候还可以,一旦用于玩游戏、看影碟这些画面更新速度快且剧烈的显示时,液晶显示器的弱点就暴露出来了,画面延迟会产生重影、拖尾等现象。

3. LED 显示器

LED(light emitting diode)是发光二极管显示屏,它通过控制半导体发光二极管的显示来显示文字、图形、图像、动画、视频、录像信号等各种信息。

LED 背光液晶只是在传统液晶的基础上,将背光系统由荧光改为了 LED,但无论是显示效果还是寿命等方面,都有着长足的进步。与 LCD 显示器相比,LED 显示器具有五大优势:色彩更丰富、亮度更均匀、更为省电、动态对比度和拖影问题基本得到解决、更轻更薄,如图 3-17 所示。

3 种显示器的性能对比如表 3-1 所示。

图 3-17　LED 显示器

表 3-1　CRT 显示器、LCD 显示器、LED 显示器性能对比表

显示器种类 对比项目	CRT 显示器	LCD 显示器	LED 显示器
显示原理	电子枪发射电子束	液晶体,背光源为荧光	液晶体,背光源为 LED
重量体积	体积大,不易移动	机身薄,移动方便	超薄,更为轻便
可视角度	可视角度大	可视角度较小	较小
色彩	色彩还原高	色彩还原度较差	色彩更丰富
亮度	高	较高	极高,且亮度均匀
画面稳定	闪烁,刺激眼睛	平稳,无闪烁感,有拖影	平稳,无闪烁,无拖影
响应时间	极短	较长	短
环保节能	费电,闪烁	省电,但含汞	更省电,不含汞
辐射	较大	基本无	基本无
抗干扰	较差	较强	强
寿命/万小时	9	3	10

3.3　多媒体信息存储设备

在计算机的组成结构中,存储器是一个很重要的部分。有了存储器,才有记忆功能,才能保证计算机正常工作。对于多媒体信息,特别是视音频信息的数据量非常大,要占用巨大的存储空间,因此,容量大、速度快、工作稳定、成本低廉的存储设备成为多媒体技术发展的基础和保障。

随着技术的发展,存储器的成本越来越低,容量与速度越来越高,体积越来越小,种类越来越多。根据存储材料和使用方法的不同,存储器有不同的分类方法,如表 3-2 所示。

表 3-2　存储器的分类

分类方法	名　　称	举　　例
按存储介质	半导体存储器	ROM、RAM(内存)、闪存(U 盘)
	磁表面存储器	硬盘、软盘、磁带
	光存储器	CD-ROM、DVD-ROM
按存取方式	随机存储器	RAM(内存)、硬盘、软盘
	只读存储器	ROM、CD-ROM
	顺序存储器	磁带
按信息的可保存性	非永久性记忆存储器	半导体 RAM
	永久性记忆的存储器	半导体 ROM 以及磁性材料的存储器

分 类 方 法	名 称	举 例
按读写功能	只读存储器	只读光盘、ROM
	可写存储器(有限次)	有限次写入光盘
	随机读写	半导体和磁性材料的存储器
按在计算机中起的作用	主存储器	内存
	辅助存储器	软盘、硬盘、磁带
	高速缓冲存储器	Cache

下面主要介绍最常用的内存、硬盘、光盘以及便携的移动存储设备。

3.3.1 内存

内存是相对于外存而言的。平常所使用的操作系统和各种应用软件一般都是安装在硬盘等外存上的。但操作系统和大部分应用软件,必须调入内存中运行,才能真正使用其功能。很显然,内存的好坏直接影响计算机的运行速度。内存一般采用半导体存储单元,按工作原理,可分为 ROM 和 RAM。

1. ROM

ROM 即只读存储器(Read Only Memory),在制造 ROM 的时候,信息(数据或程序)就被存入并永久保存。这些信息只能读出,一般不能写入,即使计算机掉电,这些数据也不会丢失。ROM 一般用于存放计算机的基本程序和数据,如 BIOS ROM。ROM 又可分为以下几种。

(1) Mask ROM。是一种只能读取资料的内存。在制造过程中,将资料以一特制掩膜(Mask)烧录于线路中,其资料内容在写入后就不能更改。此内存的制造成本较低,常用于计算机中的开机启动。

(2) PROM。可编程程序只读内存(Programmable ROM),内部有行列式的熔断器,视需要利用电流将其烧断,写入所需的资料,但仅能写录一次。

(3) EPROM。可抹除可编程只读内存(Erasable Programmable Read Only Memory)可利用高电压将资料编程写入,抹除时将线路曝光于紫外线下,则资料可被清空,并且可重复使用。通常在封装外壳上会预留一个石英透明窗以方便曝光。

(4) OTPROM。一次编程只读内存(One Time Programmable Read Only Memory)写入原理同 EPROM,但是为了节省成本,编程写入之后就不再抹除,因此不设置透明窗。

(5) EEPROM。电子式可抹除可编程只读内存(Electrically Erasable Programmable Read Only Memory)运作原理类似 EPROM,但是抹除的方式是使用高电场来完成,因此不需要透明窗。

(6) Flash Memory。闪速存储器(Flash Memory)的每一个记忆胞都具有一个"控制闸"与"浮动闸",利用高电场改变浮动闸的临限电压即可进行编程动作。平常情况下 Flash memory 与 EPROM 一样是禁止写入的,在需要时,加入一个较高的电压就可以写入或擦除。

2. RAM

RAM 即随机存储器(Random Access Memory),既可以从中读取数据,也可以写入数据。当计算机电源关闭时,存于其中的数据就会丢失。RAM 分为静态 RAM(SRAM)和动态 RAM(DRAM)两大类。DRAM 的存取速度远远慢于 SRAM,且耗电量较大,但由于它结构简单,实际生产时集成度很高,成本也大大低于 SRAM,所以 DRAM 的价格也低于 SRAM,适合作大容量存储器。因此主内存通常采用动态 DRAM,而高速缓冲存储器(Cache)则使用 SRAM。

Cache 表示高速缓冲存储器,位于 CPU 与内存之间,是一个读写速度比内存更快的存储器。当 CPU 向内存中写入或读出数据时,这个数据也被存储进高速缓冲存储器中。当 CPU 再次需要这些数据时,CPU 就从高速缓冲存储器读取数据,而不是访问较慢的内存,如需要的数据在 Cache 中没有,CPU 会再去读取内存中的数据。

人们通常购买或升级的内存条用做计算机的内存。内存条先将 RAM 集成块集中在一小块电路板上,再插在计算机中的内存插槽上,以减少 RAM 集成块占用的空间。这里介绍常见的几种内存条。现在市场上用于个人计算机的内存条主要有三大类,一种是 SDRAM,一种是目前主流的 DDR 内存,还有一种是 RDRAM。这 3 种内存都是 DRAM。

(1) SDRAM。SDRAM(Synchronous DRAM 同步动态随机存储器)是以前的主流内存,其外观如图 3-18 所示。SDRAM 内存如其名字所示,工作速度与系统总线速度是同步的,一个单位时钟内只能读写一次。

图 3-18　SDRAM

(2) DDR SDRAM。DDR SDRAM (Double Date Rate SDRAM,双倍速率 SDRAM),是 SDRAM 的升级版本,因此也称为 SDRAMⅡ,其外观如图 3-19 所示。DDR 内存采用了双时钟差分信号等技术,使其在单个时钟周期内的上、下沿都能进行数据传输,所以具有比 SDRAM 多一倍的传输速率和内存带宽。从外形上可以通过内存条"缺口"个数区别 SDRAM 和 DDR SDRAM,如图所示,DDR 只有一个缺口,而 SDRAM 有两个缺口。DDR 内存通常采用 TSOP 芯片封装形式,这种封装形式可以很好的工作在 200MHz 上,当频率更高时,它过长的管脚就会产生很高的阻抗和寄生电容,这会影响它的稳定性和频率提升的难度。

图 3-19　DDR SDRAM

(3) DDR2。DDR2 基于现有的 DDR 内存技术,并有所提升。虽然同是采用了在时钟的上升/下降沿同时进行数据传输的基本方式,但 DDR2 内存的 DRAM 核心可并行存取,拥有两倍于上一代 DDR 内存预读取能力。换句话说,DDR2 内存每个时钟周期处理 4 位数据,比传统 DDR2 位数据提高了一倍。所有 DDR2 内存均采用成本更高的 FBGA 封装形式,具有更为良好的电气性能与散热性,为 DDR2 内存的稳定工作与未来频率的发展提供了坚实的基础。但其缺点是发热量高、价格昂贵,其外观如图 3-20 所示。

图 3-20　DDR2

（4）DDR3。DDR3 是 DDR2 的改进版,二者均采用 1.8V 标准电压、FBGA 封装方式。在技术上,DDR3 并无突飞猛进的进步,但是相对于 DDR2,减小了功耗和发热量,工作效率更高,其外观如图 3-21 所示。

图 3-21　DDR3

（5）RDRAM。RDRAM(Rambus DRAM)是美国的 RAMBUS 公司开发的一种内存,其外观如图 3-22 所示。与 DDR 和 SDRAM 不同,它采用了串行的数据传输模式。在推出时,因为其彻底改变了内存的传输模式,无法保证与原有的制造工艺相兼容,而且内存厂商要生产 RDRAM 还必须要加纳一定专利费用,再加上其本身制造成本,就导致了 RDRAM 从一问世就高昂的价格让普通用户无法接收。而同时期的 DDR 则能以较低的价格,不错的性能,逐渐成为主流,虽然 RDRAM 曾受到英特尔公司的大力支持,但始终没有成为主流。

图 3-22　RDRAM

3.3.2　硬盘

硬盘(Hard Disc Drive,HDD),是计算机的主要存储媒介之一,由一个或多个铝制或者玻璃制的碟片组成,外覆盖有铁磁性材料。绝大多数硬盘都是固定硬盘,被永久地密封固定在硬盘驱动器中。

1. 硬盘的物理结构

一般硬盘正面贴有产品标签,主要包括厂家信息和产品信息,是正确使用硬盘的基本依据。硬盘主要由盘体、控制电路板和接口部件等组成。盘体是一个密封的腔体,硬盘的内部结构通常是指盘体的内部结构:里面密封着磁头、盘片(磁片、碟片)等部件,硬盘的物理结构如图 3-23 所示。大部分硬盘都有多张盘片。所有盘片都是完全一样的,否则控制程序就会太复杂。

图 3-23 硬盘

2. 硬盘的逻辑结构

硬盘上数据的组织与管理和硬盘的逻辑结构密切相关。硬盘首先在逻辑上被划分为磁道、柱面以及扇区。

(1)磁道。磁盘旋转时,磁头保持不动,就会在磁盘表面划出一个圆形的轨迹,这些轨迹就叫做磁道,实际是被磁头磁化的同心圆。信息就是沿着这些磁道存放。如图 3-24 所示,圆环表示划分好的磁道,在这里是 8 个磁道。

(2)扇区。磁盘上的每个磁道又被等分为若干个弧段,这些弧段便是磁盘的扇区。如图 3-24 所示,每个磁道被划分为 18 个扇区。

(3)柱面。硬盘通常由重叠的一组盘片构成,每个盘面都被划分为数据相等的磁道,具有相同编号的磁道形成一个圆柱,称为一个柱面。柱面数就是磁盘上的磁道数。如图 3-25 所示,该硬盘由 3 个盘片组成,磁头数为 3,共有 8 个柱面。

硬盘的容量是由硬盘的 CHS 决定的,CHS 即 Cylinder(柱面)、Head(磁头)、Sector(扇区),只要知道了硬盘的 CHS 数目,即可确定硬盘容量,计算公式如下:

$$硬盘的容量＝柱面数×磁头数×扇区数×每扇区字节数$$

如图 3-25 所示的硬盘每扇区字节数为 512B,则该磁盘容量为 8×3×18×512。

图 3-24 磁道示意图

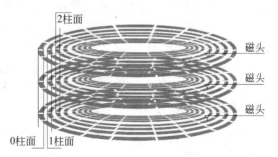

图 3-25 硬盘示意图

(4)簇。扇区是磁盘最小的物理存储单元,但由于操作系统无法对数目众多的扇区进行寻址,所以操作系统就将相邻的扇区组合在一起,形成一个簇,然后再对簇进行管理。每个簇可以包括 2、4、8、16、32 或 64 个扇区。显然,簇是操作系统所使用的逻辑概念,而非磁盘的物理特性。为了更好地管理磁盘空间和更高效地从硬盘读取数据,操作系统规定一个簇中只能放置一个文件的内容,因此文件所占用的空间,只能是簇的整数倍;而如果文件实际大小小于一簇,它也要占一簇的空间。所以,一般情况下文件所占空间总是要略大于文件的实际大小,只有在极少数情况下,即文件的实际大小恰好是簇的整数倍时,其实际大小才会与所占空间完全一致。

3.3.3 光存储设备

光存储技术的发展在多媒体技术发展史上的地位不可忽视,计算机系统配备 CD-ROM 驱动器一直是多媒体计算机的重要标志。光存储技术是指通过激光在记录介质上进行读写数据的存储技术。其基本原理是,改变一个存储单元的某种性质,使这种性质的变化反映与二进制 0、1 对应。读取数据时,根据性质的变化,读出存储在介质上数据。

光存储设备包括光盘驱动器和光盘盘片。光盘驱动器是读写光盘数据的设备,即常说的光驱。光盘盘片则是存储数据的介质。按照光存储设备的读写能力,常用的光存储设备可分为只读型、可写型、可重写型 3 类,它们的性能对比如表 3-3 所示。

表 3-3 光存储设备性能对比表

对比项目 \ 种类	只 读 型	可 写 型	可重写型
数据写入	出厂前印制	出厂后	出厂后
读写功能	只读	只读、可追加	可读、可重写、追加
盘片类型	CD-ROM、CD-DA、VCD、DVD	CD-R、DVD-R	CD-RW、DVD-RW
数据表示	凹坑和非凹坑	凹坑和非凹坑	晶体和非晶体

1. 只读型

只读型光盘的数据是在制作光盘时写入的,用户可使用光盘驱动器从只读光盘上多次读出储存的数据,但不能再次写入数据。只读光盘适用于大量的、通常无须改变数据信息的存储,常见的 CD-ROM、CD-DA、VCD 和 DVD 等都属于只读型光盘。DVD 驱动器缩短了激光器的波长来提高聚焦激光束的精度并加大聚焦透镜的数值孔径,因此 DVD 光盘的光道间距、凹坑和非凹坑长度减少很多,其容量和存取速度都大大提高。这里主要介绍常见的 CD-ROM 光盘,来说明光盘的信息存储原理。

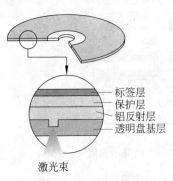

图 3-26 CD-ROM 的结构

标签层
保护层
铝反射层
透明盘基层

激光束

CD-ROM(Compact Disc-Read Only Memory)既指 CD-ROM 驱动器也指 CD-ROM 光盘。CD-ROM 光盘的结构从上到下依次为标签层、保护层、铝反射层和透明盘基层,如图 3-26 所示。与磁盘同心圆方式排列的磁道不同,CD-ROM 光盘存储信息的光道是由内向外螺旋形轨道储存的信息由一系列凹坑和非凹坑的形式储存。凹坑代表计算机中的二进制数 0,平坦部分则代表二进制数 1。CD-ROM 驱动器读取数据时,把激光束照射到光盘上,平坦部分会有光反射回激光头,再传输到光检测器,表示读到二进制数 1;凹坑部分激光束散射,激光头收不到反射信号,表示读到二进制数 0。

2. 可写型

可写型光盘具有"有限次写入,多次读出"的性质。它由厂家制作好后,通过可写型驱动器写入数据,有的光盘还能追加新的数据,但是已经写入数据的部分则不能修改。刻录得到的光盘可以在 CD-DA 或 CD-ROM 驱动器上读取。CD-R、DVD-R 就属于这类光盘。

CD-R 是 Compact Disc-Recordable 的缩写,与 CD-ROM 的工作原理相似,都是通过激光照射到盘片上的凹坑和非凹坑,根据反射光的变化来读取数据。不同之处是,盘片上的凹坑 CD-ROM 是出厂前印制的,而 CD-R 是出厂后,由用户使用刻录机烧制而成的。

3. 可重写型

可重写型光盘可以像磁盘一样具有可擦写性。可重写型光盘驱动器可以对它进行追加、删除、改写等操作。目前比较具有代表性的是 CD-RW 和 DVD-RW 这两种光盘。

CD-RW 全称为 Compact Disc-Rewriteable,中文名为可擦写光盘。CD-RW 光盘的刻录层由银、铟、锑、碲合金构成,具有反射率 20% 的多晶结构和反射率 5% 的非晶体结构。非晶体结构的地方可以看做是 CD-ROM 光盘上的凹坑。相应的,CD-RW 驱动器的激光头有两种波长设置,分别用于写和擦除。写入数据时,采用高能量的刻录状态,使刻录层的多晶结构改变为非晶体状态;擦除数据时激光头采用低能量的擦除状态,使刻录层由非晶体结构变为多晶结构。相对于 CD-R 光盘而言,CD-RW 有 4 个方面不同。首先,CD-RW 可重写;正因为如此,CD-RW 价格更高;其次由于写入数据时,激光需要更多的时间对光盘操作,所以写入速度要比 CD-ROM 慢;最后,CD-RW 光盘的激光反射率比一般的 CD 光盘低很多,要求光驱具有 MultiRead 技术才能读出。需要指出的是,CD-RW 驱动器并不是先把所有数据都擦除后再写入,而是采取直接重写的方法,即刻录数据时,激光头根据需要,随时在写入和擦除状态转换。

3.3.4　移动存储设备

移动存储介质体积小、容量大、携带方便,因此在信息存储和交换的过程中迅速得到普及。另外使用移动存储可通过连续更换移动存储器,达到无限存储的目的。

1. 软盘

软盘(Floppy Disk)是最早使用的移动存储设备,从 20 世纪 80 年代起就一直在使用它。常用的就是容量为 1.44MB 的 3.5in 软盘,如图 3-27 所示。软盘存取速度慢,容量也小,但可装可卸、携带方便。现在,软盘因容量小且易损坏,已完全被 U 盘所取代。

2. U 盘

U 盘全称"USB 接口移动硬盘",英文名"USB removable(mobile) hard disk"。也称优盘或 USB 电子磁盘,能即插即用,相对于软盘而言,小巧便于携带、存储容量大、使用方便,一经出现,便被用户所青睐。一般的 U 盘容量有 1GB、2GB、4GB、8GB、16GB 等,如图 3-28 所示。

3. 移动硬盘

移动硬盘,英文名为 Mobile Hard disk,顾名思义,是以硬盘为存储介质,计算机之间交换大容量数据,强调便携性的存储产品。移动硬盘在移动存储设备中,其容量算是最大的了,320GB、512GB、1TB 的容量已不算稀奇。现在,市场上的移动硬盘大多是 USB 2.0 接口的,也有 IEEE 1394 接口的,同样支持即插即用,其实 USB 移动硬盘使用的就是笔记本计算机的硬盘。图 3-29 展示了 USB 移动硬盘。

图 3-27　软盘　　　　　　图 3-28　U 盘　　　　　　图 3-29　移动硬盘

4. 其他移动存储设备

存储卡是用于数字照相机、掌上计算机和 MP3 等产品上的独立存储介质，一般是卡片的形态，所以统称为"存储卡"。各种存储卡的介绍及性能比较如表 3-4 所示，外观如图 3-30 所示。

表 3-4　存储卡性能对比表

存储卡种类	厂 家	代 表 机 型	规格大小	优 缺 点
CF(Compact Flash)卡	1994 年由 SanDisk 推出	多普达手机 696	纸板火柴盒大小	缺点：有些臃肿。优点：市场占有最大，等容量价格最低
SM(Smart Media)卡	日本东芝公司 1995 年推出	目前市场上很难看到	37mm × 45mm × 0.76mm	缺点：兼容性差。优点：非常轻薄，体积小
MS 卡(emory Stick)	Sony 公司开发研制	索爱手机 P908、P910C、S700C	50mm × 21.5mm × 2.8mm，重 4g	缺点：只能在索尼产品中使用，容量不够大。优点：独立针槽，不易损坏
MMC (MultiMedia Card)卡	1997 年西门子公司和 SanDisk 最先推出	诺基亚手机 N-Gage QD、7710、6600、3650 等	32mm × 24mm × 1.4mm，只有 1.5g	优点：世界上最小的存储卡，最轻薄
SD(Secure Digital Memory Card)卡	由日本的松下公司、东芝公司和 SanDisk 公司共同开发	多普达手机 515、535,818、神达 LGG910 等	32mm × 24mm × 2.1mm	MMC 卡的升级，加密功能
XD(XD Picture Card)卡	富士胶卷和奥林巴斯研制	奥林巴斯、富士等数字照相机	20mm × 25mm × 1.7mm	体积小、容量大
TF(Trans FLash)卡	摩托罗拉与 SANDISK 共同研发，在 2004 年推出	Motorola 手机 A780、E398、C975	11mm×15mm×1mm	超小型卡，经 SD 卡转换器后，当 SD 卡使用

图 3-30　各种存储卡

通过读卡器可以读取各种存储卡,方便地与计算机连接,轻松地实现它们之间的数据传输。读卡器有六合一和七合一的,与计算机之间一般通过 USB 连接。USB 接口有 1.1 和 2.0 的,和 U 盘一样,在 Windows 98 中需要安装驱动,而在 Windows Me/2000/XP 中是免驱动的,如图 3-31 所示。

图 3-31　多功能读卡器

3.4　其他输入输出设备

3.4.1　扫描仪

扫描仪是一种通过捕获图像并将之转换成计算机可以处理的数字化图形的输入设备。随着扫描仪生产技术的发展和价格的下降,平台式扫描仪在办公室、家庭中逐渐普及。

1. 结构与基本工作原理

从外形上看,扫描仪的整体感觉十分简洁、紧凑,但其内部结构却相当复杂:不仅有复杂的电子线路控制,而且还包含精密的光学成像器件,以及设计精巧的机械传动装置。它们的巧妙结合构成了扫描仪独特的工作方式。图 3-32 显示了典型的平板式扫描仪的外部结构。从图中可以看出,扫描仪整体为塑料外壳,由机盖、玻璃稿台和底座构成。大部分扫描仪采用浮动机盖,以适应不同厚度的扫描对象。透过玻璃稿台,可以看到安装在底座上的传送皮带、扫描头支撑滑杆等机械传动机构和扫描头及其电路板、数据线等。

扫描仪的工作原理是利用光线照射在图片上所产生的反射光,通过一定的电子器件把光线的亮度的强弱和色彩信号转换成模拟电信号,再经模数转换成数字图像信号输入计算机。

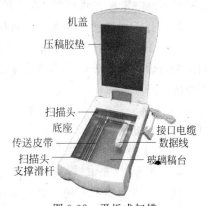

图 3-32　平板式扫描

扫描仪扫描图像的步骤是:首先将欲扫描的原稿正面朝下铺在扫描仪的玻璃稿台上;然后启动扫描仪驱动程序,机械传动机构带动扫描头沿支撑滑杆纵向移动,扫描头上长方形的可移动光源扫过整个原稿;照射到原稿上的光线经反射后穿过一个很窄的缝隙,形成光带;光带经光学成像器件处理后,形成模拟电子信号;此信号又被 A/D 变换器转变为数字电子信号;最后经电路系统处理后,通过串行或者并行等接口将电子信号送至计算机。扫描仪每扫一行就得到原稿一行的图像信息,随着沿移动滑杆方向的移动,在计算机内部逐步形成原稿的全图。

2. 扫描仪的分类

（1）按扫描方式分类。按扫描方式扫描仪分为 4 种：手持式、平板式、胶片式和滚筒式，近几年还出现了笔式的扫描仪，且实现了脱机扫描，各类扫描仪如图 3-33 所示。

图 3-33　各种扫描仪

（2）按扫描幅面分类。最常见的为 A4 和 A3 幅面的台式扫描仪，此外，还有 A0 大幅面扫描仪。

（3）按扫描分辨率分类。分辨率有 600dpi，1200dpi，4800dpi，还有更高。

（4）按反射式或透射式分类。反射式扫描仪用于扫描不透明的原稿，它利用光源照在原稿上的反射光来获取图形信息；透射式扫描仪用于扫描透明胶片，如胶卷、X 光片等。

（5）按灰度与彩色分类。扫描仪可分灰度和彩色两种。用灰度扫描仪扫描只能获得灰度图形。彩色扫描仪可还原彩色图像。彩色扫描仪的扫描方式有三次扫描和单次扫描两种。三次扫描方式又分三色和单色灯管两种。

3. 扫描仪的技术指标

描述扫描仪的技术指标，主要包括扫描分辨率、灰度级、色彩深度、扫描速度等。

（1）扫描分辨率。分辨率是扫描仪最主要的技术指标，其单位为 DPI(Dots Per Inch)，即为每英寸长度上扫描图像所含有像素点的个数。很明显 DPI 数值越大，扫描的分辨率越高，扫描图像的品质越好。但当分辨率大于某一特定值时，只会使图像文件增大而不易处理，并不能对图像质量产生显著的改善。对于丝网印刷应用而言，扫描到 6000DPI 就已经足够了。

扫描分辨率通常分为光学分辨率和机械分辨率。

① 光学分辨率（水平分辨率）。它指的是扫描仪上的感光器件(CCD)每英寸能捕捉到的图像点数。光学分辨率用每英寸点数 DPI(Dot Per Inch)表示。光学分辨率取决于扫描头里的 CCD 数量。

② 机械分辨率（垂直分辨率）。指的是带动感光元件(CCD)的步进电机在机构设计上每英寸可移动的步数。

③ 最大分辨率（插值分辨率）。它是指通过数学算法所得到的每英寸的图像点数。

（2）灰度级（光电转换精度）。它表示灰度图像的亮度层次范围的指标，是指扫描仪识别和反映像素明暗程度的能力。换句话说就是扫描仪从纯黑到纯白之间平滑过渡的能力。目前，多数扫描仪用 8 位编码即 256 个灰度等级。

（3）色彩深度（色彩精度）。彩色扫描仪要对像素分色，把一个像素点分解为 R、G、B 三基色的组合。对每一基色的深浅程度也要用灰度级表示，称为色彩精度，24 位、36 位、48 位等，色彩精度越高，图像越鲜艳真实。

（4）扫描速度。扫描速度也是一个衡量扫描仪性能优越的重要指标。在保证扫描精度的前提下，扫描速度越高越好。扫描速度与扫描分辨率、扫描颜色模式和扫描的幅面，以及计算机系统配置有关。扫描分辨率和颜色模式设置越低，扫描的幅面越小，扫描的速度就越快。通常用指定的分辨率和图像尺寸下的扫描时间来表示。

（5）鲜锐度。它指图片扫描后的图像清晰程度。扫描仪必须具备边缘扫描处理锐化的能力,调整幅度应广而细致,锐利而不粗化。

3.4.2 数字照相机

数字照相机是一种数字化成像设备,也是一种图形图片输入设备,在制作多媒体产品时,数字照相机可以方便地摄取数字图片供加工和使用,简化了传统的"拍摄—洗印—扫描—图像处理"的烦琐过程。随着数字技术的不断成熟和发展,数字照相机早已进入千家万户,如图3-34为几种常见的数字照相机和专业的中高档数字照相机。

(a) 普通数字照相机　　　　　　　(b) 中高档数字照相机

图 3-34　数字照相机外观

数字照相机(Digital Camera)采用电荷耦合器件 CCD(Charge Coupling Device)或互补金属氧化物半导体 CMOS(Complementary Metal-Oxide Semiconductor)作为感光器件,将客观景物以数字方式记录在存储器中。CCD 是像传统相机的底片一样的感光系统,是感应光线的电路装置,你可以将它想象成一颗颗微小的感应粒子,铺满在光学镜头后方,当光线与图像从镜头透过、投射到 CCD 表面时,CCD 就会产生相应的电流—电信号。这些电信号经过模数转换器进行压缩处理后形成数字信息,最后存储在相机内的磁介质中。图3-35为单反数字照相机的结构原理图。在按下快门按钮之前,通过镜头的光线由反光镜发射至取景器内部;按下快门的同时,反光镜弹起,镜头所收集的光线到达感光器件;感光器件将光线转换为电信号,生成图像数据的基础部分,传给影像处理器;影像处理器进行各种图像处理,生成数字图像;最后数字图像保存在存储卡里。

1. CCD 像素数量

数字照相机的 CCD 芯片上光敏元件数量的多少称之为数字照相机的像素数,是衡量数字照相机档次的主要技术指标,决定了数字照相机的成像质量。像素数量越多,数字相片的画幅越大,记录的细节越多,图像越清晰。

2. 镜头

照相机镜头是选择照相机的一个重要部件,镜头好坏直接影响图像质量。一般数字照相机的镜头相当于一分硬币大,但是照相机的镜头直径越大越好,因为大镜头对成像边缘清晰度大有好处。大部分数字照相机都有光学变焦镜头,但是变焦范围非常有限。

3. 快门速度

快门速度也是数字照相机的一个很重要的参数,各个不同型号的数字照相机的快门速度是完全不一样的。较慢的快门速度适于拍摄静止的、光线较暗的物体,为了表现物体的流动感,通常也采用慢快门速度。高速快门一般用于拍摄运动的物体,光线过于强烈的环境也采用高速快门。

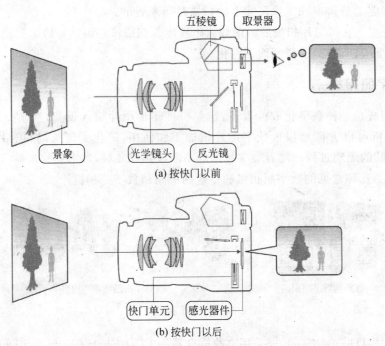

五棱镜　取景器

景象　光学镜头　反光镜

(a) 按快门以前

快门单元　感光器件

(b) 按快门以后

图 3-35　单反数字照相机结构原理图

4. 存储卡

影像的数字化存储是数字照相机的特色,在选购高像素数字照相机时,要尽可能选择能采用更高容量存储介质的数字照相机。数字照相机能存储照片的多少取决于分辨率和存储卡容量的大小。除存储卡的容量外,存储卡的存储速度也是重要指标,它直接影响数字照相机拍照的速度。

3.4.3　触摸屏

触摸屏是安装在计算机显示器或任何监视器表面的坐标定位输入设备,如图 3-36 所示。利用这种技术,用户只要用手指轻轻地碰计算机显示屏上的图符或文字就能实现对主机操作,从而使人机交互更为直截了当。触摸屏改善了人机交互的方式,更适用于多媒体信息查询,具有坚固耐用、反应速度快、节省空间、易于交流等许多优点。随着人们对电子产品智能化、便捷化、人性化要求的不断提高,触摸屏作为一种直觉式输入接口,在很多领域都得到了广泛的应用。

1. 基本工作原理

为了操作上的方便,人们用触摸屏来代替鼠标或键盘。工作时,必须首先用手指或其他物体触摸安装在显示器前端的触摸屏,然后系统根据手指触摸的图标或菜单位置来定位选择信息输入。触摸屏由触摸检测部件和触摸屏控制器组成;触摸检测部件安装在显示器屏幕前面,用于检测用户触摸位置,接收后送触摸屏控制器;而触摸屏控制器的主要作用是从触摸点检测装置上接收触摸信息,并将它转换成触点坐标,再送给 CPU,它同时能接收 CPU 发

图 3-36　触摸屏

来的命令并加以执行。

2. 分类

从安装方式来分,触摸屏可以分为外挂式、内置式和整体式。根据触摸屏的工作原理和传输信息的介质,触摸屏基本分为 5 类:矢量压力传感技术触摸屏、电阻技术触摸屏、电容技术触摸屏、红外线技术触摸屏、表面声波技术触摸屏。每一类触摸屏都有其各自的优缺点,要了解哪种触摸屏适用于哪种场合,关键就在于要懂得每一类触摸屏技术的工作原理和特点。其中矢量压力传感技术触摸屏已经退出历史舞台,下面只对后面四种类型的触摸屏进行简要介绍。

(1)电阻触摸屏。电阻触摸屏的屏体部分是一块与显示器表面非常配合的多层复合薄膜,由一层玻璃或有机玻璃作为基层,表面涂有一层透明的导电层,上面再盖有一层外表面硬化处理、光滑防刮的塑料层,它的内表面也涂有一层透明导电层,在两层导电层之间有许多细小的透明隔离点把它们隔开绝缘,如图 3-37 所示。当手指触摸屏幕时,平常相互绝缘的两层导电层就在触摸点位置有了一个接触,因其中一面导电层接通 Y 轴方向的 5V 均匀电压场,使得侦测层的电压由零变为非零,控制器侦测到这个接通后,进行 A/D 转换,并将得到的电压值与 5V 相比即可得到触摸点的 Y 轴坐标,同理得出 X 轴的坐标,这就是所有电阻技术触摸屏共同的基本原理。

电阻触摸屏又分为四线电阻屏和五线电阻屏,五线电阻比四线电阻在保证分辨率精度上还要优越,但是成本代价大,因此售价非常高。

电阻触摸屏是一种对外界完全隔离的工作环境,不怕灰尘、水汽和油污;可以用任何不伤及表面材料的物体来触摸,可以用来写字画画,这是其最大的优势。电阻触摸屏的精度只取决于 A/D 转换的精度,因此都能轻松达到 4096×4096。

(2)电容感应式触摸屏。电容感应式触摸屏是利用人体的电流感应进行工作的。电容感应式触摸屏是一块四层复合玻璃屏,玻璃屏的内表面和夹层各涂有一层 ITO 氧化金属,最外层是一薄层矽土玻璃保护层。夹层 ITO 涂层作为工作面,4 个角上引出 4 个电极,内层 ITO 为屏蔽层以保证良好的工作环境,如图 3-38 所示。当手指触摸在金属层上时,由于人体电场,用户和触摸屏表面形成以一个耦合电容,对于高频电流来说,电容是直接导体,于是手指从接触点吸走一个很小的电流。这个电流分从触摸屏的 4 个角上的电极中流出,并且流经这 4 个电极的电流与手指到 4 个的距离成正比,控制器通过对这 4 个电流比例的精确计算,得出触摸点的位置。

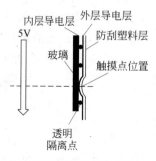

图 3-37　电阻式触摸屏

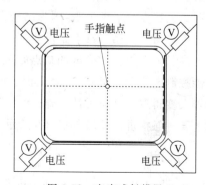

图 3-38　电容式触摸屏

电容触摸屏的透光率和清晰度优于四线电阻屏,由于透明导电材料 ITO 非常脆弱,触摸几下就会损坏,只好在外部增加一层非常薄的坚硬玻璃,导致反光严重;由于光线在各层间的反射,还造成图像字符的模糊;而且,当环境温度、湿度改变时,环境电场发生改变时,都会引起电容屏的漂移,造成不准确光率不均匀,存在色彩失真的问题。

(3) 红外线触摸屏。红外线触摸屏是利用 X、Y 方向上密布的红外线矩阵来检测并定位用户的触摸。红外触摸屏在显示器的前面安装一个电路板外框,电路板在屏幕四边排布红外发射管和红外接收管,一一对应形成横竖交叉的红外线矩阵,如图 3-39 所示。用户在触摸屏幕时,手指就会挡住经过该位置的横竖两条红外线,因而可以判断出触摸点在屏幕的位置。

红外线触摸屏的感应介质可以是任何直径较小的能遮挡光线的物品,而且因为红外触摸屏不受电流、电压和静电干扰,所以适宜某些恶劣的环境条件。其主要优点是价格低廉、安装方便、不需要其他任何控制器,可以用在各档次的计算机上。不过,由于只是在普通屏幕增加了框架,在使用过程中架框四周的红外线发射管及接收管很容易损坏。

(4) 表面声波触摸屏。表面声波触摸屏的外屏可以是一块平面、球面或是柱面的玻璃平板,安装在 CRT、LED、LCD 或是等离子显示器屏幕的前面。和其他类别触摸屏技术不同的是,表面声波触摸屏没有任何贴膜或覆盖层。玻璃屏的左上角和右下角各固定了竖直和水平方向的超声波发射换能器,右上角则固定了两个相应的超声波接收换能器。玻璃屏的四边则刻有 45°角由疏到密间隔非常精密的反射条纹,如图 3-40 所示。

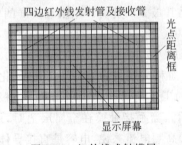

图 3-39 红外线式触摸屏

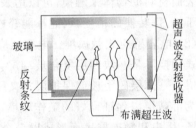

图 3-40 表面声波式触摸屏

表面声波触摸屏第一大特点是抗暴,因为触摸屏的工作面是一层看不见、打不坏的声波能量,触摸屏的基层玻璃没有任何夹层和结构应力,因此非常适合公共场所使用。表面声波触摸屏第二大特点是清晰美观,因为结构少,只有一层普通玻璃,透光率和清晰度都比电容电阻触摸屏好得多。第三特点是反应速度快,使用时感觉很顺畅。第四大特点是性能稳定,精度非常高。表面声波触摸屏的缺点是触摸屏表面的灰尘和水滴也阻挡表面声波的传递,虽然智能控制卡能分辨出来,但尘土积累到一定程度,信号会衰减得非常厉害,此时表面声波触摸屏会变得迟钝甚至无法工作。

以上 4 种触摸屏的比较如表 3-5 所示。

3.4.4 打印机

打印机是多媒体信息输出的常用设备,种类繁多,如图 3-41 所示为常见的 3 类打印机。

表 3-5　触摸屏比较表

类　　别	电　阻	电　容	红　　外	表 面 声 波
清晰度	较好	一般	很好	很好
分辨率	4096×4096	4096×4096	100×100	4096×4096
反应速度/ms	10～20	15～24	50～300	10
寿命/千万次	＞0.5	2	易坏	＞5

(a) 针式打印机　　　　　(b) 激光打印机　　　　　(c) 喷墨打印机

图 3-41　各种打印机

1. 针式打印机

针式打印机的特点是结构简单、价格适中、技术成熟、适用面广。虽然激光打印机现在已经非常普及,但是点阵针式打印机在打印汉字方面有着其他字模类型的打印机不可比拟的优点,非常适合我国的国情,因此,在我国打印机市场上仍占有重要的比例。

针式打印机是依靠打印针击打所形成色点的组合来实现规定字符和汉字打印的。因此,在打印方式上,针式打印机均采用字符打印和位图像两种打印方式,其中字符打印方式是按照计算机主机传送来的打印字符(ASCII 码形式),由打印机自己从所带的点阵字符库中取出对应字符的点阵数据(打印数据)经字型变换(如果需要的话)处理后,送往打印针驱动电路进行打印;而位图像打印方式则是由计算机生成要打印数据,并将其送往打印机直接将其打印出来;在位图像方式下,计算机生成的打印数据可以是一幅图像或图形,也可以是汉字。

2. 激光打印机

随着高灵敏度的感光材料不断发明,加上激光控制技术的发展,激光技术迅速成熟,并进入了实际应用领域。激光打印机的特点是打印质量好、速度快、无噪声,目前应用非常广泛。

激光打印机是将激光扫描技术和电子显像技术相结合的非击打输出设备,主要由激光发生器、光导带、着色部件、打印控制器、传送鼓、走纸滚筒高频驱动、扫描器、同步器及光偏转器等组成。激光打印机的机型不同,打印功能也有区别,但工作原理基本相同,都要经过充电、曝光、显影、转印、定影、清洁、消电 7 道工序。如图 3-42 所示,在打印草稿时,首先在感光鼓上"充电",产生均匀的电荷。激光发生器把接口电路送来的二进制点阵信息调制在激光束

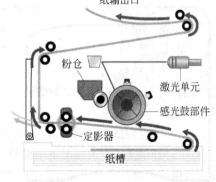

图 3-42　激光打印机原理图

上,然后照射到感光鼓上,使感光鼓上相应的受光点放电,改变电荷均与分布的规律,即"曝光"。感光鼓不断滚动,激光束不断的按照图像数据进行照射,因此在光导带上形成与图像数据对应的放电区域,这些放电区域构成了数字图像的映像。带数字图像映像的感光鼓从着色部件底部通过时,着色剂被吸附,形成单色图像。彩色打印机需进行三次吸附过程,分别将不同的基色附着在感光鼓上,这个过程为"显影"。然后当打印纸经过感光鼓时,感光鼓上吸附的构成彩色图像的着色剂固着在纸张上,即"定影"。然后将感光鼓上残留的碳粉"清除",最后的动作为"除像",也就是除去静电,使感光鼓表面的电位回复到初始状态,以便展开下一个循环动作。至此,彩色图像打印过程完成。

3. 喷墨打印机

喷墨打印机,就是使用四色墨水或六色墨水,利用超微细墨滴喷在纸张上,形成文字或图像。彩色喷墨打印技术发展很快,使用该技术的打印机是目前最为普及的彩色打印机。早期的喷墨打印机以及当前大幅面的喷墨打印机都是采用连续式喷墨技术,而当前市面流行的喷墨打印机都普遍采用随机喷墨技术。目前,随机式喷墨技术主要有微压电式和热气泡式两大类。根据微压电式喷墨系统换能器的工作原理及排列结构又可分为:压电管型、压电薄膜型、压电薄片型等几种类型。

喷墨打印机如果单从打印幅面上分,可大致分为 A4 喷墨打印机、A3 喷墨打印机、A2 喷墨打印机;根据产品的主要用途可以分为 3 类:普通型喷墨打印机,数字相片喷墨打印机和便携式喷墨打印机,如图 3-43 所示。

(a) 普通喷墨打印机　　　(b) 数字相片喷墨打印机　　　(c) 便携式喷墨打印机

图 3-43　各种喷墨打印机

普通型喷墨打印机是目前最为常见的打印机,它用途广泛,可以用来打印文稿,图形、图像,也可以使用照片纸打印照片。普通型喷墨打印机从 300 多元的低端经济型产品,到价格三四千元的高端产品都有,用户可以根据自己的需要进行选择。

数字照片型喷墨打印机在用途上和普通型喷墨打印机基本相似,无论是普通的文稿还是照片都能够进行打印。但是之所以被划分为数字照片型产品的原因在于,和普通型产品相比,它具有数字读卡器,在内置软件的支持下,它可以读取数字照相机的数字存储卡,在没有计算机支持的情况下直接进行数字照片的打印,部分数字照片型打印机还配有液晶屏,通过它用户可以对数字存储卡中的照片进行一定的编辑和设置,从而使打印任务能够更加出色的完成。

便携式喷墨打印机体积非常小巧,一般重量在 1kg 以下,方便携带,并且可以使用电池供电,在没有外接交流电的情况下也能够工作。这类产品多与笔记本计算机配合使用。不过目前在便携式喷墨打印机中还有一种便携式的数字照片型喷墨打印机。它具有了两种打印机的特点。体积小巧,便于携带,可以在没有计算机的情况下直接与数字照相机连接打印照片。

3.4.5 投影机

投影机,也叫投影仪,是一种利用投影技术放大显示图像的投影装置。它连接计算机或VCD等数字多媒体设备,直接把计算机或光盘内容放大,投影到墙壁或屏幕上。所有类型的投影机显示图像的基本原理都是先将光线照射到图像显示元件,分别产生红、绿、蓝三色图像,然后通过合成进行投影。

根据用途不同,投影机可以分为家用投影机、商务投影机、教育投影机、工程投影机等。家用投影机适合播放电影和高清晰电视;商务投影机和教育投影机的主要目的是连接台式计算机或笔记本计算机,播放 PPT 幻灯片、电子表格、照片图文等画面,所以它们也被称作数据投影机;工程投影机的投影面积更大、距离更远、光亮度很高,能更好地应付大型多变的安装环境。

根据所采用的投影技术,投影机又可分为 CRT 投影机、LCD 投影机、DLP 投影机和LCOS 投影机,如图 3-44 所示。CRT 投影机适用于比较专业的投影应用领域,体积大、技术陈旧且价格昂贵。而 LCD 投影机和 DLP 投影机体积小巧、价格相对便宜、便于安装和携带,已经成为市场的主流产品。LCOS 投影机具有高分辨率、高光效、高对比度和高色彩饱和度等优点,颇具市场发展潜力,但是由于技术不成熟,存在生产成本高、性能不稳定等缺点。下面重点介绍市场上主流产品 LCD 投影机和 DLP 投影机。

图 3-44　各种投影机

1. LCD 投影机

LCD(Liquid Crystal Display)是液晶技术、照明科技以及集成电路等的发展带来的高科技产物。该技术利用液晶分子的光电效应,运用电场作用使液晶分子的排列发生变化,从而影响液晶的透光率或反射率,最后产生出不同的灰度层次或颜色图像。初期的 LCD 投影机是基于单片结构,存在性能和色彩方面的缺憾,开口率和分辨率都极低。1996 年推出的 3LCD 技术使用三块分离的液晶板,在稳定性和色彩表现方面有了突破。其原理如图 3-45 所示,3LCD 投影机的光学系统把强光通过分光镜形成 RGB 三束光,分别透射过 RGB三色液晶板;信号源经过 AD 转换,调制加到液晶板上,通过控制液晶单元的开启、闭合,从而控制光路的通断,RGB 光最后在棱镜中汇聚,由投影镜头投射在屏幕上形成彩色图像。目前,3LCD 是 LCD投影机的主要机型。

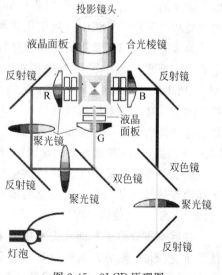

图 3-45　3LCD 原理图

2. DLP 投影机

DLP(Digital Light Processor),是一种全数字反射式投影技术。由于 DLP 投影机的核心部件就是数字微镜 DMD(Digital Micromirror Device)装置,因此 DLP 投影机的工作原理其实就是 DMD 的工作原理,如图 3-46 所示。

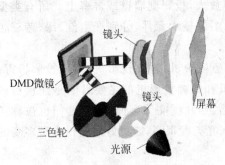

图 3-46　DLP 投影机原理图

DMD 微镜在工作时由相应的存储器控制在两个不同的位置上进行切换转动。当光源投射到反射镜片上时,DMD 微镜就通过由红绿蓝三色块组成的三色轮来产生全色彩的投影图像,这个三色轮以 60 转/秒的速度在旋转着,这样就能保证光源发射出来的白色光变成红绿蓝三色光循环出现在 DMD 微镜的芯片表面上。当其中某一种颜色的光投射到 DMD 微镜的表面后,DMD 芯片上的所有微镜,根据自身对应的像素中该颜色的数量,决定其对这种色光处于开位置的次数,同时也决定了反射后通过投影镜头投射到屏幕上的光的数量。当其他颜色的光依次照射到 DMD 表面时,DMD 表面中的所有微镜将极快地重复上面的动作,最终表现出来的结果就是在投影屏幕上出现彩色的投影。

DLP 投影机的特点首先是数字优势:数字技术的采用,使图像灰度等级提高,图像噪声消失,画面质量稳定,图像非常精确。其次是反射优势:DMD 数字微镜的应用,使成像器件的总光效率大大提高,对比度、亮度和均匀性都非常出色。

本 章 小 结

本章介绍多媒体计算机的各类硬件设备。

第 3.1 节介绍了音频信息处理设备,声音适配器(即声卡)是音频信息处理设备的核心,也是多媒体技术中最基本的组成部分,其功能是实现数字信号与模拟信号相互转换。话筒作为主要的声音输入设备,可以将外部声音通过声卡录入到计算机中处理。声音还原设备的主要功能是将计算机中的数字化音频经由声卡转换为模拟声音后为人耳所识别。

第 3.2 节介绍了常用的视频信息处理设备,与声音适配器一样,显示适配器(即显卡)的主要功能是实现数字视频与模拟视频的相互转换,目前台式机主流显卡接口包括 PCI、AGP、PCI Express 这 3 种。显卡是每台计算机必备的,视频采集卡可以根据需要安装。视频卡的主要功能是对模拟视频进行实时动态捕捉,并将其进行数字化压缩和存储。显示器是人与计算机沟通的主要媒介,目前应用广泛的显示器主要有 CRT 显示器、LCD 显示器、LED 显示器,后两者就是人们常说的"液晶显示器"。

第 3.3 节主要介绍了多媒体信息存储设备,除了必不可少的内存和硬盘外,光存储技术和移动存储技术是当今两大主流的多媒体信息存储方式,每种技术中都有很多的产品供选用,如 U 盘、移动硬盘、DVD 光盘等。

最后本章介绍了其他几类常用的多媒体输入输出设备,如扫描仪、数字照相机、触摸屏、打印机、投影机等,并对每种设备的概念、原理、分类、使用方法等做了简单介绍。有必要指出的是,随着多媒体技术的迅速发展,多媒体电子产品种类日趋繁多,功能也日益强大,还有很多常用个人多媒体设备尚未包括在本书中,如 MP3、MP4、PDA、数字摄像机、手写板、录音笔等,有兴趣的读者可以从 Internet 上获取相关的产品介绍。

思 考 题

1. 声卡的基本功能是什么? 都有哪些声卡接口类型?
2. 什么是声音的输入设备和还原设备? 请列举说明。
3. 显卡与视频卡有什么区别? 各自适应于什么场合?
4. 显示器都有哪些种类? 各自有什么优缺点? CRT 显示器的"纯平"是什么意思?
5. 光盘分为哪 3 种类型? 可写型与可重写型光盘有什么区别?
6. 触摸屏常见的有哪些种类? 比较适用于公共场合的是哪一种?
7. 激光打印机的 7 道工序是什么?

第 4 章　图形图像处理技术

学习目标

- 了解人类通过视觉系统获得图像的原理。
- 理解构成图像的颜色模型。
- 掌握图像与图形的概念。
- 掌握图像数字化的方法。
- 了解常用图像的文件格式及常用的图像压缩算法。
- 了解常用的图像、图形处理软件。

图像是人们用眼睛感知外部世界的媒介,也是接触最多的一种媒体。数字图像处理就是利用计算机技术对数字化图像的形态、尺寸、色彩、格式等进行编辑和调整,广泛应用于平面广告设计、家庭照片加工、多媒体产品创作、教育教学、商品展示等领域。本章并不具体讲解如何利用计算机技术进行图像处理,专业图像处理软件 Photoshop 的用法见本书第 7 章。本章主要介绍关于数字图像的基本概念,特别是人眼如何观察图像以及图像的表现形式,了解这些内容有助于读者更加深刻地理解使用软件进行图像处理过程中遇到的术语和使用的技术内涵。

4.1　图形图像的基本概念

4.1.1　视觉系统对颜色的感知

图像是各种颜色在眼睛中进行成像的结果,要学习图像的相关知识,必须了解视觉系统如何感知颜色。通常认为颜色是视觉系统对可见光的感知结果。可见光是波长在 380～780nm 的电磁波,人们看到的大多数光波并不只是一种波长,而是由不同波长的光组合而成的。人们在研究眼睛对颜色感知过程中普遍认为,人的视网膜有对红、绿、蓝颜色敏感程度不同的 3 种椎体细胞。除了这 3 种椎体细胞外,人眼还有一种杆状体细胞,但它只在光功率极低的情况下才起作用。当人看到一个物体时,物体上发射的光线照射到人的视网膜上。视网膜上的神经,也就是椎体细胞对红、绿、蓝三种颜色的光敏感度不同,同时对不同亮度的感知也不同。人眼就是通过这 3 种椎体细胞来观看这个多姿多彩的世界。

人的视觉系统对颜色的感知特性为人们进行数字图像处理带来了便利。一是由于人对不同颜色和亮度感知度不同,可以降低图像的数据量而不使人感觉到的图像质量明显下降。二是人的视觉系统能够感知的任何一种颜色都可以由红、绿、蓝 3 种颜色来确定,通过 3 种颜色的不同混合得到的颜色不同,也就是光波的波长不同。

4.1.2　图像的颜色模型

颜色模型是用简单的方法描述所有颜色的一套规则和定义。常用的颜色模型主要分为两大类:相加颜色模型和相减颜色模型。

相加颜色模型主要应用于能够发光的有源物体,它的颜色主要由该物体发出的光波决定。从物理光学试验中得出:红、绿、蓝三种色光是其他色光所混合不出来的。而这三种色光以不同比例的混合几乎可以得出自然界所有的颜色。所以红、绿、蓝是加色混合最理想的色光三原色。

相减颜色模型主要应用于不发光的物体,也就是无源物体,它的颜色由该物体吸收或者反射那些光波决定。理想的色料三原色应当是品红(明亮的玫红)、黄(柠黄)、青(湖蓝)。

常用相加颜色模型有 RGB、HSV、YUV 和 YIQ 等,其中 RGB 是所有颜色模型的基础,YUV 和 YIQ 用在电视图像的传输中;常用的相减颜色模型是 CMYK,它主要用在打印机上。另外还有灰度模型和黑白颜色模型。

1. RGB 颜色模型

电视和计算机显示器使用的阴极显像管上的每一个像素点都由红、绿、蓝 3 种涂料组合而成,由 3 束电子束分别激活这 3 种颜色的磷光涂料,以不同强度的电子束调节 3 种颜色的明暗程度就可得到所需的颜色。组合这 3 种光波以产生特定颜色称为相加混色,因此这种模式又称 RGB 相加模式。

从理论上讲,任何一种颜色都可以用这 3 种基本颜色按不同的比例混合得到。3 种基本颜色的光强越强,到达人眼的光就越多,它们的比例不同,人们看到的颜色也就不同,没有光到达人眼,就是一片漆黑。比如,当 3 种基本颜色等量相加时,得到白色或灰色;等量的红绿相加而蓝为 0 值时得到黄色;等量的红蓝相加而绿为 0 值时得到品红色;等量的绿蓝相加而红为 0 值时得到青色。这 3 种基本颜色相加的结果如图 4-1 所示。

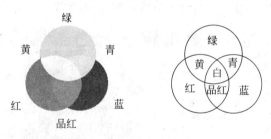

图 4-1　RGB 相加颜色模型

现在使用的彩色电视机和计算机显示器都是利用这 3 种基本颜色混合来显示彩色图像,而把彩色图像输入到计算机的扫描仪则是利用它的逆过程。扫描是把一幅彩色图像分解成 R、G、B 3 种基本颜色,每一种基本颜色的数据代表特定颜色的强度,当这 3 种基本颜色的数据在计算机中重新混合时又显示出它原来的颜色。

2. CMYK 颜色模型

计算机屏幕显示彩色图像时采用的是 RGB 模型,而在打印时一般需要转换为 CMY 模型。CMY 模型是使用青色(Cyan)、品红(Magenta)、黄色(Yellow)3 种基本颜色按一定比例合成色彩的方法。CMY 模型与 RGB 模型不同,因为色彩不是直接由来自光线的颜色产生的,而是由照射在颜料上反射回来的光线所产生的。颜料会吸收一部分光线,而未吸收的光线会反射出来,成为视觉判定颜色的依据。利用这种方法产生的颜色称为相减混色。

在相减混色中,当 3 种基本颜色等量相减时得到黑色或灰色;等量黄色和品红相减而青色为 0 值时得到红色;等量青色和品红相减而黄色为 0 值时得到蓝色;等量黄色和青色相减而品红为 0 值时得到绿色。3 种基本颜色相减结果如图 4-2 所示。

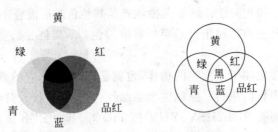

图 4-2　CMY 相减颜色模型

虽然理论上利用 CMY 的 3 种基本颜色混合可以制作出所需要的各种色彩，但实际上同量的 CMY 混合后并不能产生完美的黑色或灰色。因此，在印刷时常加入一种真正的黑色(Black)，这样，CMY 模型又称为 CMYK 模式。

3. HSV 颜色模型

RGB 模型和 CMYK 模型都是适应产生颜色硬件的限制和要求形成的，而 HSV 模式则是模拟了人眼感知颜色的方式，比较容易为从事艺术绘画的画家们所理解。HSV 模式使用色调(Hue)、饱和度(Saturation)和亮度(luminance)3 个参数来生成颜色。利用 HSV 模式描述颜色比较自然，但实际使用却不方便，例如显示时要转换成 RGB 模式，打印时要转换为 CMYK 模式等。

在 Windows XP 中的画图软件中，其"编辑颜色"对话框里显示了采用 HSV 和 RGB 模式与颜色的对应关系，使得颜色的编辑十分直观和方便，如图 4-3 所示。

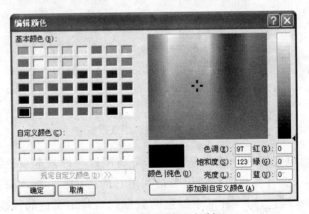

图 4-3　"编辑颜色"对话框

在"编辑颜色"对话框中，右侧上方正方形中有一个颜色拾取框，水平方向移动它，将改变色调，垂直方向移动它，将改变饱和度。而右侧与正方形等高的长条表示亮度，可以使用鼠标上下拖动三角形图标，改变其亮度。当前拾取的颜色信息显示在"颜色|纯色"上面的预览框中。

4. YUV/YIQ 颜色模型

在彩色电视系统中，使用 YUV 模型或 YIQ 模型来表现彩色图像。在 PAL 制式中使用 YUV 模式，其中 Y 表示亮度，U、V 表示色度，是构成彩色的两个分量。在 NTSC 制式中使用 YIQ 模式，其中 Y 表示亮度，I、Q 是两个彩色分量。

YUV 模型的优点是亮度信号和色度信号是相互独立的,即 Y 分量构成的亮度图与 U 或 V 分量构成的带着彩色信息的两幅单色图是相互独立的,所以可对这些单色图分别进行编码。如果只用亮度信号而不采用色度信号,则表示的图像就是没有颜色的灰度图像,人们使用的黑白电视机能够接收彩色电视信号就是这个道理。

5. 灰度和黑白颜色模型

灰度颜色模型采用 8 位来表示一个像素,即将纯黑和纯白之间的层次等分为 256 级,就形成了 256 级灰度模式,它可以用来模拟黑白照片的图像效果。

黑白颜色模型只采用 1 位来表示一个像素,只能显示黑色和白色。黑白模式无法表示层次复杂的图像,但可以制作黑白线条图。

4.1.3 图像颜色模型的转换

尽管目前几乎所有的颜色空间都是从 RGB 颜色空间导出的,但随着科学技术的不断进步,人们还是开发出了形形色色的颜色空间。了解不同颜色空间直接的转换关系对了解图像处理软件进行图像处理的内涵有很大帮助。

1. RGB 与 CMYK 转换

由于 RGB 到 CMY 颜色空间的转换并不是一种线性的关系,只有在质量要求不高的情况下才能进行互补转换。所以,一般都是用 RGB 到 CMYK 颜色空间的转换。

(1) RGB→CMYK:

$$C = (1 - R - B)/(1 - B)$$
$$M = (1 - G - B)/(1 - B)$$
$$Y = (1 - B - B)/(1 - B) \tag{4-1}$$
$$K = \min(1 - R, 1 - G, 1 - B)$$

(2) CMYK→RGB:

$$R = 1 - \min(1, C \times (1 - K) + K)$$
$$R = 1 - \min(1, M \times (1 - K) + K) \tag{4-2}$$
$$R = 1 - \min(1, Y \times (1 - K) + K)$$

2. RGB 与 HSV 转换

(1) RGB→HSV:

$$\text{max} = \text{maximum of RGB}$$
$$\text{min} = \text{minimum of RGB}$$
$$V = \text{max}$$
$$S = (\text{max} - \text{min})/\text{max}$$
$$\text{if } S = 0, \text{H is undefined}$$
$$\text{else delta} = \text{max} - \text{min} \tag{4-3}$$
$$\text{if } R = \text{max}, H = (G - B)/\text{delta}$$
$$\text{if } G = \text{max}, H = 2 + (B - R)/\text{delta}$$
$$\text{if } B = \text{max}, H = 4 + (R - G)/\text{delta}$$
$$H = H \times 60$$
$$\text{if } H < 0, H = H + 360$$

（2）HSV→RGB。

$$if\ S = 0\ and\ H = undefined,\ R = G = B = V$$
$$if\ H = 360,\ H = 0$$
$$H = H/60$$
$$i = floor(H)$$
$$f = H - i$$
$$p = V \times (1 - S)$$
$$q = V \times (1 - (S \times f))$$
$$t = V \times (1 - (S \times (1 - f)))$$
$$if\ i = 0, R = V, G = t, B = q$$
$$if\ i = 1, R = q, G = V, B = p$$
$$if\ i = 2, R = p, G = V, B = t$$
$$if\ i = 3, R = p, G = q, B = V$$
$$if\ i = 4, R = t, G = p, B = V$$
$$if\ i = 5, R = V, G = p, B = q$$

(4-4)

3. RGB 与灰度转换

RGB→灰度：

$$Y = \begin{bmatrix} 0.299 & 0.587 & 0.114 \end{bmatrix} \begin{bmatrix} R \\ G \\ B \end{bmatrix}$$

(4-5)

4.1.4 图形与图像

根据在计算机中生成的原理不同,静态图像大致上可以分为两大类:一类为位图,也就是经常说的图像;另一类为矢量图,也就是经常说的图形。前者以点阵形式描述图形图像,后者是以数学方法描述的一种由几何元素组成的图形。位图文件在有足够存储量的前提下,能真实细腻地反映图片的层次、色彩,缺点是文件体积较大;矢量类图像文件的特点是文件量小,并且任意缩放而不会改变图像质量,适合描述图形。

位图图像在进行放大时会出现失真的情况,如图 4-4 所示。而图形如论放大多少依然能够清晰的显示细节部分,如图 4-5 所示。

图 4-4 图像文件放大后会出现失真的情况

图 4-5 图形文件放大后不会出现失真的情况

4.2 图像的数字化

用计算机进行图像处理的前提是图像必须以数字格式存储,人们把以数字格式存放的图像称之为数字图像。而常见的照片、海报、广告招贴画等都属于模拟图像。若要将模拟图像转化为数字图像,需要使用如扫描仪、数字照相机等图像数字化设备。

4.2.1 数字图像的获取

图像数字化就是把连续的空间位置和亮度离散,它包括两方面的内容:空间位置的离散和数字化,亮度值的离散和数字化。

把一幅连续的图像在二维方向上分成 $m \times n$ 个网格,每个网格用一个亮度值表示,这样一幅图像就要用 $m \times n$ 个亮度值表示,这个过程称为采样。正确选择 m、n,才能使数字化的图像质量损失最小,显示时的图像质量最佳。

采样的图像亮度值,在采样的连续空间上仍然是连续值。把亮度分成 k 个区间,某个区间对应相同的亮度值,共有 k 个不同的亮度值,这个过程称为量化。通常将实现量化的过程称为模数变换;相反地,把数字信号恢复到模拟信号的过程称为数模变换。经过模数变换得到的数字数据可以进一步压缩编码,以减少数据量。

影响图像数字化质量的主要参数有分辨率、颜色深度等,在采集和处理图像时,必须正确理解和运用这些参数。

1. 分辨率

分辨率是影响图像质量的重要参数,它可以分为显示分辨率、图像分辨率和像素分辨率等。

(1) 显示分辨率。显示分辨率是指在显示器上能够显示出的像素数目,它由水平方向的像素总数和垂直方向的像素总数构成,例如,某显示器的水平方向为 800 像素,垂直方向为 600 像素,则该显示器的显示分辨率为 800×600 像素。

显示分辨率与显示器的硬件条件有关,同时也与显示卡的缓冲存储器容量有关,其容量越大,显示分辨率越高。通常显示分辨率采用的系列标准模式是 320×200、640×480、800×600、1024×768、1280×1024、1600×1200 等,当然有些显示卡也提供介于上述标准模式之间的显示分辨率。在同样大小的显示器屏幕上,显示分辨率越高,像素的密度越大,显示图像越精细,但是屏幕上的文字越小。

（2）图像分辨率。图像分辨率是指数字图像的实际尺寸，反映了图像的水平和垂直方向的大小。例如，某图像的分辨率为 400×300，计算机的显示分辨率为 800×600，则该图像在屏幕上显示时只占据了屏幕的四分之一。当图像分辨率与显示分辨率相同时，所显示的图像正好布满整个屏幕区域。当图像分辨率大于显示分辨率时，屏幕上只能显示出图像的一部分，这时要求显示软件具有卷屏功能，使人能看到图像的其他部分。

图像分辨率越高，像素就越多，图像所需要的存储空间也就越大。

（3）像素分辨率。像素分辨率是指显像管荧光屏上一个像素点的宽和长之比，在像素分辨率不同的机器间传输图像时会产生图像变形。例如，在捕捉图像时，如果显像管的像素分辨率为 2:1，而显示图像的显像管的像素分辨率为 1:1，这时该图像会发生变形。

2. 颜色深度

颜色深度是指记录每个像素所使用的二进制位数。对于彩色图像来说，颜色深度决定了该图像可以使用的最多颜色数目；对于灰度图像来说，颜色深度决定了该图像可以使用的亮度级别数目。颜色深度值越大，显示的图像色彩越丰富，画面越自然、逼真，但数据量也随之激增。

在实际应用中，彩色图像或灰度图像的颜色分别用 8 位、16 位、24 位和 32 位等进制数表示，其各种颜色深度所能表示的最大颜色数如表 4-1 所示。

表 4-1　颜色的位数及表现能力

颜色深度/位	颜色数量	颜色名称	颜色深度/位	颜色数量	颜色名称
1	2	二值（黑白）图像	24	16 777 216	真彩色图像
8	256	基本色图像	32	4 294 967 296	真彩色图像
16	65 535	增强色图像			

图像文件的大小是指在磁盘上存储整幅图像所需的字节数，它的计算公式是

图像文件的字节数＝图像分辨率×颜色深度/8

例如，一幅 640×480 的真彩色图像（24 位），它未压缩的原始数据量为

$$640\times480\times24/8B=921\,600B\approx900KB$$

4.2.2　常用的图像文件格式

数字化的图像存储在计算机上时可能有不同的文件格式，但总的来说，有两种截然不同的数据存储类型：有损压缩和无损压缩。

（1）有损压缩。有损压缩是指使用压缩算法后的数据进行重构，重构后的数据与原来的数据有所不同，但不影响人对原始资料表达的信息进行理解。因为人的眼睛对光线比较敏感，光线对景物的作用比颜色的作用更为重要，这就是有损压缩技术的基本依据。有损压缩可以减少图像在内存和磁盘中占用的空间，在屏幕上观看图像时，不会发现它对图像的外观产生太大的不利影响。

（2）无损压缩。无损压缩是指使用压缩后的数据进行重构，重构后的数据与原来的数据完全相同，无损压缩主要用于重构的信号与原始信号完全一致的场合。无损压缩方法的优点是能够比较好地保存图像的质量，但是相对来说这种方法的压缩率比较低。

现在的数字图像种类繁多使用的存储技术不一,下面介绍几个常用的数字图像文件格式以及相关的存储技术。

1. BMP 文件

BMP(Bitmap)是 Microsoft 公司为其 Windows 系列操作系统设置的标准图像文件格式,在 PC 上运行的绝大多数图像软件都支持 BMP 格式的图像文件。

BMP 文件格式具有以下特点:每个文件存放一幅图像;可以多种颜色深度保存图像(16/256 色、16/24/32 位);根据用户需要可以选择图像数据是否采用压缩形式存放(通常 BMP 格式的图像是非压缩格式),使用 RLE 压缩方式可得到 16 色的图像,采用 RLE8 压缩方式则得到 256 色的图像;以图像的左下角为起始点存储数据;存储真彩色图像数据时以蓝、绿、红的顺序排列。

2. GIF 文件

GIF(Graphics Interchange Format,图形交换格式)文件是由 CompuServe 公司开发的图形文件格式,版权所有,任何商业目的的使用均须 CompuServe 公司授权。

GIF 图像是基于颜色列表的(存储的数据是该点的颜色对应于颜色列表的索引值),最多只支持 8 位(256 色)。GIF 文件内部分成许多存储块,用来存储多幅图像或者是决定图像表现行为的控制块,用以实现动画和交互式应用。GIF 文件还通过 LZW 压缩算法压缩图像数据来减少图像尺寸。

GIF 文件的典型结构如图 4-6 所示。GIF 文件格式有一个显著特点:图形描述块可以重复 n 个。当 n 个这样的图形连续显示时,GIF 就表现出了动画效果。

图 4-6　GIF 文件格式

3. PNG 文件

PNG 是流式网络图形格式(Portable Network Graphic Format)的缩写,是 20 世纪 90 年代中期开始开发的图像文件存储格式,其目的是企图替代 GIF 和 TIFF 文件格式,同时增加一些 GIF 文件格式所不具备的特性。PNG 用来存储灰度图像时,灰度图像的深度可多到 16 位,存储彩色图像时,彩色图像的深度可多到 48 位,并且还可存储多到 16 位的 α 通道数据。PNG 使用从 LZ77 派生的无损数据压缩算法。

PNG 文件格式保留 GIF 文件格式的下列特性。

(1) 使用彩色查找表或者调色板,可支持 256 种颜色的彩色图像。

(2) 流式读写性能(Streamability)。图像文件格式允许连续读出和写入图像数据,这个特性很适合于在通信过程中生成和显示图像。

(3) 逐次逼近显示(Progressive Display)。这种特性可使在通信链路上传输图像文件的同时就在终端上显示图像,把整个轮廓显示出来之后逐步显示图像的细节,也就是先用低分辨率显示图像,然后逐步提高其分辨率。

(4) 透明性(Transparency)。该性能可使图像中某些部分不显示,用来创建一些有特色的图像。

(5) 辅助信息(Ancillary Information)。这个特性可用来在图像文件中存储一些文本注释信息。

(6) 独立于计算机软硬件环境。

(7) 使用无损压缩。

PNG 文件格式中增加了下列 GIF 文件格式所没有的特性。

(1) 每个像素为 48 位的真彩色图像。

(2) 每个像素为 16 位的灰度图像。

(3) 可为灰度图和真彩色图添加 α 通道。

(4) 添加图像的 γ 信息。

(5) 使用循环冗余码(Cyclic Redundancy Code,CRC)检测损害的文件。

(6) 加快图像显示的逐次逼近显示方式。

(7) 标准的读写工具包。

(8) 可在一个文件中存储多幅图像,但不能像 GIF 文件那样进行动画显示。

4. JPG 文件

JPEG(Joint Photographic Experts Group)是由 ISO 和 IEC 两个组织机构联合组成的一个专家组,负责制定静态的数字图像数据压缩编码标准,这个专家组开发的算法称为 JPEG 算法,并且成为国际上通用的标准,因此又称为 JPEG 标准。JPEG 是一个适用范围很广的静态图像数据压缩标准,既可用于灰度图像又可用于彩色图像。

JPEG 专家组开发了两种基本的压缩算法,一种是采用以离散余弦变换(Discrete Cosine Transform,DCT)为基础的有损压缩算法,另一种是采用以预测技术为基础的无损压缩算法。使用有损压缩算法时,在压缩比为 25:1 的情况下,压缩后还原得到的图像与原始图像相比较,非图像专家难于找出它们之间的区别,因此得到了广泛的应用。

JPEG 压缩是有损压缩,它利用了人的视角系统的特性,使用量化和无损压缩编码相结合来去掉视角的冗余信息和数据本身的冗余信息。JPEG 算法框图如图 4-7 所示,压缩编码大致分成 3 个步骤。

(1) 使用正向离散余弦变换(Forward Discrete Cosine Transform,FDCT)把空间域表示的图变换成频率域表示的图。

(2) 使用加权函数对 DCT 系数进行量化,这个加权函数对于人的视觉系统是最佳的。

(3) 使用霍夫曼可变字长编码器对量化系数进行编码。

译码(解压缩)的过程与压缩编码过程正好相反。

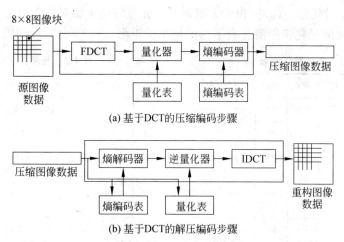

(a) 基于DCT的压缩编码步骤

(b) 基于DCT的解压编码步骤

图 4-7　JEPG 编码压缩/解压缩算法框图

JPEG 压缩编码算法的主要计算步骤如下。

步骤 1：正向离散余弦变换

(1) 对每个单独的彩色图像分量,把整个分量图像分成 8×8 的图像块,如图 4-8 所示,并作为两维离散余弦变换 DCT 的输入。通过 DCT 变换,把能量集中在少数几个系数上。

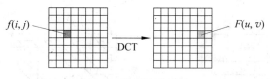

图 4-8　离散余弦变换

(2) DCT 变换使用下式计算:

$$F(u,v) = \frac{1}{4}C(u)C(v)\left[\sum_{i=0}^{7}\sum_{j=0}^{7}f(i,j)\cos\frac{(2i+1)u\pi}{2\times8}\cos\frac{(2j+1)v\pi}{2\times8}\right] \qquad (4\text{-}6)$$

(3) IDCT 变换使用下式计算:

$$f(i,j) = \frac{1}{4}\sum_{i=0}^{7}\sum_{j=0}^{7}C(u)C(v)F(u,v)\cos\frac{(2i+1)u\pi}{2\times8}\cos\frac{(2j+1)v\pi}{2\times8} \qquad (4\text{-}7)$$

其中

$$\begin{cases} c(u),c(v) = 1/\sqrt{2}, & \text{当 } u=0,v=0 \\ c(u),c(v) = 1, & \text{其他} \end{cases}$$

步骤 2：量化。

步骤 2 是对经过 FDCT 变换后的频率系数进行量化。量化的目的是减小非 0 系数的幅度以及增加 0 值系数的数目。量化是图像质量下降的最主要原因。

对于有损压缩算法,JPEG 算法使用如图 4-9 所示的均匀量化器进行量化,量化步距是按照系数所在的位置和每种颜色分量的色调值来确定。因为人眼对亮度信号比对色差信号更敏感,因此使用了两种量化表：如表 4-2 所示的亮度量化值和

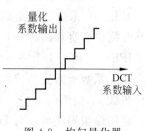

图 4-9　均匀量化器

表 4-3 所示的色差量化值。此外,由于人眼对低频分量的图像比对高频分量的图像更敏感,因此图中的左上角的量化步距要比右下角的量化步距小。

<table>
<tr><th colspan="8">表 4-2　色度量化值表</th></tr>
<tr><td>17</td><td>18</td><td>24</td><td>47</td><td>99</td><td>99</td><td>99</td><td>99</td></tr>
<tr><td>18</td><td>21</td><td>26</td><td>66</td><td>99</td><td>99</td><td>99</td><td>99</td></tr>
<tr><td>24</td><td>26</td><td>59</td><td>99</td><td>99</td><td>99</td><td>99</td><td>99</td></tr>
<tr><td>47</td><td>66</td><td>99</td><td>99</td><td>99</td><td>99</td><td>99</td><td>99</td></tr>
<tr><td>99</td><td>99</td><td>99</td><td>99</td><td>99</td><td>99</td><td>99</td><td>99</td></tr>
<tr><td>99</td><td>99</td><td>99</td><td>99</td><td>99</td><td>99</td><td>99</td><td>99</td></tr>
<tr><td>99</td><td>99</td><td>99</td><td>99</td><td>99</td><td>99</td><td>99</td><td>99</td></tr>
<tr><td>99</td><td>99</td><td>99</td><td>99</td><td>99</td><td>99</td><td>99</td><td>99</td></tr>
</table>

<table>
<tr><th colspan="8">表 4-3　亮度量化值表</th></tr>
<tr><td>16</td><td>11</td><td>10</td><td>16</td><td>24</td><td>40</td><td>51</td><td>61</td></tr>
<tr><td>12</td><td>12</td><td>14</td><td>19</td><td>26</td><td>58</td><td>60</td><td>55</td></tr>
<tr><td>14</td><td>13</td><td>16</td><td>24</td><td>40</td><td>57</td><td>69</td><td>56</td></tr>
<tr><td>14</td><td>17</td><td>22</td><td>29</td><td>51</td><td>87</td><td>80</td><td>62</td></tr>
<tr><td>18</td><td>22</td><td>37</td><td>56</td><td>68</td><td>109</td><td>103</td><td>77</td></tr>
<tr><td>24</td><td>35</td><td>55</td><td>64</td><td>81</td><td>104</td><td>113</td><td>92</td></tr>
<tr><td>49</td><td>64</td><td>78</td><td>87</td><td>103</td><td>121</td><td>120</td><td>101</td></tr>
<tr><td>72</td><td>92</td><td>95</td><td>98</td><td>112</td><td>100</td><td>103</td><td>99</td></tr>
</table>

步骤 3：Z 形编排。

量化后的系数要重新编排,目的是为了增加连续的 0 系数的个数,方法是按照 Z 字形的式样编排,如图 4-10 所示。这样就把一个 8×8 的矩阵变成一个 1×64 的矢量,频率较低的系数放在矢量的顶部。

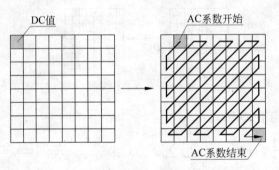

图 4-10　量化后 DCT 系数的排列方式

步骤 4：直流系数的编码。

8×8 图像块经过 DCT 变换之后得到的 DC 直流系数有两个特点,一是系数的数值比较大,二是相邻 8×8 图像块的 DC 系数值变化不大。根据这个特点,JPEG 算法使用了差分脉冲调制编码(DPCM)技术,对相邻图像块之间量化 DC 系数的差值(Delta)进行编码,如下所示：

$$Detla = DC(0,0)_k - DC(0,0)_{k-1}$$

步骤 5：交流系数的编码。

量化 AC 系数的特点是 1×64 矢量中包含有许多 0 系数,并且许多 0 是连续的,因此使用非常简单和直观的游程长度编码(RLE)对它们进行编码。

JPEG 使用了 1 个字节的高 4 位来表示连续 0 的个数,而使用它的低 4 位来表示编码下一个非 0 系数所需要的位数,跟在它后面的是量化 AC 系数的数值。

步骤 6：熵编码。

使用熵编码还可以对 DPCM 编码后的直流 DC 系数和 RLE 编码后的交流 AC 系数做

进一步的压缩。

在 JPEG 有损压缩算法中,使用霍夫曼编码器来减少熵。使用霍夫曼编码器的理由是可以使用很简单的查表(Lookup Table)方法进行编码。压缩数据符号时,霍夫曼编码器对出现频度比较高的符号分配比较短的代码,而对出现频度较低的符号分配比较长的代码。这种可变长度的霍夫曼码表可以事先进行定义。

步骤 7:组成位数据流。

JPEG 编码的最后一个步骤是把各种标记代码和编码后的图像数据组成一帧一帧的数据,这样做的目的是为了便于传输、存储和译码器进行译码,这样的组织的数据通常称为 JPEG 位数据流(JPEG Bitstream)。

【例 4-1】 JPEG 编码算法举例。

图 4-11 所示是使用 JPEG 算法对一个 8×8 图像块计算得到的结果。在这个例子中,由于正向离散余弦变换处理的数值范围是-128~127,所以源图像中的每个样本数据减去了 128,在逆向离散余弦变换之后对重构图像中的每个样本数据加了 128。

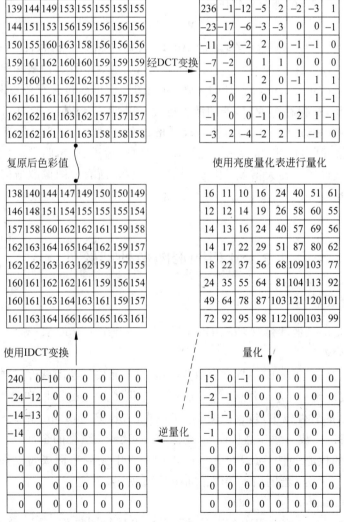

图 4-11 使用 JPEG 算法对一个 8×8 图像块计算得到的结果

5. JPEG 2000 文件

JPEG 2000 与传统 JPEG 最大的不同在于它未使用 JPEG 所采用的以离散余弦转换（Discrete Cosine Transform）为主的区块编码方式，而改采以小波转换（Wavelet Transform）为主的多解析编码方式。小波转换的主要目的是要将影像的频率成分抽取出来。

JPEG 2000 的优点如下。

(1) JPEG 2000 作为 JPEG 升级版，高压缩（低比特速率）是其目标，其压缩率比 JPEG 高约 30% 左右。

(2) JPEG 2000 同时支持有损和无损压缩，而 JPEG 只能支持有损压缩。无损压缩对保存一些重要图片十分有用。

(3) JPEG 2000 能实现渐进传输，这是 JPEG 2000 的一个极其重要的特征。也就是对 GIF 格式影像常说的"渐现"特性。它先传输图像的轮廓，然后逐步传输数据，不断提高图像质量，让图像由朦胧到清晰显示，而不必是像现在的 JPEG 一样，由上到下慢慢显示。

(4) JPEG 2000 支持所谓的"感兴趣区域"特性，可以任意指定影像上感兴趣区域的压缩质量，还可以选择指定的部分先解压缩。

6. PSD 文件

PSD(Photoshop Document)是著名的 Adobe 公司的图像处理软件 Photoshop 的专用格式。这种格式可以存储 Photoshop 中所有的图层、通道、参考线、注解和颜色模式等信息。PSD 其实是 Photoshop 进行平面设计的一张"草稿图"，它里面包含有各种图层、通道、遮罩等多种设计的样稿，在保存图像时，若图像中包含有层，则一般都用 PSD 格式保存，以便于下次打开文件时可以修改上一次的设计。PSD 格式在保存时会将文件压缩，以减少占用磁盘空间，但 PSD 格式所包含图像数据信息较多（如图层、通道、剪辑路径、参考线等），因此比其他格式的图像文件还是要大得多。由于 PSD 文件保留所有原图像数据信息，因而修改起来较为方便，在 Photoshop 所支持的各种图像格式中，PSD 的存取速度比其他格式都快，功能也很强大。

4.3 常用图形图像处理软件

4.3.1 图形处理软件

常用制作矢量图像的软件有 CorelDRAW、Illustrator、AutoCAD 等。

1. CorelDRAW

Corel 公司出品的 CorelDRAW 作为世界一流的平面矢量绘图软件，被专业设计人员广泛使用，它的集成环境（称为工作区）为平面设计提供了先进的手段和最方便的工具。在 CorelDRAW 系列的软件包中，包含了 CorelDRAW、CorelPhotoPaint 两大软件和一系列的附属工具软件，可以完成一幅作品从设计、构图、草稿、绘制、渲染的全部过程。CorelDRAW 是系列软件包中的核心软件，可以在其集成环境中集中完成平面矢量绘图。CorelDRAW 的主界面如图 4-12 所示，绘制出来的图像如图 4-13 所示。

2. Adobe Illustrator

Adobe Illustrator 和 CorelDRAW 同属于平面矢量绘图软件。Illustrator 适合用来搞

图 4-12　CorelDRAW 的主界面

图 4-13　CorelDRAW 绘制的矢量图

艺术创作,它和 Photoshop 界面很像,上手容易。而且和 Photoshop 兼容性极佳。另外, Illustrator 的渐进网格工具优于 CorelDRAW。Illustrator 界面如图 4-14 所示。

3. AutoCAD

CAD 是 Computer Aided Design 的缩写,意思为计算机辅助设计。加上 Auto,指的是它可以应用于几乎所有跟绘图有关的行业,比如建筑、机械、电子、天文、物理、化工等。其中只有机械行业充分利用了 AutoCAD 的强大功能,对于建筑来说,所用到的只是其中较少的一部分,而且如果没有用来绘制立体的建筑外观和室内效果,那么所用到的 CAD 中的工具更是少得可怜。但是,对于追求精确尺寸的计算机辅助设计来说,没有其他软件可以比得上 CAD,比如设计机械零件、绘制建筑施工图。AutoCAD 界面如图 4-15 所示。

4.3.2　图像处理软件

市面上的图像软件种类非常多,按功能又分为图像编辑软件(如 Photoshop、Turbo Photo、Fireworks 等)和图像浏览软件(如 ACDSee、Windows 图片查看器、Office Picture Manager 等)两大类,图像编辑软件在本书有一章专门论述,在这里主要介绍图像查看软件 ACDSee 的使用。

图 4-14 Illustrator 主界面

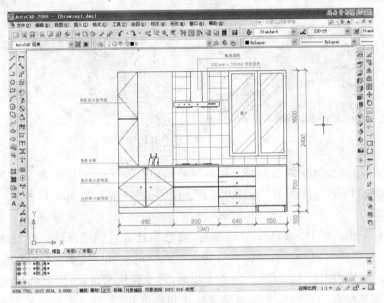

图 4-15 AutoCAD 主界面

1. ACDSee

ACDSee 是目前非常流行的数字图像浏览软件。它提供了良好的操作界面,简单人性化的操作方式,优质的快速图形解码方式,强大的图形文件管理功能,并且支持丰富的图形格式。ACDSee 能对图片进行获取、管理、浏览、优化甚至和他人分享。使用 ACDSee 用户可以从数字照相机和扫描仪高效获取图片,并进行便捷的查找、组织和预览。作为最流行的看图软件,它能快速、高质量地显示图片,再配以内置的音频播放器,用户可以用它播放幻灯片。此外 ACDSee 还是图片编辑工具,可以处理数字影像,拥有去除红眼、剪切图像、锐化、浮雕特效、曝光调整、旋转、镜像等功能,并能进行批量操作。

(1) 利用 ACDSee 浏览图像。ACDSee 主界面如图 4-16 所示,除菜单、上下文相关工具栏、状态栏外,还包含 4 个主要工作区域:位于左上角的文件夹、左下角的预览、中部的文件浏览和右部的整理窗口。

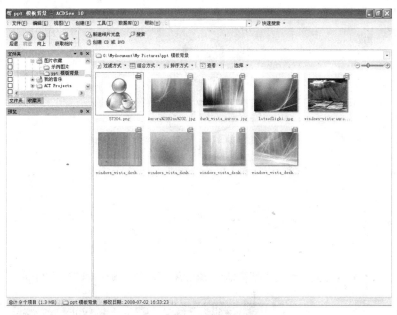

图 4-16　ACDSee 图像浏览窗口

通过在文件夹中选取不同的目录,可以查看一个或多个目录下的所有图片文件;单击文件浏览窗口就可在左下角进行预览,另外,在浏览窗口鼠标指向的静态图像如 JPG、PNG 时会在鼠标位置出现大图预览;在浏览窗口右击某个图片,弹出窗口中可以设置此图像的类别、评级等信息,设置后即可在整理窗口选择相应的类别,进行统一的图像浏览;状态栏主要显示图像的类型、容量、修改日期、分辨率和像素等信息。

在浏览模式下双击选中的图片,ACDsee 进入查看模式,如图 4-17 所示。查看模式的上部和左边全是对该图片的操作按钮,与浏览模式的批操作相比较,可以更为清晰地查看和更为细致的修改单个图片。在查看模式下单击"浏览"按钮,可重新进入浏览模式。

上部工具栏中的按钮大多数是为了方便查看单个图片而设置的工具按钮。依次为上一个、下一个、自动播放、滚动工具、选择工具、缩放工具、向左旋转、向右旋转、旋转等。还有对该图片文件的常规操作按钮,例如保存、移动、复制、删除、打印、属性修改,比较具有特色的操作有设置墙纸。

左侧的工具栏中按钮是对单个图片进行编辑的工具按钮。主要包括:撤销编辑、重复编辑、曝光、亮度、色阶、阴影/高光、色偏、RGB、HSL、灰度、红眼消除、模糊蒙版、消除杂点、调节大小、裁剪、旋转、添加文字等。

(2) 利用 ACDSee 修改图像。选择一幅图像,选择"工具"|"使用编辑器打开"|"编辑模式"菜单命令,进入 ACDSee 编辑界面,如图 4-18 所示,左栏为提供的图像修改工具,右栏为图像预览窗口。

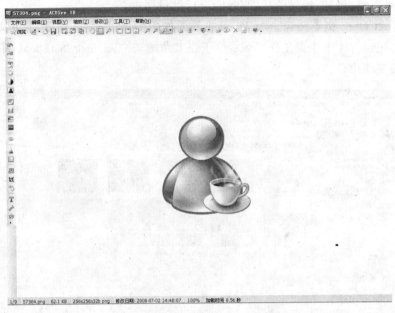

图 4-17　ACDsee 的查看模式

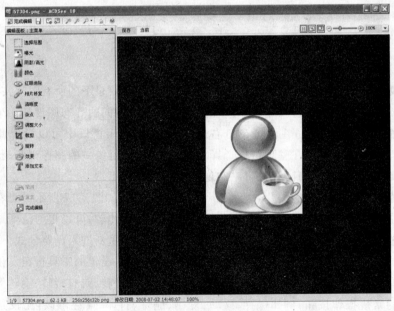

图 4-18　ACDSee 图像编辑窗口

　　例如，单击"曝光"按钮，进入如图 4-19 所示的界面。在曝光界面，可以调整曝光度、对比度和填充光线等数值来改变图像的现实效果。

2. Adobe Photoshop

　　Adobe Photoshop 是 Adobe 公司推出的一款功能十分强大、使用范围广泛的平面图像处理软件。目前 Photoshop 是众多平面设计师进行平面设计、图形图像处理的首选软件。本书有专门的章节介绍 Photoshop 的使用，本章仅介绍该软件的主要功能和特点。

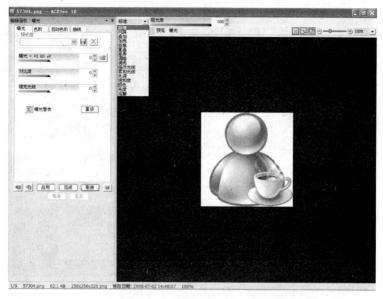

图 4-19　ACDSee 图像曝光操作窗口

（1）图层控制技术。Photoshop 的图层控制技术，可以方便地进行合并、拼合、翻转、复制、对齐、分布和剪贴，并将自动投影、斜面或发光效果添加到图层上的任何对象。

（2）图像选择工具。多种类型的选择工具可以方便地选择不同的区域，便于进行局部编辑。魔棒工具用于基于色彩范围的选择；套索和选框工具用于局部选择；钢笔工具用于绘制精确、复杂的路径，并可将路径转换为选区。磁性套索和磁性钢笔工具用于自动描绘对象轮廓，适用于选择具有一定边缘反差的对象。

（3）图像处理和滤镜。Photoshop 可以对图像进行扭曲、缩放、斜切、旋转和移动，并能调整图像的透视，改良图像的保真度。它还具有总数超过 95 种的特殊效果滤镜，包括：锐化、软化、风格化、自然媒体、扭曲、移去蒙尘和划痕、光照等，并广泛支持第三方开发商所使用的工业标准 Adobe Photoshop 增效工具接口，以增强程序功能。

（4）图像加工工具。Photoshop 中的减淡、加深、加色和去色等暗室类工具，足以达到专业暗房制作水平。涂抹、锐化和柔化等精细修饰工具，更可以仔细雕琢和润色图像。

（5）支持多种文件格式。Photoshop 在 Macintosh 和 Windows 平台上具有相同的功能以及二进制兼容文件格式。可以支持的主要图像文件格式包括 PSD、Kodak、Photo CD、TIFF、JPEG、PCX、BMP、Raw、Targa(TGA)以及 GIF 等。支持包括 PNG 以及便携式文档格式(PDF)等网页出版文件格式。Photoshop 在广泛支持图形和网页文件格式的基础上，也完全支持 ICC 和 Apple ColorSync 色彩管理，可以在整个处理过程中取得更好的色彩一致性。

（6）具有良好的可操作性。作为专业图像处理软件，Photoshop 软件提供了大量提高工作效率的功能。可以通过"动作"面板记录操作步骤，并将它们应用于任何文件或批文件，自动完成编辑任务。

Photoshop 的界面如图 4-20 所示。左边的工具栏中提供了一整套创作工具，包括画笔、钢笔、铅笔、喷枪等，右面排列着多个功能强大的控制面板。

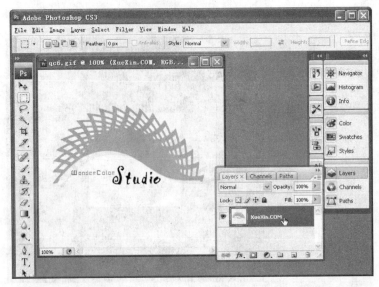

图 4-20　Photoshop 主界面

3. Adobe Fireworks

Adobe Fireworks 软件可以加速 Web 设计与开发,是一款创建及优化 Web 图像,快速构建网站与 Web 界面原型的理想工具。Fireworks 不仅具备编辑矢量图形与位图图像的灵活性,还提供了一个预先构建资源的公用库,并可与 Adobe Photoshop CS3、Adobe Illustrator CS3、Adobe Dreamweaver CS3 和 Adobe Flash CS3 软件无缝集成。在 Fireworks 中将设计迅速转变为模型,或利用来自 Illustrator、Photoshop 和 Flash 的其他资源,然后直接置入 Dreamweaver CS3 中轻松地进行开发与部署。Fireworks 界面如图 4-21 所示。

图 4-21　Fireworks 主界面

本 章 小 结

第 4.1 节介绍了人的视觉是如何感知色彩的,由此引出了图像的颜色模型以及不同颜色模型之间的转换关系,并介绍了图形和图像的区别及其特点。颜色模型主要分为相加颜色模型,如 RGB、HSV 和 YIQ 等;相减颜色模型,如 CMYK。在介绍颜色模型的基础上介绍了集中常用模型之间的转换关系,为后续章节进行图像处理打下了理论基础。图形和图像,即矢量图与点位图,分别由数学方法和点阵形式描述图像。两种图像具有不同的应用场合和特点,在使用的时候应该区别对待。

第 4.2 节介绍了如何获取数字图像,并介绍了影响数字图像显示效果的两个重要的因素:分辨率和颜色深度。在常用的图像文件格式中介绍了常用的图像文件格式,如 BMP、GIF、PNG、JPG、JPEG 2000 和 PSD 格式。其中着重介绍了 GIF 文件的动画特性的原理和 JPG 文件使用的 JPEG 压缩算法。

第 4.3 节主要介绍了如 CorelDRAW、Illustrator、AutoCAD 等图形(矢量图)处理软件和 ACDSee、Photoshop、Fireworks 等图像(点位图)处理软件。由于 Photoshop 会在本书的后续章节详细介绍,本章仅简单介绍了它的一些特点。

思 考 题

1. RGB 模型和 HSV 模型都用在哪些场合?各有什么优点?
2. 图形和图像的主要区别是什么?举几个两种类型图像适用的场合。
3. 是不是分辨率越高图像就显示得越好?
4. 什么是真彩色?
5. JPEG 压缩算法的主要步骤是哪些?导致数据损失的是哪些步骤?
6. 列举几种常用的图形处理软件和图像处理软件。

第 5 章 音频信息处理技术

学习目标

- 掌握声音的基本参数和 3 个要素。
- 了解人耳的听觉特性和掩蔽效应原理。
- 理解模拟音频转换为数字音频的过程。
- 了解常用的音频压缩算法及其分类。
- 掌握 MIDI 的概念，了解 MIDI 音乐产生的两种方法。
- 掌握常见的音频文件格式及其特点。
- 掌握音频处理软件 Cool Edit 的基本用法。

5.1 声 音 概 述

声音是人们用来传递信息最常用、最方便、最熟悉的方式，而且形式多种多样，如人的声音、乐器声、乐曲、机器声以及自然界的风雨雷电等声音。有了这些声音，世界才会如此生动和谐。想要更好地在计算机中再现声音，必须首先了解声音的定义及其各种性质。

5.1.1 声音的定义和属性

1. 声音的定义

声音是振动在弹性媒介中传播的一种连续波，因此声音也叫声波。当声波传到人耳时，引起人耳鼓膜发生相应的振动。这种振动通过听觉系统传到听觉神经，经大脑细胞分析、处理之后便使人产生了听觉。

可见，要听见声音，必须有 3 个基本条件：第一是存在发出声音的振动物体，即声源。如喉管内声带的振动，扬声器中音膜的振动等；第二是要有传播过程中的弹性媒介，即传声介质，如空气等，因此在太空中听不到声音；第三，要通过人耳听觉产生声音的感觉。前两个说明了声音的物理属性，第三个条件则说明了声音还具有心理属性。

2. 声音的基本参数

描述声音特征的物理量有声波的振幅、周期和频率，由于周期和频率互为倒数，因此一般只用振幅和频率作为基本参数来描述声音。

(1) 振幅。振动体振动的幅度，决定了产生声波的高低幅度，表现为声音的强弱。

(2) 频率与周期。频率是振动体每秒振动的次数，用符号 f 表示，频率的单位是赫兹 (Hz)，简称赫。

周期是振动体每振动一次所需要的时间，用符号 T 表示，单位是秒(s)。

频率和周期的关系为 $f = \dfrac{1}{T}$。声音的振幅和周期示意图见图 5-1。

3. 声音的频率范围

发声体振动产生的声波,只有频率在 20～20 000 Hz 范围内的声音才能被人听到,这个频率范围内的声音称为可闻声,也是多媒体技术中音频信息处理的范围。频率超过 20 000 Hz 的称作超声波,频率低于 20 Hz 的称为次声波。人的发声器官发出的声音频率是 80～3400 Hz,但人正常说话的频率范围一般在 300～3000 Hz 之间,通常把在这种频率范围的声音称为语音。声音的频率范围可用图 5-2 描述。

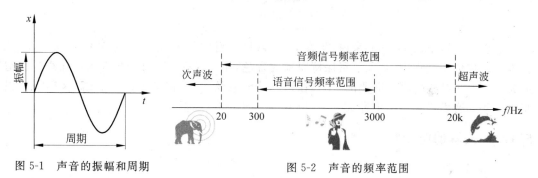

图 5-1　声音的振幅和周期　　　　　图 5-2　声音的频率范围

5.1.2　声音三要素

声音的 3 个要素是音调、音强、音色,它们分别与声波的频率、振幅、波形相关。

1. 音调

音调主要与声音的频率有关,频率快则声音尖锐,频率慢则声音低沉。通常用频率的倍数或对数关系表示音调。在音乐上音调称为音高。频率增加一倍,音乐上称提高了一个八度。音调的单位是美(mel),其定义为:频率为 1000 Hz、声压级为 40 dB 的纯音所产生的音调是 1000 mel。图 5-3 为频率与音调的关系。

2. 音强

音强又称音量,即音的强弱(响亮)程度。音强是由发音体振动幅度的大小决定的,两者成正比关系,振幅越大则声音听起来越响,反之则越弱。可以使用音箱、功放等扩音设备来提高声音的音强,但如果声音在声源上的

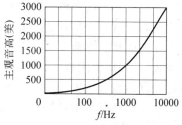

图 5-3　频率与音调的关系

振幅就比较小,则无论将扬声器的音量调至多大也达不到较好的扩音效果,此时可以使用音频编辑软件提高其振幅从而在声源上提高音强。

3. 音色

音色即声音的特色,主要取决于声音的频谱结构。自然声中大部分都是复音,在复音中,最低频率是"基音",它是声音的基本音调;其他频率的声音称为"泛音"。各种自然声所发出声音的泛音分布不同,泛音分量的幅度也不相同,因而音色也就不同,人耳不能把各种频率成分分辨成不同的声音,只不过是根据声音的各个频率成分的分布特点得到一个综合印象,这就是音色的感觉。

例如,钢琴和黑管的基音都是 100Hz,即使演奏同一乐曲,且响度也一样,仍然可以分辨出是哪种乐器。这是因为他们演奏同一音符时的基音虽然相同,但它们的谐波成分及其幅值都不相同,即频谱不同。图 5-4 表示不同的乐音频谱与一般波形对比。

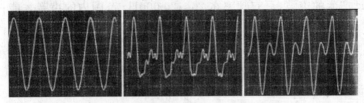

图 5-4　不同乐音频谱与一般波形对比图

音色无法定量表示,一般来说,泛音多,且低层泛音的强度较大,音乐就优美动听,音色就丰富。在传声过程中,必须尽量保持原来的音色,如果某些频率过分被夸大或缩小都会造成失真。但是某些失真是需要的,比如在语言传输系统中,要保持良好的清晰度,应当适当减少一些低音而增加一些中音成分。

5.1.3　人耳的听觉特性

1. 掩蔽效应

人们在安静环境中能够分辨出轻微的声音,但在嘈杂的环境中却分辨不出轻微的声音,这时需要将轻微的声音增强才能听到。这种一个声音的听阈因另一声音的存在而提高的现象,称为掩蔽效应。在 MPEG 音频压缩中,即根据此原理消除更多的冗余数据。

假设听清声音 A 的阈值为 40dB,若同时又听见声音 B,这时由于 B 的影响使 A 的阈值提高到 52dB,即比原来高 12dB。这个例子中,B 称为掩蔽声,A 称为被掩蔽声。被掩蔽声听阈提高的分贝数称为掩蔽量,即 12dB 为掩蔽量,52dB 称为掩蔽阈。

2. 双耳效应

人耳在头部的两侧,其作用首先表现在接收纯音信号的阈值比单耳阈值约低 3dB,这可以理解为双耳综合作用的结果。

在响度级的测量中发现,对一定声压级的纯音,双耳比单耳听起来响两倍。响度平衡的试验证明,在阈值附近,双耳的响度和单耳的响度相等,而随着声压级逐渐增加,双耳听音的效应会逐渐表现出来。

在录音和扩音中,很多声学参数都需要考虑这个因素。立体声系统就是根据人的双耳效应而发展起来的。

3. 哈斯效应

当一个声场中的两个声源(两个声源发出的声音是同一个音频信号)的声音传入人耳的时间差在 50ms 以内时,人耳不能明显辨别出两个声源的方位。人耳的听觉感受是:哪一个声源的声音首先传入人耳,那么人的听觉感觉就是全部声音都是从这个方向传来的。人耳的这种先入为主的聆听感觉特性,称为"哈斯效应"。

5.2　数字化音频

声音信号是一种连续变化的模拟信号,不仅在时间上是连续的,而且在幅度上也是连续的。而在多媒体计算机中,只有数字形式的信息才能被以一定工作频率接收和处理。因此,计算机要获取与处理音频,必须对模拟信号进行数字化处理,转化为计算机能识别的二进制表示的数字信号。

5.2.1 数字音频获取

把模拟音频信号转换成有限个数字表示的离散序列,需要经过采样、量化和编码三个过程。

1. 采样

原来的音频信号是连续时间函数 $X(t)$,计算机对其处理时,必须先对连续时间信号采样,即按一定的时间间隔(T)取值,得到离散时间函数 $X(nT)$(n 为整数)。T 称为采样周期,$1/T$ 称为采样频率,$X(nT)$ 称为采样值(或离散信号)。

如图 5-5 所示给出了按固定时间间隔采样输入波形及采样结果示意图。

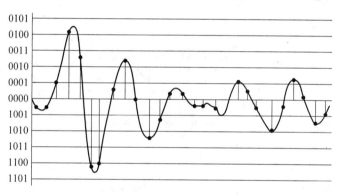

图 5-5　按固定时间间隔采样示意图

采样频率是衡量数字音频质量的一个重要指标,采样频率越高,单位时间内采集的样本数就越多,丢失的信息越少,因此得到的波形就越接近于原始的波形,还原的音质就越好。但采样过程毕竟损失了一部分数据值,如果要能够从采样结果唯一恢复原始波形,需要满足下面的采样定理。

奈奎斯特(Nyquist)采样定理:只要采样频率大于或者等于信号中所包含的最高频率的两倍,即当信号是最高频率时,每个周期至少采样两个点,则理论上可以完全恢复原来的信号。

用公式表示为

$$f_s \geqslant 2f \quad \text{或者} \quad T_s \leqslant T/2$$

其中 f_s 为采样频率,f 为被采样信号的最高频率。

可以这样理解,如果一个信号中的最高频率为 f_{max},采样频率最低要选择 $2f_{max}$。例如,电话中因为是语音信号,频率范围在 $80 \sim 3400\,\text{Hz}$,所以数字电话采用的采样频率为 $8\,\text{kHz}$。

2. 量化

通过采样的信号,尽管在时间上离散了,但是在幅度上其值仍然是连续的,即属于实数域中的任意值。为把 $X(nT)$ 的值存入计算机,必须将采样值用有限位数表示的二进制数字串来表示,所以需要将其量化成一个幅度值的有限集合。

量化的一般原理是,先将整个幅度划分成有限个小幅度(称为量化阶距)的集合,把落入某个阶距内的样值归为一类,并赋予相同的量化值。如果量化值是均匀分布的,称为均匀量化;否则称为非均匀量化。即均匀量化时,量化阶距恒为δ,若量化器的最大测量值是X_{max},量化位数为B,则:$\delta = 2X_{max}/B$。

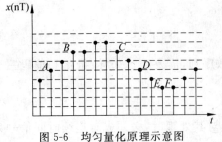

图 5-6　均匀量化原理示意图

图 5-6 给出了均匀量化原理的示意图。量化时,将小于$(i+1/2)\delta$且大于等于$(i-1/2)\delta$的样值均取为$i\delta$,例如图中A、D两个采样点的值都小于$(i+1/2)\delta$,因此量化后其值都向下靠拢,取值为$i\delta$,即小于原采样值,B、F几点也是这种情况;而C点的采样值大于$(i-1/2)\delta$,因此量化后其值向上靠拢,大于原采样值,E点也是这种情况。经过这样的处理后,无限多个采样点都用有限个值来表示,这就实现了量化的过程。

图 5-7 说明了连续采样、均匀量化与还原的整个过程。

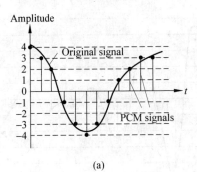

(a)

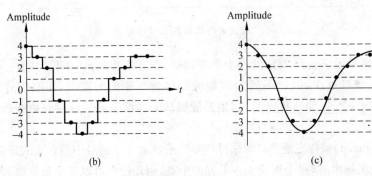

(b)　　　　　　　　　　　(c)

图 5-7　连续信号采样与均匀量化并还原效果图

均匀量化无论对大的输入信号和小的输入信号一律采用相同的量化间隔,而为了适应幅度大的输入信号同时又要满足精度要求,就需要增加采样的位数,但是对于语音信号来说,大幅度的信号出现的几率较小,增加的样本位数得不到充分利用。为克服这个不足,就出现了非均匀量化(又称为非线性量化)的方法。非均匀量化思想是:对输入信号量化时,大的输入信号采用大的量化间隔,小的输入信号采用小的量化间隔,这样就可以在满足精度要求的情况下用较少的位数,声音数据还原时,采用相同的规则。

采样代表了原始声音的数据个数,而量化确定每个数据的精度,用来表示样本数据的二进制位数越多,记录的数据就越精确;反之,误差就越大。因此量化精度用表示数据的二进制位数表示,又成为采样精度、样本精度、量化位数、量化级等,显然,量化位数越多,数据精度越高,声音质量越好,而需要存储的空间也就越大。图 5-8 是 8 位量化和 16 位量化的对比。

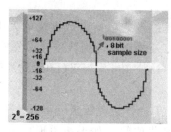 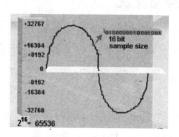

(a) Sampling Resolution—8bit   (b) Sampling Resolution—16bit

图 5-8　不同采样精度的对比

3. 编码

音频模拟信号经过采样与量化以后,把量化后的值转化成二进制数进行存储,这个过程称为编码。

对于音频信号,PCM(脉冲编码调制)编码是概念上最简单、最早研制成功、使用最广泛的编码系统;但也是数据量最大的编码系统。常作为一种参考标准,以便其他编码方法与之比较,或在此基础上进一步压缩编码。

最简单的 PCM 编码即为原始声音采样所得振幅均匀量化为 iδ(δ 为量化阶距)后,取值为 i,转化为 B(存储位数)位二进制值存储。

改进的 PCM 编码考虑小幅值样本比大幅值样本出现的概率要高,而且人对低音量信号的变化感觉更明显,采用了非均匀量化,如图 5-9 所示。采样输入信号幅度和量化输出数据之间采用了两种对数关系:一种是用于北美和日本等地区的数字电话通信中的 μ 律压扩算法,另一种主要用在欧洲和中国大陆等地区的数字电话通信的 A 律压扩算法。采样信号经对数转换后,对输出数据再采用简单 PCM 编码的均匀量化和二进制存储,只是两者对数转换公式不同。

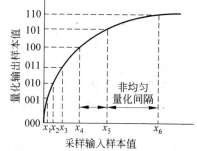

图 5-9　非均匀量化示意图

衡量一种编码方法的性能有两个主要指标:码流速率和量化噪声。

所谓码流速率,指的是音频信号编码以后每秒产生的数据量,以 kbps(每秒千位)为单位,也可表示为 kbit/s。对于普通模拟语音用 8kHz 的频率采样,并以 8 位量化编码,所形成的音频数字信号的码率便是 64kbps。

所谓量化噪声,就是由量化失真而引起的噪声,指某个采样时间点的模拟值和最近的量化值之间的差。这一指标通常表示为信号量化噪声比(SQNR)。考虑最坏的情况,用公式表示为:

$$SQNR = 20lg \frac{V_{singal}}{V_{quan\_noise}} = 20 \times N \times lg2 = 6.02N(单位是 dB)$$

式中 N 为量化位数。即每增加 1 位量化精度,信噪比即提高 6dB(分贝),对模拟信号的逼近更精确,系统能够提供的音质更好。例如,在要求高保真音响的系统中,规定信噪比应大于 90dB,因此量化位数必须在 16 位以上。

5.2.2　音频压缩算法

音频编码的主要目的在于压缩数据。未经压缩的声音文件数据量的大小，取决于对声音信号作数字化处理时的采样频率和量化位数以及采用的声道数。计算公式为

$$每秒数据量(字节/秒,B/s)=采样速率(Hz)×(量化等级(bit)/8)×声道数$$

或

$$每秒数据量(位/秒,b/s)=采样速率(Hz)×量化等级(bit)×声道数$$

CD 音质的声音数据(44.1kHz 采样频率，16 位量化位数)，如果声道形式为双声道，每秒的数据量为 172KB(1KB＝1024B)，即使是语音数据(8kHz 采样频率，8 位量化数据，单声道)也有 64kb/s，为了实现减少数据量而又不至于造成音频质量的下降，计算过程也不至于很复杂，许多专家都致力于压缩算法的研究。下面对常用的几类音频压缩算法简单介绍。

1. 基于音频数据的统计特性进行压缩编码

这种方法的目标是使重建音频波形保持原波形的形状，主要用于语音通信。在 PCM 编码的基础上，利用音频抽样的分布规律和相邻值具有相关性的特点，实现数据压缩。这种压缩编码适应性强，音频质量好，但压缩比不大，因此数据率还是很高。根据音频信号在时间上取值分布特性进行编码称为时域法，按照音频信号在频率上取值分布特性进行编码称为频域法。

(1) 时域法。

① 差分脉冲编码调制(DPCM)。在这种编码方式中，使用了一种技术叫预测技术，这种技术是企图从过去的样本预测下一个样本的值。这样做的根据是认为在话音样本之间存在相关性。如果样本的预测值与实际值比较接近，它们之间的差值幅度的变化就比原始话音样本幅度值的变化小，因此量化这种差值信号时就可以用比较少的位数来表示差值。

② 自适应差分脉冲编码调制(ADPCM)。因为对幅度极具变化的输入信号会产生很大的失真，因此对 DPCM 进行了改进。ADPCM 利用自适应改变量化阶的大小，即用小的量化阶去编码小的差值，使用大的量化阶去编码大的差值。

(2) 频域法。

① 子带编码(SBC)。输入的话音信号被滤波器分成好几个频带(即子带)，变换到每个子带中的语音信号都进行独立的编码，这样每个子带中的噪声信号仅仅与该子带使用的编码方法有关系。对于听觉感知比较重要的子带信号，编码器可分配比较多的位数来表示它们，在这个频率内噪音比较低，其他的子带信号，可以采用比较少的位数。这种编码方式比较复杂，增加了编码时延，不过对于其他复杂编码方式而言，还是比较低的。

② 自适应变换编码(ATC)。这种方法使用快速变换(例如离散余弦变换)把话音信号分成许许多多的频带，用来表示每个变换系数的位数取决于话音谱的属性。

2. 基于音频的声学参数进行压缩编码

这种方法主要是针对话音，其目标从话音波形信号中提取生成话音的参数，声码器的模型参数既可以使用时域的方法也可以使用频域的方法确定，这项任务由编码器生成。这些参数再通过话音生成模型重建音频保持原音频的特性。这种编码技术的优点是数据率低，但还原信号的质量较差，自然度低，可是因为算法的差异导致相应的保密性能好，所以这种编译码器经常用于军事上。

3. 基于人的听觉特性进行压缩编码

从人的听觉系统出发,利用掩蔽效应,设计心理声学模型,从而实现更高效率的音频压缩。其中以 MPEG 标准中的高频编码和 DolbyAC-3 最有影响力。

5.2.3 电子乐器数字接口(MIDI)

1. MIDI 概述

电子乐器数字接口(Musical Instrument Digital Interface,MIDI),诞生于 20 世纪 80 年代,是用于在音乐合成器、乐器和计算机之间交换音乐信息的一种标准协议。这个协议由两部分组成:一是与设备相连的硬件标准,它规定了乐器间的物理连接方式,要求乐器必须带有 MIDI 端口,它还对连接两个乐器的 MIDI 缆线和缆线上传输的电信号做了规定;二是数据格式标准,它给出了硬件上传输的信号的编码方式,这些编码相当于音乐中的乐谱,它们包含音符、节拍、乐器种类及音量等各种音乐要素的信息,相关设备的合成器接收到这些数字编码后,通过解码即可生成指定的音乐。

2. 关键术语

(1) MIDI 控制器。它是当做乐器使用的一种设备,不发出声音,而是把演奏转换成实时的 MIDI 数据流,如 MIDI 键盘、MIDI 吉他等。

(2) 音序器。最初是指一种用来产生以 MIDI 数据流和编辑一系列音乐事件的专用硬件。现在多指计算机用于编辑音乐的软件。

(3) 合成器。一个独立的声音产生器。它可以改变音调、音量、音色以产生不同的声音。还可以改变其他的声音特性,例如激发时间和延续时间。根据声音产生原理的不同,可分为调频(FM)合成器和波表合成器两种。现在 PC 的声卡都集成了比较廉价的合成器,产生声音的模块一般被称为声音模块。合成器分两种类型:基本合成器和扩展合成器,基本合成器必须具有同时播放 3 种旋律音色和 3 种打击音色的能力,而且还必须具有同时播放 6 个旋律音符和 3 个打击音符的能力,因此,基本合成器要具有 9 种音调;扩展合成器要能够同时播放 9 种旋律音色和 8 种打击音色,具有 16 种音调。

(4) 通道。MIDI 设备之间传递消息的桥梁。MIDI 协议规定了 16 个通道,通常某种 MIDI 乐器和一个专门的 MIDI 通道相对应,分别用 0~15 表示通道号,各通道之间是相互独立的。例如,通道 1 代表钢琴,通道 10 代表 47 种打击乐器的一种。要想将 MIDI 设备映射到通道上,必须设定设备的 MIDI 接收方式(包括 MIDI 通道的管理方式和 MIDI 信息的演奏方式),而由通道传递的音乐数据被接收端的合成器重新合成为音乐。

3. MIDI 音乐合成

产生 MIDI 乐音的方法很多,现在用的较多的方法有两种:一种是频率调制(frequency modulation,FM)合成法,另一种是乐音样本合成法,也称为波形表(wavetable)合成法。

(1) 频率调制(FM)合成法。利用 FM 合成乐音的合成器由 5 个基本模块组成:数字载波器、调制器、声音包络发生器、数字运算器和数模转换器,如图 5-10 所示。数字载波器用来设计声音的基本波形,需要 3 个参数:音调、音量和各种波形;调制器用于基础波形上叠加一个复杂波形,使其发生一些变化,需要 6 个参数:频率、调制深度、波形的类型、反馈量、颤音和音效;乐器声音除了有自己的波形参数外,还有自己比较典型的声音包络线(描述声音在各个时间段的峰值特性),声音包络发生器用来调制声音的电平,可以用来产生声音逐渐增强或则逐渐减弱的效果,这个过程也成为幅度调制,并且作为数字式音量控制按钮。将上述 3 种设备效果用数字运算器进行组合运算,在经过数模转换器最终形成乐音。

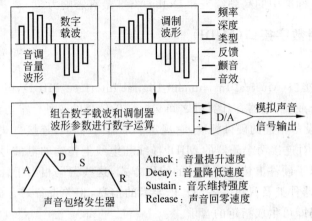

图 5-10　FM 合成器

在音乐合成器中,数字载波波形和调制波形有很多种,不同型号的 FM 合成器选用的波形也不同,各种不同乐音的产生是通过组合各种波形和波形参数并采用各种不同方法实现的。

(2)乐音样本合成法。使用 FM 合成法来产生各种逼真的乐音是很困难的,有些乐音几乎不能产生,这时就自然转向了乐音样本合成法。

乐音样本的采集相对比较直观。音乐家在真实乐器上演奏不同的音符,选择 44.1kHz 的采样频率、16 位的乐音样本,这相当于 CD-DA 的质量,把不同音符的真实声音记录下来,这就完成了乐音样本的采集。播放时改变播放速度,从而改变音调周期,生成各种音阶的音符。乐音样本通常放在 ROM 芯片上。

乐音样本合成器所需的输入控制参数表较少,可控制的数字音效也不多,产生的声音质量比 FM 合成方法产生的声音质量要高,如图 5-11 所示。

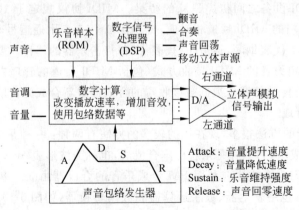

图 5-11　样本合成法

4. MIDI 系统

MIDI 数据流通常是由 MIDI 控制器产生,如 MIDI 键盘,或者由 MIDI 音序器产生。数据通过装置中的 MIDI OUT 连接器传输。而 MIDI 数据流的接收设备是 MIDI 声音发生器或者 MIDI 声音模块,它们在 MIDI IN 端口接收 MIDI 消息,然后播放声音。

一个简单的 MIDI 系统,可仅仅由一个 MIDI 键盘控制器和一个 MIDI 声音模块组成,如图 5-12 所示。而一个复杂的系统,则是需要通过 MIDI THRU 连接器以菊花链的方式和多个 MIDI 设备互连,如图 5-13 所示。

图 5-12　简单 MIDI 系统示意图

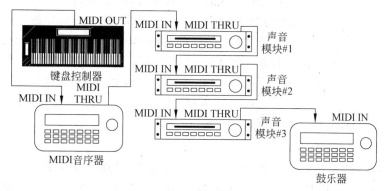

图 5-13　复杂 MIDI 系统示意图

此外,还可以用 PC 构造的 MIDI 系统,此时的 PC 上一定要安装相应的声卡。比较高档的声卡其声音模块为专门的合成芯片,音色丰富,通过自带的标准 MIDI 接口,与其他 MIDI 设备连接,再加上安装在 PC 上高级的音序器软件,有相同的强大音乐创作功能,如图 5-14 所示。普通声卡则没有标准 MIDI 接口,而是简单的软合成器,虽然可以生成 MIDI 音乐,只是音色很少,效果不是很好。

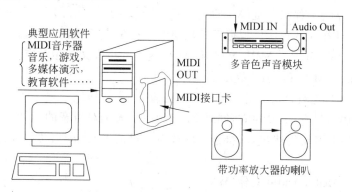

图 5-14　PC 构造 MIDI 系统示意图

5.2.4 音频文件格式

音频格式五花八门,常见的如 MP3、WAV、RA、WMA 等,如图 5-15 所示。但还有一些不太通用的音频格式,如一些品牌手机支持的音频格式等,如图为音频播放软件"千千静听"所能打开的音频格式列表。音频格式大体分为两类:一类为音乐指令文件(如 MIDI),一般由音乐创作软件制作而成,它实质上是一种音乐演奏的命令,不包括具体的声音数据,故文件很小;另一类为声音文件,是通过录音设备录制的原始声音,实质上是一种二进制的采样数据,故文件较大,例如人们最熟悉的 MP3、WMA 等均属于此类文件。

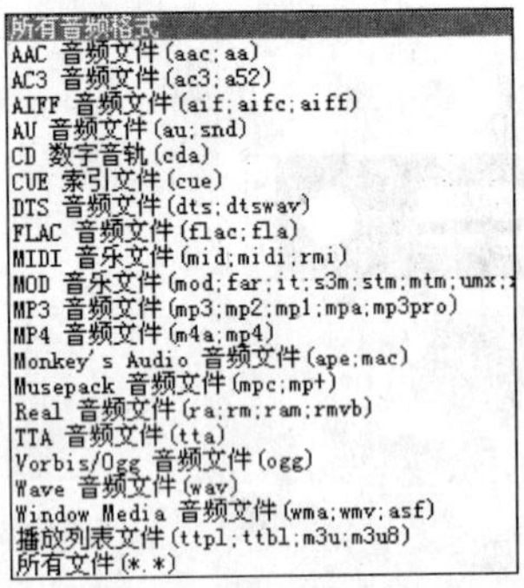

```
放相音频格式
AAC 音频文件 (aac;aa)
AC3 音频文件 (ac3;a52)
AIFF 音频文件 (aif;aifc;aiff)
AU 音频文件 (au;snd)
CD 数字音轨 (cda)
CUE 索引文件 (cue)
DTS 音频文件 (dts;dtswav)
FLAC 音频文件 (flac;fla)
MIDI 音乐文件 (mid;midi;rmi)
MOD 音频文件 (mod;far;it;s3m;stm;mtm;umx;
MP3 音频文件 (mp3;mp2;mp1;mpa;mp3pro)
MP4 音频文件 (m4a;mp4)
Monkey's Audio 音频文件 (ape;mac)
Musepack 音频文件 (mpc;mpt)
Real 音频文件 (ra;rm;ram;rmvb)
TTA 音频文件 (tta)
Vorbis/Ogg 音频文件 (ogg)
Wave 音频文件 (wav)
Window Media 音频文件 (wma;wmv;asf)
播放列表文件 (ttpl;ttbl;m3u;m3u8)
所有文件 (*.*)
```

图 5-15 千千静听所支持的
音频文件格式

1. MIDI 文件(MID/CMF/RMI)

MID 是 Windows 的 MIDI 文件存储格式。相对于保存真实采样数据的声音文件,MIDI 文件显得更加紧凑,其文件的大小要比 WAV 文件小得多——1min 的 WAV 文件约要占用 10MB 的硬盘空间,而 1min 的 MIDI 却只有 3.4KB。但是 MIDI 音乐只能包含乐音而不能包含语音,且播放效果随软硬件设备的不同而产生差异。

MIDI 文件有几个变通的格式,其中 CMF 文件是随声卡一起使用的音乐文件,与 MIDI 文件非常相似,只是文件头略有差别;另一种 MIDI 文件是 Windows 使用的 RIFF 文件的一种子格式,称为 RMID,扩展名为 RMI。

2. 声音波形文件(WAV)

由 Microsoft 公司开发的一种 WAV 声音文件格式,是如今计算机上最为常见的声音文件格式,它符合 RIFF(Resource Interchange File Format)文件规范,用于保存 Windows 平台的音频信息资源,被 Windows 平台以及所有的音频播放、编辑软件广泛支持。WAV 格式常用于自然声音的保存和重放,声音层次丰富、还原性好、表现力强,如果采样率高,其音质极佳。但其缺点是文件体积较大(1min 的 44.1kHz、16 位立体声的 WAV 文件约要占用 10MB 左右的硬盘空间),所以不适合长时间记录。

3. MPEG 音频文件(MP1/MP2/MP3)

MPEG(Moving Picture Experts Group,活动图像专家组)代表的是 MPEG 活动影音压缩标准,MPEG 音频文件指的是 MPEG-1 标准中的声音部分,即 MPEG 音频层(MPEG Audio Layer)。MPEG 音频文件根据压缩质量和编码复杂程度的不同可分为三层(MPEG Audio Layer 1/2/3),分别与 MP1、MP2 和 MP3 这三种声音文件相对应。MPEG 音频编码具有很高的压缩率,MP1 和 MP2 的压缩率分别为 4∶1 和 6∶1~8∶1,而 MP3 的压缩率则高达 10∶1~12∶1,也就是说一分钟 CD 音质的音乐,未经压缩需要 10MB 存储空间,而经过 MP3 压缩编码后只有 1MB 左右,同时 MP3 利用了人耳对声音的感知特性,去掉人耳不敏感的部分,所以其音质仍然很好,接近 CD 音质。目前 Internet 上的音乐格式以 MP3 最为常见。

4. Windows Media Audio 文件(WMA)

WMA 是 Microsoft 公司开发的流式音频文件格式,与 MP3 压缩格式相比,WMA 无论从技术性能(支持音频流)还是压缩率(18∶1 以上)都出色许多,而且同时兼顾了保真度和网络传输需求。据微软报告,用它来制作接近 CD 品质的音频文件,其体积仅相当于 MP3 的 1/3。在 48Kbps 的传送速率下即可得到接近 CD 品质(Near-CD Quality)的音频数据流,在 64Kbps 的传送速率下可以得到与 CD 相同品质的音乐,而当连接速率超过 96Kbps 后则可以得到超过 CD 的品质。

5. RealMedia 文件(RA/RM/RAM)

RealMedia 采用的是 RealNetworks 公司自己开发的 Real G2 Codec,它具有很多先进的设计,例如,SVT(Scalable Video Technology),该技术可以让速度较慢的计算机不需要解开所有的原始图像数据也能流畅观看节目;双向编码(Two-Encoding)技术类似于 VBR,也就是常说的动态码率,它可通过预先扫描整个影片,根据带宽的限制选择最优化压缩码率。RealMedia 音频部分采用的是 RealAudio,它具有 21 种编码方式,可实现声音在单声道、立体声音乐不同速率下的压缩。

6. AAC

AAC(Advanced Audio Coding)是高级音频编码的缩写,是由 Fraunhofer IIS-A、杜比和 AT&T 共同开发的一种音频格式,它属于 MPEG-2 规范的一部分。AAC 的音频算法在压缩能力上远胜于 MP3 等压缩算法,增加了诸如对立体声的完美再现、多媒体控制、降噪等新特性,可同时支持多达 48 个音轨、15 个低频音轨、更多种采样率和比特率、更高的解码效率,因此被手机界称为“21 世纪数据压缩方式”。MPEG-4 标准出台后,AAC 更新整合了其特性,故现又称 MPEG-4 AAC,即 m4a。AAC 通过特殊的技术实现数字版权保护,这是 MP3 所无法比拟的,但正因为不像 MP3 那么开放,网上来源较少,计算机中不太常用。

7. AIFF(AIF/AIFF)

AIFF 是音频交换文件格式(Audio Interchange File Format)的英文缩写,是 Apple 公司开发的一种声音文件格式,被 Macintosh 平台及其应用程序所支持,Netscape Navigator 浏览器中的 LiveAudio 也支持 AIFF 格式,SGI 及其他专业音频软件包也同样支持 AIFF 格式。AIFF 支持 ACE2、ACE8、MAC3 和 MAC6 压缩,支持 16 位 44.1kHz 立体声。

8. Audio(AU)

Audio 文件是 Sun 微系统公司推出的一种经过压缩的数字声音格式。AU 文件原先是 UNIX 操作系统下的数字声音文件。由于早期 Internet 上的 Web 服务器主要是基于 UNIX 的,所以. AU 格式的文件在如今的 Internet 中也是常用的声音文件格式,Netscape Navigator 浏览器中的 LiveAudio 也支持 Audio 格式的声音文件。

9. Voice(VOC)

Voice 文件是新加坡著名的多媒体公司 Creative Labs 开发的声音文件格式,多用于保存 Creative Sound Blaster 系列声卡所采集的声音数据,被 Windows 平台和 DOS 平台所支持,支持 CCITTA Law 和 CCITTμLaw 等压缩算法。在 DOS 程序和游戏中常会遇到这种文件,它是随声卡一起产生的数字声音文件,与 WAV 文件的结构相似,可以通过一些工具软件方便地互相转换。

5.3 音频处理软件

5.3.1 音频播放软件

可以播放音乐的软件很多,大多数的播放软件是可以同时播放音视频的,如 Windows 自带的"媒体播放器(Windows Media Player)"、暴风影音等,但是也有专门用于播放音频的,如"豪杰超级解霸"中的"音频解霸",播放 mp3 音乐专用的 Winamp,以及互联网上最受欢迎的万能音乐播放器"千千静听"等。本节以千千静听为主介绍音频播放软件的常见功能。

千千静听的主要特点如下。

(1) 提供完美的播放音质,内置的均衡器可以设置多种音效。

(2) 在线自动下载歌词,并且与声音同步显示。

(3) 小巧精致:安装程序非常小,运行速度极快。

(4) 提供音频格式转换功能,可转换为 WAV、MP3、WMA 等主流格式。

(5) 可下载和随意更换个性化的皮肤,多种视觉效果享受。

(6) 可随时通过"音乐窗"查看当前网上最流行的音乐,无须下载即可在线播放。

千千静听默认的界面由四个窗口组成,分别是主控窗口、歌词秀窗口、列表窗口及均衡器窗口,如图 5-16 所示。

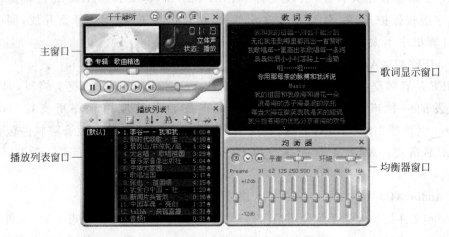

图 5-16　千千静听主界面

其中主控窗口是主要面板,可以对播放列表中选中的音乐进行控制播放进度、显示/隐藏其他窗口、调节音量、欣赏视觉效果、访问千千选项配置、查看当前播放文件的信息等操作,如图 5-17 所示。

千千静听的皮肤资源非常丰富,其官方网(http://ttplayer.qianqian.com)上每天都有大量的个性化皮肤更新,可以随意下载,下载后直接将皮肤文件拖动到主窗口即可实现皮肤的更换,十分方便,如图 5-18 所示为几款颇具个性的皮肤,给人极佳的视听觉感受。

千千静听可以在标题栏右击显示菜单中选择"播放控制"进行播放曲目选择,也可以在"播放列表"窗口中进行选择,并提供了多种添加曲目的方法,可以根据需要选择不同的添加

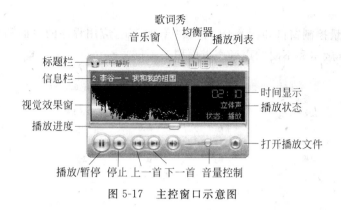

图 5-17　主控窗口示意图

图 5-18　千变万化的千千静听外观

方式：

（1）添加单个曲目。选择"添加"|"文件"菜单命令，浏览并选择要添加的文件，单击"确定"按钮。

（2）添加整个目录。选择"添加"|"文件夹"菜单命令，浏览并选择要添加的目录，单击"确定"按钮，此时整个目录下的所有音频文件均会加入到列表中。

（3）添加网络音乐。选择"添加"|"添加 URL"菜单命令，输入网络音乐的地址，单击"确定"按钮。

（4）用搜索添加。为了方便添加不同目录的文件，千千静听还提供了强大的搜索添加功能。单击"添加"|"本地搜索"菜单命令，在"搜索位置"后面浏览选择，或者输入指定搜索目录。在"搜索类型"中选择要搜索的文件格式。在"高级选项"后选中"不包含少于"，并填入时间（单位：秒）；这样如果搜索范围太大，可以避免搜索到系统音效之类的文件。在搜索结果中选择想要添加的文件，单击添加已选结果。

此外还可以从外部添加文件，选择本地硬盘中的曲目（单选或多选均可），可以直接拖曳到千千静听播放列表中任意位置。当千千静听已经关联了本地硬盘中的曲目格式，可用鼠标双击该曲目，默认情况下直接添加到默认列表中的首位，并不清除当前列表。

5.3.2　音量调节与声音录制

1. 音量控制窗口和录音控制窗口

可以选择"开始"|"程序"|"附件"|"娱乐"|"音量控制"菜单命令，打开"主音量"窗口，在其中进行音量控制。也可以双击 Windows XP 桌面右下方任务栏中的喇叭指示器 ⟳ 打开

音量控制。

打开后的音量控制窗口如图 5-19 所示("音量控制"应用程序的界面和使用可能会因为不同的 Windows 版本和不同的声音声卡而稍有不同)。

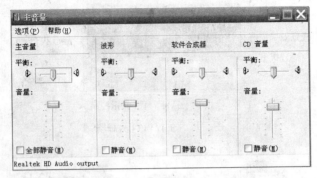

图 5-19　音量控制窗口

这个窗口是用来控制声音播放音量的。其中最左边一栏是对所有音量的总控制,其余各栏分别控制波形设备、MIDI 设备、CD 等各种声音设备的回放音量。除了默认显示的声音设备音量控制外,可以通过音量控制窗口中选择"选项"|"属性"菜单命令,打开"属性"对话框,如图 5-20 所示,显示更多的音量控制设备。音量控制窗口中的滑块有两种:沿垂直方向滑动的是各种设备的音量大小控制滑块,沿水平方向滑动的是左右声道音量大小平衡滑块。如果想关闭某种声音,则可以在相应设备的"静音"复选框中打钩。如果希望在耳麦或音箱中听到自己说话的声音,则需要根据麦克风插入位置确定"属性"对话框中应选择设备,插入位置在机箱后面,则利用滚动条找到 rear pink in 并在前面的方框处单击选择,插入位置在机箱前则选择 front pink in,单击"确定"按钮,则音量控制窗口变为如图 5-21 所示,取消这个栏目下的"静音"。

图 5-20　"属性"对话框输出控制界面

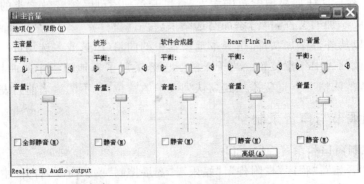

图 5-21　增加栏目后的音量控制窗口

音量控制工具不仅可以控制回放音量,还可以控制录音音量。在"属性"对话框中选择混音器下拉菜单,选择 Realtek HD Audio Input,则如图 5-22 所示,并单击"确定"按钮,即可打开录音控制窗口,如图 5-23 所示。录音控制窗口中的各栏与属性对话框中"显示下列音量控制"下打钩的各项相对应。

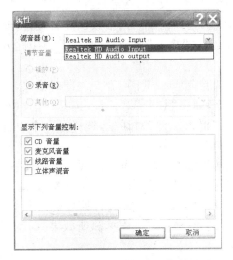

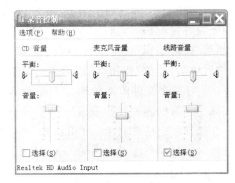

图 5-22　"属性"对话框输入控制界面　　　　图 5-23　录音控制界面

录音控制窗口与音量控制窗口很相似,水平滑块与竖直滑块的作用也类似,只是把"静音"复选框改成了"选择"复选框,表示录制声音的提取来源。如果多项声音来源的话,需要在"属性"对话框中选择"立体声混音",单击"确定"按钮后,在"录音控制"对话框中该栏目下的"选择"方框中单击选中(有的声卡可以同时选择几种录音设备,把相应设备栏的"选择"复选框都打上钩)。对于此声卡还可以通过选择控制面板中选择"realtek 高清晰音频配置"进行更高级的设置。

2. 录音机

Windows 系统自带的录音机主要功能是录音和放音,也能对声音文件进行一些简单的编辑。录音机只能处理 WAV 文件,且时间长度最长仅有 1 分钟。

选择"开始"|"程序"|"附件"|"娱乐"|"录音机"菜单命令,打开"声音-录音机"窗口,如图 5-24 所示。

录音机的播放按钮从左到右依次表示返回至文件、前进至文件尾、播放、停止、录音。在播放声音的过程中,滑动条上的滑块逐渐向右移动。信息栏反映了声音文件持续的时间长度和当前播放到的位置。信息栏中的绿线表示声音的波形。如果打开的声音文件是压缩格式的,就不会显示绿线。

图 5-24　"声音-录音机"窗口

使用录音机录制声音的具体操作如下:

步骤 1:做好录音前的准备工作:连接话筒设备并调好音量;

步骤 2:选择"文件"|"新建"菜单命令,新建一个空白声音;

步骤 3:单击录音机窗口中的录音按钮 ● 开始录音,录音完毕单击"停止"按钮。

步骤4：选择"文件"|"保存"菜单命令，保存新录制的声音文件，这样一个声音文件就录制好了。

录音机还可以对音频文件进行简单的编辑，设置效果。

（1）将多个文件进行连接。利用录音机还可以将两个声音前后连接，选择"文件"|"打开"菜单命令，弹出"打开"对话框，选择位于前面播放的声音文件，然后选择"编辑"|"插入文件"菜单命令，如图 5-25 所示，弹出"插入文件"对话框，选择位于后面播放的声音文件，此时两个声音文件被连接在一起，在时间上按顺序播放，单击"播放"按钮，试听效果。用此方法可以连接多个文件。

（2）将多个文件进行混音。与"插入文件"不同，混音是将若干声音文件同时播放，一般可用于为解说配乐等，选择"文件"|"打开"菜单命令，弹出"打开"对话框，选择一个声音文件，然后选择"编辑"|"与文件混音"菜单命令，弹出"混入文件"对话框，选择另一个声音文件，最后单击"播放"按钮，试听效果。

（3）对单个文件添加效果。利用录音机的"效果"菜单可以给声音加大或减小音量、增加或减小声音的频率使声音发生质的改变，为声音添加回音效果、将声音反转等，如图 5-26 所示。选择"文件"|"打开"菜单命令，弹出"打开"对话框，选择准备进行处理的声音文件。再选择"效果"菜单下的各种命令，进行效果修饰，最后单击"播放"按钮，试听效果。

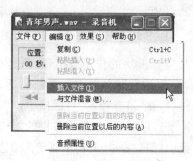

图 5-25　声音编辑

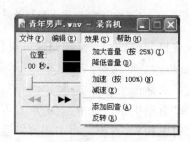

图 5-26　为声音添加效果

5.3.3　音频编辑软件 Cool Edit

Cool Edit 是一个出色的图形化数字音频编辑软件，可以进行声音的播放、录制、降噪、编辑、声音合成、效果处理、格式转换等，很多人将 Cool Edit 描述为音频"绘画"程序，利用它可以像编辑文字和图形一样直观地对声音波形进行各种编辑处理，操作非常简便。Cool Edit 最早是由 Syntrillium 公司开发的，2003 年 Syntrillium 公司被 Adobe 公司收购，Cool Edit 随之被改名为 Adobe Audition，其版本从 V1 发展为 V3，包含了一些 Cool Edit 没有的新特性，是一个专业的数字音频处理软件。Cool Edit 与 Audition 无论是界面还是操作方式都基本相同，对于非专业的音频处理，Cool Edit 界面更加简洁，操作更加简便，本节即以 Cool Edit 为例介绍数字音频基本处理技术，读者也可以下载 Audition 对比使用。

1. Cool Edit 工作界面

图 5-27 所示为 Cool Edit Pro 2.0 汉化版的工作界面，下面具体介绍。

（1）菜单和工具栏：包含了 Cool Edit Pro 所有的操作，工具栏最左端的按钮为单轨/多轨切换窗口，Cool Edit Pro 是一个多轨音频编辑器，共有 128 轨，可以将最多 128 个音频同时编辑。其他的按钮如新建、打开、保存、另存、撤销、恢复、复制、剪贴、粘贴等都是软件常用的文件

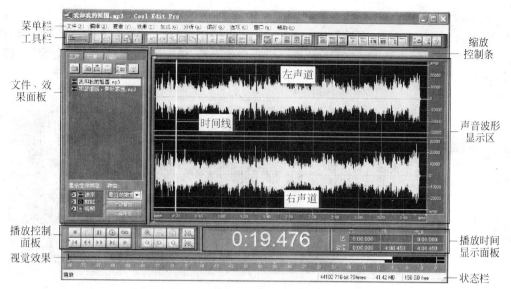

图 5-27　Cool Edit 的工作界面

和编辑操作,此外还有大量的按钮是负责各区域的隐藏和显示的,读者可以一一试验。

(2) 文件、效果面板:该面板可以显示当前打开的多个文件,为音频文件添加各种效果、偏好等。

(3) 播放控制面板:可以试听播放区的音频,⊕为播放至结束;∞为循环播放;⊙为录制声音。还可以对选取的声音区域放大和缩小,以方便查看音频细节。

(4) 播放时间显示:该面板可以看到当前时间线所在的精确位置,文件的长度等。

(5) 声音波形显示区:是 Cool Edit Pro 最主要的操作窗口,音频以波形的形式显示,方便编辑和查看,当声音播放时,有一条白色的细线从左至右移动,这就是"时间线",波形分为上下两区,分别是左声道和右声道,立体声音频两个声道都有波形,单声道的音频仅一个声道有波形。

2. 录制声音

录制声音时应根据不同要求选择不同的参数,包括采样频率、采样位数、声道数等,一般录制语音可以使用 16kHz 和 16 位量化位数,单声道比双声道存储空间小一半,语音可以采用单声道,录制音乐一般采用立体声。下面的例子介绍了如何利用 Cool Edit 新建波形文件、录制一段语音、保存语音文件。

【例 5-1】　录制下面《刺猬和老虎》的童话故事,并保存为 WAV 格式。

刺猬和老虎在一起。

刺猬看了老虎一眼,叹了一口气:

"我昨天也看了一场电影,里面有只老虎很勇敢,他把自己所有的牙齿都拔了下来,做成项链,挂在脖子上!"

老虎听了很高兴,他说:

"昨天我看了一场电影,真精彩,里面的刺猬聪明极了,他把自己的一身刺都拔了下来,当做标枪掷了出去!"

下面介绍录制的一般步骤。

步骤 1：选择"文件"|"新建"菜单命令，弹出"新建波形"对话框，选择适当的采样率、声道和精度，例如本例选择 44 100 Hz、立体声、16 位的参数如图 5-28 所示，单击"确定"按钮，则新建了一个空音频文件，如图 5-29 所示。

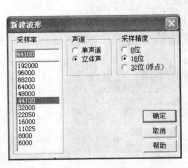

图 5-28　新建波形选择参数

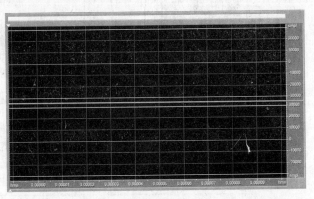

图 5-29　空音频文件

步骤 2：连接好录音话筒，单击播放控制面板上的录音按钮，开始录音，此时可以看到时间线的移动，同时时间线的左边有刚刚录制的波形，如图 5-30 所示，录制过程中可随时单击暂停按钮暂停录制，全部语音录制完毕后，单击控制面板上的"停止"按钮，即可看到新生成的波形，单击播放按钮试听，如不满意可再次重复录制，直到最后满意为止。

图 5-30　正在录制声音

步骤 3：选择"文件"|"另存为"菜单命令，弹出"另存波形为"对话框，选择保存的位置和声音文件类型，输入文件名，单击"保存"按钮，如图 5-31 所示。在磁盘上找到刚刚保存的文件，查看其属性，选择"摘要"选项卡，单击"高级"按钮，可以看到该音频的参数，如位速（即码流速率）、采样位数、频道、采样级别（即采样频率）、编码格式等，如图 5-32 所示。

3. 编辑声音

Cool Edit 可将波形当做文本一样随意剪切、复制、粘贴、替换，生成所需要的音频文件，Cool Edit 的声音编辑功能非常强大，下面的例子仅介绍其最基本的编辑功能。

图 5-31　保存声音文件　　　　　　　　　　图 5-32　查看音频文件属性

【例 5-2】　将上例录制的《刺猬和老虎》按下面的顺序编辑,带下划线的部分为有改动的地方,可与例 1 做对比。

刺猬和老虎在一起。

老虎看了刺猬一眼,叹了一口气:

"昨天我看了一场电影,真精彩,里面的刺猬聪明极了,他把自己的一身刺都拔了下来,当做标枪掷了出去!"

刺猬听了很高兴,他说:

"我昨天也看了一场电影,里面有只老虎很勇敢,他把自己所有的牙齿都拔了下来,做成项链,挂在脖子上!"

下面介绍编辑步骤。

对比例 2 与例 1 可看出,总共需要 3 处调整,第 1 处是将第 2 句话中的"刺猬"与"老虎"位置互换;第 2 处是将第 3 段与第 5 段位置互换;第 3 处是将第 4 段中原来的"老虎"换成"刺猬",就利用 Cool Edit 中的编辑功能来解答本例。

步骤 1:打开例 1 录制的音频文件,首先播放一遍,熟悉各段落大概位置;

步骤 2:调整第 1 处,互换"老虎"和"刺猬"的位置。首先通过监听找到"刺猬"的音频段(素材中的区域是 0:04:78～0:05:390),(监听方法:单击 🔍 按钮可将选波形显示区域放大,🔍 为缩小,上下滚动鼠标滚轮达到同样效果,单击某一区域后再单击"播放"按钮,可以从该点开始播放,鼠标选中某一段波形,可在该区域重复播放)选中该音频段后右击,从弹出的快捷菜单中选择"剪切"菜单命令,如图 5-33 所示,"刺猬"音频段就消失了,然后监听找到"老虎"的起始位置(0:05:250),右击,从弹出的快捷菜单中选择"粘贴"菜单命令,就将刚才剪切的"刺猬"粘贴到此处。然后再找到"老虎"的音频段(0:05:865～0:06:290),将该段剪切后放到原来"刺猬"的位置粘贴,这样即实现了两段音频的互换,如图 5-34 所示。

步骤 3:调整第 2 处,仍然是互换两段音频的位置,只不过与步骤 2 字词互换不同的是,段落之间的分界线非常明显,不用像步骤 1 一样精确定位,很容易实现音频块的剪切和粘贴。

步骤 4:调整第 3 处,把原来的"老虎"变成"刺猬",操作的方法是,找到"老虎"音频段,按键盘上的 Delete 键将其删除,然后从其他音频段中找一个"刺猬"音频段,例如把开头的

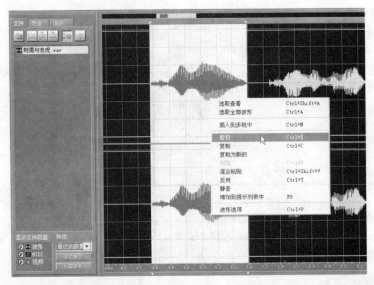

图 5-33 剪切"刺猬"波形

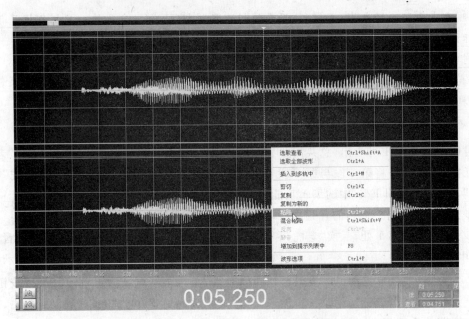

图 5-34 在"老虎"的前面粘贴波形

"刺猬"段复制一份,粘贴到原来的"老虎位置"即可。

步骤 5:将编辑好的文件另存为"刺猬和老虎(编辑后).wav"。

4. 多轨音乐合成

Cool Edit 的多轨编辑功能可将多个音频文件混同在一起,每个音频都可以有不同的声音效果,最后混缩为一个文件输出。单击工具栏最左侧的切换按钮 ![按钮]即可切换到多轨编辑界面,如图 5-35 所示,Cool Edit 最多可支持 128 个音轨,当然对于普通用户一般只用到两三个音轨,专业音频制作人员通常利用该功能制作不同乐器的混音效果。

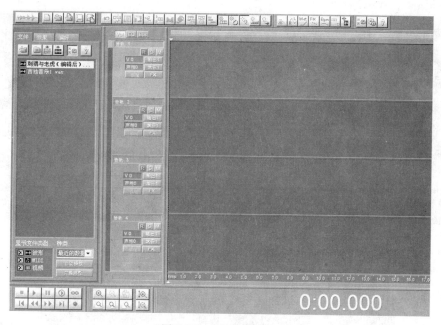

图 5-35　多轨编辑窗口

【例 5-3】 为例 2 中编辑好的童话故事配上背景音乐。

步骤 1：首先切换到多轨编辑窗口，然后将"刺猬与老虎（编辑后）.wav"拖动到音轨 1，如图 5-36 所示。

图 5-36　添加音轨 1-语音

步骤 2：再打开一个背景音乐，如素材中的"吉他音乐 1.wav"，将其拖动到"音轨 2"中，如图 5-37 所示。

步骤 3：单击"播放"按钮试听，发现背景声音过大，语音无法听清，此时需要调整背景音乐的音量。在音轨 2 的波形上右击，从弹出的快捷菜单中选择"调整音频块音量"菜单命令，打开音量调节窗口，如图 5-38 所示，鼠标拖动音量调节钮向下移动为减小声音，调整到合适位置，试听直到满意为止。

步骤 4：背景音乐的播放时间比语音的时间要长，此时需要截取后面过长的背景音乐。将鼠标定位到音轨 2 中音轨 1 结束的位置，选中音轨 2 中过长的音块，按 Delete 键将其删除即可，如图 5-39 所示。

图 5-37　添加音轨 2-背景音乐

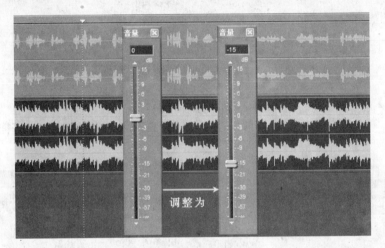

图 5-38　调整音频块的音量

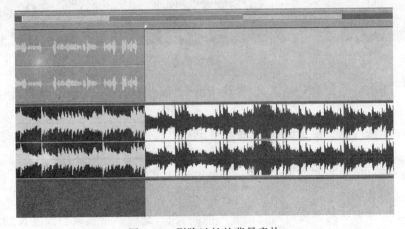

图 5-39　删除过长的背景音块

步骤 5：为使背景音乐的进入和退出不至于太突然，可以为其添加淡入淡出效果。选中

音轨 2 的开头一段波形,右击,从弹出的快捷菜单中选择"淡入淡出"|"线性"菜单命令,如图 5-40 所示,添加完后的效果如图 5-41 所示,试听声音。同样的方法可在结尾处添加淡出效果。

图 5-40　设置淡入效果

添加了淡入效果

图 5-41　添加"线性淡入"效果后

步骤 6:保存编辑好的混音文件:选择"文件"|"混缩另存为"菜单命令(注意不是另存为),打开"保存"对话框,输入"配乐童话故事-刺猬和老虎. wav",单击"保存"按钮。此时就做好了一个带有背景音乐的故事朗读。在磁盘上找到该文件,用千千静听(或其他音视频播放器)打开试听效果。

5. 音频合并

以上介绍了音频的录制、编辑和多轨合成,合成指的是将多段音频同时播放,而音频合并是指将多段音频、多个音频文件按时间先后顺序连接为一个文件。

【例 5-4】　将 3 个声音素材合成在一起,产生如下效果:

夜深了,蛐虫鸣叫、阵阵蛙鸣。徐缓、轻柔的小号夜曲划破夜空。曲终时,热烈的掌声突然爆发出来——原来是现场音乐会的片段。

合并后效果如图 5-42 所示。

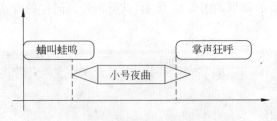

图 5-42 声音合并后的效果

步骤 1：在 Cool Edit 中打开声音素材\音频合并\蛐叫蛙鸣.wma 文件。

步骤 2：选择"文件"|"追加"菜单命令，打开"追加波形文件"对话框，选择"小号夜曲.wma"，如图 5-43 所示。Cool Edit 自动将第二个文件插入到第一个文件的末尾。

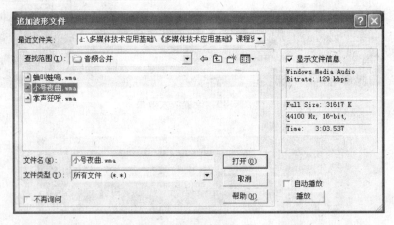

图 5-43 追加音频文件

步骤 3：用同样的方法选择第 3 个文件"掌声狂呼.wma"，将其追加到最后，此时便形成了一个新的音频文件，如图 5-44 所示，试听效果并将其保存为"音乐演唱会结束.mp3"。

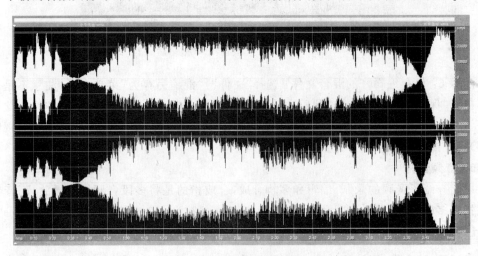

图 5-44 声音合并后效果

注意：本例中，3个源素材文件已经做了淡入淡出处理，因此直接合并即可，而如果原素材中没有淡入淡出效果，则合并后需要对各段音频添加淡入淡出效果，具体的添加方法见下文。

6. 添加各种声音效果

为声音添加各种效果是 Cool Edit 最具特色的功能，Cool Edit 的效果器非常丰富，常用的有变速、变调处理，通过调整波形振幅对声音进行恒量改变或淡入淡出、制造空间回旋效果等，常用的效果器例如动态延迟、房间回声、合唱、混响等。下面通过实例介绍变速、变调、淡入淡出、混响、房间回声等常用效果。

【例 5-5】 为一段小幽默添加变调效果，练习变调器的使用。

步骤 1：录入一段音频并将其保存为"袋鼠的袋子.wav"

袋鼠的口袋

父亲："你知道为什么袋鼠的肚子前面有个袋子？"

孩子："我想一定是用来装小袋鼠的。"

父亲："但小袋鼠的肚子前面也有一个袋子，这又作何解释呢？"

孩子："那肯定是用来装糖果的！"

录制完毕的声音波形如图 5-45 所示。

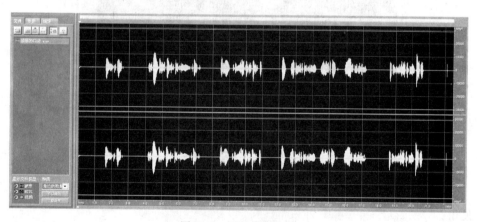

图 5-45　原始音频文件

步骤 2：将父亲的声音变为男性语调：选中上图中第 2 段音频，选择"效果"|"变速/变调"|"变调器"菜单命令，打开"变调器"窗口，将变调波形调整为类似如图 5-46 所示，单击"预览"按钮可以试听变调效果，鼠标拖动波形可以上下调整，当鼠标选中其上的白色方块时，可以向左右拖动，以增加或减少结点，使声音更有层次性。

步骤 3：同步骤 2，将第 3 段音频按图所示的位置进行变调处理，将其声音变为欢快的近似儿童音调。

步骤 4：将第 4 段音频按步骤 2 的方法调整为男音语调（也可以将其调整为老人的音调，具体请读者自己调试），第 5 段音频按步骤 3 调整为儿童音调，试听，如图 5-47 所示。满意后可将文件另存为"袋鼠的口袋（变调）.wav"。

【例 5-6】 将"袋鼠的口袋.wav"第 2、5 段音频改为慢速、第 3、4 段改为快速，练习变速

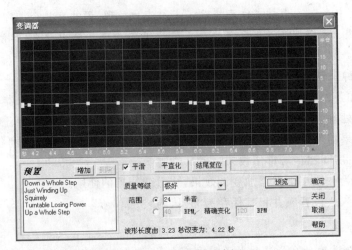

图 5-46　调整为男性音调

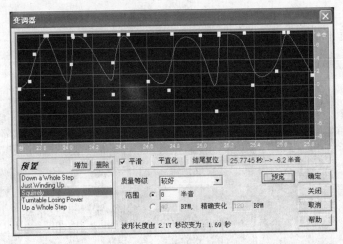

图 5-47　调整为儿童语调

器的使用。

操作方法提示：重新打开"袋鼠的口袋.wav"，选中第 2 段音频，选择"效果"|"变速/变调"|"变调器"菜单命令，打开"变调器"对话框，如图 5-48 所示，将"恒定速度"中的变速调节滑块向左边移动，即可使声音变慢，或者选择右侧的"预览"试听效果，直到满意为止。其他音频段的速度调整请读者自己实验，将编辑好的文件另存为"袋鼠的口袋(变速).wav"。

【例 5-7】　打开素材中的"爱国歌曲串联.mp3"文件，为每段音频淡入淡出效果。

操作提示：这个音频由 4 段音乐组成，可分别将每段音乐设置淡入淡出效果。以第一段为例，选中开始的一小段波形，选择"效果"|"波形振幅"|"渐变"菜单命令，打开如图 5-49 所示的"波形振幅"对话框，可以看到有两个选项卡分别为"恒量改变"和"淡入/出"，其中恒量改变可以将所选波形整体音量调高或调低，而淡入/出效果则可以分别设置初始值和结束值，初始值小于结束值则为淡入，反之为淡出。右侧的"预置"列表为 Cool Edit 自带的各种效果，例如 Fade In，即为淡入，单击选择即可。预览试听，直到满意为止。其他音频段的效果设置类似，不再详述。将设置完毕的音频文件另存为"爱国歌曲串联(淡入淡出效果).mp3"。

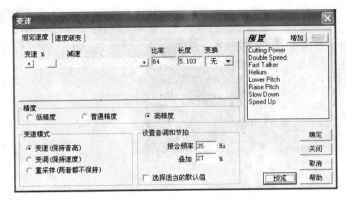

图 5-48　声音变速调节

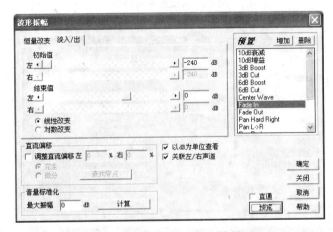

图 5-49　设置淡入淡出效果

【例 5-8】　其他声音效果练习：打开"爱国歌曲串联.mp3"文件,分别试用"波形振幅"中的空间回旋、音量包络、"变速/变调"中的多普勒效应、"常用效果器"中的房间回声、合唱、混响等效果,体验 Cool Edit 的强大音频效果处理功能。

操作提示：

(1) 空间回旋。空间回旋指的是左右声道可以交替发出声音,如图 5-50 所示,使人感觉到声音的"流动"效果。

(2) 混响。混响是指播放声音与从物体表面反射回来的声音相混合,用软件模拟混响的原理是将滞后一段的声音提前加到原声音上播放。例如在高大、空旷的体育馆里播放声音时,会听到较强回音,在开阔的操场上播放声音的会很快消散,传播很远,利用 Cool Edit 都可以模拟在这些环境中的不同声音效果。如图 5-51 是混响中 Large Empty Hall 的声效和完美混响中 Football Referee 的效果,读者还可以选择其他预置效果进行试听。

【例 5-9】　练习从视频文件中提取声音。

操作提示：Cool Edit 还允许从视频文件或 CD 中提取声音,操作方式是,选择"文件"|"从视频文件中提取"或"从 CD 中提取音频"菜单命令,选择要提取的文件即可将源文件中的声音提取到 Cool Edit 中进行处理和格式转换。

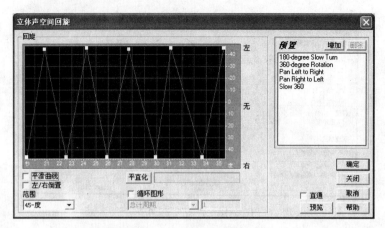

图 5-50　设置空间回旋

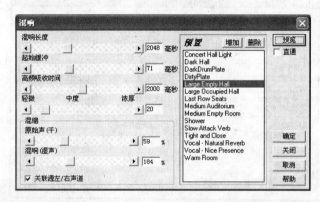

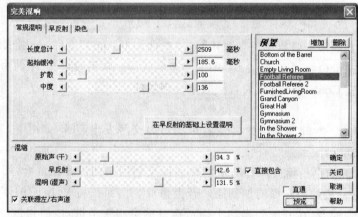

图 5-51　添加混响效果

本 章 小 结

第 5.1 节首先介绍了声音的概念和属性，要想听见声音，必须同时具备 3 个基本条件：第一是声源，第二是传声介质，第三是人耳听觉产生声音的感觉。前两个条件说明了声音的物理属性,第三个条件说明了声音的心理属性。声音有 3 个基本要素,即音调(与频率有关)、音强(与振幅有关)、音色(与声音的频谱结构有关)。

第 5.2 节介绍了数字化音频获取和处理的方法,模拟音频转换为数字音频需要经过采样、量化和编码 3 个步骤。音频数字化的质量高低和存储容量与采样位数和量化精度有关。常用的音频压缩算法有基于音频数据的统计特性进行压缩编码、基于音频的声学参数进行压缩编码和基于人的听觉特性进行压缩编码。常见的音频文件格式有 MIDI、WAV、MP3、WMA 等。

第 5.3 节主要介绍了常用的音频处理软件,包括播放软件、录制软件和编辑软件。音频播放软件主要介绍了目前非常流行的千千静听;在音频编辑软件中主要介绍了 Cool Edit 软件的常用功能,如声音录制、编辑、多轨合成、音频合并以及为声音添加变调、变速、淡入淡出、回旋等各种效果。

思 考 题

1. 声音的基本参数是什么? 声音的三要素是什么?
2. 人耳的听觉特性有哪些? 什么叫"掩蔽效应"?
3. 简述数字音频获取过程。
4. 试述 3 种音频压缩算法的基本原理。
5. 什么是 MIDI? 简述 MIDI 音乐两种合成方式的原理。
6. 如何构造 MIDI 系统?
7. 常见的音频格式有哪些? 人们最熟悉的 MP3 指的是哪种压缩编码?
8. 利用 Cool Edit 软件可以实现哪些音频编辑功能?

第 6 章 视频信息处理技术

学习目标

- 理解视频的概念及其分类。
- 了解视频的特点和几种电视制式。
- 了解模拟视频数字化的过程。
- 掌握视频压缩编码 MPEG 标准,了解其他标准。
- 掌握数字视频的常见文件格式及其特点。
- 了解常用的视频播放软件。
- 掌握视频转换软件的使用方法。
- 掌握视频编辑软件的操作方法,会使用 Windows Movie Maker、电影魔方制作多媒体作品。

视觉是人类感知外部世界的一个最重要的途径,而视频则是各种媒体中携带信息最丰富、表现力最强的一种媒体。今天的计算机不仅可以播放视频,而且还可以精确地编辑和处理视频信息,这就为广大用户有效地控制视频并对视频节目进行再创作,提供了展现艺术才能的舞台。在多媒体技术中,视频信息的获取及处理无疑占有举足轻重的地位,视频处理技术已经成为多媒体应用中最重要的技术之一。

6.1 视频基础知识

6.1.1 视频的基本概念

人的眼睛有一种视觉暂留的生理现象,即人们观察的物体消失后,物体的映像在眼睛的视网膜上会保留一个非常短暂的时间。在这个视觉原理的基础上,当一系列移动或形状改变很小的图像以足够快的速度连续播放时,人眼就会感觉画面成了连续变化的场景。

视频就其本质而言,实际上就是其内容随时间变化的一组动态图像,所以视频又叫做运动图像或活动图像。在视频中,每一幅单独的图像称为一帧(Frame),是视频的最小单位。而每秒连续播放的帧数称为帧率,单位为帧/秒。通常伴随着视频图像的还有一个或多个音频轨,以提供音效。常见的视频信号有电影和电视。传统电影的帧速率为 24 帧/秒。对于电视信号来说,由于采用的制式不同,其帧速率也有所差别。

电视和电影的影像质量不仅取决于帧速率,每一帧的信息量也是一个重要因素,叫图像的分辨率。较高的分辨率可以获得较好的影像质量。传统模拟视频的分辨率表现为每幅图像中水平扫描线的数量,称为垂直分辨率。水平分辨率是每行扫描线中所包含的像素数,取决于录像设备、播放设备和显示设备。

一般情况下,当画面为实时获得的自然景物图时称为视频,当画面是由人工或计算机生成时则称为动画。动画与视频是从画面产生的形式上来区分的,动画着重于研究怎样将数据和几何图像变成可视的动态图像,而视频则侧重于研究如何将原来存在的实物影像处理成数字化动态影像。随着动画创作技术和视频处理技术的发展,动画和视频的区别越来越模糊。两者之间不仅可以相互转换,而且利用数字合成技术可以将一些三维的动画特效叠加在视频画面上,动画与视频越来越成为一种混合形式。

6.1.2　视频的分类

按照信号组成和存储方式不同,视频分为模拟视频和数字视频两种。传统的电视电影使用的是模拟视频,而数字视频则是一系列连续的数字图像序列。

1. 模拟视频

模拟视频是一种用于传输图像和声音并且随时间连续变化的电信号。这些表示声音和图像的电信号称之为模拟信号,是由连续的、不断变化的波形组成,信号的数值在一定范围内变化,主要通过空气或电缆等介质传输。早期视频的记录、存储和传输都是采用模拟方式,例如以前人们在电视上所见到的视频图像是以一种模拟电信号的形式来记录的,它依靠模拟调幅的手段在空中传播,再用盒式磁带录像机将其作为模拟信号存放在磁带上。模拟视频不适合网络传输,在传输效率方面先天不足,而且图像随时间和频道的衰减较大,不便于分类、检索和编辑。

2. 数字视频

对模拟视频按时间逐帧进行数字化得到的图像序列即为数字视频。数字视频由数字信号组成。数字信号以间隔的、精确的点的形式传播,点的数值信息是由二进制形式描述的。如果一段视频剪辑以数据形式存储在硬盘、CD-ROM 或者其他大容量存储器上,那么无须任何特殊的硬件,这段剪辑便可以在计算机显示器上进行播放,这段视频剪辑便属于数字视频。数字视频可以大大降低视频的传输和存储费用,增加交互性,带来精确再现真实情景的稳定图像。

传统的电视与广播使用的多是模拟视频,多媒体项目中使用的是数字视频,视频正经历由模拟时代向数字时代的全面转变,这种转变发生在不同的领域。在广播电视领域,高清数字电视(HDTV)将会取代传统的模拟电视,越来越多的家庭将可以收看到数字有线电视或数字卫星节目;电视节目的编辑方式也由传统的模拟编辑(磁带到磁带)发展成为数字非线性编辑。家庭娱乐方面,DVD 已经成为人们在家观赏高品质影像节目和数字电影的主要方式;而 DV 摄像机的普及,也使得非线性编辑技术从专业电视机构深入到普通家庭,人们可以很轻松的制作数字视频影像。数字视频已经逐渐融入人们的生活。

6.1.3　视频的特点

与其他媒体相比,视频信息具有以下特点。

(1) 内容随时间而变化。

(2) 伴随有与画面动作同步的声音(伴音)。

(3) 信息量最丰富、直观、生动、具体。

(4) 通过视频获得的信息量往往比通过音频获得的信息量更大且更深刻。

将视频信号数字化以后,就能做到模拟视频信号所无法实现的事情。数字视频的主要优点如下。

（1）便于加工处理。模拟视频信号只能简单调整亮度、对比度和颜色等，极大地限制了处理手段和应用的范围。而数字视频可以在计算机上进行处理，当前的各种数字视频编辑软件可以很容易的对原数字视频进行创造性地编辑与合成，并增加特效，而且还能实现动态交互。

（2）再现性好。数字视频可以无失真的进行无数次复制，而模拟视频信号每转录一次，就会有一次误差积累，产生信号失真。数字信号的抗干扰能力是模拟视频无法比拟的，它不会因为复制、传输和存储而产生图像质量的退化，能够准确地再现视频图像。模拟视频长时间存放后视频质量会降低，但是数字视频几乎不受影响。

（3）传输方便。在网络环境里，数字视频可以非常容易的实现资源共享，通过网络线、光纤、数字信号等可以随时在线观看或下载，而模拟视频在传输过程中容易产生信号的损耗与失真。

6.1.4　电视制式

所谓电视制式，是指一个国家按照国际上的有关规定，具体国情和技术能力所采取的电视广播技术标准。不同的制式对视频信号的解码方式、色彩处理方式以及屏幕扫描频率的要求都有所不同。目前国际上常用的彩色电视制式有 4 种：NTSC、PAL、SECAM 和 HDTV，下面简单介绍。

1. NTSC 制式

NTSC（National Television Systems Committee，国家电视制式委员会）。它是 1952 年美国研制的一种采用正交平衡调幅技术的彩色电视广播标准，该标准定义了将信息编码成电信号并最终形成电视画面的方法。美国、加拿大等大部分西半球国家，以及日本、韩国、菲律宾和中国台湾等采用这种制式。

NTSC 的场扫描频率是 60Hz，每帧图像由 525 条扫描线构成。它采用隔行扫描，如图 6-1 所示。第一次扫描奇数行，接着扫描偶数行，然后两部分结合起来以帧率为 30 帧/秒的速率播放。这种技术用来防止电视机的闪烁。

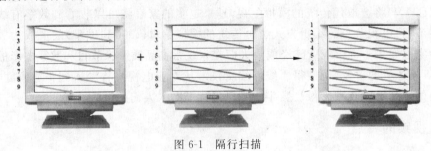

图 6-1　隔行扫描

2. PAL 制式

PAL（Phase Alternation Line，逐行倒相正交平衡制）。它是 1962 年前联邦德国研制的一种与黑白电视兼容的彩色电视广播标准，它采用逐行倒相正交平衡调幅的技术方法，克服了 NTSC 制相位敏感造成色彩失真的缺点。德国、英国一些西欧国家以及澳大利亚、新西兰、新加坡、中国大陆及香港地区、朝鲜等国家采用这种制式。

PAL 将屏幕分辨率提高到 625 条水平扫描线，与 NTSC 相似，也是奇数行和偶数行交叉扫描,帧率为 25 帧/秒,场扫描频率是 50Hz。

3. SECAM 制式

SECAM 是法文的缩写,意为顺序传送彩色信号与存储恢复彩色信号制,是由法国 1966 年制定的一种新的彩色电视制式。它也克服了 NTSC 制式相位失真的缺点,但采用时间分隔法来传送两个色差信号。这种制式与 PAL 类似,差别是 SECAM 的色度信号是频率调制。法国、前苏联以及东欧国家采用这种制式。

SECAM 屏幕分辨率也为 625 条水平扫描线,宽高比是 4∶3,隔行扫描,帧率为 25 帧/秒,场扫描频率是 50Hz。

4. HDTV 制式

HDTV(High Definition TV)制式,译为高清晰度电视。HDTV 技术源于 DTV(Digital Television)即"数字电视"技术,HDTV 技术和 DTV 技术都是采用数字信号,而 HDTV 技术则属于 DTV 的最高标准,拥有最佳的视频、音频效果。与模拟电视相比,数字电视具有高清晰画面、高保真立体声伴音、电视信号可以存储、可与计算机结合形成多媒体系统、频率资源利用充分等多种优点。FCC(Federal Communications Commission 美国联邦通讯委员会)规定 HDTV 传输信号全部数字化,每帧的扫描行数应在 1000 以上,并采用逐行扫描的方式,如图 6-2 所示。

图 6-2　逐行扫描

NTSC、PAL、SECAM 是世界上最常用的模拟视频播放的电视标准,目前,NTSC 格式正在被 ATSC(Advanced Television Systems Committee)数字电视标准取代。由于这些标准和制式之间难以相互转换,因此,最好弄清楚多媒体产品的使用环境。例如,在美国录制的视频磁带在欧洲国家的非兼容电视机上不能正常播放。

6.2　数 字 视 频

6.2.1　模拟视频的数字化

普通的视频,如 NTSC、PAL 或 SECAM 制式视频信号都是模拟的。而计算机中的数据是以 0 和 1 的数字形式存在的,所以当模拟数据要输入输出计算机时,都要进行模数转换。要让计算机处理视频信息,首先要解决的是视频数字化问题。

视频数字化是将模拟视频信号经模数转换和彩色模式变换为计算机可处理的数字信号。模拟视频的数字化包括一系列的技术问题,如电视信号具有不同的制式而且采用复合的 YUV 信号方式,而计算机工作在 RGB 色彩模式;电视机是隔行扫描,计算机显示器大多逐行扫描;电视图像的分辨率与显示器的分辨率也不尽相同等。因此,模拟视频的数字化主要包括色彩模式的转换、光栅扫描的转换以及分辨率的统一等。计算机要对输入的模拟视频信息进行采样与量化、并经编码使其变成数字化图像。

1. 色彩模式的转换

在彩色电视系统中,通常使用 YUV 模式或 YIQ 模式来表示彩色图像。

(1) YUV 模式。YUV 模式是 PAL 和 SECAN 电视制式使用的色彩模式,其中 Y 表示亮度信号,U、V 表示色度,是构成彩色的两个分量。采用 YUV 色彩模式的关键是它的亮度信号 Y 和色度信号 U、V 是分离的。所谓分离,就是如果只有 Y 信号分量而没有 U、V 信号分量,那么这样表示的图就是黑白灰度图。U、V 信号构成另外两幅单色图。由于 Y、U、V 是独立的,所以可以对这些单色图分别进行编码。彩色电视机采用 YUV 空间正是为了用亮度信号 Y 解决彩色电视机与黑白电视机的兼容问题,黑白电视机能够接收彩色电视信号正是这个道理。

(2) YIQ 模式。YIQ 模式是 NTSC 电视制式使用的色彩模式,其中 Y 代表亮度信号; I、Q 是彩色的两个分量,I 分量代表从橙色到青色的颜色变化,Q 分量则代表从紫色到黄绿色的颜色变化。

由于现在所有的计算机显示器都采用 RGB 值来驱动,所以不管是用 YUV 模式还是 YIQ 模式表示的彩色图像,都要求在显示每个像素之前,把彩色分量值转换成 RGB 值。

YUV 色彩模式与 RGB 色彩模式的转换关系为

$$Y=0.30R+0.59G+0.11B$$
$$U=-0.17R-0.33G+0.50B$$
$$V=0.50R-0.42G-0.08B$$

YIQ 色彩模式与 RGB 色彩模式的转换关系为

$$Y=0.30R+0.59G+0.11B$$
$$I=0.60R-0.28G-0.32B$$
$$Q=0.21R-0.52G+0.31B$$

2. 视频信号的采样

采样是指把时间上连续的模拟信号变成离散的有限个样值的信号。对视频信号进行采样必须满足如下条件:

(1) 满足采样定理:在进行模数信号的转换过程中,当采样频率 $f_{s.max}$ 大于信号中最高频率 f_{max} 的 2 倍,即:$f_{s.max} \geqslant 2f_{max}$ 时,采样之后的数字信号完整地保留了原始信号中的信息,一般实际应用中保证采样频率为信号最高频率的 5~10 倍。

(2) 采样频率必须是行频的整数倍,这样可以保证每行有整数个取样点,同时要使得每行取样点数目一样多,具有正交结构,便于数据处理。

(3) 要满足两种扫描制式,即 NTSC 制式中的 525 行/60 场和 PAL、SECAM 制式中的 625 行/50 场两种。

根据电视信号的特征,亮度信号的带宽是色度信号带宽的两倍。因此其数字化时对信号的色差分量的采样率低于对亮度分量的采样率。如果用 Y∶U∶V 来表示 Y、U、V 三分量的采样比例,则数字视频的采样格式分别有 4∶1∶1、4∶2∶2 和 4∶4∶4 这 3 种。

在数字电视编码标准中,对采样频率、采样结构、色彩空间转换等都作了严格的规定。根据实验,人眼对颜色的敏感程度远不如对亮度信号那么灵敏,所以色度信号的采样频率可以比亮度信号的采样频率低,以减少数字视频的数据量。标准建议使用 4∶2∶2 采样结构,即指亮度信号是色度信号采样频率的 2 倍。

3. 视频信号的量化

采样过程是把模拟信号变成了时间上离散的脉冲信号,量化过程则是进行幅度上的离散化处理。因此在时间轴的任意一点上量化后的信号电平与原模拟信号电平之间在大多数情况下总是有一定的误差,量化所引入的误差是不可避免的,由于信号的随机性,这种误差大小也是随机的。这种表现类似于随机噪音效果,具有相当宽度的频谱,因此通常又把量化误差称为量化噪声。

量化的过程是不可逆转的,这是因为量化本身给信号带来的损伤是不可弥补的。量化时位数选取过小则不足以反映出图像的细节,位数过大则会产生庞大的数据量,从而占用大量的带宽,给传输带来困难。

未压缩的数字视频数据量十分巨大,对于目前计算机和网络存储或传输都是不现实的,因此在多媒体中应用数字视频的关键问题是数字视频的压缩技术。

4. 视频信号的压缩与编码

采样、量化后的信号转换成数字符号才能进行各种处理和传输,这一过程称为编码。视频压缩编码的理论基础是信息论,信息压缩就是从时间域、空间域两方向去除冗余信息,将可推知的确定信息去掉。

在通信理论中,编码分为信源编码和信道编码两大类。所谓信源编码是指将信号源中多余的信息除去,形成一个适合用来传输的信号。为了抑制信道噪声对信号的干扰,往往还需要对信号进行再编码。使接收端能够检测或纠正数据在信道传输过程引起的错误,这称为信道编码。

视频编码技术主要包括 MPEG 标准系列与 H.26X 标准系列,编码技术主要分成帧内编码和帧间编码。前者用于去掉图像的空间冗余信息,后者用于去除图像的时间冗余信息。这两个标准系列在第 6.2.2 节将详细介绍。

6.2.2 视频压缩编码标准

模拟视频数字化后存入计算机的数字视频信息若不进行压缩,所占用的空间非常大。此外,视频传输的数据量也很大,单纯用扩大存储器容量、增加通信干线的传输速率的办法是不现实的,通过数据压缩,可以把信息数据量显著减小,以压缩形式存储、传输,既节约了存储空间,又提高了通信干线的传输效率,同时也可使计算机实时处理音频、视频信息,以保证播放出高质量的音视频节目。因此,在视频信息处理及应用过程中压缩和解压技术十分重要而且必要。由于多媒体声音、数据、视像等信源数据有极强的相关性,也就是说有大量的冗余信息。正是基于此,数据压缩便可将庞大数据中的冗余信息去掉(去除数据之间的相关性),保留相互独立的信息分量从而在保证视频播放质量的前提下,最大限度的减少其数据量。

目前,由 ISO 和 ITU-T 正式公布的视频压缩编码标准中,有 MPEG 标准系列和 H.26X 标准系列。

1. MPEG 视频压缩标准

MPEG(Moving Picture Experts Group,运动图像专家组)负责制定、修订和发展 MPEG 系列多媒体标准。

(1) MPEG-1 标准。MPEG-1 标准名称为"动态图像和伴音编码",正式发布于 1992 年,是为了适应在数字存储媒体上有效地存取视频图像而制定的标准。这里的数字存储媒体仅限于 CD-ROM、硬盘和可擦写光盘(CD-RW)等存储媒介,是针对传输速度为 1～1.5MB/s 的普通质量电视信号的压缩,压缩比最高可达 200∶1。人们所熟知的 VCD 就是一种采用

CD-ROM 来记录 MPEG-1 数字视频数据的特殊光盘。

（2）MPEG-2 标准。随着压缩算法的进一步改进和提高，在 1993 年 MPEG 专家组又制订了 MPEG-2 标准，标准名称为"信息技术—电视图像和伴音信息的通用编码"。MPEG-2 的应用领域不仅支持面向存储媒介的应用，而且还支持各种通信环境下数字视频信号的编码和传输。如数字电视、TV 机顶盒和 DVD（数字视频光盘），此外还可以应用于信息存储、Internet、卫星通信、视频会议和多媒体邮件等，其典型的应用是 DVD 和 HDTV。为了适应不同的应用环境，还有很多可以选择的参数和选项，改变这些参数和选项可以得到不同的图像质量，满足不同的需求。

（3）MPEG-4 标准。MPEG-4 标准于 1999 年形成，它的名称为"广播、电影和多媒体应用"。MPEG-4 是针对低速率视频的压缩编码标准，同时还注重于视频和音频对象的交互性。它采用现代图像编码方法，利用人眼的视觉特性，从轮廓-纹理的思路出发，支持基于视觉内容的交互功能。它的应用前景是非常广阔的，例如数字广播电视、实时多媒体监控、低比特率下移动多媒体通信、基于内容的信息存储和检索、Internet/Intranet 上的视频流与可视游戏、基于面部表情模拟的虚拟会议、DVD 上的交互多媒体应用、演播室和电视的节目制作等。

（4）MPEG-7 标准。MPEG-7 于 2000 年成为正式的国际标准，其标准名称为"多媒体内容描述接口"。MPEG-7 标准规定一套用于描述各种多媒体信息的描述符，这些描述符和多媒体信息一起，将支持用户对其感兴趣的多媒体信息进行快速有效的检索。其目的是生成一种用来描述多媒体内容的标准，这个标准将对信息含义的解释提供一定的自由度，可以被传送给设备和计算机程序，或者被设备或计算机程序查取。MPEG-7 并不针对某个具体的应用，而是针对被 MPEG-7 标准化了的图像元素，这些元素将支持尽可能多的各种应用。建立 MPEG-7 标准的出发点是依靠众多的参数对图像与声音实现分类，并对它们的数据库实现查询，就像查询文本数据库那样。可应用于数字图书馆，例如图像编目、音乐词典等；多媒体查询服务，如电话号码簿等；广播媒体选择，如广播与电视频道选取；多媒体编辑，如个性化的电子新闻服务、媒体创作等。

（5）MPEG-21 标准。随着多媒体应用技术的不断发展，各种多媒体标准层出不穷，这些标准涉及多媒体技术的各个方面。各种不同的多媒体信息存在于全球不同的设备上，通过异构网络有效地传输这些多媒体信息必须要综合地利用不同层次的多媒体技术标准，使多媒体信息的传输和处理畅通无阻。MPEG-21 便应运而生。MPEG-21 标准是 2001 年制定完成的，正式名称为"多媒体框架"（Multimedia Framework）。MPEG-21 标准的目标是建立一个交互的多媒体框架，能够使遍布全球的各种网络和设备上的各种数字资源被透明和广泛地使用。

MPEG-21 标准其实就是一些关键技术的集成，通过这种集成环境对全球数字媒体资源进行透明和增强管理，实现内容描述、创建、发布、使用、识别、收费管理、产权保护、用户隐私权保护、终端和网络资源抽取、事件报告等功能。

2. 视频编码国际标准 H. 26X

ITU-T（国际电信联盟）制定视频编码标准包括 H. 261、H. 262、H. 263 和 H. 264。H. 262 标准等同于 MPEG-2 的视频编码标准。

（1）H. 261 标准。H. 261 是 ITU-T 制定的针对可视电话和视频会议等业务的视频编码标准。H. 261 标准是视频编码的一个里程碑,是第一个被广泛应用的成功标准。

(2) H. 263 标准。H. 263 标准是 ITU-T 于 1995 年针对低比特率视频应用制定的,目标是在许多方面实现视频编码算法和处理性能的改善,从而比 H. 261 较大地提高编码性能。

(3) H. 264 标准。H. 264 的目标是为视频编码应用提供下一代的解决方案,提供显著增强的编码效率,同时减少 H. 263 中一些混乱的可选模式。H. 264 有更高的压缩比和更好的信道适应性,它将会在视频通信领域得到广泛的应用。但是 H. 264 优越性能的代价是计算复杂度的大大增加。

3. 视频编码的中国标准:AVS 标准

AVS 标准是我国于 2002 年开始制定的国家标准。标准中涉及视频编码的有独立的两部分 AVS1-P2,主要针对高清晰数字电视广播和高密度存储媒体应用;AVS1-P7,主要针对低码率、低复杂度、较低图像分辨率的移动媒体应用。

6.2.3 数字视频的文件格式

为了适应数字视频存储的需要,人们设定了不同的视频文件格式来把视频和音频放在一个文件中,以方便同时回放。视频的文件格式分为两大类:一是影像文件;二是流式视频文件,前者播放质量较高,压缩率低,但占用的存储空间较大,一般用于本地高清电影欣赏;后者采用流式编码方式,压缩比较大,占用存储空间小,文件有一定程度失真,一般用于网络传输或在线视频欣赏。

1. 影像文件

VCD、多媒体 CD 光盘中的视频都是影像文件。影像文件不仅包括大量图像信息,同时还容纳大量音频信息。所以影像文件尺寸较大,1min 的视频信息就要达到几十兆字节。

(1) AVI 文件(*.avi)。AVI(Audio Video Interleave)是一种音频视像交错记录的数字视频文件格式。它是 Microsoft 公司开发的一种符合 RIFF 文件规范的数字音频与视频文件格式。AVI 格式允许视频和音频交错在一起同步播放,支持 256 色和 RLE 压缩,但 AVI 文件并未限定压缩标准,因此,AVI 文件格式只是作为控制界面上的标准,不具有兼容性,用不同压缩算法生成的 AVI 文件,必须使用相应的解压缩算法才能播放出来。AVI 文件目前主要应用在多媒体光盘上,用来保存电影、电视等各种影像信息,有时也出现在 Internet 上,供用户下载、欣赏影片的精彩片段。

(2) MPEG 文件(*.mpeg、*.mpg 及 *.dat)。MPEG 文件格式是运动图像压缩算法的国际标准,它采用有损压缩方法减少运动图像中的冗余信息,同时保证 30 帧每秒的图像动态刷新率,已被几乎所有的计算机平台共同支持。MPEG 标准包括 MPEG 视频、MPEG 音频和 MPEG 系统(视频、音频同步)3 个部分,像人们熟悉的 MP3 音频文件就是 MPEG-1 音频的一个典型应用,而 Video CD (VCD)、Super VCD (SVCD)、DVD (Digital Versatile Disk)则是全面采用 MPEG 技术所产生出来的新型消费类电子产品。MPEG 压缩标准是针对运动图像而设计的,平均压缩比为 50:1,最高可达 200:1,压缩效率很高,同时图像和音响的质量也非常好,并且在 PC 上有统一的标准格式,兼容性好。

2. 流式视频

(1) Real Video 文件(*.ram、*.ra、*.rm、*.rmvb)。Real Video 文件是 Real

Networks 公司开发的一种流式视频文件格式,它包含在 Real Networks 公司所制定的音视频压缩规范 Real Media 中,主要用来在低速率的广域网上实时传输活动视频影像,可以根据网络数据传输速率的不同而采用不同的压缩比率,从而实现影像数据的实时传送和实时播放。Real Video 除了可以以普通的视频文件形式播放之外,还可以与 RealServer 服务器相配合,在数据传输过程中边下载边播放视频影像,节约了用户的等待时间,使网络上观看流畅视频成为可能。目前,Internet 上有不少网站利用 Real Video 技术进行重大事件的实况转播。

RMVB 影片格式比原先的 RM 多了 VB 两字,在这里 VB 是 VBR(Variable Bit Rate——可变比特率)的缩写。在保证了平均采样率的基础上,设定了一般为平均采样率两倍的最大采样率值,在处理较复杂的动态影像时也能得到比较理想的效果,处理一般静止画面时则灵活的转换至较低的采样率,有效地缩减了文件的大小。

(2) Windows media 文件(∗.asf、∗.wmv)。Microsoft 公司推出的 Advanced Streaming Format (ASF,高级流格式),也是一个在 Internet 上实时传播多媒体的技术标准,ASF 的主要特点是,可在本地或网络进行回放、符合 ASF 文件定义的媒体类型、有关播放部件的信息存储在 ASF 的头部分,用于指导用户下载所需的播放部件、可伸缩的媒体类型、支持多语言、提供扩展性和灵活性非常好的可继续扩展的目录信息功能等。ASF 应用的主要部件是 NetShow 服务器和 NetShow 播放器。有独立的编码器将媒体信息编译成 ASF 流,然后发送到 NetShow 服务器,再由 NetShow 服务器将 ASF 流发送给网络上的所有 NetShow 播放器,从而实现单路广播或多路广播。这和 Real 系统的实时转播则是大同小异。

WMV 是另一种独立于编码方式的在 Internet 上实时传播多媒体的技术标准,和 ASF 格式一样,WMV 也是微软公司的一种流媒体格式,英文全名为 Windows Media Video。和 ASF 格式相比,WMV 是前者的升级版本,WMV 格式的体积非常小,因此很适合在网上播放和传输。在文件质量相同的情况下,WMV 格式的视频文件比 ASF 拥有更小的体积。

ASF 或 WMV 以网络数据包的形式方便的传输,实现流式多媒体内容的发布。它们是开放的、独立于编码方式的,任何的压缩/解压缩编码方式都可以制作 ASF 或 WMV 流。ASF 和 WMV 的扩展名可以相互替换。

(3) Flash Video 文件(∗.flv)。Flv 流媒体格式是随着 Flash MX 的推出发展而来的一种新兴的视频格式。它文件体积小巧,清晰的 flv 视频 1mn 所占空间约为 1MB,一部电影约为 100MB,是普通视频文件体积的 1/3。Flv 在线观看的速度非常快,在网络状态良好的情况下,几乎没有缓冲。目前各在线视频网站均采用此视频格式,如新浪播客、六间房、优酷、土豆、酷 6、youtube 等。flv 已经成为当前视频文件的主流格式。flv 下载到本地一般需要专用的播放器打开或者转换为其他视频格式,但目前很多流行播放器的新版本已经增加了对 flv 格式的直接播放,例如暴风影音、Kmplayer 等。

(4) MOV 文件(∗.mov、∗.qt)。MOV 是 Apple 公司开发的一种视频格式,它是图像及视频处理软件 QuickTime 所支持的格式,被 Apple Mac OS、Microsoft Windows 系列在内的所有主流计算机平台支持。MOV 格式也可以作为一种流式文件格式,通过 Internet 提供实时的数字化信息流、工作流与文件回放功能,它还为多种流行的浏览器软件提供了相应的 QuickTime Viewer 插件,能够在浏览器中实现多媒体数据的实时回放。此外,QuickTime 还采用了一种称为 QuickTime VR (QTVR)的虚拟现实技术,用户通过鼠标或键盘的交互式控制,可以观察某一地点周围360°的影像,或者从空间任何角度观察某一物体。QuickTime以其领先的多媒体技术和跨平台特性、较小的存储空间要求、技术细节的独立性以及系统的高度开放性,得到业界的广泛认可,目前已成为数字媒体软件技术领域事实上的工业标准。

6.3 视频播放与编辑软件

6.3.1 视频播放软件

视频文件格式多种多样,因此用来播放视频的软件也种类繁多,几种常用的视频播放软件的各方面性能比较如表6-1所示,其中暴风影音和Kmplayer是功能完善、广受欢迎的播放软件,Windows Media Player是Windows系统自带的播放器,虽然对有些视频格式支持的不太好,但用户也较多。

表 6-1 视频播放软件性能对比表

<table>
<tr><th colspan="2">软 件 名 称</th><th>暴风影音</th><th>Kmplayer</th><th>完美解码者</th><th>RealPlayer</th><th>Windows Media Player</th></tr>
<tr><td colspan="2">软件版本</td><td>5-beta2</td><td>3.6.0.56</td><td>3.8</td><td>14.0.6.666</td><td>11.0.5721.5230</td></tr>
<tr><td colspan="2">软件大小</td><td>32.8MB</td><td>15MB</td><td>40MB</td><td>656KB</td><td>25MB</td></tr>
<tr><td colspan="2">适用平台</td><td>Windows XP/windows 7/Vista</td><td>Windows 2003/ XP/7/Vista</td><td>Windows/XP/7/Vista</td><td>Windows 2000/XP/7/Vista</td><td>Windows XP/7/Vista</td></tr>
<tr><td colspan="2">CPU占用率</td><td>14.6%</td><td>13.4%</td><td>17.1%</td><td>15.8%</td><td>14.85%</td></tr>
<tr><td rowspan="2">占用内存
资源/MB</td><td>初始</td><td>3.92</td><td>5.28</td><td>11.50</td><td>6.16</td><td>10.42</td></tr>
<tr><td>播放</td><td>10.56</td><td>15.62</td><td>124.6</td><td>13.2</td><td>14.8</td></tr>
<tr><td rowspan="11">格式支持能力</td><td>.3gp</td><td>√</td><td>√</td><td>√</td><td>—</td><td>√</td></tr>
<tr><td>.asf</td><td>√</td><td>√</td><td>√</td><td>—</td><td>√</td></tr>
<tr><td>.avi</td><td>√</td><td>√</td><td>√</td><td>√</td><td>√</td></tr>
<tr><td>.flv</td><td>√</td><td>√</td><td>√</td><td>√</td><td>—</td></tr>
<tr><td>.ts</td><td>√</td><td>√</td><td>√</td><td>—</td><td>√</td></tr>
<tr><td>.mov</td><td>√</td><td>√</td><td>√</td><td>√</td><td>—</td></tr>
<tr><td>.mpeg</td><td>√</td><td>√</td><td>√</td><td>√</td><td>√</td></tr>
<tr><td>.rm</td><td>√</td><td>√</td><td>√</td><td>√</td><td>—</td></tr>
<tr><td>.rmvb</td><td>√</td><td>√</td><td>√</td><td>√</td><td>—</td></tr>
<tr><td>.swf</td><td>√</td><td>√</td><td>√</td><td>√</td><td>—</td></tr>
<tr><td>综合</td><td>★★★★★</td><td>★★★★★</td><td>★★★★</td><td>★★★</td><td>★★</td></tr>
</table>

软 件 名 称		暴风影音	Kmplayer	完美解码者	RealPlayer	Windows Media Player
视频调节功能	快捷键	√	√	√	—	—
	亮度调节	√	√	√	—	√
	对比度调节	√	√	√	—	√
	色度调节	√	√	—	√	√
	视频特效	—	√	—	—	—
	综合	★★★★	★★★★★	★★★	★	★★★
播放控制功能	快进/快退	√	√	√	√	√
	加速/减速	√	√	√	—	√
	单帧播放	√	√	√	—	—
	"转到"播放	√	√	√	—	—
	综合	★★★★	★★★★★	★★★★	★★★	★★

　　暴风影音诞生于 2003 年,依靠产品支持格式多、占用资源少、免费下载和升级、操作简单等特点迅速普及开来,素有"万能播放器"之称。作为对 Windows Media Player 的补充和完善,当前暴风影音提供和升级了系统对常见绝大多数影音文件和流格式的支持,包括RealMedia、QuickTime、MPEG2、MPEG4(ASP/AVC)、VP3/6/7、Indeo、FLV 等流行视频格式;AC3、DTS、LPCM、AAC、OGG、MPC、APE、FLAC、TTA、WV 等流行音频格式;3GP、Matroska、MP4、OGM、PMP、XVD 等媒体封装及字幕支持等。暴风影音具有稳定灵活的安装、卸载、维护和修复功能,并对集成的解码器组合进行了尽可能的优化和兼容性调整,适合普通的大多数以多媒体欣赏或简单制作为主要使用需求的用户。暴风影音主界面如图 6-3 所示,其具体操作功能不再赘述。

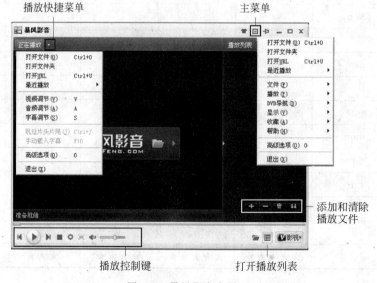

图 6-3　暴风影音主界面

6.3.2 视频转换软件

网络上视频格式多种多样，常常出现格式不兼容的问题，或者是为了更好地对视频进行加工和传播，经常需要把一段视频从一种格式转化为另外一种格式。应对这种需求，网络上出现了大量的视频转换软件。在这里主要介绍两种功能强大的视频转换软件，格式工厂（Format Factory）和超级转霸（Total Video Converter）。

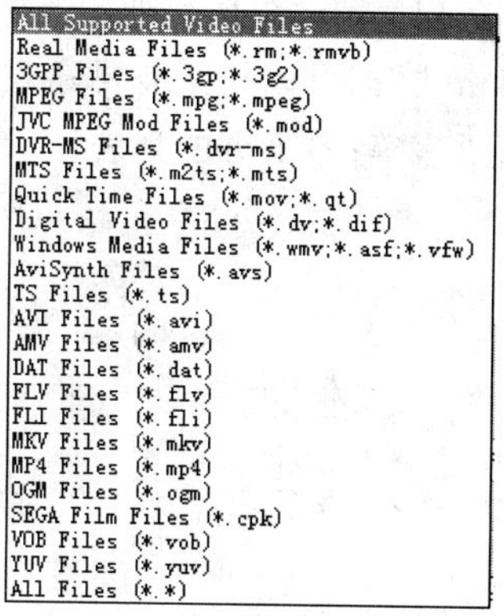

1. 格式工厂（Format Factory）

格式工厂是一款功能实用、操作简便的全能格式转换软件，其特点如下。

（1）支持各种媒体的格式转换：不仅支持各种视频格式，而且还可以对音频、图片、CD、DVD 等进行格式转换。

（2）支持各种主流视频格式和设备的转换：源文件的格式可以是 rm、mpg、mod、mov、wmv、asf、avi、flv、mp4、vob 等主流视频格式，如图 6-4 所示，目标文件除了这些格式外，还可以转换为 swf、gif 以及各种主流的 MP4 视频播放设备，如图 6-5 所示。

```
All Supported Video Files
Real Media Files (*.rm;*.rmvb)
3GPP Files (*.3gp;*.3g2)
MPEG Files (*.mpg;*.mpeg)
JVC MPEG Mod Files (*.mod)
DVR-MS Files (*.dvr-ms)
MTS Files (*.m2ts;*.mts)
Quick Time Files (*.mov;*.qt)
Digital Video Files (*.dv;*.dif)
Windows Media Files (*.wmv;*.asf;*.vfw)
AviSynth Files (*.avs)
TS Files (*.ts)
AVI Files (*.avi)
AMV Files (*.amv)
DAT Files (*.dat)
FLV Files (*.flv)
FLI Files (*.fli)
MKV Files (*.mkv)
MP4 Files (*.mp4)
OGM Files (*.ogm)
SEGA Film Files (*.cpk)
VOB Files (*.vob)
YUV Files (*.yuv)
All Files (*.*)
```

图 6-4　格式工厂可以转换的视频文件格式列表

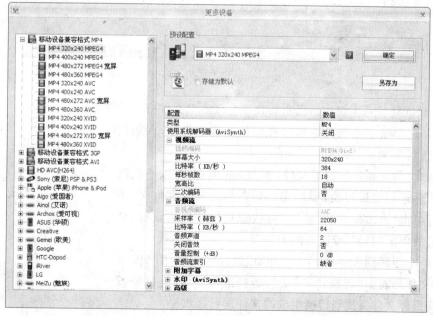

图 6-5　格式工厂可以转换为各种移动设备兼容格式

（3）支持音视频转换时的片段截取：在音视频格式转换时可以设置开始时间和结束时间，从而轻松实现媒体片段的截取，详细的操作方式见下文。

（4）转换时还可对文件进行详细的输出配置：包括视频的屏幕大小，每秒帧数，比特率,视频编码;音频的采样率,比特率;字幕的字体与大小等。

以下从界面组成、基本操作、音视频片段截取、CD 抓取、DVD 抓取、视频输出配置等几方面简要介绍格式工厂的使用方法。

(1) 界面组成。如图 6-6 所示,格式工厂的界面组成比较简洁,左侧的"媒体选择和转换格式"框可以根据需要隐藏和打开,顶部的操作菜单可以执行转换任务、更换皮肤、选择界面语言等;右下方的列表显示了将要转换或已经完成转换的媒体文件。

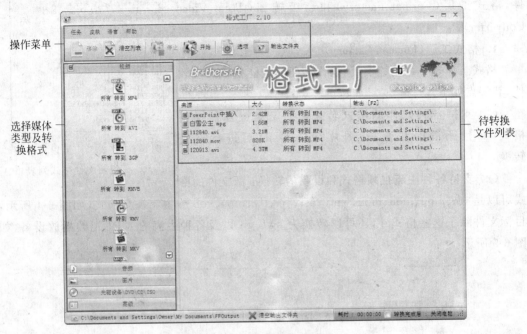

图 6-6　格式工厂的主界面

(2) 格式转换基本操作。通常转换一个或一批文件格式只需要 3 步。

步骤 1:单击左边工具栏选择欲转换的媒体类型,例如选择"所有转到 WMV",如图 6-7 所示。

步骤 2:添加要转换的源文件,如图 6-8 所示,可以一次选择多个文件进行批量转换,添加完毕后需指定输出文件夹,还可以通过单击"输出配置"、"选项"等按钮进行详细的设置(见下文),最后单击"确定"按钮返回主界面。

步骤 3:返回到主界面,单击"开始"进行转换,如图 6-9 所示,此时文件列表中"转换状态"变为转换进度显示,转换完成后即可到目标文件夹找到转换生成的文件进行播放。

(3) 音视频片段截取。可以设定起始时间和结束时间来对源文件进行部分转换,从而实现文件的片段截取,操作方法是在图 6-8 中单击"选项"按钮,打开如图所示的视频浏览窗口,设定好要截取的时间区间后单击"确定"按钮,如图 6-10 所示。

图 6-7　选择欲转换的媒体类型

· 126 ·

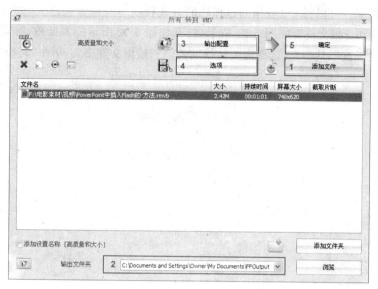

图 6-8　添加要转换的源文件

图 6-9　开始转换

图 6-10　视频片段截取

（4）CD 抓取。可以将 CD 音乐通过抓轨的方式转换为其他音频格式，如 MP3，方法是选择"音乐 CD 转到音频文件"，如图 6-11 所示；打开如图 6-12 所示的对话框，如果光驱里有 CD 光碟，此处会自动读取其信息，选择需要转换的音轨和输出文件格式，单击"转换"按钮即可。

图 6-11　CD 抓取　　　　　　　　　图 6-12　CD 转换为音频文件

（5）DVD 转到视频文件。利用"DVD 转到视频文件"可以将 DVD 光碟转换为 MP4、AVI、WMV、3GP、MPG、VOB、FLV、移动设备等各种视频格式，操作方法是选择左侧的"光驱设备"|"DVD 转到视频文件"，打开如图 6-13 所示的对话框，可以单击"截取片段"按钮选择输出的视频片段，设定好目的格式后单击"转换"按钮即可。

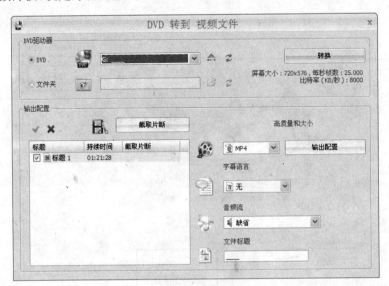

图 6-13　DVD 转到视频文件

（6）视频输出设置。在视频转换时经常需要对输出进行更为详细的设置，如设定屏幕大小、视频的屏幕大小、宽高比、比特率以及音频的编码格式、采样率、比特率等，如图 6-14

所示,表 6-2 对各项设置进行了详细解释。

图 6-14　视频输出设置

表 6-2　视频输出配置说明

配　　置		说　　明
系统解码器 AviSynth		如果遇到输出文件声音不同步,或需要添加 SSA 文件字幕效果,开启此选项
视频流	屏幕大小	宽×高,设置成"默认",将和源文件相同
	每秒帧数	每秒播放的画面数,一般为 10~30,设置成"默认",和源文件相同
	比特率	视频流每秒使用的比特数,用于描述视频质量,若画面大小为 320×240,那么 384Kbps 比较合适,设置成"默认",会自动根据画面大小计算最佳值
	视频编码	视频编码名称 ,例如 H264、MPEG4,大多数移动设备都支持 MPEG4
	宽高比	画面的宽高比:设置成"自动",会自动根据画面大小计算最佳值设置成"默认",会按源文件来设置宽高比
	二次编码	可以提高画面质量,但会导致转换速度较慢
音频流	采样率	用于描述声音信号采样的密度,22~48kHz,默认为源文件的采样率
	比特率	音频流每秒使用的比特数,用于描述音频质量;设置成"默认",会自动计算最佳值
	声道数	音频流的声道数,一些编码比如 AMR_NB 只支持单声道
	音频编码	音频编码名称,例如 MP3,WMAv2 等
	关闭音频	是否关闭音频,关闭会导致无声
	音量控制	可以加大音量,但不要太高,可能会造成噪声
	音频流索引	例如 MKV 等格式支持多个语言音轨,可以用这个来选择

配　　置		说　　明
附加字幕	附加字幕	字幕文件名,支持 SRT、SSA、SUB 格式;如果字幕文件和视频文件名同名会自动装入
	字体大小	字幕字体大小,"默认"=5%画面大小
	字幕流索引	字幕流索引,MKV,VOB 等一些文件支持内挂字幕;用于选择内部字幕流
水印	水印(png;bmp;jpg)	选择一个水印图片
	位置	水印的位置,可选择居中、左上、左下、右上、右下
	边距	与图像边缘的距离,可选择 0%、5%、10%

2. 超级转霸(Total Video Converter)

该软件支持包括.rm、.rmvb、.mpg、.mpeg、.mov、.mp4、.avi、.wmv、.mp3、.wav、.ogg、.swf 等数十种不同的流行影音文件格式,可转换输出二十几种文件格式,例如.mp4、.mpeg、DVD、SVCD、VCD、.avi、.swf、.mp3、.wav、.ogg 等。Total Video Converter 的主界面如图 6-15 所示。该软件不仅可以转换视频同时也支持音频格式的转换,可以方便地将不同的音视频片段进行任意组合。此外,该软件可以批量转换视频文件,并且转换过程方便快速,还可以把转换任务设置到后台进行。

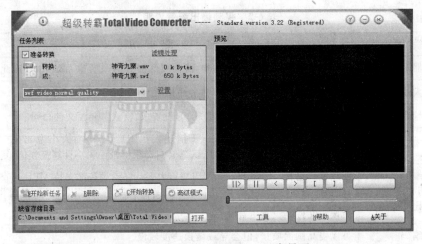

图 6-15　Total Video Converter 主界面

Total Video Converter 3.22 版本除了能转换视频外,还可以下载 FLV 视频。见例 6-1。

【例 6-1】 下载 FLV 视频并转换为 SWF 格式为例介绍如何操作 Total Video Converter。

步骤 1:运行 Total Vide Converter,单击"开始新任务"|"下载 FLASH 视频(WinXP)",如图 6-16 所示,此时会打开如图 6-17 所示的 Total FLV Sniffer,即 FLV 下载嗅探器。

图 6-16　选择"下载 FLASH 视频(WinXP)"

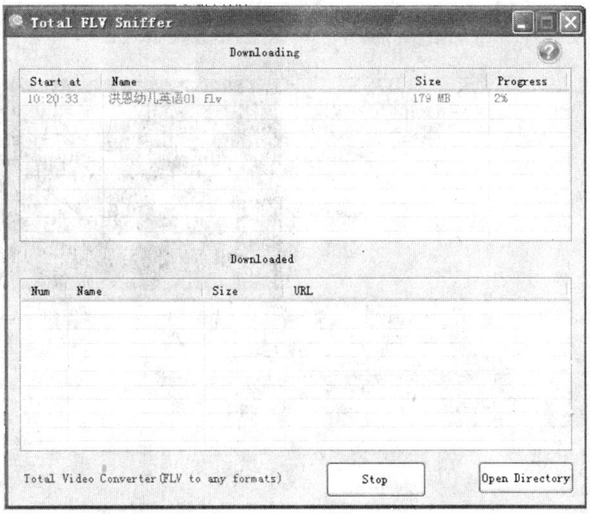

图 6-17　FLV 嗅探器

步骤 2：打开需要下载的 FLV 视频并播放，此时 Total FLV Sniffer 会自动添加下载任务并开始下载 FLV 文件，如图 6-17 所示。

步骤 3：下载完毕后，在 Total Video Converter 主界面上选择"开始新任务"|"导入需转换多媒体文件"菜单命令，即可将刚下载的 FLV 文件导入到当前列表，会弹出"请选择输出的格式"，如图 6-18 所示，在这里单击 SWF 视频。

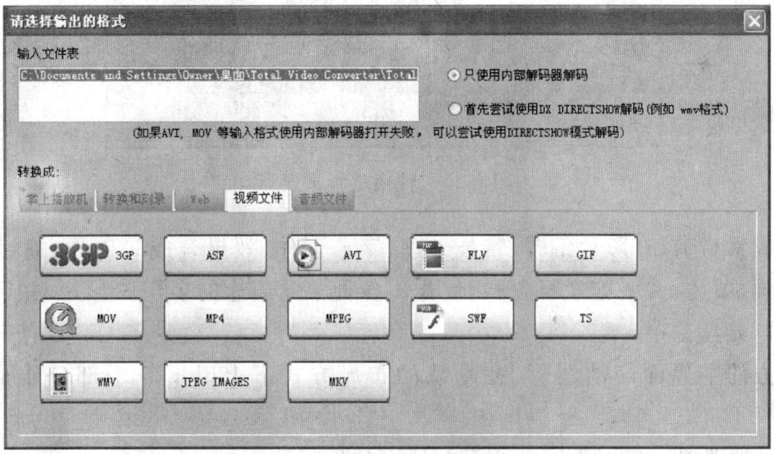

图 6-18　选择待转换的格式

步骤 4：窗口自动返回到如图 6-15 所示的主界面，单击"高级模式"按钮，主界面下方出现如图 6-19 所示的各个设置选项。在这里也可以再按新建任务按钮，建立第二个任务，依此类推，按"开始转换"按钮可以批量转换视频格式。单个任务的转换时画面如图 6-20 所示，可以设置为后台转换。

6.3.3　视频编辑软件——电影魔方

电影魔方（Mpeg Video Wizard）是一款操作非常简单的多媒体数字视频编辑工具。它

图 6-19　高级模式的各个设置选项

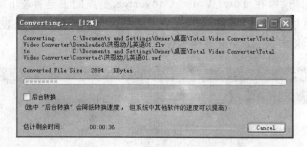

图 6-20　转换过程进度条

可以轻松完成素材剪切、影片编辑、特技处理、字幕创作、效果合成等工作,通过综合运用影像、声音、动画、图片、文字等素材资料,创作出各种不同用途的多媒体影片,并且可以刻录成VCD 或 DVD 光盘。

电影魔方的主界面简洁清新,在默认的布局方式下由以下 5 个部分组成(如图 6-21所示)。

(1) 项目管理器。它用于管理和存放所有的项目和素材。

(2) 输入监视器。它用于预览和剪辑原始素材。

(3) 输出监视器。它用于显示编辑线对应时刻的视频内容或播放已编辑好的影片。

(4) 时间轴。它是编辑影片的主要窗口,它由多个轨道组成,包括视频轨道、字幕轨道、音乐轨道和声音轨道,各轨道可放置的文件类型不同,如视频轨道只能添加视频素材和图片素材,字幕轨道专门用来存放和编辑字幕,音乐轨道指的是视频中的声音。

(5) 总控制菜单。它是电影魔方的总控制工具,利用该菜单可以输出视频作品、编辑字幕、选项设置、选择窗口模式、查看帮助、退出程序等。

下面通过两个实例介绍该软件的使用方法。

图 6-21　电影魔方的主界面

【例 6-2】　制作电子相册。

下面的步骤介绍了如何制作一个带背景音乐、转场特效和字幕的电子相册。

步骤 1：导入所需的素材：单击项目管理器中的"文件"按钮，然后单击其中的"图像"或"视频"、"音频"等选项卡，在空白处右击，从弹出的快捷菜单中选择"导入"菜单命令，即可打开本地文件选择窗口，选择使用的素材即可。

步骤 2：添加图片素材到时间轴的"视频轨道"，在素材库中选中一个或多个图片，按住鼠标不放，拖动到视频轨道，如图 6-22 所示。

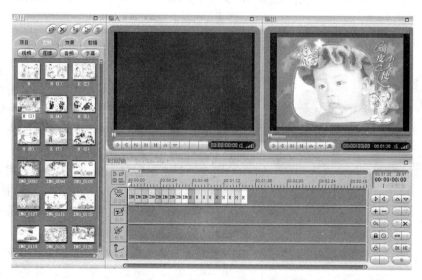

图 6-22　添加素材到时间轴

步骤3：添加过渡特效，为使各照片之间的过渡比较平滑，可以在两幅图片之间添加二维或三维的过渡效果，单击项目窗口中的"效果"选项卡，可以看到"2D|3D"、"滤镜"两个按钮，其中包含很多过渡效果和滤镜效果，如图6-23所示。鼠标单击选中一种效果可以预览，拖动该效果到两幅图片中间，即可应用该过渡效果，如图6-24所示。

图6-23　各种过渡效果和滤镜

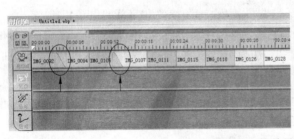

图6-24　添加过渡效果

步骤4：添加滤镜效果，与过渡效果不同的是，滤镜只能针对某一张图片添加，选中一种

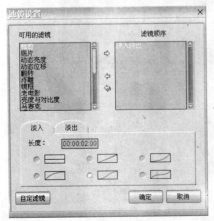

图6-25　滤镜设置

滤镜后拖动到要添加滤镜的图片上即可。在时间轴要添加滤镜效果的图片上右击，从弹出的快捷菜单中选择"滤镜"菜单命令，即可打开如图6-25所示的"滤镜设置"窗口，在这里可以为一幅照片或一段视频叠加多个滤镜，并可设置其参数。

步骤5：添加背景音乐，首先导入素材，单击"项目"窗口中的"文件"选项卡，选择"音频"按钮，导入一个背景音乐，如图6-26所示，将该音乐拖动到时间轴的"音乐"轨道，如图6-27所示。

若音频较长，可以事先用音频编辑软件截取需要的一段，实际上电影魔方也可以随心所欲地截取所需的音频，将播放线定位到音频起始位置，右击，

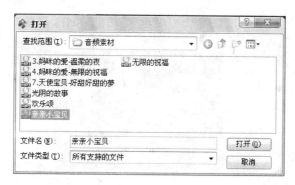

图 6-26　导入音频文件

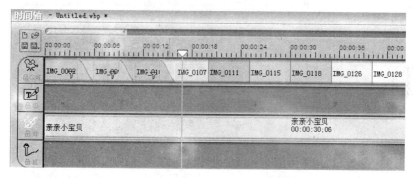

图 6-27　添加背景音乐到时间轴

从弹出的快捷菜单中选择"切除左边"菜单命令，或按 Ctrl＋Shift＋L 键，即可将播放线左边的音频去掉。同样的道理可以切除右边不要的音频，以配合图片的播放。

步骤6：制作片头和片尾：通常一个影片都有片头和片尾，可以通过添加字幕的方式来制作片头片尾，下面以片头为例说明。首先单击总控制菜单上的字幕编辑器，如图 6-28 所示，即可打开字幕编辑器，如图 6-29 所示。电影魔方自带的字幕编辑器可

字幕编辑器

图 6-28　字幕编辑器

以编辑文字、图形以及图文混排，设置文字的属性以及图形的线条、渐变等，还可以设置文字和图形的运动方式，详细的功能请读者自行练习。

字幕编辑好以后可以单击"保存"按钮将其以 .wbt 的格式存储，退出字幕编辑器，在"项目"窗口的"文件"选项卡中单击"字幕"按钮，可以看到刚刚制作的字幕，拖动字幕将其放置到时间轴的字幕轨道，此时预览即可看到添加的字幕并有运动效果，如图 6-30 所示。同样的方法可以添加片尾。至此一个带有背景音乐、片头片尾、过渡效果和滤镜效果的电子相册便制作成功了。

步骤7：最后一步就是输出了，单击总控制菜单的"输出"按钮，打开输出对话框，如图 6-31 所示，指定影片参数后就可以创建了，如图 6-32 所示。影片生成以后，使用任何一种视频播放器均可以播放生成的 MPG 文件，如图 6-33 所示。如果想要其他的格式，可以用视频转换软件进行格式转换，如转换为 ASF、WMV 或 RM 等格式。

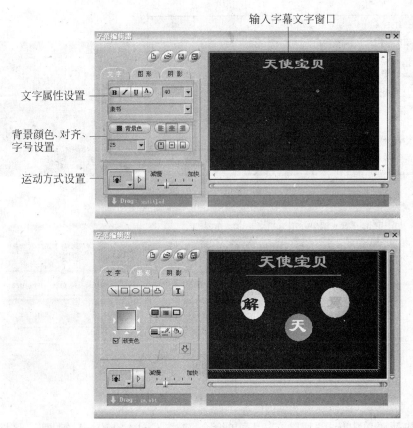

图 6-29　编辑字幕

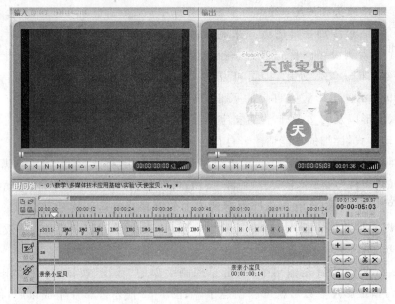

图 6-30　添加字幕到时间轴

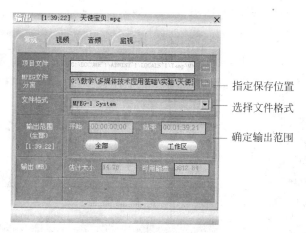

图 6-31　指定影片参数

图 6-32　创建影片

图 6-33　用播放器播放影片

【例 6-3】 制作电影剪辑。

下面的实例是制作一部带有片头、片尾、过渡特效的电影剪辑。

步骤 1：导入视频文件：视频的导入方法与图片、音频等相同，见实例 1。电影魔方支持导入的视频文件类型有 MPG、MPV、DAT、VOB、MP2、TS、AVI、ASF、RM、WMV、MOV、MP4 等格式，其他格式的视频文件如 FLV 等，需要进行格式转换才能用电影魔方进行编辑，例如可以用前面介绍的格式工厂对各种媒体（音频、视频、图片）进行格式转换。导入所需视频后如图 6-34 所示，用同样的方法再导入图像和音频文件。

步骤 2：制作片头字幕：在实例 1 中已经详细介绍了字幕的制作，这里不再赘述，本例中需要制作多个字幕，包括片头、中间说明以及片尾字幕，因此需要将每个字幕保存为单独的文件以方便修改。制作好的字幕如图 6-35 所示，将

图 6-34　导入的视频素材列表

每个字幕的运动效果设置为"淡入淡出"。

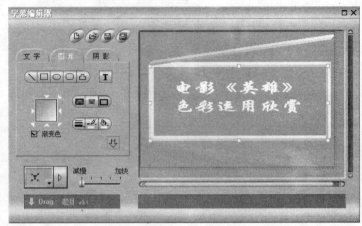

图 6-35　制作所需的字幕

步骤 3：添加和编辑视频素材：这是比较重要和耗时的一步，往往需要反复的测试和修改才能逐步完善。

（1）添加片头字幕。按电影剪辑的制作流程，一般需要先添加片头字幕用以说明主题，将片头字幕和红色字幕拖放到"字幕轨道"，鼠标放到素材块的边缘拖动可以调节字幕播放的时间，鼠标拖动素材块时变为手的形状，此时可以改变素材在时间轴上的位置，如图 6-36 所示。

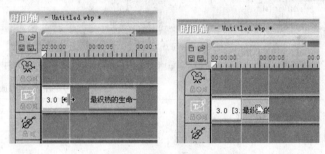

图 6-36　将字幕放置到字幕轨道

（2）添加视频素材。从左侧的文件列表选择需要添加的视频文件，拖动鼠标将其放到"视频轨道"，位置在字幕的后面并与其衔接，如图 6-37 所示，双击该素材块可在"输入"监视器浏览其内容。

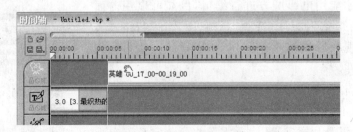

图 6-37　添加视频素材

（3）切割视频素材：视频轨道中的素材有时需要进行进一步的裁剪，电影魔方中的"切分"可以很方便地实现该功能，拖动时间轴滑块到要切分的位置，在素材块上右击，从弹出的快捷菜单中选择"切分"菜单命令，即可将该素材块切成互相独立的两部分，如图 6-38 所示。同样的方法可以切割多个视频片段，对于其中不需要的片段，选中后按键盘上的 Delete 键清除即可。经过筛选和组合，原来的视频片段被剪辑为若干段，如图 6-39 所示。

图 6-38　切分视频片段

图 6-39　切分后的视频片段

（4）添加各视频块间的过渡效果。在例 1 中已经介绍了如何添加过渡效果，此处不再重复，添加完过渡效果后的时间轴如图 6-40 所示。

图 6-40　添加过渡效果

（5）添加其他剪辑：如上，用同样的方法添加剩下的剪辑，即首先将相应的字幕拖动到字幕轨道，然后将对应的视频素材拖动到时间轴轨道，根据需要进行切分、删除和位置调整，最后添加过渡效果和片尾字幕,如图 6-41 所示。

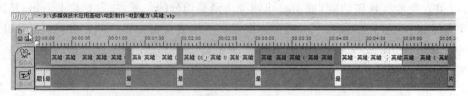

图 6-41　视频轨道和字幕轨道最终效果

步骤 4:添加背景音乐:为了烘托气氛,可以在"音频轨道"添加不同的背景音乐。首先还是要将所需的音频文件导入到文件中,同添加视频素材的方法类似,拖动音频文件到"音频轨道",调整其左右边界至合适的位置,如图 6-42 所示。为了声音的出现和消失都比较自然,还可将音频素材设置"淡入淡出"效果,方法是选中要设置效果的音频片段,单击鼠标右键选择"淡入淡出",打开如图 6-43 所示的对话框,设置开始和结束所用的时间,单击"确定"按钮即可。

图 6-42　添加音频轨道

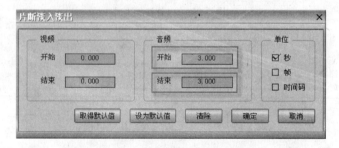

图 6-43　设置视频片段的淡入淡出效果

步骤 5:调整视频轨道的音量:视频轨道中的素材声音对音频轨道中的声音会产生一定程度的干扰,如不将视频轨道中的素材声音降低或禁止,则会大大影响观赏效果,调整音量的方法是,选中要调整音量的视频块,右击,从弹出的快捷菜单中选择"音频"|"音量控制"菜单命令,如图 6-44 所示,打开音量控制对话框,拖动主音量的滑块,可调整音量大小。如需要,还可将原素材的声音完全去除,即"静音"。

步骤 6:完善、测试、输出。将时间滑块拖动到最开始位置,单击"输出"监视器上的"播放"按钮,即可欣赏刚刚制作的电影剪辑,如有不满意之处,可以随时中断进行修改。输出的方法与例 6.1 相同,此处略去。

6.3.4　视频编辑软件——Movie Maker

Movie Maker 是 Windows 系统自带的视频制作工具,易学易用,通过简单的拖放操作,

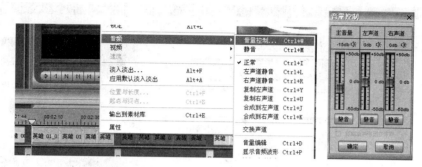

图 6-44　调整视频块的音量

精心的组织素材,然后添加一些过渡效果、音乐和旁白,就可以制作个人电影了。还可以将电影保存到录影带上或制作成光盘,在电视或者计算机中播放。

选择"开始"|"所有程序"|Windows Movie Maker 菜单命令,启动程序,其主界面如图 6-45 所示。

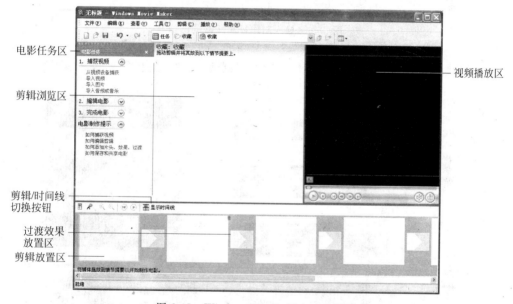

图 6-45　Windows Movie Maker 主界面

下面介绍利用多幅图片和利用视频制作电影的方法。

1. 利用多幅图片制作电影

步骤 1:导入所需图像文件。

单击"电影任务窗格"中的"导入图片"链接,在"导入文件"对话框中选择需要处理的一个或多个图片文件,确认后所选择的图像文件出现在"收藏"面板中,如图 6-46 所示。

步骤 2:设置图像播放顺序。

将所要播放图像选中后,拖放至"情节提要"中,或右击所需图像,从弹出的快捷菜单中选择"添加至情节提要"菜单命令,图像就会添加到第一个空白的情节提要中,如图 6-47 所示。

图 6-46　导入制作视频所需的图像

图 6-47　添加要播放的图像

　　在"情节提要"中,可以用鼠标拖动图片调整其先后顺序,按 Delete 键或右击,从弹出的快捷菜单中选择"删除"菜单命令,可将图像从当前"情节提要"中移除。单击"显示时间线"按钮,切换至播放时间控制界面。可以调整某一幅图像播放时间长度和整个视频播放的起始时间,如图 6-48 所示。

　　步骤 3：设置视频播放效果。

　　选择"电影任务窗格"|"编辑电影"|"查看视频效果"菜单命令,选中所需效果,拖曳至某

图 6-48　"显示时间线"方式查看

一情节提要处。情节提要处左下角星型标志变色，表示为此情节提要附加上视频效果。一个情节提要可以附加多个效果，例如，将"淡出，变白"、"淡入，从白起变"、"缓慢放大"3 个播放效果拖曳至第 1 个情节提要处，情节提要左下角星形标志变色，并且出现两个星形标志，如图 6-49 所示。播放此情节提要时，视频将出现上述效果。同样的方法可为其他图片添加不同的播放效果。

图 6-49　添加视频播放效果

若要删除视频效果，在情节提要上右击，从弹出的快捷菜单中选择"视频效果"，弹出"添加或删除视频效果"对话框，可以继续添加新的效果或删除已添加的效果，还可以调整多个效果的先后顺序，如图 6-50 所示。

步骤 4：设置视频过渡效果。

在两幅图像播放之间可以设置两幅图像切换的过渡效果。单击"查看视频过渡"按钮，选中所需过渡效果，拖曳至两个情节提要之间。例如，将"拆分，水平"拖曳至第 1、2 情节提要之间，此时播放视频，从第 1 幅图片到第 2 幅图片会出现特殊的过渡效果，如图 6-51 所示。同样的方法可以添加每两张图片切换时的不同效果。

步骤 5：制作片头或片尾。

单击"制作片头或片尾"按钮，首先出现"要将片头添加到何处"界面，Movie Maker 可以添加 4 种片头和一种片尾，除了可以在电影开头添加片头之外，还可以在选定剪辑之前、之

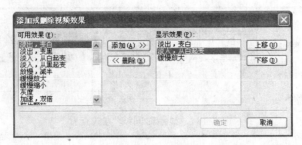

图 6-50　视频效果的添加或删除

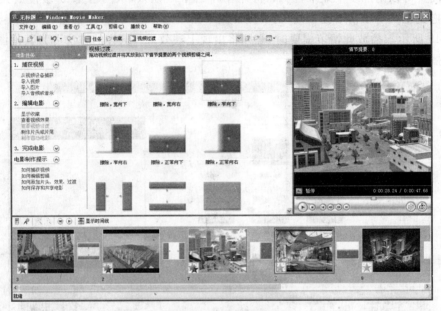

图 6-51　添加过渡效果

上或之后添加片头,相当于添加字幕效果。下面以"在电影开头添加片头"为例讲解片头制作方法,其他添加方法类似,请读者自行练习。

单击"电影开头添加片头"按钮,进入片头编辑界面,在两个文本编辑框中分别输入主标题和副标题会出现图 6-52 所示效果。

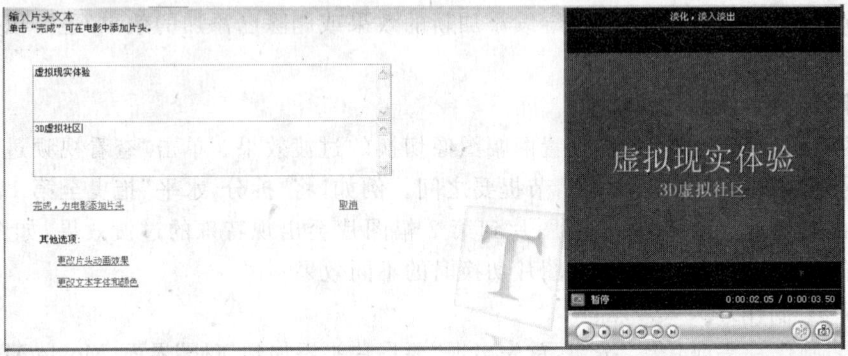

图 6-52　编辑片头文字

在图 6-52 中可以单击"更改片头动画效果"按钮,设置文本的出现效果。例如为文本选择效果"片头,一行"下的"纸带"效果,此时标题变为 1 行,如图 6-53 所示。

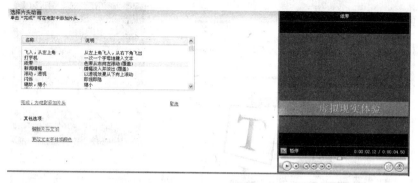

图 6-53　添加动画效果

在图 6-52 中单击"更改文本字体和颜色"按钮可以设置字体和颜色,例如将标题设为"华文新魏",字体放置最大,如图 6-54 所示。

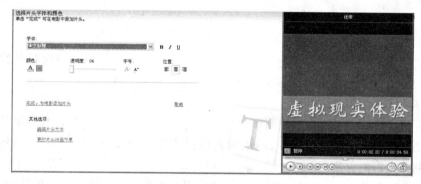

图 6-54　设置片头字体和颜色

单击"完成,为电影添加片头"按钮,完成片头的制作。此时,在最前面自动添加了一个情节提要,即为所添加的电影片头,如图 6-55 所示。若对编辑的片头不满意,可以右击片头,从弹出的快捷菜单中选择相应菜单命令进行编辑。

图 6-55　完成片头添加

步骤 6:为视频添加背景音乐。

单击"导入音频或音乐"按钮,选择所要导入声音文件,单击"导入"按钮,文件添加至"收藏",切换到如图 6-48 所示的"显示时间线"方式,将刚导入的声音文件拖曳至"音频/音乐"栏即完成了声音的添加,如图 6-56 所示。

图 6-56　为视频添加背景声音

步骤 7：保存视频。

电影制作完毕后，单击"完成电影"|"保存到我的计算机"按钮，选择保存名称和位置，设置保存的质量。Windows Movie Maker 将自动生成视频文件。

2. 利用视频制作电影

Movie Maker 除了可以将图片制作成电影之外，还可以对视频文件进行编辑处理，如合并、拆分、添加片头片尾和过渡效果、输出为其他格式等，下面简单介绍 Movie Maker 利用视频文件制作电影的方法。

(1) 导入所需视频文件。单击"电影"任务窗格中的"导入视频"按钮，在"导入文件"对话框中选择需要处理的一个或多个视频文件，如图 6-57 所示。若在导入选项部分选中"为

图 6-57　导入视频文件

视频文件创建剪辑"复选框,则导入视频会自动被切割为多个部分,方便编辑;否则,整个视频作为一个整体进入编辑状态。

(2) 编辑视频文件。编辑视频文件的方法同1,可以添加字幕、过渡效果、视频效果,此处不再赘述。由于视频文件时间长度固定,不能进行缩放,只能进行"拆分"和"合并"。调整播放起始点到需要拆分的位置,通过选择"剪辑"|"拆分"菜单命令对视频片段进行拆分,如图 6-58 所示,拆分后的视频可以单独进行编辑。按住 Ctrl+左键,选中多个视频片段,通过选择"剪辑"|"合并"菜单命令,可将多段视频进行合并。

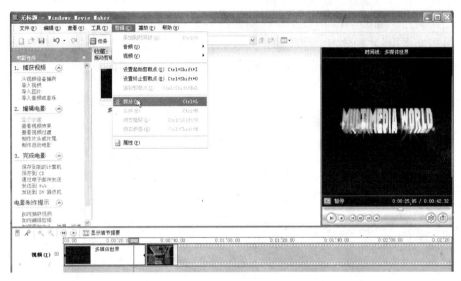

图 6-58　拆分视频

本 章 小 结

第 6.1 节介绍了视频的基本概念以及视频与动画的区别和联系,视频的分类和特点、电视制式等,视频分为模拟视频和数字视频,多媒体技术处理的对象是数字视频,因此需要将模拟视频经过采样、量化和编码转化为数字视频才可以在计算机中方便地处理。

第 6.2 节介绍了视频的数字化过程以及视频的压缩编码标准,这些标准主要有 MPEG 系列和 H.26X 系列,其中 MPEG 系列又分为 MPEG-1、MPEG-2、MPEG-4 等,分别适用于不同场合。此外,本章对数字视频的不同格式及其主要特点进行了具体介绍,方便读者进行比较和选择。

第 6.3 节重点介绍了常用的视频播放、转换和编辑软件,如格式工厂、超级转霸、Windows Movie Maker 以及视频魔方等工具的使用方法,这几款软件的特点是功能丰富,操作简便,既适合初级学习者制作多媒体作品之用,又有助于各层次学习者了解更多的多媒体格式转换和编辑处理工具。

思 考 题

1. 与模拟视频相比,数字视频有哪些优点?
2. 国际上常用的 3 种电视制式是什么? 各有什么特点?
3. 人们生活中看到的 DVD 光盘,是采用哪种视频压缩标准制作的?
4. 常见的数字视频格式有哪些? 你还知道哪些视频格式?
5. 格式工厂可用来对哪些多媒体格式进行转换?
6. 如何利用 Windows Movie Maker 制作字幕?
7. 电影魔方中的"特效"和"滤镜"有什么区别? 各自应用在何种场合?
8. 电影魔方可以对时间轴上的音频进行截取和拼接吗? 该如何操作?

第 7 章 图像处理软件 Photoshop

学习目标

- 熟悉 Photoshop 基本知识和基础操作。
- 掌握"图像"|"调整"中的"色阶"、"替换颜色"、"色相/饱和度"和"变化"菜单命令。
- 掌握 Photoshop 各种工具的功能与用法。
- 掌握图层基础知识,理解 Photoshop 图层之间的遮盖关系。
- 掌握图层样式的运用方法。
- 了解图层模式的原理与作用,有根据实际需要调整图层模式的能力。
- 理解 Photoshop 图层蒙版,掌握蒙版的基本操作方法,能够根据需要编辑图层蒙版。
- 了解 Photoshop 通道功能,掌握 Photoshop 通道调整方法,能够运用通道选择复杂物体。
- 了解 Photoshop 路径运用。
- 理解 Photoshop 滤镜的作用,掌握常用滤镜的调整及运用方法。
- 学会安装外挂滤镜,了解一些特色外挂滤镜。

7.1 Photoshop 概述

Photoshop 是 Adobe 公司出品的平面制作与图像处理软件,也是现今最流行的平面制作与图像处理软件,它广泛应用于图像处理、平面广告设计、网页制作、多媒体软件制作、装潢设计、装帧设计等领域,是平面软件中的佼佼者。

7.1.1 Photoshop 特点

Photoshop 主要特点如下。

(1) 强大的位图编辑功能。Photoshop 软件针对位图进行编辑,功能强大,能够对图像做各种修改和处理,如变色、校色、旋转、透视、除斑、修补、合成、特殊效果等。在二维图像编辑领域,可以说"只有想不到的,没有 Photoshop 做不到的"。

(2) 易学易用。Photoshop 上手容易,操作便捷,既可供专业设计人员进行各种专业领域的设计,也可供普通人做日常的图像处理。软件界面设计友好,用户可根据个人需要定制和优化它的工作环境。

(3) 兼容性强。Photoshop 可同时兼容多种外围设备,如扫描仪、数字照相机、数字摄像机、各种打印机和图像照排机等。Photoshop 内部兼容常见的绝大多数图形图像格式,同时兼容第三方开发的各种插件,如滤镜、样式、形状等。

7.1.2 Photoshop 应用领域

(1) 图像处理。Photoshop 被称为"数字暗房",具有强大的图像处理功能,广泛应用于照片处理、资料修整、艺术图像创作、创意图像创作和科学研究等各个领域。如图 7-1 所示，运用 Photoshop 处理的图像可以达到很夸张的效果。

图 7-1　51job 网站广告，Photoshop 处理图像无所不能

（2）平面设计。Photoshop 不仅能够处理图像，还能够绘制图形以及进行各种图形、图像的组合，所以该软件在平面设计领域运用极广，如海报设计、包装设计、装帧设计、展板宣传栏设计以及各种软件、网页的界面设计等，另外，Photoshop 还可用于辅助服装设计、动画设计、三维设计等，总之，只要是诉诸视觉的平面领域，无论是印刷、打印输出的还是屏幕显示的都可以求助于 Photoshop。图 7-2 所示为 Photoshop 制作的多媒体课件界面。

图 7-2　多媒体课件界面

（3）网页制作。网页设计制作在通常概念的平面设计的基础上，还需要切图以及根据需要对图像的各部分分别进行存储，以适应网络传输的特点。Photoshop 提供了相关功能，支持从设计到切图到存储到生成网页的全过程。如图 7-3 所示，运用 Photoshop 设计网页能够达到理想的视觉效果。

（4）图形创作。Photoshop 提供的图形绘制功能可以用来绘制动漫、插画等，但其绘制功能并非重点推出的项目，往往与图像处理功能相结合共同运用。图 7-4 所示为运用 Photoshop 绘制的图像。

7.1.3　Photoshop 工作界面

Photoshop CS3 的操作界面如图 7-5 所示，它由菜单栏、工具栏、工具选项栏、浮动面板以及图像工作区等几部分组成。

图 7-3　网站界面设计

图 7-4　PS 绘制的咖啡杯

图 7-5　Photoshop CS3 界面示意图

1. 菜单栏

Photoshop 的菜单栏位于窗口的上部,它包含了 Photoshop 中几乎所有的命令,可以直接通过相应的菜单选择要执行的相关命令。

2. 工具属性栏

工具属性栏位菜单栏下方,提供当前所选择的工具或命令的有关信息以及可进行的编辑和操作等。属性栏随着选择的工具和命令不同而变化。图 7-6 所示为"矩形选框"工具的属性栏。要想改变工具的参数,直接在属性栏中更改就可以了。

图 7-6　"油漆桶"工具属性栏

3. 浮动面板

浮动面板默认位置位于编辑窗口的右边,主要是提供图像操作和修改功能,并提供相关的预览图,如图 7-7 所示。所有的浮动面板都包含在"窗口"菜单中。在操作界面中找不到某项浮动面板时,可从"窗口"菜单中打开。如果要显示某个面板,只需单击该面板的菜单即可。也可以将面板从一个组里拖放到另一个组中,还可以将面板拖出来单独使用。

4. 工作区

在 Photoshop 中,打开或新建的图像都是作为一个单独的窗口出现在工作区中的。图像窗口是 Photoshop 的常规工作区,用于显示图像文件以及进行图像浏览和图像编辑。每个窗口都带有自己的标题,包括文件名、缩放比例和色彩模式等,通过工作区下框的 ▶ 按钮可以对工作区下框的显示项进行选择。

5. 工具箱

工具箱是 Photoshop 的重要组成部分,它包含了 Photoshop 中的图像处理工具。绝大部分工具图标的右下角都带有一个黑色小三角形标记,这表示该工具中还有隐含工具,是一个工具组,如图 7-8 所示。要选择其下面的工具,在该工具上按着鼠标左键不放等一下或单击鼠标右键就可弹出其他工具列表,然后移动鼠标选择就可以了。Photoshop CS3 及以上版本工具栏与以往版本不同,为单行显示,这样能够留出更大的工作区,如果操作者习惯与传统的工具栏,可单击工具栏上方双向三角箭头,工具栏即可转换为传统型。

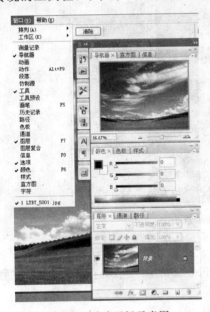

图 7-7　浮动面板示意图

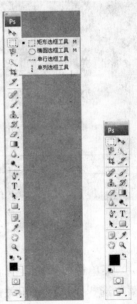

图 7-8　Photoshop CS3 及以上工具栏单行与双行显示图

7.2　Photoshop 基础操作

7.2.1　Photoshop 基本操作

1. 新建与保存

(1)新建。新建文件是 Photoshop 最基础的操作,Photoshop 中新建一个文件的方法

与 Office 系列软件相同。选择"文件"|"新建"菜单命令,或者按 Ctrl+N 键,弹出"新建"对话框,如图 7-9 所示。设置好后,单击"确定"按钮,即可建立一个新文件。

图 7-9 "新建"对话框

① "名称":输入要新建文件的名称。

② "宽度"和"高度":输入需要设置的宽度和高度数值,此处需注意单位。

③ "分辨率":输入需要设置的分辨率,此处需注意单位。

④ "颜色模式":在下拉列表中可以设定图像的颜色模式,有位图、灰度、RGB、CMYK和 Lab 模式,通常默认项是 RGB 颜色模式。

⑤ "背景内容":用于设定图像的背景颜色,有 3 种选择方式:白色、背景色和透明。

⑥ "高级":可选择"颜色配置文件"和"像素长宽比"方式,一般按照默认设置即可。

(2)保存。处理和编辑后的文件需要进行保存,选择"文件"|"保存"菜单命令,或者按Ctrl+S 键,如果文件是第一次存储的话,会弹出如图 7-10 所示的"存储为"对话框。在对话框中的"保存在"列表中选择文件所要保存的路径,在"文件名"栏内输入存储文件的名称,并在"格式"下拉列表中选择文件格式,单击"保存"按钮即可。

如果既要保留修改过的文件,又不想放弃原文件,可以选择"存储为"命令。选择"文件"|"存储为"菜单命令。在对话框中,可以为更改过的文件重新命名、选择路径、设定格式,然后进行存储。

① "作为副本"。选中该复选框,保存时对原文件备份,即以复制的方式将编辑的文件存储成该文件的副本。

② "Alpha 通道"。当文件中存在 Alpha 通道时,可以选择是否保存 Alpha 通道。

③ "图层"。当文件中包含多个图层时,选中该复选框可以将图层与文件一起保存,不选中该复选框则将所有图层合并为一个图层进行保存。

④ "批注"。当文件中存在批注时,可以通过此项将其保存或忽略。

⑤ "专色"。当文件中存在专色通道时,可以通过此项将其保存或忽略。

⑥ "使用校样设置"。检测 CMYK 图像溢色功能。

⑦ "ICC 配置文件"。设置图像在不同显示器中所显示颜色一致。

⑧ "缩览图"。适用于 PSD、JPG、TIF 等文件格式,选中该复选框可以保存图像的缩览图,即使用此选项保存的文件,能够在"打开"对话框的下端进行预览。

⑨ "使用小写扩展名"。选中该复选框,文件的扩展名为小写,不选中该复选框则文件

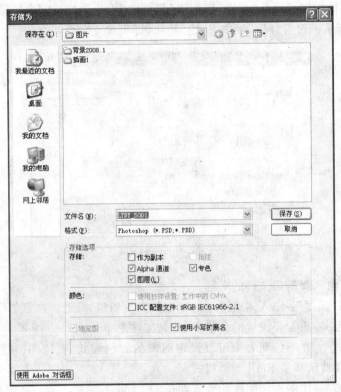

图 7-10 "存储为"对话框

的扩展名为大写。默认情况下，系统自动选中"使用小写扩展名"复选框。

2. 改变图像尺寸

第一种改变图像尺寸的方法将通过差值运算改变整个图像的尺寸。打开一幅图像，选择"图像"|"图像大小"菜单命令，或在图像标题栏上右击，在弹出菜单中选择"图像大小"菜单命令，打开如图 7-11 所示的对话框。

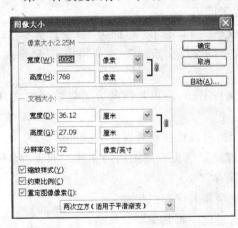

图 7-11 "图像大小"对话框

（1）"像素大小"：显示图像的"宽度"和"高度"，通过设置其中的数值，改变图像的绝对大小。

（2）"文档大小"：显示图像的"宽度"、"高度"和"分辨率"，通过设置其中的数值，改变图像的相对大小。

（3）"约束比例"：选中该复选框，则在"宽度"和"高度"的选项后会出现锁链标记。此时改变其中的某一项设置，另外一项也会改变，以保证图像的比例不变。

（4）"重定图像像素"：选中该复选框，若改变图像的分辨率，则图像的像素数值会发生变化，而图像的"宽度"和"高度"不会发生变化。若不选中该复选框，"宽度"、"高度"和"分辨率"的选项后将会出现锁链标记,此时改变其中的任何一项,其他各项也会发生相应的变化,但是不会影响图像自身的像素变化。

(5)"自动":用鼠标单击"自动"按钮,弹出"自动分辨率"对话框,系统将会自动调整图像的分辨率和品质效果。

第二种改变图像文件大小的方法是运用将原图像周围拓宽或裁切原图像方式改变图像文件的尺寸。开一幅图像,选择"图像"|"画布大小"菜单命令,或在图像标题栏上右击,从弹出的快捷菜单中选择"画布大小"菜单命令,出现如图 7-12 所示对话框。

图 7-12 "画布大小"对话框

(1)"新建大小":通过设置"宽度"和"高度"的数值,改变图像的大小。

(2)"相对":选中该复选框,"宽度"和"高度"的数值复位为"0",输入的数值为在原图像基础上增加或减少的尺寸。

(3)"定位":可自由决定在新画布中原图像的相对位置,默认为居中。

(4)"画布扩展颜色":决定较原图像多出的部分将以何种方式填充,默认为背景色。

3. 裁剪

在进行图像处理时,往往需要裁剪掉多余的部分。裁剪图像一般通过两种方法,一种是通过选框工具选中所要保留的部分,选择"图像"|"裁剪"菜单命令;另一种是通过工具栏中的裁剪工具 ☐ 直接进行裁剪。

以"裁剪"工具方式选中部分图像后,选框之外的部分将以透明灰度的方式被覆盖,选框周围将出现 8 个可调节的句柄,用来调整选框的大小,选框调整合适后,双击确定,如图 7-13 所示。

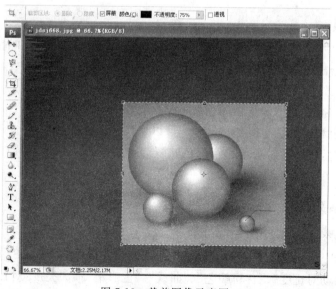

图 7-13 裁剪图像示意图

4. 标尺、网格和参考线

编辑图像时,使用标尺、网格、参考线可以更加精确地处理图像。

(1) 标尺。在使用标尺之前,可以先设置标尺。选择"编辑"|"首选项"|"单位与标尺"菜单命令,在弹出的"首选项"对话框的"单位"选项内,单击"标尺"或"文字"右侧的下拉菜单可以分别设置标尺和文字的单位。

选择"视图"|"标尺"菜单命令,在图像的窗口上会显示标尺。再次选择"视图"|"标尺"菜单命令即可隐藏标尺。

若想重新定位标尺的坐标,将鼠标光标放在标尺的 X 轴和 Y 轴的点位置,按住鼠标左键并不放将其拖曳到适当的位置,放开鼠标左键,X 轴和 Y 轴的 0 点坐标会定位在松开鼠标的位置。在标尺左上角位置双击即可恢复标尺 0 点的默认设置。

(2) 网格。使用网格线可以精确地定位光标位置,方便图像的对齐及定位。选择"视图"菜单的"显示"|"网格"命令,可以将网格显示或隐藏,如图所示。参考线可以到"编辑"菜单下的"首选项"|"参考线、网格、切片和计数"中进行设置。

(3) 参考线。在图像中显示参考线,可以很方便地对图像进行对齐及定位。

将鼠标光标放在水平标尺上,按住鼠标左键不放,向下拖曳出一条水平的参考线;若将鼠标光标定位在垂直标尺上,按住鼠标左键不放,向右拖曳即可出现一条垂直的参考线。执行"视图"菜单命令"新参考线"弹出新参考线对话框,可以对参考线的位置进行具体设置。选择"视图"菜单的"显示"|"参考线"命令,可以显示或隐藏参考线。网格的间距可以到"编辑"菜单下的"预设"|"参考线、网格、切片和计数"中进行设置。

5. 移动工具和抓手工具

移动工具 可以用来对图层或选区进行位置移动,也可以对图层进行选择、变换和排列,将一个图像文件拖曳到另一个图像文件中也是靠"移动工具"进行。

使用"抓手工具" ,可以在图像窗口中移动整个画布,移动时不影响图层间的相对位置。按住键盘空格键不放,系统将自动切换到"抓手工具",放开自动还原成用户正在使用的工具。

6. 色彩选择

利用工具栏中的"前景色和背景色"选择图标 可以设定前景色和背景色。单击前景色或背景色时,会出现"拾色器"对话框,可在其中选定所需颜色,如图 7-14 所示。拾色器对话框的具体使用方法是:可在色彩框中直接用鼠标点取来选定颜色,也可以输入相应的 R、G、B 数值,还可以直接在图像或在颜色面板上点取。

单击"前景色和背景色互换"按钮 时,可以切换前景色和背景色;单击"默认前景色和背景色"按钮 时,可以将前景色和背景色恢复为初始的默认颜色,即前景色为黑色,背景色为白色。

7.2.2 调整系列命令

调整系列命令是 Photoshop 中的一项重要内容。它包括对图像的色彩、色调等进行调整的多种常用命令。Photoshop 中的"调整"命令位于"图像"菜单下,CS3 版本包括"色阶"、"自动色阶"、"自动对比度"、"自动颜色"、"曲线"、"色彩平衡"、"亮度/对比度"、"黑白"、"色相/饱和度"、"去色"、"颜色匹配"、"替换颜色"、"可选颜色"、"通道混合器"、"渐变映射"、"照

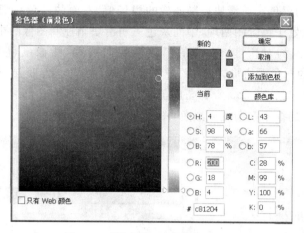

图 7-14 "拾色器（前景色）"对话框

片滤镜"、"阴影/高光"、"曝光度"、"反向"、"色调均化"、"阈值"、"色调分离"和"变化"命令。

其中,"色阶"、"自动色阶"、"自动对比度"、"曲线"、"亮度/对比度"、"黑白"、"阴影/高光"、"曝光度"、"阈值"等命令主要对图像的明暗对比度进行调整,它们可改变图像中像素明暗值的分布并能在一定精度范围内调整色调;"色彩平衡"、"色相/饱和度"、"替换颜色"、"可选颜色"、"通道混合器"、"渐变映射"、"反相"、"色调分离"、"变化"等命令可对图像中特定颜色进行修改。对于这些命令的具体效果,请大家进入软件针对一幅图像分别进行实验,这里主要介绍几个常用命令。

1. 色阶命令

（1）"色阶"概述。学会"色阶"命令的关键是读懂直方图。直方图是根据当前图像中每个亮度值(0~255)处的像素点的多少进行显示的,也就是根据直方图能够读出当前图像所有像素点的灰度分布。如图 7-15 所示,可以看出此图黑色三角划块到灰色三角划块之间像素分布不多,而灰色三角划块到白色三角划块之间有大量像素分布,这就表示此图整体亮度较高。

图 7-15 图像与直方图示意

色阶图中右面的黑色三角滑块控制图像的黑场值,左面的白色三角滑块控制图像的白场值,两个滑块各自处于色阶图两端,中间灰色三角滑块则控制图像的中度灰值。可以利用这三个滑块调整图像的对比度:左边的黑色滑块向右移,图像颜色变深,对比变强,如图 7-16 所示;右边的白色滑块向左移,图像颜色变浅,对比也会变强,如图 7-17 所示。例如,如果一幅图像中包括 0~255 所有亮度值度的像素,将黑色三角滑块向右移到 60,则所有亮度值在 60 以下的像素都会变成黑色,图像也会相应变暗。

图 7-16　图像与直方图调整示意 1

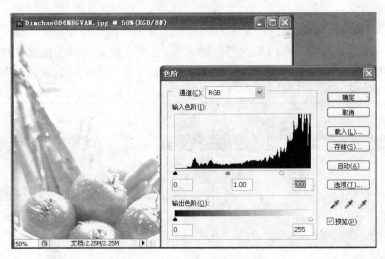

图 7-17　图像与直方图调整示意 2

中间的灰色三角滑块控制着中间调的对比度,改变数值可改变图像中间调的亮度值,但不会对暗部和亮部有太大的影响。将灰色三角滑块向右稍动,可以使中间调变暗,向右稍动可使中间调变亮,如图 7-18 所示。

(2)色阶实例。

【例 7-1】　灰暗照片的调整。

要求:学会分析色阶分布图,掌握“色阶”调整规律。

图 7-18 图像与直方图调整示意 3

步骤 1：打开一幅图片，如图 7-19 所示，此图片色彩灰暗，一般扫描输入或数字照相机输入的图片都会有此种问题。

图 7-19 原始图像

步骤 2：选择"图像"|"调整"|"色阶"菜单命令，弹出对话框，如图 7-20 所示。发现直方图中左部的黑场和右部的白场均缺失，此种情况造成对比度问题，出现图片灰暗的状况。

步骤 3：调整方法是将黑色划块向右、白色划块向左调整，自定义黑白场，将图中现有深灰色像素定义为黑，浅灰色像素定义为白，如图 7-21 所示。

2. "替换颜色"命令

(1)"替换颜色"概述。"替换颜色"命令的作用是替换图像中的某一种的颜色。选择"图像"|"调整"|"替换颜色"菜单命令，弹出"替换颜色"对话框，鼠标自动变为吸管形状，此时在图中单击想要替换的颜色，就能得到色彩选区。在预览框中，选区为白色显示，非选区为黑色显示，灰色区域为不同深度的选区，即越接近白色，进行色彩替换后，色彩改变越明显。"选择"选项的具体用法是：使用对话框中的吸管工具在图像中选取需要替换的颜色，适当调整"颜色容差"值（数值越大，可被替换颜色的兼容度越大），然后. 用"＋"号吸管工具连续取色表示增加选取区域，"－"号吸管工具连续取色表示减少选取区域。

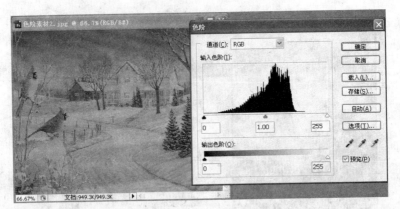

图 7-20　调出"色阶"面板

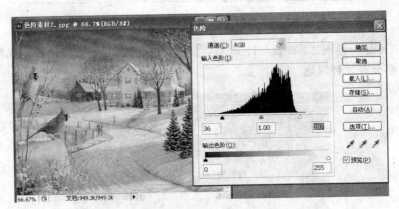

图 7-21　"色阶"调整示意

设定好需要替换的颜色区域后,在"置换"栏中移动三角形滑块对色相、饱和度和明度进行替换。

(2)"替换颜色"实例。

【例 7-2】 红绿苹果。

要求:学会使用"图像"|"调整"|"替换颜色"菜单命令。动手多练,掌握性能。

技巧:用吸管在欲替换颜色的位置单击一下,然后改变颜色,此时可以直观看到那些需要改变颜色的部分尚未改变,再利用加号吸管单击这些位置。

步骤 1:打开一幅图片,如图 7-22 所示,图片中色彩比较单纯,变化十分容易。

步骤 2:打开"替换颜色"对话框,在苹果的任意部位单击一下,对话框中出现如图 7-23 所示效果。

步骤 3:为了将主体苹果全部显示为白色,单击"添加到取样"吸管,在苹果内部的区域单击数次,使得苹果整体显示为白色。注意图 7-24 对话框部分图像中的黑白状态。

步骤 4:将"色相"划块调整为"128%",色彩呈现绿

图 7-22　原始图像

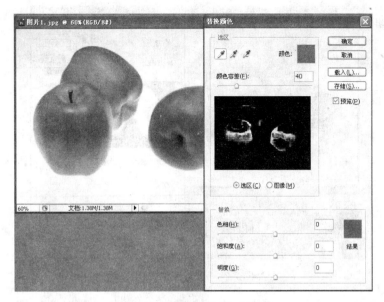

图 7-23 "替换颜色"命令示意

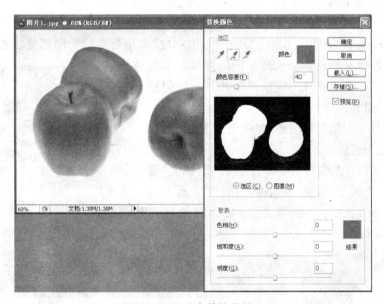

图 7-24 选中替换范围

色,"饱和度"降低为"-40",如图 7-25 所示。

3."色相/饱和度"命令

(1)"色相/饱和度"概述。"色相/饱和度"命令可以调整图像中的色相、饱和度和明度。在"编辑"选项栏菜单中选择调整的颜色范围,选择"全图"选项可一次调整所有颜色,其他范围则针对单个颜色进行调整。确定好调整范围之后,就可以利三角形滑块调整对话框中的色相、饱和度和明度数值,这时图像中的色彩就会随滑块的移动而变化。对话框的底端显示有两个颜色条,上面的颜色条显示调整前的颜色状态,下面的颜色条显示调整后的颜色状态。如果选中"着色"复选框,则图像色彩信息会全部丢失成为灰度图,在此基础上再为图像

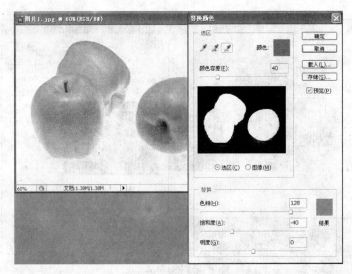

图 7-25　进行颜色替换

整体添加某一颜色。

（2）"色相/饱和度"实例。

【例 7-3】 整体色彩调整。

要求：学会使用"图像"|"调整"|"色相/饱和度"菜单命令的全图调整功能。在调整过程中多尝试，各种不同设置会出现不同的效果。本实验较为简单，但要学会针对不同情况图片和不同创意要求进行色彩调整。

步骤 1：打开一幅素材图像，如图 7-26 所示，要将图像的花朵变为蓝色。

步骤 2：选择"图像"|"调整"|"色相/饱和度"菜单命令，弹出"色相/饱和度"对话框，如图 7-27 所示。

步骤 3：将"色相"、"饱和度"划块分别放置到图 7-28 所示位置。

图 7-26　原始图像

图 7-27　"色相/饱和度"对话框

图 7-28　"色相/饱和度"对话框设置示意

【例 7-4】　部分色彩调整。

要求：学会使用"图像"|"调整"|"色相/饱和度"菜单命令的分色调整功能。在调整过程中多尝试，各种不同设置会出现不同的效果。

步骤 1：打开一幅素材图像，如图 7-29 所示，要将图像中除了红色与绿色的其他色彩信息去掉。

图 7-29　原始图像

步骤 2：选择"图像"|"调整"|"色相/饱和度"菜单命令，打开"色相/饱和度"对话框，并打开"编辑"对话框，看到各种色彩可分别选中调整。如图 7-30 所示。

步骤 3：分别选中除"红色"、"绿色"的所有色彩，将它们的"饱和度"划块置于"−100"，如图 7-31 所示。

4."变化"命令

"变化"命令能够概括地调整图像或选区的色彩平衡和对比度。对"暗部"、"中间调"和"高光"或者"饱和度"分别进行调整，移动"精细"和"粗糙"之间的三角滑块以确定每次调整的数量（滑块移动一格，调整的数量则双倍增加）。调整方法是：如果要在图像中增加颜色，只需单击相应的颜色缩览图就可以了。如果要从图像中减去颜色，可单击色轮上的相对颜色。

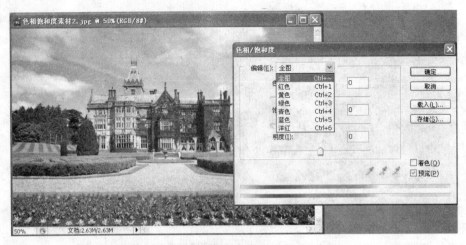

图 7-30 "色相/饱和度"对话框"编辑"下拉列表

图 7-31 "色相/饱和度"对话框"编辑"调整示意

对话框顶部的两个缩览图分别为原图像(或原选区)和调整效果的预视图(或预视选区)。右面的缩览图是用来调整图像亮度的(单击其中一个缩览图,所有的缩览图都会随之改变)。中间的缩览图是反映当前的调整状况的。如果要在图像中增加颜色,只需单击相应的颜色缩览图就可以了。如果要从图像中减去颜色,可单击色轮上的相对颜色。

"变化"命令不能作用于索引颜色模式图像。

【例 7-5】 黑白照片上色。

要求:学会使用"图像"|"调整"|"变化"菜单命令,学会选区的建立、增删、存储与载入。在调整过程中多尝试,各种不同色彩设置会出现不同的效果,不要求与本例的最终效果完全一致。

步骤 1:打开一幅黑白照片,要求用"变化"命令将人物眼球变化呈蓝色,嘴唇变化为洋红色,其余部分变化为淡棕色。首先按 Ctrl+Alt+加号(+)键,将图像显示状态放大,单击"工具"面板中椭圆选取工具,在人物眼珠部位拉出一个椭圆选区,如图 7-32 所示。

步骤 2:按住 Shift 键,在鼠标十字右下方出现加号(+),此时再用椭圆选取工具选取(或

图 7-32　左边眼睛拉出选区

按下"工具属性栏"中的"添加到选取"按钮),可将新选区添加到原有选区中。慢慢添加,直到将眼珠整体选中。如果过程中出现误操作,多选的部分可按住 Alt 键减去(或按下"工具属性栏"中的"从选取减去"按钮),如图 7-33 所示。用添加选区的方法同时选中另一只眼珠。

图 7-33　调整选区直到整个眼珠选中

步骤 3:选择"选择"|"存储选区"菜单命令,弹出对话框,在"名称"框中输入"y"如图 7-34 所示,将眼珠选区保存。

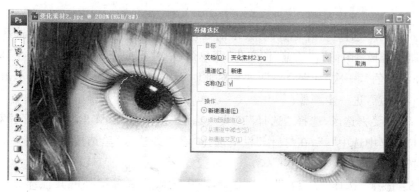

图 7-34　存储选区

步骤4：选择"图像"|"调整"|"变化"菜单命令，弹出如图7-35所示对话框，单击两次"加深蓝色"，一次"加深青色"，如果对此时直观显示的眼球颜色满意，单击"确定"按钮返回，如不满意，进一步调整。

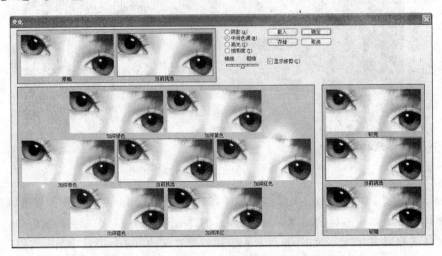

图7-35 "变化"命令调整示意

步骤5：选择"选择"|"取消选择"菜单命令去选区，选中工具栏中"多边形套索工具"，勾勒出上嘴唇轮廓，如图7-36所示。

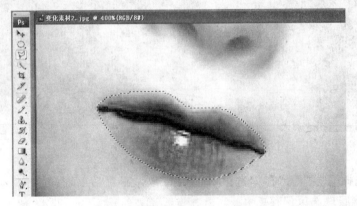

图7-36 嘴唇选中示意图

步骤6：选择"选择"|"存储选区"菜单命令，弹出"存储选区"对话框，将选区名称命名为"z"，存储。选择"图像"|"调整"|"变化"菜单命令，弹出如图7-37所示"变化"对话框，单击一次"加深红色"，一次"加深洋红"，如果对此时直观显示的嘴唇颜色满意，单击"确定"按钮返回，如不满意，进一步调整。

步骤7：不要去选区，选择"选择"|"载入选区"菜单命令，弹出"载入选区"对话框，在"通道"下拉选框中选中"y"，在"操作"栏中选择"添加到选区"单选按钮，如图7-38所示，单击"确定"按钮返回。

步骤8：选择"选择"|"反向"菜单命令，选中除眼珠和嘴唇外的其他部分。选择"图像"|"调整"|"变化"菜单命令，弹出"变化"对话框，在fine—coarse滑动条处将调整幅度值

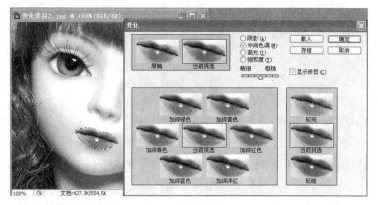

图 7-37 "变化"命令调整嘴唇

减小一格,单击一次"加深红色",一次"加深黄色",两次"较亮",如果对此时直观显示图满意,单击"确定"按钮,如不满意,进一步调整。完成效果如图 7-39 所示。

图 7-38 "载入选区"示意

图 7-39 最终效果图

7.2.3 基础工具

Photoshop 工具栏中的工具可以创建选区、绘画、取样、编辑、添加文字和创建各种图形等,按其功能的不同,Photoshop 中的工具可分为选取工具、绘图工具;矢量工具、文字工具以及其他工具。

1. 选取工具

选取工具包括"选框工具组"、"套索工具组"和"魔棒工具组"。选择区域就是用来编辑的范围,一切命令只对选取区域有效,对区域外无效。选择区域以沿顺时针方向转动的黑白线条表示。

(1) 选框工具组。选框工具组中共有 4 种工具,即"矩形选框工具"、"椭圆选框工具"、"单行选框工具"、"单列选框工具",如图 7-40 所示。

"矩形选框工具"的使用方法是:用鼠标在图层上拉出矩形选框来选择。选择了"矩形选框工具"后,在屏幕的上方便会显示工具属性

图 7-40 选框工具组

栏,如图 7-41 所示。可设置修改选择方式、羽化、消除锯齿和样式,并可以调出"调整边缘"对话框,该对话框为 Photoshop CS3 版新增功能。

图 7-41　"矩形选框工具"属性栏

修改选择方式共分 4 种,分别是新选区、添加到选区、从选区减去和与选区交叉。

① 新选区 ▣。去掉旧的选择区域而重新选择新的区域。

② 添加到选区 ▣。在旧的选择区域的基础上增加新的选择区域,形成最终的选择区域。

③ 从选区减去 ▣。在旧的选择区域中减去新的选择区域与旧的选择区域相交的部分,形成最终的选择区域。

④ 与选区交叉 ▣。新的选择区域与旧的选择区域相交的部分为最终的选择区域。

羽化可以消除选择区域的正常硬边界,对其进行柔化处理,也就是使区域边界产生一个过渡段,其取值范围在 0～255 之间。羽化示意如图所示,图 7-42 为羽化前效果,图 7-43 为羽化 20 像素效果。

"椭圆选框工具"、"单行选框工具"和"单列选框工具"用法和"矩形选框工具"大致相同。

(2) 套索工具组。套索工具组包含 3 种工具,即"套索工具"、"多边形套索工具"和"磁性套索工具",如图 7-44 所示。

图 7-42　羽化前效果　　　图 7-43　添加羽化功能后效果　　　图 7-44　套索工具组

"套索工具"的使用方法是按住鼠标左键并拖动即可选取所需要的范围。"多边形套索工具"的使用方法是将鼠标指针移到要选择图像的第 1 点处并单击,然后再单击下一落点来确定每一条直线,当回到起点时,光标下会出现一个小圆圈,表示选择区域已封闭,再单击鼠标即完成此操作。"磁性套索工具"是一种可识别边缘的套索工具,选中"磁性套索工具"后,将鼠标指针移到图像上单击选取起点,然后沿物体边缘移动鼠标指针,可以辅助单击鼠标左键。3 种工具的工具属性栏参照"矩形选框工具"。

图 7-45　魔棒工具组

(3) 魔棒工具组。魔棒工具组包括"魔棒工具"和"快速选择工具"两个工具,如图 7-45 所示。"魔棒工具"是以图像中相近的色素来建立选取范围的,此工具可以用来选择颜色相同或相近的整片区域。"魔棒工具"的工具属性栏中容差数值越小,选取的颜色范围越小;容差数值越大,选取的颜色范围越大。"容差"文本框中可输入 0～255 的数值。Photoshop CS3 版增加了"快速选择工具",该工具支持拖动,选择不同颜色区域只需要拖动快速选择工具,更加智能化。

2. 绘图工具

Photoshop 中的绘图工具包括画笔工具系列、修补工具系列、图章工具系列、橡皮擦工具系列、渐变工具、油漆桶工具、模糊工具、锐化工具、涂抹工具、加深减淡和海绵工具等。

1）画笔工具组

这组工具包括"画笔工具"、"铅笔工具"和"颜色替换工具"，如图 7-46 所示，也可以将"历史记录画笔工具"和"历史记录艺术画笔工具"包含在内。本节仅介绍常用的"画笔工具"和"铅笔工具"。

图 7-46　画笔工具组

（1）"画笔工具"。"画笔工具"的工作原理和实际中的画笔相似，"铅笔工具"画出的线条比画笔边缘更加清晰，各种调整方式两种画笔相似。画笔工具的属性栏及其相关命令如图 7-47 所示。

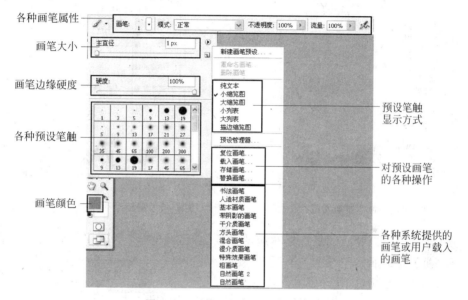

图 7-47　画笔工具各项功能示意图

①"画笔"：此项用来确定画笔的形状，单击笔刷右侧的三角形时会出现笔刷面板，可用来选择所需的形状和大小。单击画笔面板的 ⊙ 按钮可调出画笔相关菜单。

②"模式"：此项用来选择画笔笔画与本层相关像素的混合模式。

③"不透明度"：设定笔刷的透明度。

④"流量"：设定画笔的流量，不仅决定笔触的透明度，还决定笔触的连续度。

Photoshop 支持将经常用到的图形定义成画笔，也支持调入外挂各种画笔。定义画笔的方法是：用"矩形选框工具"在画面中选择要定义为画笔的图案，然后选择"编辑"|"定义画笔"菜单命令，在定义画笔面板中为新画笔命名，然后单击"确定"按钮，即可定义画笔。调入外挂各种画笔的方法是在"画笔"面板菜单的"载入画笔"命令中。

（2）画笔工具高级编辑。Photoshop 中还有一个专门编辑画笔功能。单击浮动面板区域的 🖌 图标，调出"画笔"面板，"画笔"面板左侧是编辑画笔的"画笔预设"栏，可以调整画笔设置的"形状动态"、"散布"、"纹理"、"重叠"和其他属性并能存储这些设置。下面以枫叶画笔为例，对这些功能做进一步的介绍。

【例 7-6】 枫叶画笔调整。

要求：掌握画笔浮动面板的各种调整功能，要求多次尝试，感受各种不同设置的不同效果。

步骤 1：选择"窗口"|"画笔"菜单命令，打开"画笔"浮动面板，选中枫叶作为示例画笔，并将面板左侧的复选框全部勾掉，如图 7-48 所示。

步骤 2：打开"散布"复选框对应的面板，将"数量"调整为"1"，如图 7-49 所示。

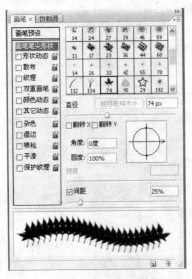

图 7-48　画笔浮动面板

图 7-49　画笔浮动面板的"散布"选项卡

步骤 3：打开"形状动态"复选框对应的面板，自己调整、体会各项设置。打开"其他动态"复选框对应的面板，设置"不透明度抖动"为"50％"。再对"动态颜色"进行如图 7-50 设置。

最终画笔出现的效果，如图 7-51 所示。

2）图章工具组

图章工具组包括"仿制图章工具"和"图案图章工具"，如图 7-52 所示，它们的基本功能都是复制图像，但复制的方式不同。

（1）仿制图章工具。"仿制图章工具"是一种复制图像的工具，其使用步骤如下。

① 选中仿制图章工具。

② 把鼠标指针移到想要复制的图像上，按住 Alt 键，这时图标将发生变化，单击鼠标左键定义仿制起点，然后松开 Alt 键。

③ 在图像的任意位置，按住鼠标左键开始复制，十字指针表示复制时的取样点，如图 7-53 所示。

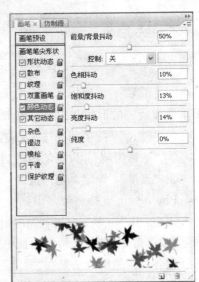

图 7-50　"画笔"浮动面板的
"颜色动态"选项

Photoshop CS3 及以上版本中增加了图章工具的"仿制源"面板，对仿制功能进行了拓展，同时支持 5 个仿制源。

图 7-51　最终效果

图 7-52　图章工具组

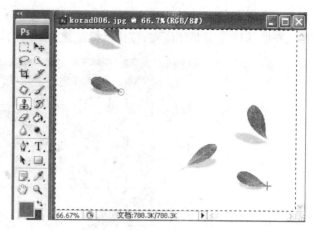

图 7-53　"仿制图章"示意

（2）图案图章工具。"图案图章工具"的功能是将预先定义好的一种图案进行复制。

3）修补工具组

修补工具组包括"污点修复画笔工具"、"修复画笔工具"、"修补工具"和"红眼工具"，如图 7-54 所示，这些工具可以修复图像中的缺陷，并使修复的结果自然融入周围的图像，其使用方法与"仿制图章工具"类似。

下面以"修复画笔工具"为例简要说明其功能。

图 7-54　修补工具组

【例 7-7】　修复画笔工具复制图像。

要求：学会使用"修复画笔工具"命令，注意尝试工具属性栏的不同设置。同时举一反三，尝试使用并理解该工具组的相关工具。

步骤 1：打开素材图片，要求在图像的左半部分复制一个挂坠。选择"修复画笔工具"，将笔尖大小调整为 35 像素左右，如图 7-55 所示。

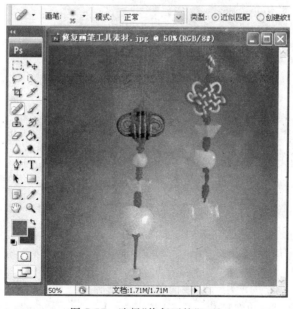

图 7-55　选择"修复画笔"工具

步骤2：把鼠标指针移到右边的挂坠上，按住 Alt 键，同时单击鼠标左键定义"复制起点"。在图像的左半部分位置，按住鼠标左键开始复制，图7-56是复制过程中的状态。

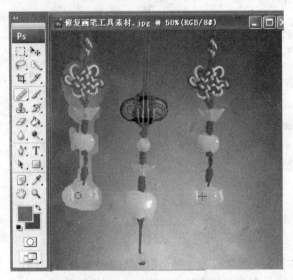

图 7-56 "修复画笔"工具工作过程

步骤3：图7-57所示为松开鼠标后，Photoshop 自动完成的状态，可以看到，复制的图像完全融合到原图像中。

4）橡皮擦工具组

橡皮擦工具组就是用来擦除像素的一组工具，它包括"橡皮擦工具"、"背景色橡皮擦工具"和"魔术橡皮擦工具"，如图7-58所示。

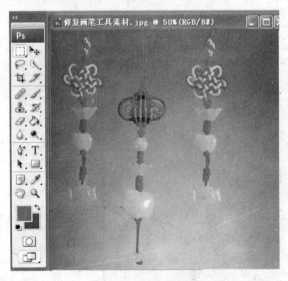

图 7-57 修复完成图

图 7-58 橡皮擦工具组

（1）橡皮擦工具。它的使用方法很简单，像使用画笔一样，只需选中"橡皮擦工具"后按住鼠标左键并在图像上拖动即可。

（2）背景橡皮擦工具。"背景橡皮擦工具"是一种可以擦除指定颜色的擦除器,这个指定颜色叫做标本色,表示为工具栏中的"背景色"。

（3）魔术橡皮擦工具。"魔术橡皮擦工具"的工作原理与"魔棒工具"相似,在选中魔法橡皮擦工具后,只需在想擦除的颜色范围内单击,就会自动擦除掉颜色相近的区域。

图7-59　色彩填充工具组

5）色彩填充工具组

"油漆桶工具"和"渐变工具"都是色彩填充工具,如图7-59所示,但其填充方式有所不同。

（1）油漆桶工具。"油漆桶工具"可以为色彩相近并相连的区域填色或填充图案。

（2）渐变工具。这个工具可以用来创造出多种渐变效果。使用时首先应选择渐变方式和渐变色彩,然后用鼠标在图像上单击以确定起点,拖拉后再单击以选定终点,这样一个渐变就做好了。可以用拖拉线段的长度和方向来控制渐变效果。

渐变工具的任务栏如图7-60所示,包括"渐变色彩样板"、"渐变类型"、"模式"、"不透明度"、"反向"、"仿色"以及"透明区域"等选项。

图7-60　"渐变"工具属性栏

①"渐变色彩样板"。可选择和编辑渐变的色彩,这是"渐变工具"最重要的部分。单击条状色彩,会打开"渐变编辑器"窗口,如图7-61所示。可以选择系统制定好的渐变样式,也可编辑渐变样式,定制渐变的颜色种类和颜色的透明度等。

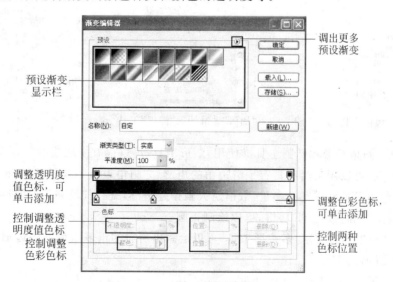

图7-61　"渐变编辑器"窗口

②"渐变类型"。包括直线、放射状、螺旋、反射以及菱形等。

③"模式"。此项用来选择渐变与本层相关像素的混合模式。

④"反向"。互换渐变色的方向。

⑤"仿色"。勾选此项时会使渐变更平滑。

⑥"透明区域"。只有当勾选此项时所选渐变的不透明度设定才会生效。

6）模糊工具组

模糊工具组包括 3 种工具，即"模糊工具"、"锐化工具"和"涂抹工具"，如图 7-62 所示。

（1）模糊工具。"模糊工具"是一种通过笔触使图像的某部分变模糊的工具，它的工作原理是降低像素之间的反差。

（2）锐化工具。与"模糊工具"相反，它是一种使图像色彩锐化的工具，也就是增大像素间的反差。

（3）涂抹工具。"涂抹工具"在使用时产生的效果是笔触周围的像素将随笔触一起移动。

7）减淡、加深和海绵工具

"减淡工具"、"加深工具"和"海绵工具"是一组调整色调的工具，如图 7-63 所示。"减淡工具"和"加深工具"主要用于改变图像的亮调与暗调，经过部分暗化和亮化来改善曝光效果。"海绵工具"是一种用以调整图像色彩饱和度的工具，可以通过不同设置提高或降低某部分图像色彩的饱和度。

3．矢量工具

矢量工具包括形状工具组、文字工具组和路径工具组。本节仅简要说明形状工具组和文字工具组，路径工具组将在"路径"一节介绍。

1）形状工具组

形状工具组包括"矩形工具"、"圆角矩形工具"、"椭圆工具"、"多边形工具"、"直线工具"和"自定义形状工具"等，如图 7-64 所示。

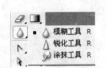

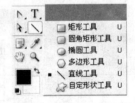

图 7-62　模糊工具组　　图 7-63　"加深"、"减淡"、"海绵"工具　　图 7-64　形状工具组

（1）矩形、圆角矩形和椭圆工具。使用"矩形工具"可以很方便地绘制出矩形或正方形。"圆角矩形工具"可以用来绘制具有平滑边角的矩形。"圆角矩形工具"的属性栏的"半径"一项是控制圆角矩形平滑程度的参量，数值越大圆角越平滑。使用"椭圆工具"可以绘制椭圆，若在拖放鼠标的同时按住 Shift 键，可以绘制正圆。

（2）多边形工具。使用"多边形工具"可以绘制出所需的正多边形。多边形工具的属性栏如图 7-65 所示。

图 7-65　"多边形工具"属性栏

①"形状图层"。所绘制的形状将成为"形状图层"，"形状图层"在"图层"浮动面板和"路径"浮动面板中显示，由形状路径和填充颜色两部分组成。

②"路径"。所绘制的形状将成为"路径"，仅在"路径"浮动面板中显示，为形状路径方式。

③"填充像素"。所绘制的形状将以色块的形式出现在当前图层上，没有"路径"显示方式。

④"边"。可输入将要绘制的多边形的边数。

⑤"样式"。仅在"形状图层"状态下出现此选项，可以为形状图层中的形状选择某种既定样式。

⑥"颜色"。可选择将要绘制的多边形的颜色。

"多边形工具"工具属性栏中的菜单包括一些调节选项，如图 7-66 所示。

①"半径"。设定多边形的半径长度，单位为像素。

②"平滑拐角"。使多边形具有平滑的顶角，多边形的边数越多越接近圆形。

图 7-66 "多边形"工具设置

③"缩进边依据"。使多边形的边向中心缩进，呈星形。

④"平滑缩进"。使多边形的边平滑地向中心缩进。

【例 7-8】 多边形各种设置示例。

将"多边形工具"工具属性栏中的菜单进行以下 4 种设置，具体设置如图 7-67～图 7-70 所示，可出现不同的形状效果。

图 7-67 不同设置与效果示意 1

图 7-68 不同设置与效果示意 2

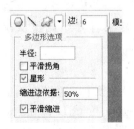

图 7-69 不同设置与效果示意 3

图 7-70 不同设置与效果示意 4

（3）直线工具。使用"直线工具"可以绘制直线或有箭头的线段，其使用方法同前。鼠标拖拉的起始点为线段的起点，拖拉的终点为线段的终点。"直线工具"的任务栏与多边形工具相似，其中可以在"粗细"文本框内设定直线的宽度。

"直线工具"任务栏中的菜单选项包括起点、终点、宽度、长度以及凹度等，其中"起点"和

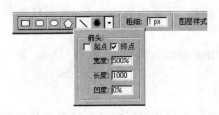

图 7-71 "直线"工具设置选项

"终点"两个复选框可以选择一项,也可以都选,以决定箭头在线段的哪一端,如图 7-71 所示。

① "宽度"。设定箭头宽度和线段宽度的比值,可输入 10％～1000％ 之间的数值。

② "长度"。设定箭头长度和线段宽度的比值,可输入 10％～5000％ 之间的数值。

③ "凹度"。设定箭头中央凹陷的程度,可输入 −50％～50％ 之间的数值。

（4）自定义形状工具。"自定义形状工具"可以用来绘制一些不规则的图形或自己定义的图形。自定义形状工具的属性栏如图 7-72 所示。其中"形状"选项可以用来选择所需绘制的形状,单击其右侧的三角形时,会出现形状面板,这里储存着许多可供选择的形状。互联网上提供大量的外挂形状可以利用。

2）文字工具组

Photoshop 中有"横排文字工具"、"直排文字工具"、"横排文字蒙版工具"和"直排文字蒙版工具",如图 7-73 所示。单击文字工具可在工作区内打字,确定后自动生成文字图层。文字图层不同于其他图层,它可以随时进行编辑。"横排文字蒙版工具"和"直排文字蒙版工具"用来创建文字外形的选区,并可作为一般选区编辑使用。

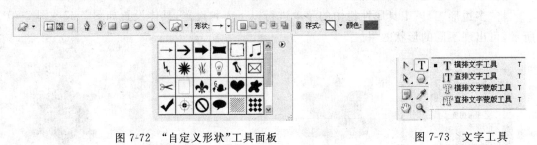

图 7-72 "自定义形状"工具面板 　　　　图 7-73 文字工具

单击工具属性栏上 ▦ 按钮,将弹出"字符"对话框,在这里有"字符"和"段落"两个选项卡。"字符"选项卡可以设置字体、字号、文字在水平方向和垂直方向上的缩放比例、字距、行距、文字颜色以及字体加粗等。"段落"选项卡可以设置文字的对齐方式(左对齐、右对齐或居中)、左缩进、右缩进、首行缩进、从第 1 行开始调整段落间隔、从末行开始调整段落间隔等。

4. 切片工具

"切片工具" ✎ 是为网页设计准备的,设计完成的整幅页面是一张大图,网络传输必然会很慢,客户端可能需要等待很长时间才能完全显示出来,所以需要"切片工具"将其切成小图,分别传输。使用"切片工具"生成的切图只可能为矩形,用户主动切开的图片叫做"用户切片",用户没有切到的部分系统会自动生成"自动切片"。"切片工具"和"存储为 Web 所用格式"命令结合运用,可以为不同属性的小片选择最合适的格式,也就是在人眼看起来没有什么区别的情况下,选择数据量最小的格式和设置,将切好的图片分别存储,如图 7-74 所示。

切片工具使用的主要原则如下。

切片1: 适合 jpg格式　切片2: 适合 png格式　切片4: 适合 gif格式　切片3: 适合 jpg格式　切片5: 自动切片, 将被切片4重复组合代替

图 7-74　切图示意

（1）单一色彩的部分单独切片。

（2）色彩较少（如使用了矢量图素材）的部分单独切片，以备存储为 gif 格式。

（3）色彩过渡丰富（如使用了位图素材）的部分单独切片，以备存储为 jpg 格式或 png 格式。

（4）重复部分（如各栏目标头）分别单独切片，且切片要完全一致，以备在网页制作软件中重复调用。

本书第 10 章演示了切图的具体过程，由于篇幅限制，本节不再举例。

7.2.4　图层基础

图层是 Photoshop 的重点内容。在 Photoshop 中，图层是最基本的操作之一，通过 Photoshop 加工过的图像一般由多个图层组成，利用图层可以将图像中的各个元素分别处理和保存，对其他的图层不会造成任何的影响。图层有以下两个明显的特点。

（1）对一个图层所做的操作不影响其他图层。

（2）图层中没有像素的部分是完全透明的，有像素的部分也可以调整不透明度值。

“图层”、“通道”和“路径”面板一般位于主窗口的右下部。如果在工作区内看不到，则可以选择“窗口”|“图层”菜单命令，调出“图层”面板。常用图像在打开的时候通常只有一个背景图层，在制作的过程中添加其他图层。

“图层”面板有很多符号和功能，如图 7-75 所示。下面逐一介绍。

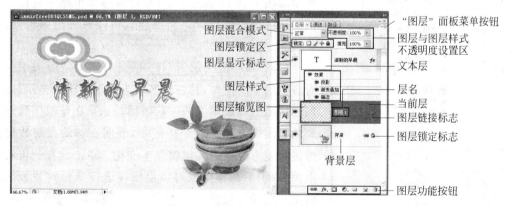

图 7-75　“图层”面板各项功能示意

1. 当前层

当前层是指当前工作的图层，在“图层”面板中以蓝色为底色进行显示，人们所做的大多数编辑操作仅对当前层有效。操作时可以有一个当前层，也可以有多个当前层，当有多个当

前层时,大多数命令为不可用,只可以进行少数操作,如"移动"、"对齐"等。要切换当前层时,只需在"图层"面板中单击所选定的图层即可。

2. 图层显示标志

要显示或关闭图像中的某个图层,只需在显示标志 ◉ 上单击一下即可。若显示有标志 ◉,则表示打开该图层的显示;反之,则关闭该图层的显示。关闭某一层的显示不等于删除层,仅仅是当前暂时隐藏。

3. 层链接标志

若某个图层中显示有标志 ⊕,则表明该层与当前层是链接在一起的,可与当前层一起进行编辑,如移动或变形。

4. 图层缩览图

图层缩览图用于显示本层的缩图,以方便在处理图像时参考。单击"图层"面板右上角的按钮 ▶,选择"面板选项"菜单命令,弹出对话框,在其中可根据需要调整缩览图的大小。

5. 层名

"图层"面板中显示出各图层的名称。如果在创建图层时未指定名称,则系统会自动按顺序将其命名为"图层 1"、"图层 2"等。

6. 文本层

当某一图层显示有 T 标志时,表明该图层为文本层,文本层不同于其他层,不是以"像素"而是以"字符"方式记录的。单击"文字工具"按钮,即可随时对文本进行编辑处理,任何编辑都不会影响文本层图像质量。

7. 图层功能按钮

(1)"链接图层"按钮 ⊖。图层功能按钮区的第一个按钮为"链接图层"按钮,一般情况"链接图层"按钮为不可用状态,只有在选中两层以上的图层时该按钮才可用,单击可将选中图层链接。

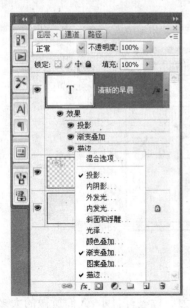

图 7-76 "图层样式"菜单

(2)"图层样式"按钮 fx。单击"图层样式"按钮,可弹出如图 7-76 所示的菜单,通过这些菜单命令可以对当前图层进行样式设计。图层样式可随时进行编辑处理,如清除、复制或调整等。

(3)"添加图层蒙版"按钮 ▣。图层蒙版用于屏蔽对应图层中的图像,其白色区域为该层图像的显示部分,黑色区域为该层图像的屏蔽区域。如果在该层图像缩图和蒙版缩图之间有一个标记 ⑧,表明在移动或对该层图像进行变形时蒙版区域将发生变化。单击该标记可将其取消,取消后在移动或对该层图像进行变形时蒙版区域将不再有任何变化。一个图层只能添加一个图层蒙版,第二次单击"添加图层蒙版"按钮将添加矢量蒙版。

(4)"创建新的填充或调节图层"按钮 ◑。单击该按钮,可以在弹出的菜单中选择填充/调节层的菜单命令。填充/调节层是一种用于控制色彩和色调的特殊图层,相当于"填充"或"调整"命令与图层蒙版的结合。

(5)"创建图层组"按钮 。单击该按钮,可以创建一个图层组。创建图层组不但便于管理过多的图层,还可以方便地对图层组中的所有图层同时进行属性设置或进行移动操作。

(6)"创建新图层"按钮。单击该按钮,将得到一个新的图层。这里所谓的"新"也就是"空的"、"透明的"。Photoshop 会为新的图层指定一个默认的名字(如图层 1、图层 2 等),可以双击"图层"面板中的图层,在弹出的"图层选项"窗口中修改该图层的名字。拖动某个现有图层到该图标,将复制此图层。

(7)"删除图层"按钮。单击该按钮,可以删除当前图层,也可以通过将要删除的图层拖至该按钮进行删除。

8. 图层的锁定

Photoshop 提供以下 4 种锁定方式。

(1)锁定透明像素。禁止在透明区内绘画。

(2)锁定图像像素。禁止编辑该层。

(3)锁定位置。禁止移动该层。

(4)全部锁定。禁止对该层进行一切操作。

9. 图层不透明度

不透明度设置位于图层面板的右上方。当不透明度参数为 100% 时,这个图层下面的内容将被完全遮盖;当不透明度为 0% 时,这个图层将变得完全透明;0%～100% 之间的不透明度意味着这个图层是半透明的。

10. "图层"面板菜单

单击"图层"面板右上方的菜单标志将出现"图层"面板下拉菜单,其中包含各种图层基本操作命令,如图 7-77 所示。

这里需要掌握是"转换为智能对象"命令和"向下合并"系列命令。"转换为智能对象"命令可将当前图层转换为具有一定矢量属性的智能对象,对智能对象图层进行放大或缩小等操作将不影响图层中图像本身的质量,但是 Photoshop 中大多数操作对智能对象无效。"向下合并"命令合并当前层与下一层;"合并可见图层"命令合并所有可见图层;"拼合图像"命令将合并所有图层,最终合成一个图层。

图 7-77 "图层"面板菜单

11. 背景图层

背景图层是一种特殊的图层,有着和一般图层不同的特点,主要如下。

(1)一幅图像最多可以有一个背景图层,也可以没有背景图层。

(2)背景层不支持"移动"。

(3)背景层不具备"透明"等特征。

（4）背景层与普通层之间可相互转换。

7.2.5　图层关系

1. 图层关系概述

图像中的各个图层间的关系是图层部分最基本的知识点，也是学习 Photoshop 的基础。Photoshop 中图层关系的最直接体现就是叠加，位于"图层"面板下方的图层层次是较低的，越往上层次越高，就好像一张张幻灯片渐渐往上堆叠起来一样，位于较高层次的图像内容会遮挡较低层次的图像内容。

改变图层层次的方法是在"图层"面板中按住想要移动的图层进行拖动，拖动过程可以一次跨越多个图层。

2. 实例

【例 7-9】　古建筑与蓝天白云。

要求：本例主要了解和掌握：两个文件的拼合；图层的显示和隐藏；当前图层概念；"魔棒工具"的运用；图层之间的遮盖关系等。

步骤 1：打开素材图片，一张为古建筑图片，另一张为蓝天白云图片。以建筑图片为操作文件，复制背景图层，并使原背景层为不可见，如图 7-78 所示。

图 7-78　复制图层

步骤 2：用移动工具将图像"云"的内容拖动到建筑图像中，并拖动该层到"背景 副本"下方，如图 7-79 所示。

图 7-79　拖入"云"图像，调整图层关系

步骤3：单击"背景 副本"层为当前层，用"魔棒工具"选取建筑物上方蓝色的天空。再按住 Shift 键同时单击刚才未被选取的天空部分，使得整个天空均被选中，如图 7-80 所示。

图 7-80　选中"天空"

步骤4：按 Delete 键将选取的天空部分清除。清除后将看到下层"云"的相关区域，如图 7-81 所示。

图 7-81　清除选区

步骤5：用"选取工具"在图像任意位置单击，去除选取。单击云所在的"图层 1"为当前层，利用"移动工具"将蓝天白云放置到合适位置，如图 7-82 所示。

图 7-82　拖动"云"层到合适位置

步骤6：两个图层的亮度、对比度不甚一致，需要加以调整使"背景 副本"图层为选中状态，选择 "图像"|"调整"|"色阶"菜单命令，打开"色阶"对话框。将"输入色阶"的值调整为

"5,1.00,165",如图7-83所示。

图7-83　调整色阶

【例7-10】　橙汁与蝴蝶。

要求：本例主要了解和掌握："自由变换"命令的运用；图层"填充"值的调整；"多边形套索工具"的运用；复制、粘贴新图层等。

步骤1：打开蝴蝶和橙汁两幅素材图片，利用"移动"工具，将蝴蝶拖曳到橙色果汁图片中，如图7-84所示。

图7-84　拖入"蝴蝶"图像

步骤2：利用"魔棒工具"，在蝴蝶周围的白色部分单击，将白色部分全部选取。注意，此操作当前层为"图层1"。按Delete键，将选中的白色部分清除，取消选择，如图7-85所示。

图7-85　将蝴蝶周围白色部分清除

步骤 3：此时蝴蝶显得过大，选择"编辑"|"自由变换"菜单命令，蝴蝶周围将出现 8 个可以调节的句柄。拖动句柄，将蝴蝶调整为合适大小，如图 7-86 所示（可以通过在工具属性栏中输入数字完成）。

图 7-86 "自由变换"命令将蝴蝶调整为合适大小

步骤 4：利用"移动"工具将蝴蝶放置到合适位置。利用快捷键 Ctrl＋Alt＋加号（＋）放大图片到 200%。将蝴蝶图层的"填充值"调整到 30%，此时蝴蝶将变得透明，如图 7-87 所示。

步骤 5：利用"多边形套索"工具沿着杯子边缘描绘出蝴蝶于杯子重合的部分，此部分成为选区，如图 7-88 所示。注意：右半部分不用过于仔细，因为当前层此处为透明，即无有效像素。

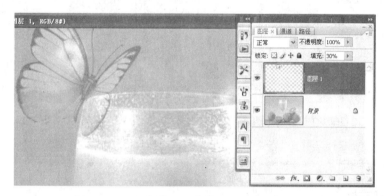

图 7-87 调整蝴蝶透明度值，以便看到杯子边缘

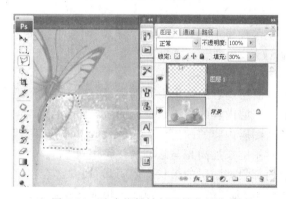

图 7-88 选中蝴蝶被杯子挡住的位置

步骤 6：用快捷键 Ctrl＋X、Ctrl＋V，将选取的蝴蝶翅膀部分粘贴成为一个新图层。粘贴完成往往位置不合适，利用"移动"工具将此部分翅膀放置到合适位置，如图 7-89 所示。

步骤 7：将"图层 1"（蝴蝶主体部分）的"填充"值调整为 100%。将"图层 2"（杯子遮住的翅膀部分）的"填充"值调整为 30%，如图 7-90 所示。

完成效果如图 7-91 所示。

图 7-89 将蝴蝶被杯子挡住的位置剪切、粘贴为新层

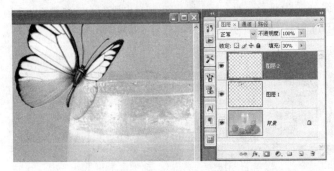

图 7-90 调整蝴蝶两层"不透明度"值后的效果

图 7-91 完成效果

7.2.6 图层样式

1. 图层样式概述

图层样式可以快速应用如投影、外发光、浮雕、描边等效果。当图层应用了样式后,在"图层"面板中图层名称的右边会出现 *fx* 图标。

Photoshop 提供了很多预设的样式,可以在"样式"面板中直接选择所要的效果套用,还可以在它的基础上再修改效果,自定义样式。

(1)投影:在图层内容的后面添加阴影。

(2)内阴影:紧靠在图层内容的边缘内添加阴影,使图层具有凹陷外观。

(3)外发光:添加从图层内容的外边缘发光的效果。

(4)内发光:添加从图层内容的内边缘发光的效果。

(5)斜面和浮雕:对图层添加高光与暗调的各种组合。

(6)光泽:在图层内部根据图层的形状应用阴影,通常都会创建出光滑的磨光效果。

(7)颜色、渐变和图案叠加:颜色、渐变或图案填充图层内容。

(8)描边:使用颜色、渐变或图案在当前图层上描画对象的轮廓。

图层样式的操作如下。

(1)隐藏/显示图层样式。选择"图层"|"图层样式"|"隐藏所有图层效果"或"显示所有图层效果"菜单命令,可以隐藏或显示图层样式。在"图层"面板中,可以通过单击图层样式左方的眼睛图标隐藏或显示图层的样式。

(2)复制和粘贴样式。如果需要多个图层应用同一个样式,可以使用复制和粘贴样式功能。首先选择要复制的样式的图层,然后选择"图层"|"图层样式"|"拷贝图层样式"菜

单命令。要将样式粘贴到另一个图层中,先在"图层"面板中选择目标图层,再选择"图层"|"图层样式"|"粘贴图层样式"菜单命令。

（3）删除图层样式。对于有些想取消的样式可以在"图层"面板中将样式栏拖移到"删除图层"按钮上。或者选择"图层"|"图层样式"|"清除图层样式"菜单命令。

2. 实例

【例 7-11】 撕开的照片。

要求：本例主要针对图层样式的添加与调整,重点掌握添加、复制、粘贴图层样式的方法,同时注意各种图层样式效果。另外,还应掌握"自由套索工具"与"画布大小"命令。

步骤 1：打开素材图片。选择"图像"|"画布大小"菜单命令,在"相对"复选框选中情况下,宽度增加 4 厘米,高度增加 3 厘米,如图 7-92 所示。

图 7-92　利用"画布大小"命令增大图像

步骤 2：用"魔棒工具"选中新添加的白色区域,选择"选择"|"反向"菜单命令,选中图像部分,按快捷键 Ctrl＋X、Ctrl＋V,将图像粘贴为新图层,如图 7-93 所示。

图 7-93　将原始图像处理为新层

步骤 3：利用"自由套索工具",在文件中部自由拖曳出一个选区,选区定义了照片撕下的一半,如图 7-94 所示。

步骤 4：按快捷键 Ctrl＋X、Ctrl＋V,将选取的照片撕下的一半粘贴成为一个新图层,如图 7-95 所示。

步骤 5：选择"编辑"|"变换"|"旋转"菜单命令,将"图层 2"旋转合适角度,并放置到合适位置,双击确定。单击返回"图层 1",选择"编辑"|"变换"|"旋转"菜单命令,将"图层 1"旋转合适角度,并放置到合适位置,如图 7-96 所示。

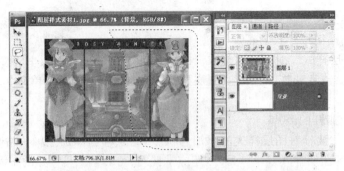

图 7-94　利用"自由套索工具"拖曳出选区

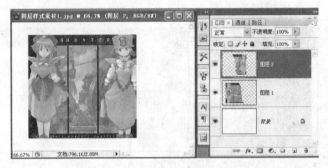

图 7-95　将选区剪切、粘贴为新层

图 7-96　将两层分别旋转一定角度后效果

步骤 6：选择"图层"|"图层样式"|"投影"菜单命令，将"角度"设置为"145 度"，"距离"设置为"12"，如图 7-97 所示。

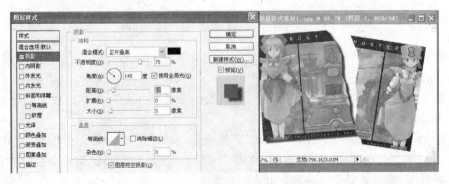

图 7-97　为图层添加"投影"样式

步骤7：右击"图层"面板的"图层1"，从弹出的快捷菜单中选择"拷贝图层样式"菜单命令；右击"图层"面板的"图层2"，从弹出的快捷菜单中选择"粘贴图层样式"菜单命令。完成效果如图7-98所示。

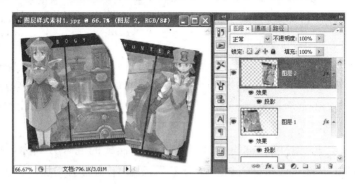

图7-98　复制、粘贴图层样式后，得到最终效果

7.3　Photoshop高级操作

7.3.1　图层模式

1. 图层模式概述

图层模式决定了进行图像编辑处理时，当前层如何与下层图像进行色彩混合，中文版Photoshop CS3提供的图层混合模式如图7-99所示。运用Photoshop处理图像，掌握图层模式能够通过计算机得到绚丽奇妙的效果，下面对各种模式的计算方法进行简要介绍。

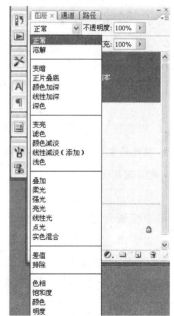

（1）"正常"模式。在"正常"模式下，当不透明度设置为100%时将显示当前层，且该层的显示不受其他层的影响。当不透明度设定值小于100%时，当前层的每个像素点的颜色将受到其他层的影响，并根据当前的不透明度值和其他层的色彩来确定显示的颜色。

（2）"溶解"模式。"溶解"模式是以一种颗粒状方式溶解当前图层的部分像素，其溶解程度与不透明度有关，不透明度值越低溶解程度越高。

（3）"变暗"与"变亮"模式。"变暗"模式是将上下层的对应像素的RGB通道中的颜色亮度值分别进行比较，取二者中亮度低的值再组合，所以总的颜色灰度级降低，造成变暗的效果。

图7-99　图层混合模式

"变亮"模式是将上下层的对应像素的RGB通道中的颜色亮度值进行比较，取高值再组合，因而总的颜色灰度级升高，造成变亮的效果。

（4）"正片叠底"与"滤色"模式。"正片叠底"模式将上下两层像素颜色的灰度级进行乘法计算,然后除以 255,任何像素与黑色像素对应的部分均为黑色,任何像素与白色像素对应的部分均不变。上层的色相笼在下层上。

"滤色"模式将上层图层像素颜色的灰度级与底层图层像素颜色补色的灰度级进行乘法计算,然后除以 255,任何像素与黑色像素对应的部分均不变,任何像素与白色像素对应的部分均为白色。上层的色相笼在下层上。

(5)"颜色加深"与"颜色减淡"模式。"颜色加深"模式的混合方式为,上下层若都是中度灰到黑的颜色均变为黑色,而中度灰到白的颜色将重新细分为 256 级灰阶。

"颜色减淡"模式的混合方式为,上下层若都是中度灰到白的颜色均变为白色,而中度灰到黑的颜色将重新细分为 256 级灰阶。

(6)"线性加深"与"线性减淡"模式。"线性加深"模式的混合方式为,将上下层像素的暗度值(255 减亮度值)相加,如果到 255 就为黑色,如果不到就为相加后亮度值。

"线性减淡"模式的混合方式为,将上下层像素的亮度值相加,得到多少是多少。

(7)"叠加"模式。"叠加"模式综合了"正片叠底"模式和"屏幕"模式两种模式的方法。以底层为基准,底层如果中度灰到白亮度的颜色,当上层也是中度灰到白的颜色时,最终效果取两层相应像素中明度较高像素的亮度;当上层是中度灰到黑的颜色时,最终效果将呈现一种色彩饱和度更强的照明效果,而亮度有所降低。底层如果是中度灰到黑亮度的颜色,当上层也是中度灰到黑的颜色时,最终效果取两层相应像素中明度较低像素的亮度;当上层是中度灰到白的颜色时,最终效果将呈现一种色彩饱和度更强的照明效果,而亮度有所提高。色相方面,上层越暗,底层的亮部色彩受上层影响越小,反之亦然。

(8)"柔光"与"强光"模式。"柔光"模式的决定权在于上层,上层的明暗程度决定最终是变暗还是变亮,当然,仍然是以 50% 的灰度为界。当上层有纯黑或者纯白色时,最终效果也仅仅是稍微变暗或变亮;当下层为纯黑色时,没有任何效果。

"强光"与"叠加"混合方式相同,所不同的是以上层为基准。

(9)"亮光"、"线性光"与"点光"模式。"亮光"模式是当上层是中度灰到白亮度的颜色时,将提高底层的亮度和对比度;当上层是中度灰到黑亮度的颜色时,将降低底层的亮度但提高对比度;当上层为白色或黑色时,最终效果将为白色或黑色;当上层是 50% 的中度灰时,最终效果不变。

"线性光"模式是当上层是中度灰到白亮度的颜色时,最终效果将提高底层的亮度;当上层是中度灰到黑亮度的颜色时,最终效果将降低底层的亮度;当上层为白色或黑色时,最终效果将为白色或黑色;当上层是 50% 的中度灰时,最终效果不变。

"点光"模式是"变亮"和"变暗"的结合体。以上层的 50% 灰度为界,上层为中度灰到白的颜色时,将上下层的对应像素进行比较,取较亮的像素。上层为中度灰到黑的颜色时,取较暗的像素。

(10)"实色混合"模式。"实色混合"模式将上下两层的 RGB 值分别相加,如果结果大于 255,则为 255;如果结果小于 255,则为 0。这样所有的像素将会变为红、绿、蓝、黄、洋红、青、黑和白这几种色彩。

(11)"差值"与"排除"模式。"差值"模式将要混合图层双方的 RGB 通道中每个值分别进行比较,用高亮度值像素亮度减去低亮度值像素亮度作为合成后的亮度。所以这种模式也常使用,例如通常用白色图层合成一图像时,可以得到负片效果的反相图像。

"排除"模式效果与差值类似,中性灰附近部分过渡柔和。

(12)"色相"、"饱和度"、"颜色"与"亮度"模式。

① "色相"模式上层的色相值替换下层图像的色相值,饱和度与亮度不变。

② "饱和度"模式上层的饱和度去替换下层图像的饱和度,色相值与亮度不变。

③ "颜色"模式兼有以上两种模式,用上层的色相值与饱和度替换下层图像的色相值和饱和度,而亮度保持不变。

④ "亮度"上层的亮度值去替换下层图像的亮度值,而色相值与饱和度不变。

2. 实例

【例 7-12】 彩虹效果。

要求:通过本例主要了解与掌握:渐变颜色的编辑;各种渐变方式的设置;图层模式的运用;"高斯模糊"滤镜的运用;"橡皮擦工具"的使用等。

步骤 1:打开素材图像新建图层,将新建图层命名为"彩虹",如图 7-100 所示。

图 7-100　新建图层

步骤 2:选中渐变工具,并单击渐变工具属性栏的颜色显示框,出现"渐变编辑器",如图 7-101 所示。

步骤 3:选择"渐变编辑器"中的"透明彩虹"进行调整。渐变编辑条上部的墨水瓶控制透明度,下部的墨水瓶控制颜色,在渐变编辑条边缘任意处单击添加墨水瓶,鼠标拖走墨水瓶可删除。"色标"中的"不透明度"选项控制上部墨水瓶,"颜色"选项控制下部墨水瓶。将"透明彩虹"调整为如图 7-102 所示。

步骤 4:在渐变工具属性栏中选择"径向渐变"按钮,如图 7-103 所示。

图 7-101　从"渐变"工具属性栏中调出"渐变编辑器"

步骤 5:用渐变工具在图像中较为合适的位置处拉出彩虹渐变。如觉得不满意多试几

图 7-102　"渐变编辑器"窗口

次,直接拖动覆盖,无须进行"还原"操作。将"彩虹"层的图层模式改为"滤色"(也叫"屏幕"),如图 7-104 所示。

图 7-103　选择"径向渐变"　　　　　　　图 7-104　调整"图层模式"

步骤 6:将"彩虹"层的"填充"调整为"50%"。选择"滤镜"|"模糊"|"高斯模糊"菜单命令,将模糊值调整为 10(或者其他参数,按照个人感觉调整),如图 7-105 所示。

步骤 7:将彩虹遮挡住前景的部分用"橡皮擦工具"擦除,如图 7-106 所示。

7.3.2　图层蒙版

1. 图层蒙版概述

蒙版是 Photoshop 图层中的一个重要概念,Photoshop 中蒙版分四类:一是快速蒙版,二是图层蒙版,三是矢量蒙版,四是剪切蒙版。图 7-107 所示为"普通蒙版"与"矢量蒙版"。

图 7-105　"高斯模糊"滤镜

图 7-106　最终效果

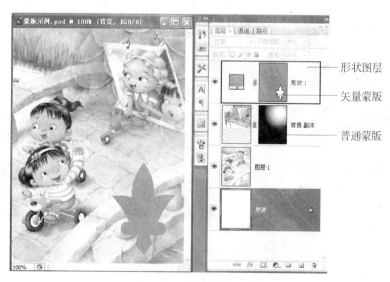

图 7-107　图层蒙版示意

快速蒙版是选取工具,用来进行精确选取;矢量蒙版是用来图层上创建锐边形状的蒙版,只有灰色和白色,它与路径和形状工具密切相关;剪切蒙版是通过附属关系赋予相关图层共同的属性。本节主要讲解最常用的"普通蒙版"的功能与操作方法。

普通蒙版是基于 Photoshop 无损修改理念的产物。修改蒙版可以控制所在图层的隐现,不会影响该图层上的真实像素。直接在"图层"面板下方单击按钮 即可新建蒙版,蒙版右键快捷菜单可以控制"停用/启用"、"删除"和"应用"图层蒙版。单击图层面板中的"图层蒙版缩览图"将它激活,然后选择任一编辑或绘画工具可以在蒙版上进行编辑。将蒙版涂成白色可以完全显示对应位置的本图层像素,将蒙版涂成灰色可以以透明度值的方式显示对应位置的本图层像素,将蒙版涂成黑色可以完全隐藏对应位置的本图层像素。普通蒙版的特点如下。

① 蒙版通过不同的灰度影响对应图层中相应部分的透明度。

② 它修改方便,不会因为使用橡皮擦或剪切删除而造成不可返回的遗憾。

③ 通过对蒙版的处理,可以实现选择区与其他区域的柔和拼接,不像一般的剪切粘贴对选取要求特别严格。

④ 任何一幅灰度图像都可以应用到蒙版中去,并支持画笔、滤镜、调整等命令。

⑤ 可以运用图层样式。

对蒙版进行操作时要注意,之前一定要确认是否当前选择为当前层的蒙版,而不是当前层。关于普通蒙版也是通道,自动生成 Alpha 通道的问题,这里不再赘述,以免造成不必要的迷惑。

2. 实例

【例 7-13】 无缝拼接图像。

要求:图层蒙版是 Photoshop 进行照片无缝拼接的最好方式,主要是运用蒙版上的 256 级灰阶来控制图层上对应像素的透明度过渡,柔和的过渡效果能够产生两幅图像相互融合的视觉效果,用途十分广泛,要求熟练掌握。不但要根据例子步骤做出最终效果,掌握各个知识点,更要理解蒙版在其中的作用,掌握蒙版处理的基本方法。

步骤 1:分别打开两个素材文件,如图 7-108 和图 7-109 所示。用移动工具将图像人拖曳到荷花图像中,在"图层"浮动面板中为人物图层添加蒙版,如图 7-110 所示。

图 7-108　素材 1

图 7-109　素材 2

步骤 2:将工具栏中前景色和背景色进行默认还原,前景白色,背景黑色,选择渐变工具。打开"渐变编辑器"窗口,选择第一个前景色到背景色的渐变,在"30%"位置处添加一白色色标,如图 7-111 所示。

图 7-110　为图层添加蒙版

图 7-111　"渐变编辑器"窗口

步骤 3：选中蒙版，以人面部为中心，在图像上拉出由白至黑的径向渐变，如图 7-112 所示。

7.3.3　填充、调节层

1. 填充、调节层概述

在 Photoshop 中，可以创建填充图层和调节图层。填充图层和调节图层可以理解为图层蒙版与"填充"或"调整"系列命令的结合，属于"非破坏性调整"操作，如图 7-113 所示。

填充、调节层有如下特点。

图 7-112　在蒙版上拖曳渐变

图案填充层

渐变填充层

图 7-113　填充层示意图

（1）可以随时编辑。

（2）可应用于全部图层，也可应用于某一图层。

（3）自动整合蒙版，可针对图层全部像素，也可针对图层部分像素，还可以以百分比的形式作用于某些像素。

（4）可运用图层模式，即利用图层模式与其他图层有机结合。

2. 填充、调节层实例

【例 7-14】 偏色调节。

要求：通过本实验了解调节层的作用，学会添加、调整调节层，操作调节层蒙版，感性认识到调整功能与图层蒙版的强大力量。另外还要求掌握调节层的图层混合模式。

步骤 1：打开一幅图像，本图色彩平淡，明暗对比差，如图 7-114 所示。下面将通过"调节层"对其进行调整，将偏红背景调整为绿色调，并加强对比，

图 7-114　原始图像

突出主体荷花。

步骤2：单击"图层"浮动面板的 图标，建立"色相/饱和度"调节层，本层调整荷叶与背景的色调。在弹出的"色相/饱和度"对话框中，将"色相"值调整到"55"，如图 7-115 所示。此时画面呈现绿色。

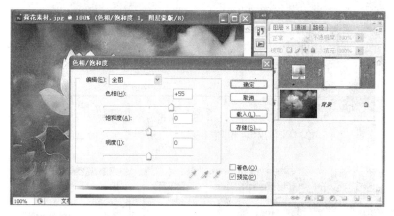

图 7-115　利用"色相/饱和度"调节层调整荷叶与背景的色调

步骤3：此调节层作用于背景，所以要用蒙版将荷花部分蒙住。利用"磁性套索"工具选中主体荷花，单击调节层右部蒙版，将选区用黑色填充。并将此调节层的图层混合模式更改为"叠加"，如图 7-116 所示。

图 7-116　调整蒙版示意

步骤4：不要去选区，再建立一个"色相/饱和度"调节层，新调节层的蒙版将自动与原调节层蒙版相反。

将"色相"值调整到"－25"，此时荷花呈现玫红色，如图 7-117 所示。

步骤5：将此调节层的图层混合模式更改为"柔光"，如图 7-118 所示。

7.3.4　通道

1．通道类型

(1) 复合通道。复合通道不包含任何信息，实际上它只是同时预览并编辑所有颜色通

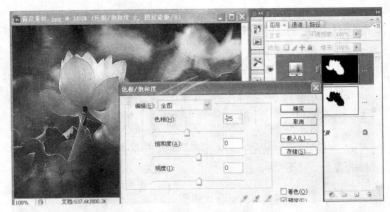

图 7-117　利用"色相/饱和度"调节层调整荷花的色调

图 7-118　更改图层模式示意

道的一个快捷方式。它通常被用来在单独编辑完一个或多个颜色通道后使通道面板返回到它的默认状态。

（2）颜色通道。当在 Photoshop 中编辑图像时,实际上就是在编辑颜色通道。这些通道把图像分解成一个或多个色彩成分,图像的模式决定了颜色通道的数量,RGB 模式有3 个颜色通道,CMYK 图像有 4 个颜色通道,灰度图只有 1 个颜色通道。颜色通道中所记录的信息,从严格意义上说不是整个文件的,而是来自当前所编辑的图层。

（3）Alpha 通道。Alpha 通道是计算机图形学中的术语,指的是特别的通道。它的意思是"非彩色"通道。这是真正需要了解的通道,可以说在 Photoshop 中制作出的各种特殊效果都离不开 Alpha 通道,它最基本的用处在于保存选取范围以及对选区范围进行调整。

（4）专色通道。专色通道是指在印刷时出了 CMYK 以外的用于替代和补充印刷色的特殊油墨,如金银色等。这里不做过多说明。

2.　通道编辑

"通道"面板如图 7-119 所示,显示一个复合通道和 3 个色彩通道。先对色彩通道进行解读:图像为 RGB 色彩模式,固有 R、G、B 这 3 个色彩通道,如果是 CMYK 色彩模式将有4 个色彩通道。本图像红色和绿色通道较亮,蓝色通道较暗,说明本图像红光、绿光通过较多,蓝光通过相对较少。颜色通道中某部分越亮,表明此处该色彩光通过越多。

图 7-119　"通道"面板示意图

"通道"面板中各个功能与符号的含义如下。

（1）"通道显示"图标 ,可以使通道在显示和隐藏两种方式之间变换。

（2）"将通道作为选区载入"图标 ,则将通道中颜色比较淡的部分当做选区加载到图像中（实际上,除了当前通道的黑色以外都作为选区被载入了,可以看到的蚂蚁线是50％灰度的分界线,深色的地方在分界线之外,但不意味着没有选中,这一点比较难理解,将在下面进一步讲解）,这个功能也可以通过按住 Ctrl 键并在面板中单击该通道的方法来实现。

（3）"将选区存储为通道"图标 ,则将当前的选区存储为新的通道。在按下 Alt 键的情况下单击该图标,可以新建一个通道,并且为该通道设置参数。

（4）"新建通道"图标 ,则可以创建新的通道和复制通道。

（5）"删除通道"图标 ,则可以将通道删除。

在操作中,可以将通道看作一个灰度图层,这个图层允许利用各种工具进行编辑处理,大致来讲,在通道中能够产生作用的工具与命令包括下面几种。

① 选择工具。

② 绘图工具（包括画笔、橡皮擦、填充、渐变、涂抹等工具）。

③ 滤镜。

④ 调整系列命令。

3. 通道其他问题

（1）通道与层的关系。颜色通道中所记录的信息,来自当前所编辑的图层。但如果同时预视多个层,则颜色通道中显示的是层混合后的效果。由于一次仅能编辑一层,所以任何使用颜色通道所做的变动只影响到当前选取的层。

（2）通道预览图问题。在"通道"面板上单击一个通道,对它进行预览的时候,将显示一幅灰度图像,可以清楚地看到通道中的信息,但如果同时打开多个通道,那么通道将以彩色显示。选择"编辑"|"首选项"|"界面"菜单命令,在弹出的"首选项"对话框中选中"常规"栏中"用彩色显示通道"复选框,就可以看到颜色通道的本来面目。

（3）选取深度问题。载入通道选区后可以进行如下分析：通道中白色显示部分为完全选取区域,选取深度为100％；黑色显示部分为非选取区域,选取深度为0％；灰色显示部分则是选取深度在0％～100％之间的区域。小于50％灰色显示为蚂蚁框内部,大于50％灰色显示在蚂蚁框外部。对于选取深度在 0%～100% 之间的区域,在进行操作时 Photoshop 会自动进行运算,将操作行为按照选取深度的百分比来进行。比如,执行"删除"操作,对选取深度为 100% 的区域就会进行 100% 的"删除",对选取深度为 50%(即中度灰)的区域就会进行 50% 的"删除"。

对于选取深度在 0%～100% 之间的灰色部分解释如下:0～255 的 256 级灰阶被换算成 0%～100% 的选取深度,0%～100% 的选取深度又决定了在此选区中的下一步操作将执行百分之多少,而这下一步操作不仅包含绘图系列工具,也包"复制"、"粘贴"命令和滤镜。

4. 通道实例

【**例 7-15**】 透明物体抠像。

要求:通过本实验了解通道在复杂抠像中的作用,学会利用通道抠出透明物体,并保持物体的透明性。要掌握:运用"调整"系列命令调整通道;得到通道选区的方法;通道与图层的相互转换;"加深工具"的运用等。

步骤 1:打开需要抠像的素材。选中玻璃器皿轮廓(不限选取方式)。复制、粘贴成一个新图层,如图 7-120 所示。

图 7-120　将主体复制一层

步骤 2:单击"通道"面板,随意复制一个通道。选择"图像"|"调整"|"色阶"菜单命令,将黑色划块调整到"50"位置,如图 7-121 所示。

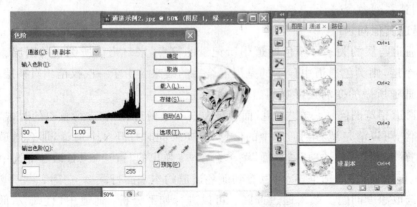

图 7-121　在"通道"中调整色阶

步骤 3：按住 Ctrl 键，单击新通道，得到选区，如图 7-122 所示。

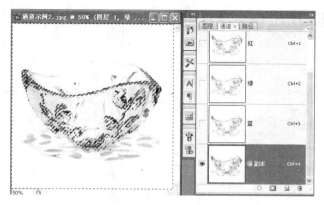

图 7-122　单击通道得到选区

步骤 4：回到"图层"面板单击"图层 1"，"复制"、"粘贴"为一新层，如图 7-123 所示。

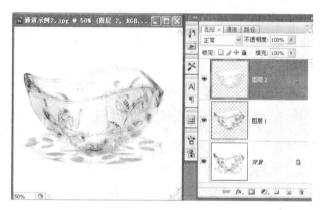

图 7-123　复制选区，粘贴为新图层 2

步骤 5：使得新粘贴的层"图层 2"为不可见。返回"通道"面板，按住 Ctrl 键，单击新通道，得到选区。选择"选择"|"反选"菜单命令。重复步骤 4，将选区"复制"、"粘贴"为一新层，如图 7-124 所示。

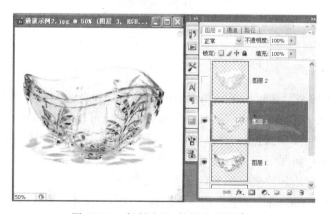

图 7-124　复制选区，粘贴为新图层 3

步骤 6：利用"移动"工具将"图层 2"与"图层 3"对齐，并链接，如图 7-125 所示。

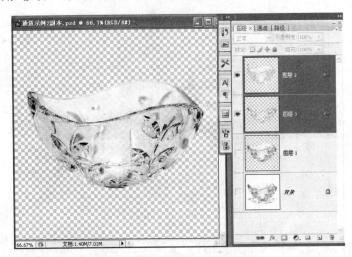

图 7-125　将两个新层对齐并链接

步骤 7：可将链接层拖入其他图像中，经过调整、利用"加深工具"添加阴影等，得到效果如图 7-126 所示。

图 7-126　最终效果

7.3.5　路径

1. 路径概述

Photoshop 中的路径是指用工具箱点中的钢笔工具和自由钢笔工具等画出来的直线或曲线，曲线上有多个点叫做"锚点"或"结点"，通过这些点可以调整曲线的形状。路径线既可以是开放的，即具有明确的起点和终点；也可以是闭合的，即起点和终点重叠在一起，闭合的曲线可以构成各种几何图形。路径本身不包含像素，但可以通过对路径的填充和描边在图像中按照路径的轮廓添加像素。路径的主要用途如下。

（1）图形创作。Photoshop 主要是一个图像处理软件，但也可以创作一些图形。

（2）某些不规则形状的选取。用路径工具可以画出非常精确的图形，所以在 Photoshop

中利用路径工具可以选取出一些形状比较复杂的选区。

Photoshop 提供了一个"路径"面板，选择"窗口"|"显示路径"菜单命令，弹出如图 7-127 所示的"路径"面板。

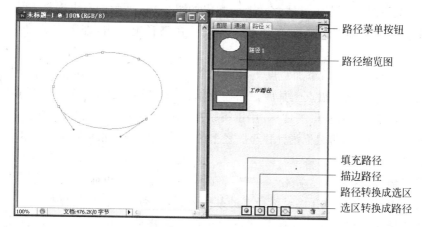

图 7-127 "路径"面板示意图

"路径"面板中的一行代表一条路径，单击某个横栏时则该横栏中的路径就显示在图像窗口中，成为当前路径；单击"路径"面板中空白的区域，则路径在工作区窗口中被隐藏起来。

"路径"面板中各个符号的含义如下。

（1）"用前景色填充路径"图标 ，可以用前景色快速填充当前路径。菜单中的"填充路径"命令与之相似，功能更加强大。

（2）"用画笔描边路径"图标 ，默认以"铅笔工具"当前笔触对路径进行描边。菜单中的"描边路径"命令与之相似，功能更加强大。

（3）"将路径作为选区载入"图标 ，将当前的路径转换为选区。菜单中的"建立选区"命令与之相似，功能更加强大。

（4）"从选区生成工作路径"图标 ，将当前的选区转换为路径。菜单中的"建立工作路径"命令与之相似，能够进一步调整精确度。

（5）"创建新路径"图标 ，可以建立新路径和对当前路径进行复制。

（6）"删除当前路径"图标 ，可以删除选中路径。

2. 路径类工具

路径类工具有两大类：一类是路径编辑工具，包括"钢笔工具"、"自由钢笔工具"、"添加锚点工具"、"删除锚点工具"和"转换点工具"5 种；另一类是路径选择工具，包括"路径选择工具"和"直接选择工具"两种。

路径类工具可用来绘制直线和曲线，并组成形状复杂及精确度要求较高的图形。路径所定义的仅仅是选区的轮廓线，无法产生 Photoshop 所提供的一些特殊效果（如滤镜）。要实现这些功能，需将路径变成选区，此时用户就可使用 Photoshop 对选取区域进行操作。

1）路径编辑工具

（1）钢笔工具。钢笔工具 主要用来绘制直线路径。画直线时，首先单击鼠标，创建第 1 个锚点，然后移动鼠标指针到另一位置，再单击以确定下一个锚点，这两点（开始锚点和终止锚点)之间就以直线进行连接。若在进行上述操作的同时按下 Shift 键,则所拉引的直线方向仅限于水平、垂直或倾斜 45°。

(2)自由钢笔工具。自由钢笔工具🖋可以以自由拖移的方法直接绘制出路径。单击"自由钢笔工具"按钮时,在工具属性栏上便弹出如图 2-108 所示的自由钢笔选项栏。

(3)添加锚点工具。选择添加锚点工具🖋后在路径上单击,即可在路径上增加一个锚点。

(4)删除锚点工具。与添加锚点工具的功能相反,删除锚点工具🖋则是用来删除路径上的锚点的。选择删除锚点工具后在路径上单击,即可删除路径上的一个锚点。

(5)转换点工具。转换点工具⟨用于将原直线段改为曲线段,以及任意改变原曲线的弧度。选择转换点工具后,将鼠标指针移至路径上的某一锚点,拖动鼠标即可进行相应的转换。

2)路径选择工具

(1)路径组件选择工具。路径组件选择工具▶用于选择和移动整个路径。选择路径组件选择工具后,将鼠标指针移至路径上的某一位置,拖动鼠标便可整体移动路径的位置。

(2)直接选择工具。直接选择工具▶用于选择并移动部分路径。选择直接选择工具后,用鼠标单击选中某个锚点并拖动,可以移动单个锚点;鼠标拖动方式选中多个锚点,再拖动,可以移动多个锚点(注意:被选中的锚点将变成实心方点);鼠标移至路径线段上的某一位置,拖动鼠标便可改变某一段线段的形状。

3. 路径实例

【例 7-16】 心形的画法。

要求:通过本例体会用尽量少的锚点得到所要图形。主要理解和掌握:锚点的建立;"转换锚点工具"的运用。

步骤 1:新建一个 400×400 像素的新文件。选中钢笔工具,在菜单下方的工具属性栏中选中"路径"按钮,如图 7-128 所示。

步骤 2:在工作区单击出现一个锚点,不要放开鼠标并向右进行拖动,使锚点为如图 7-129 所示状态。

图 7-128 选中"钢笔"工具,单击"路径"按钮

图 7-129 第一个锚点示意

步骤 3：在此锚点的正下方(按住 Shift 键)单击建立一个新锚点，如图 7-130 所示。

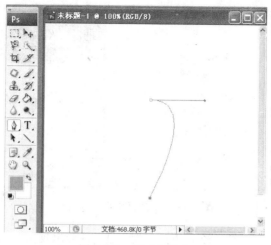

图 7-130　第二个锚点

步骤 4：单击第一个锚点，使其成为封闭路径，如图 7-131 所示。

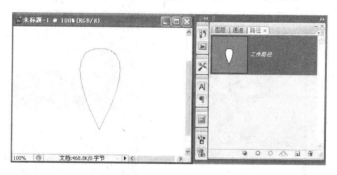

图 7-131　封闭路径

步骤 5：单击"转换点工具"，利用它分别将上下两个锚点调整为如图 7-132 所示状态。

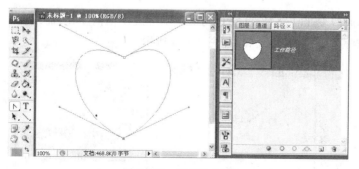

图 7-132　调整为心形

【例 7-17】　沿路径安排文字。

要求：通过本例进一步掌握路径的绘制方法，能够自如绘制与变换路径，重点掌握沿路径边缘和在路径内部编排文字的两种方法。

步骤 1：打开一幅素材图片，这幅图片中瓷器的曲线很美，可沿它放置文字。使用钢笔工具的路径方式,沿瓷器的边缘如图画一条开放的路径,如图7-133所示。

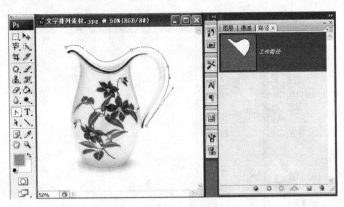

图7-133　沿边缘画出开放路径

步骤2:利用文字工具在路径上任意位置单击,将会出现文字可以输入的标记——光标,此时可以输入文字,注意"路径"面板出现了一个文字路径。输入文字,文字的大小、字体、色彩等可以像正常输入的文字一样调整,如图7-134所示。

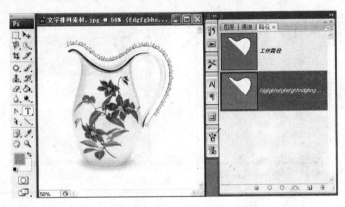

图7-134　沿路径打字

步骤3:此时改变工作路径,文字排列形状不会发生任何变化;而改变文字路径,文字排列形状则会根据路径形状发生变化,如图7-135所示。

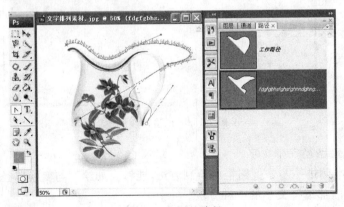

图7-135　调整路径

步骤4:"沿路径放置文字"还有一个功能是将文字放在闭合路径的内部。选中"自定义形状工具"的花叶图案,如图7-136所示,利用"路径"方式拖曳出一个封闭路径。

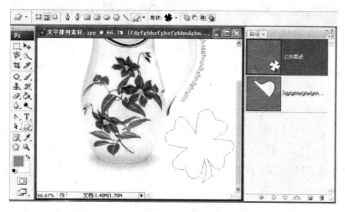

图7-136　建立封闭路径

步骤5:利用"文字工具"在路径内部任意位置单击,输入文字,文字的大小、字体、色彩等可以像正常输入的文字一样调整,如图7-137所示。

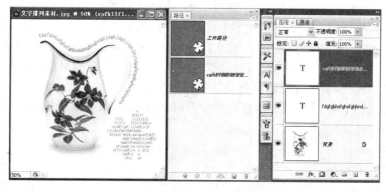

图7-137　最终效果

7.3.6　滤镜

1. 滤镜概述

(1)滤镜介绍。滤镜是Photoshop中制作特殊效果的重要工具,它是一种特殊的软件处理模块,图像经过滤镜处理后,可以产生奇幻的艺术效果。Photoshop CS3软件自身提供的滤镜如图7-138所示,另外还有第三方厂商开发的滤镜,以插件的方式挂接到Photoshop中。滤镜与Photoshop的其他功能不同,通过一两个实例并不能掌握Photoshop的滤镜,甚至很多长期应用Photoshop进行平面设计的专业人员也不能说了解此软件的滤镜以及滤镜的组合所产生的效果。本部分仅仅是滤镜特效

图7-138　"滤镜"菜单

的一个简单介绍,使大家对滤镜制作特殊效果有初步了解,在此基础上多看、多练,不断提高滤镜的驾驭能力。

滤镜主要应用于当前、可见的图层或图层中的选区,部分滤镜也可以应用于通道或图层蒙版。使用滤镜的方法是在"滤镜"菜单选取相应的子菜单命令,在弹出的子菜单中选择要使用的滤镜即可。大多数滤镜能够弹出对话框,对话框中包括预览图,参数选项等内容。最后一次选取的滤镜会出现在"滤镜"菜单的顶部。要取消正在应用的滤镜,可以按 Esc 键。滤镜使用主要原则如下。

① 滤镜作用于当前可见的图层或选区。

② 绝大多数滤镜作用的区域必须有像素。

③ 所有滤镜都在 RGB 模式下起作用,很多滤镜在 CMYK 或其他模式下不能应用。

④ 滤镜处理效果与图像分辨率有关,不同分辨率的图像以相同参数滤镜处理后效果不同。

⑤ 执行完一个滤镜命令后,可选择"编辑"|"渐隐"菜单命令,在对话框中可调整滤镜效果的透明度值和混合模式。

（2）智能滤镜。Photoshop CS3 中扩展了智能对象的应用范围,增加了智能滤镜功能。应用于智能对象的任何滤镜都是智能滤镜,智能滤镜将出现在"图层"浮动面板中,应用了滤镜的智能对象下方。智能滤镜是将传统滤镜功能＋"非破坏性操作"理念的成果,可以将任何Photoshop 滤镜（除"抽出"、"液化"、"图案生成器"和"消失点"外）作为智能滤镜应用,此外,"调整"系列命令中的"阴影/高光"和"变化"也可以作为智能滤镜使用。智能滤镜主要特点包括:

① 外观效果类似于"图层样式",可以展开或折叠,还可以随时对滤镜进行调整、隐藏、重新排序或删除操作,对于该智能对象层是非破坏性的。

② 操作类似于"填充/调节层",自动整合蒙版,可通过蒙版控制滤镜的应用区域和应用级别。

2. 滤镜实例

【例 7-18】 奔跑的猫。

要求:本例主要学习"滤镜"|"模糊"|"径向模糊"菜单命令,调出"径向模糊"滤镜并调整,重点掌握添加滤镜的方法,同时注意举一反三,理解其他滤镜的效果。

步骤 1:打开素材图片,利用"多边形套索"工具,大致勾勒出猫的轮廓（不必特别精确）。将选中的猫"复制"、"粘贴"为一新图层,如图 7-139 所示。

图 7-139　将主体粘贴为新层

步骤 2:返回"背景"层,选择"滤镜"|"模糊"|"径向模糊"菜单命令,在弹出的"径向模

糊"对话框中将"模糊方法"设置为"缩放","数量"设置为"50",如图 7-140 所示。完成效果如图 7-141 所示。

图 7-140 "径向模糊"滤镜　　　　　　　　　　　　　　图 7-141 最终效果

【例 7-19】 老照片效果。

要求：通过本例主要了解和掌握："添加杂色"和"图章"滤镜；掌握"单列选框工具"的用法；初步掌握 Photoshop 中滤镜、图层模式、调节层等各种功能的组合应用。

步骤 1：打开素材，将背景层复制，打开一个新图层，选择"滤镜"|"杂色"|"添加杂色"菜单命令，弹出"添加杂色"对话框，设置完成后，单击"确定"按钮，如图 7-142 所示。

图 7-142 "添加杂色"对话框

步骤 2：在"图层"面板中将"背景 副本"的图层模式调整为"叠加"。添加"填充/调节层"，选择"图像"|"调整"|"色相/饱和度"菜单命令，在弹出的"色相/饱和度"对话框中勾选"着色"复选框，将"色相"调整为"45"，如图 7-143 所示。

图 7-143 建立"色相/饱和度"调节层

步骤 3：在"图层"面板中，将"填充/调节层"的"填充"值调整为 85%，如图 7-144 所示。

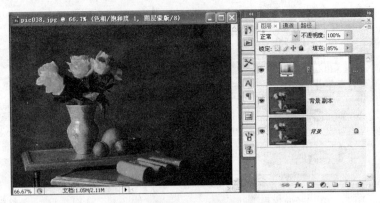

图 7-144　调整调节层的"填充"值

步骤 4：新建一层，选择工具栏中"单列选框工具"，按住 Shift 键在工作区随意单击几下，如图 7-145 所示。

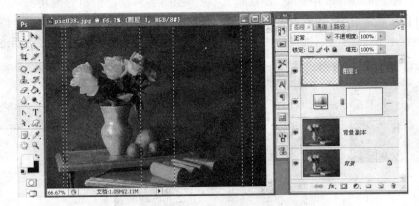

图 7-145　单列选取示意

步骤 5：选择"编辑"|"填充"菜单命令，弹出"填充"对话框，在"使用"下拉列表中选择"白色"，单击"确定"按钮。去选区，将本层图层模式更改为"叠加"，如图 7-146 所示。

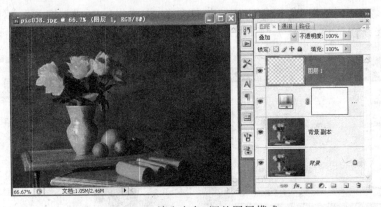

图 7-146　填充白色，调整图层模式

步骤 6：打开另一幅素材图像，复制一层，将工具栏中的"前景色"与"背景色"分别调整为白色和黑色，选择"滤镜"|"素描"|"图章"菜单命令，在弹出的对话框中单击"确定"按钮，如图 7-147 所示。

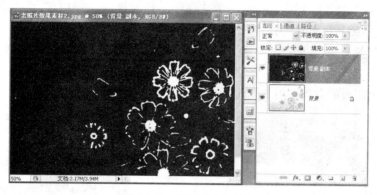

图 7-147　"图章"滤镜效果

步骤 7：将两幅图像拼合、调整，将图层模式改为"滤色"，完成最终效果，如图 7-148 所示。

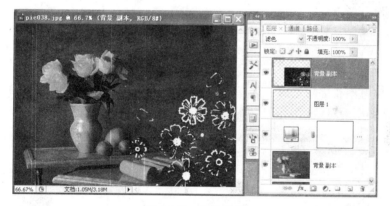

图 7-148　最终效果

3. 外挂滤镜的安装与使用

（1）外挂滤镜的安装。外挂滤镜不是集成在 Photoshop 应用软件中的，而是第三方厂商开发的滤镜模块，因此需要自己动手安装。安装外部滤镜的方法分为两种：封装的外部滤镜本身是个可执行程序，可以像安装一般软件一样执行安装；另外一种是滤镜文件，直接复制到 Photoshop 程序所在硬盘（一般是 C 盘）中的"\Program Files\Adobe\ Adobe Photoshop CS3\增效工具\滤镜"文件夹下就可以了，不同版本有时"滤镜"文件夹的名称和目录路径有所区别，可灵活对待。

安装被封装的滤镜需要提示一点，就是需要手动为程序选择安装目录，将程序安装到 Photoshop 程序所在硬盘（一般是 C 盘）中的"\Program Files\Adobe\ Adobe Photoshop CS3\增效工具\滤镜"文件夹下。安装完成后重新启动 Photoshop 程序，就会看到外挂滤镜显示在"滤镜"菜单的最下方。

（2）外挂滤镜的使用。外挂滤镜功能强大，经典外挂滤镜的效果非 Photoshop 自带滤镜可比。外挂滤镜一般有自己的独特界面，而且汉化的 Photoshop 软件对其不产生影响，所以往往是英文选项。如果对外挂滤镜感兴趣，可以查找相关的书籍或参考资料。

【例 7-20】 闪电效果。

要求：通过本例了解 Photoshop 图像处理中外挂滤镜的一般应用，学会调整"Xenofex 1.0"外挂滤镜中的各种设置外挂滤镜。

步骤 1：打开素材图片，利用"魔棒工具"，将天空部分全部选中。选择"图像"|"调整"|"色相/饱和度"菜单命令，弹出"色相/饱和度"对话框，将"色相"调整为"－5"，明度调整为"－30"，造成阴天的效果，如图 7-149 所示。

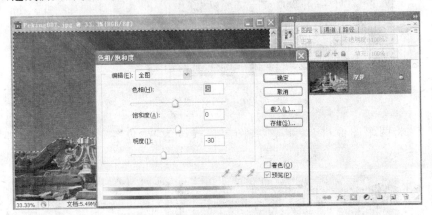

图 7-149　调整"色相/饱和度"示意

步骤 2：注意不要去除选区。选择 "滤镜"|Xenofex 1.0|Lighting 菜单命令，此滤镜为外挂滤镜。在弹出的对话框中调整到满意状态，如图 7-150 所示。

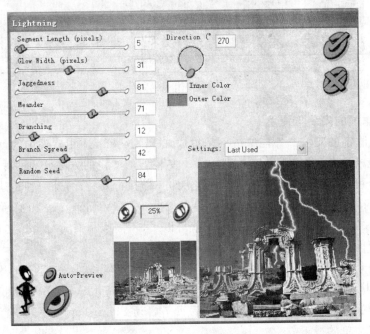

图 7-150　添加外挂滤镜

完成效果如图 7-151 所示。

图 7-151　完成效果

本 章 小 结

　　图像处理软件 Photoshop 用途非常广泛,本章结合具体实例,对软件的各种基本功能进行了介绍。第一部分介绍了 Photoshop 基本情况和操作界面,由软件中运用最多"基础操作"部分入手进入具体功能学习。"基本操作"中的"裁剪"、"改变图像大小"等功能十分重要,在实际中运用极广;"调整系列命令"是色彩魔法师,初学者能够从中体会到图像变化的乐趣;本部分将工具箱中的基础工具分为"选区工具"、"绘图工具"和"矢量工具"三大类分别进行了功能阐释;接着进入 Photoshop 软件中核心部分——图层的学习。"图层基础"部分是较为枯燥的,但对于理解图层和熟练操作图层非常重要;"图层关系"部分是理解图层的关键,要求熟练掌握;"图层样式"能够帮助用户简单地实现各种与质感、肌理等相关的特殊效果,特别是其中的"投影"、"外发光"、"斜面与浮雕"等功能极其常用。同样属于"图层"范畴的"图层模式"、"图层蒙版"和"调节层"等被归类于 Photoshop 高级操作,对于这些功能的掌握将为用户带来各种只有计算机才能够完成的各个图层之间的有机结合,特别值得提出的是,这些操作与前面的"图层样式"均属于"非破坏性操作",用户可以随时清除这些效果而图像本身不会遭到破坏。同样属于高级操作的还有"通道"和"路径",需要大家掌握它们的基本原理和调整方法,能够运用通道选择复杂物体,能够运用路径编排文字。本章的最后一部分是"滤镜",讲述了滤镜的作用及使用方法以及安装用外挂滤镜的方法等。在学习 Photoshop 的过程中,大家应当认识到,软件仅仅是提供了处理图像的工具,制作者根据不同的情况,灵活运用各种功能,才能够最终达到理想的效果。

思 　考 　题

1. 谈谈对"图层"的理解。
2. 什么是图层蒙版? 它有什么功能?
3. 谈谈对"图层样式"的认识。

4. 如何调整图层的透明度？

5. "色相/饱和度"命令有哪些功能？

6. 如何对画笔进行调整？

7. 谈谈对"滤镜"的理解。

8. "图层模式"有什么用途？在哪里进行调整？

第 8 章　动画制作软件 Flash

学习目标

- 了解 Flash 的特点和主要应用领域。
- 熟悉 Flash 的界面环境,熟悉常用操作面板。
- 掌握 Flash 常用工具的用法。
- 理解时间轴、帧、图层的概念和应用方法。
- 理解元件、实例、库的关系。
- 掌握在 Flash 中导入图片、声音和视频的方法。
- 了解 Flash 动画的基本制作流程。
- 理解逐帧动画、补间动画、引导线动画、遮罩动画的含义并掌握具体制作方法。
- 了解交互式按钮的制作方法。
- 掌握 Flash 影片发布与导出的方法。

8.1　Flash 基础知识

8.1.1　Flash 概述

　　Flash 是美国 Adobe 公司推出的一款多媒体动画制作软件。它是一种交互式动画设计工具,可以把音乐、音效、动画以及多种元素融合到一起,制作出高品质的动态效果。与 GIF 等其他动画不同,Flash 动画是一种矢量动画,具有体积小便于传输、人机交互等特点。到目前为止,Flash 已经成为一个跨平台的多媒体标准。

8.1.2　Flash 特点

　　(1) 使用矢量图形和流式播放技术。与位图图形不同的是,矢量图形可以任意缩放尺寸而不影响图形的质量,画面永远保持清晰,不会出现类似位图的锯齿现象;流式播放技术使得动画可以边播放边下载,从而避免网页浏览者的长时间等待。

　　(2) 高超的压缩性能。通过使用关键帧和图符使得所生成的动画(.swf)文件非常小,几 K 字节的动画文件就可以实现精美的动画效果,用在网页设计上不仅可以使网页更加生动,而且下载迅速,使得动画几乎在打开网页的同时就可以播放,非常适合在网络上传播。

　　(3) 把音乐、动画、声效、交互方式融合在一起,越来越多的人已经把 Flash 作为网页动画设计的首选工具,并且创作出了许多令人叹为观止的动画效果。

　　(4) 多样的文件导入导出格式:Flash 支持导入大部分的位图图像格式、矢量图文件格式以及视音频格式,同时,导出功能也非常强大,不仅可以导出.swf、.avi、.gif、.mov 等动画格式,还可以导出.html、.app、和.exe 等其他多种文件格式。

　　(5) 优秀的交互功能:通过 Action 和 Fs Command 可以实现强大的交互功能,真正实现了人机对话。另外,它与当今最流行的网页设计工具 Dreamweaver 配合默契,可以直接嵌入到网页的任意位置,在网页设计制作领域使用非常便捷。

8.1.3 Flash 的应用领域

当前,Flash 的应用领域主要有以下几个方面。

(1) 娱乐短片。利用 Flash 制作动画短片,以供大家娱乐,这是当前国内最火爆、也是广大 Flash 爱好者最热衷的一个领域,如流行的"小破孩"、"大话三国"和"小小作品"等。如图 8-1 所示。

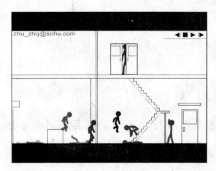

图 8-1　小小作品和小破孩

(2) 课件制作。与 PowerPoint 相比,Flash 制作的教学课件不仅体积小、生动形象,而且动画效果丰富,交互性强,如图 8-2 为 Flash 制作的某节物理课件。

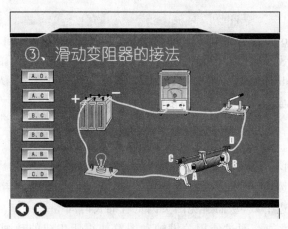

图 8-2　Flash 制作的物理课件

(3) 网站广告。在各大网站首页几乎都能看到形式各样的 Flash 广告,如图 8-3 所示。调查资料显示,很多企业都愿意采用 Flash 制作广告,因为它具有一次制作,多平台发布的优势,既可以在网络上发布,同时也可以存成视频格式在传统的电视台播放。

(4) MTV。这也是一种应用比较广泛的形式。在一些 Flash 网站,如"闪客帝国"等,几乎每周都有新的 MTV 作品产生并受到广泛关注。在国内,很多歌曲直接使用 Flash 制作原版 MTV,如图 8-4 所示。

(5) Flash 导航条和 Flash 整站点。Flash 交互功能非常强大,通过鼠标的各种动作,可

图 8-3　门户网站的 Flash 广告

图 8-4　Flash MTV 动画作品

以实现动画、声音等多媒体效果,是制作多媒体菜单的首选。很多网站乐于采用 Flash 技术搭建或实现其中的一部分交互功能,Flash 所产生的交互性动态效果能够给用户带来全新的体验,如图 8-5 所示。

图 8-5　三星中国站点采用了 Flash 导航条设计

（6）游戏制作。利用 Flash 开发的游戏，通过网络进行传播，是当前流行的网络游戏样式。其中不乏将网络广告与游戏相结合的创作，让受众参与其中，大大增强广告效果，如图 8-6 所示。

图 8-6　Flash 游戏

（7）产品展示。由于 Flash 具有强大的交互功能，很多公司利用它来展示产品。通过Flash 技术制作的展示产品可以控制观看产品的功能、外观以及其他用户关心的内容等，互动的效果比传统的展示方式更胜一筹，如图 8-7 所示。

图 8-7　Flash 产品展示

（8）应用程序界面开发。任何支持 ActiveX 的程序设计系统都可以使用 Flash 动画，越来越多的应用程序界面应用了 Flash 技术，例如 8-8 所示为瑞星杀毒软件的 Flash 界面。

图 8-8　瑞星杀毒软件安装界面

（9）开发网络应用程序。目前 Flash 已经大大增强了网络功能，可以直接通过 XML 读取数据，同时加强与 ColdFusion、ASP、JSP 和 Generator 的整合，使得 Flash 开发网络应用程序得到越来越广泛的应用，如图 8-9 所示。

图 8-9　儿童虚拟社区 hezi(盒子)

8.1.4　Flash 工作界面

运行 Adobe Flash CS3 以后，会出现如图 8-10 所示的主界面。Adobe Flash CS3 的工作环境包括标题栏、菜单栏、主工具栏、时间轴、舞台工作区、工具箱、状态栏和其他各种对话框等。

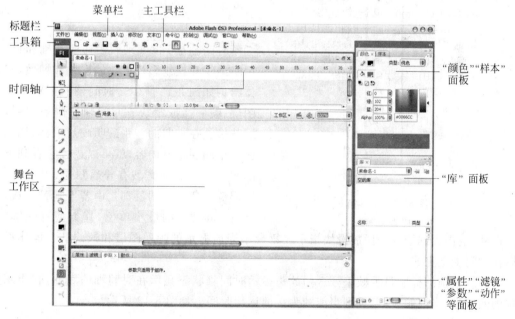

图 8-10　Flash CS3 界面布局

1. 标题栏

用过 Windows 其他程序的用户都会知道，任何一个 Windows 应用程序窗口或文档窗口的最上方都有标题栏，标题栏的主要作用就是显示当前运行的主要应用程序和文档名，

Flash 也是一样。在标题栏的最左侧有一个 Flash 标志,用鼠标单击,会出现应用程序窗口控制菜单,可以对应用程序窗口的尺寸、位置及打开关闭操作进行控制。

2．菜单栏

菜单栏位于标题栏的下方。每个菜单下面都有子菜单,有的菜单下还包括三级、四级子菜单。用鼠标单击菜单名,就可以打开下拉式菜单,从中选择相应的选项来完成各种操作。

3．主工具栏

Flash CS3 的主工具栏提供了一些常用的工具,它由一组带有通用的象形示意的按钮组成,形象直观地表示出各个图标的功能,如图 8-11 所示。

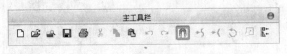

图 8-11　Flash CS3 的主工具栏

4．工具箱

Flash CS3 工具箱的功能非常强大,在默认状态下工具箱位于窗口左侧单列竖排放置。用户可通过鼠标拖动,将它放在桌面任何位置。通过工具箱上一系列按钮,用户可完成对象

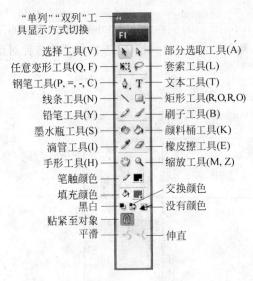

图 8-12　工具箱

选择、图形绘制,文本录入与编辑、对象控制与操作等工作。图 8-12 标示出各种工具的中文名称,括号内的英文字母是工具的快捷键,鼠标放在工具上悬停几秒就会出现该工具的中文名称和快捷键。

5．时间轴

时间轴是 Flash 动画制作的基础和核心,用于组织和控制影片播放的层数和帧数,其具体结构如图 8-13 所示。时间轴的主要组件是图层、帧和播放滑块。时间轴左侧是图层,图层就像叠在一起的多张透明胶片一样,如果上面一个图层没有内容,就可以透过它看到下面的图层。图层的类型有普通图层、引导层、遮罩层等。每一个图层都是由若干"帧"组成,帧是 Flash 动画的最小单位,其类型有关键帧、

空白帧、空白关键帧等。播放滑块指示在舞台中当前显示的帧。图层和帧的基本操作都可以在时间轴上完成。

时间轴顶部标题显示帧编号。播放头指示时间轴状态显示在时间轴的底部,它指示所选的帧编号、当前帧频,以及到当前帧为止的运行时间。如图 8-13 所示。

6．舞台工作区

舞台工作区就是 Flash CS3 的主要工作窗口,所有动画对象都必须放置在该区域才可以浏览。这些动画对象可以是文本、图形、导入的图、视频等。舞台也是 Flash 影片播放的区域,其中灰色区域的内容,在影片发布以后是不可见的。如图 8-14 所示。

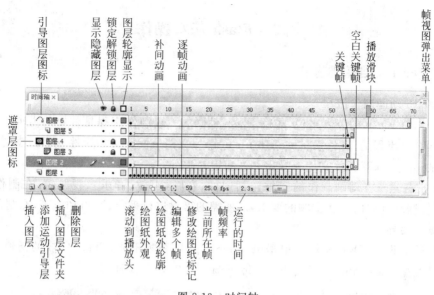

图 8-13 时间轴

7. 面板和属性检查器

默认工作界面的右侧和下侧是浮动面板区域和属性检查器,它们功能强大并且在工作中最为常用。Flash 中有很多面板,可以在主菜单中把它们打开或关闭,或根据需要自定义工作区,如图 8-15 所示。

图 8-14 舞台工作区

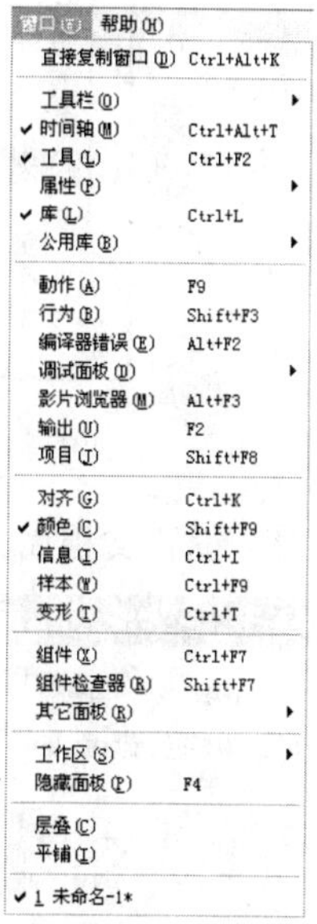

图 8-15 面板列表

使用面板和属性检查器,可以查看、组合和更改资源及其属性。可以显示、隐藏面板和调整面板的大小,也可以组合面板并保存自定义的面板设置,从而能更容易地管理工作区。属性检查器在操作时实时显示结果,以反映正在使用的工具和资源,从而能够快速访问常用功能,使操作更具有交互性。

8.2 Flash 基本操作

8.2.1 Flash 文档基础操作

1. Flash 动画制作流程

对于初学 Flash 的读者来说，了解 Flash 动画的一般制作流程是首要的需求。Flash 动画的基本制作流程是，准备素材→新建 Flash 影片文档→设置文档属性→组织素材，制作动画→测试影片→保存影片文档→导出和发布影片。

(1) 准备素材。动画制作的素材包括图像、音频（声效、音乐）、视频等，在制作动画之前，需要根据动画的内容和主题的要求，对所需的素材进行采集、编辑和整理，在制作动画时可以根据需要导入。

(2) 新建 Flash 影片文档。根据 ActionScript 的版本不同，Flash CS3 的新建 Flash 文档有两种类型，ActionScript 3.0 和 ActionScript 2.0，如图 8-16 所示。

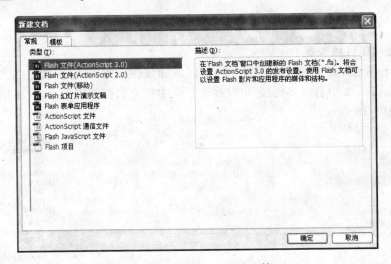

图 8-16　新建 Flash 影片文档

(3) 设置文档属性。在正式制作动画之前，一般要先设置好文档的基本属性，如舞台尺寸、背景颜色、帧频（每秒播放的帧数），单击"属性"面板的"文档属性"按钮，即可打开"文档属性"对话框，如图 8-17 所示。

(4) 组织素材，制作动画。这是完成动画的主要步骤，一般需要先创建动画角色（例如导入外部素材，或者通过绘图工具直接在舞台中绘制）并将其放到合适的位置，然后在时间轴上组织和编辑动画效果，这个环节是最复杂的，往往需要反复编辑和测试，才能获得满意效果。

(5) 测试和保存影片。动画制作完成后，选择"控制"|"测试影片"菜单命令（或按 Ctrl+Enter

图 8-17　"文档属性"对话框

键)查看动画效果,如不满意可继续编辑动画,若满意可选择"文件"|"保存"菜单命令(或按Ctrl+S键)保存文档。保险起见,在动画制作过程中要注意经常保存文件。

(6)导出和发布影片。动画经过测试达到理想效果以后,可以导出为 swf 格式的影片或利用"发布"命令得到更多类型的目标文件,以便脱离 Flash 编辑环境播放。

2. 实例

【**例 8-1**】 第一个 Flash 动画。

本节通过一个最简单的动画制作来熟悉一下 Flash 动画的制作流程。

步骤 1:启动 Flash CS3,按 Ctrl+N 键选择新建"Flash 文件(ActionScript 3.0)",打开一个新的影片文档。

步骤 2:在"属性"面板中单击"文档属性"按钮 ⸢ 550 x 400 像素 ⸥ ,弹出"文档属性"对话框,按图 8-18 设置文档属性。

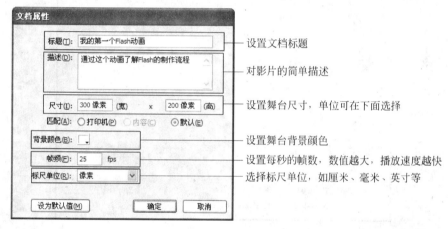

图 8-18　设置文档属性

步骤 3:创建动画元素:选择工具箱中的"文字工具",在"属性"面板中设置合适的字体、大小和颜色,然后将鼠标放到舞台上单击,在文本输入框中输入"我的第一个 Flash 动画"。然后在工具箱中选择"选择工具" ,拖动文字到舞台中央,如图 8-19 所示。

步骤 4:设置文字滤镜效果:选中文本对象,打开片"滤镜"面板,单击左上角的 按钮,在弹出的下拉菜单中选择"投影",此时文本对象就加上了滤镜效果,如图 8-20 所示。

图 8-19　创建文本对象

图 8-20　设置文字滤镜效果

步骤 5：测试和保存影片：按 Ctrl＋Enter 键弹出测试窗口，可以预览动画效果。返回编辑窗口，选择"文件"|"保存"菜单命令，弹出"另存为"对话框，指定要保存的文件夹，输入"第一个 Flash 动画"作为文件名，单击"保存"按钮即可保存当前文档，其扩展名为.fla。在"我的电脑"窗口中找到刚保存的文件，发现还有一个扩展名为.swf 的文件，是在测试时系统自动生成的播放文件，用任何一种 Flash Player 播放器（Internet Explorer 也可以）均可以播放，而.fla 属于 Flash 源文件，只有用 Flash 软件才可以打开编辑。

步骤 6：导出影片：选择"文件"|"导出"菜单命令，在弹出的"导出影片"对话框中，选择保存类型（如 swf、avi、mov、wav 等），如图 8-21 所示，输入导出文件名后，单击"保存"按钮，弹出"导出 Flash Player"对话框，单击"确定"按钮即可。

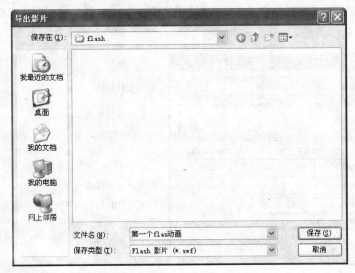

图 8-21　"导出影片"对话框

8.2.2　Flash 绘图基础

图形是制作 Flash 动画的基础，要创作出专业的 Flash 动画作品，必须先掌握图形的绘制方法。第 8.1.4 节已经介绍过 Flash 具有丰富的矢量绘图工具，它们功能强大且使用简单，本节首先介绍 Flash 的常用工具，最后通过一个卡通小熊的绘制实例使读者进一步掌握各类工具的使用方法。

1. 对象选择与选取工具

可用来选择或选取对象的工具包括：选择工具、部分选取工具和套索工具，下面分别介绍。

（1）"选择工具"。"选择工具"用来选择舞台中的对象，然后可以移动、改变对象的大小和形状。使用选择工具既可以选择全部对象，也可以部分选取对象。按住鼠标左键向周围拖曳，将全部对象框选，就可以选择全部对象，如果只框选一部分，则选取部分对象，如图 8-22 所示。

操作技巧：

① 配合键盘的 Alt 键，对选取的对象按住鼠标左键进行拖曳，可以快速复制该对象。

图 8-22　Flash 选择工具

② 单击对象的一部分可以部分选取对象。配合 Shift 键可以实现对象不同部分的选取。单击对象的边线或者填充色，可以选取部分线段或填充色。

③ 双击线条可以同时选取与该线段连接的所有线段，双击填充色则可以选取与该填充色连接的所有线段。

④ 将鼠标指针放在线条上拖曳，可以将线条扭曲，从而使对象变形，如图 8-23(a)所示。把鼠标放在线条的边角处，可以拖曳边角位置，也可使对象变形，如图 8-23(b)所示。

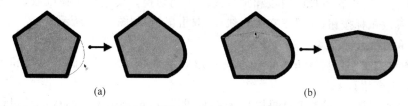

(a)　　　　　　　　　　　　　(b)

图 8-23　用 Flash 选择工具编辑图形

(2)"部分选取工具"。部分选取工具可以显示线段或对象轮廓上的锚点，通过移动编辑锚点将对象变形，编辑为所需要的图形。

操作技巧：

① 可以通过"钢笔工具"下的"添加锚点工具"和"删除锚点工具"为编辑对象添加或者减少锚点。

② 使用"部分选取工具"用来移动锚点可以调整线段的长度、角度或曲线的斜率。也可以通过键盘的"上"、"下"、"左"、"右"键对锚点位置进行微调。删除不必要的锚点可以优化曲线并能减小文件的大小。

③ 如果要将转角点转换为曲线点，使用"部分选取工具"选择该锚点，按住键盘 Alt 键拖动该锚点来放置切线手柄。如果要将曲线点转换为转角点，可以用"钢笔工具"单击该点。

④ 选择"部分选取工具"，在曲线上选择一个锚点。在选定的锚点上就会出现一个切线手柄，如图 8-24(a)所示。要调整锚点两边的曲线形状，可以拖动该锚点，或者拖动切线手柄。按住 Shift 键拖动会将曲线锁定为倾斜 45°的倍数，按住 Alt 键可以单独拖动切线手柄(将关联的切线手柄切断联系，能够调节出锐利的角度)，如图 8-24(b)所示。

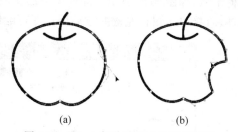

(a)　　　　　(b)

图 8-24　Flash 部分选取工具编辑图形

(3)"套索工具"。套索工具可以用来选取或者部分选取对象。有自由选取和多边形选取两种方式。在使用套索工具时，可以按着 Alt 键在不规则和直边选择模式之间切换。

套索工具的具体使用方法如下。

① 通过勾画不规则选择区域选择对象。选择套索工具，然后在区域周围拖画。在开始位置附近结束拖画，形成一个闭合区域，或者让 Flash 自动用直线闭合，如图 8-25 所示。

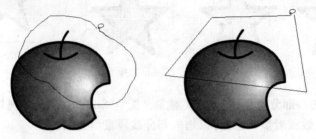

图 8-25　Flash 套索工具的两种选择模式

② 通过同时勾画不规则和直边选择区域选择对象。选择套索工具，取消选择“多边形模式”按钮，要画不规则线段，在舞台上拖动指针；要画一条直线段，按住 Alt 键单击设置起始点和结束点。可以在不规则线段和画直线段之间切换。要闭合选择区域，如果正在画不规则线段，释放鼠标按钮；如果正在画直线段，双击鼠标，如图 8-25 所示。

2. 简单图形绘制工具

简单图形的绘制包括线条工具＼和基本形状工具（矩形工具、椭圆工具和多角星型工具），下面分别介绍。

（1）“线条工具”。线条工具可以用来绘制线段，通过连接不同的线段还可以组合为各种图形。选择线条工具，在舞台上按住鼠标左键进行拖动，即可绘制线条。按住 Shift 键拖动可以将线条限制为倾斜 45°的倍数。在“属性”面板中可以设置线条的颜色、粗细、线条样式（笔触样式）等属性，如图 8-26 所示。笔触的样式可以通过单击“自定义”按钮，在弹出的“笔触样式”对话框中进行设置。如图 8-27 所示。

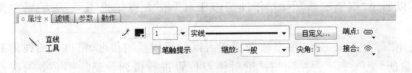

图 8-26　线条工具使用面板

（2）形状工具。使用形状工具可以轻松创建椭圆、矩形、多边形和多角星形这些基本几何形状，如图 8-28 所示。选择相应的工具，绘制之前先在“属性”面板中设置笔触和填充属性，直接单击鼠标左键并拖动鼠标即可绘制相应图形。

图 8-27　设置“笔触样式”

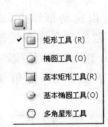

图 8-28　形状工具

操作技巧：

① 使用"矩形工具"绘制正方形，可以在绘制同时按住键盘 Shift 键，同理使用"椭圆工具"方法可以绘制正圆。

② "基本椭圆工具"和"基本矩形工具"是 Flash CS3 新增加的两种绘图工具，这两种绘图工具可以在舞台上使用调结点很方便地对图形进行编辑。使用"基本椭圆工具"可以绘制圆环或扇形。"基本矩形工具"可以绘制圆角矩形，调节圆角半径可控制圆角的大小，如图 8-29 所示。

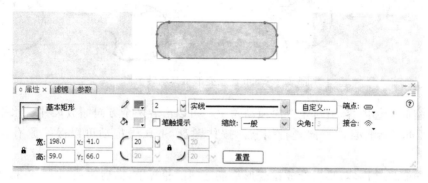

图 8-29　绘制圆角矩形

③ "多角星形工具"可以用来绘制多边形和多角星形，绘制边数可以通过"属性"面板中的"选项"进行调节，如图 8-30 所示。

图 8-30　绘制多边形

3. 变形工具

变形工具包括任意变形工具和渐变变形工具两种，如图 8-31 所示。

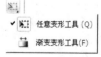

（1）任意变形工具。任意变形工具可以将对象进行移动、旋转、倾斜、缩放、扭曲和封套等变形操作。任意变形工具能应用于对象、组、实例、文本块。它不但可以单个执行变形操作，而且可以将几个对象同时进行变形操作。

图 8-31　变形工具

操作技巧：

① 要移动所选内容，将指针放在边框内的对象上，然后将该对象拖动到其他位置，注意

不要拖动中心点。

② 要调节缩放、旋转的中心，直接将中心点拖动到新位置。

③ 要旋转所选择内容，将指针放在边框 4 个边角外侧，则出现可旋转图标，左键按下该图标可进行旋转操作，按住 Shift 键可以锁定 45°的倍数进行旋转操作。按住 Alt 键可以围绕对角进行旋转，如图 8-32 所示。

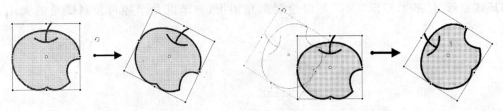

图 8-32　Flash 任意变形工具旋转图形

④ 要缩放所选内容，沿对角方向拖动角手柄可以沿着两个方向缩放尺寸。水平或垂直拖动角手柄可以沿各自的方向进行缩放。按住键盘 Shift 键拖动可以保持原有比例进行缩放。

⑤ 要倾斜所选内容，将指针放在变形手柄之间的轮廓上，向后拖动，如图 8-33 所示。

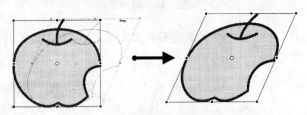

图 8-33　Flash 任意变形工具斜切图形

⑥ 要扭曲所选图形，首先右击该图形，从弹出的快捷菜单中选择"扭曲"菜单命令，然后拖动黑色调节块即可，如图 8-34 所示。不使用"扭曲"选项，也可以按住键盘 Ctrl 键，达到同样的调节作用。若同时按住 Shift 键和 Ctrl 键拖动角手柄可以锥化对象。

⑦ 要用封套修改形状，首先单击"封套"选项，调节角点和切线手柄即可，如图 8-35所示。

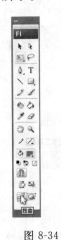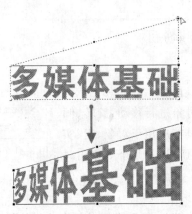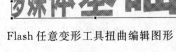

图 8-34　Flash 任意变形工具扭曲编辑图形　　　图 8-35　Flash 任意变形工具封套编辑图形

⑧ 要结束变形操作，单击空白区域即可。

注意：任意变形工具不能变形元件、位图、视频对象、声音、渐变、对象组和文本。如果所选的多个内容包括以上任意内容，则只能扭曲形状对象。要变形文本，需将文本转换为形状对象。

（2）渐变变形工具。渐变变形工具可以对所选对象进行渐变填充或位图填充，达到富有变化的填充效果。

操作技巧：

① 选择"渐变变形工具"，单击使用渐变或位图填充的区域，这时会显示出编辑手柄，如图 8-36 所示。通过调节这些编辑手柄可以对渐变填充的大小、方向或中心进行调节，从而达到所需要的效果。配合 Shift 键可以将线性渐变填充的方向限制为 45°的倍数，线性渐变和放射性渐变的调节如图 8-36 所示。

② 要放置渐变或位图填充的中心点，拖动中心点；要更改渐变或位图填充的宽度，拖动边框边上的方形宽度手柄；要更改渐变或位图填充的高度或大小，拖动大小调节手柄；要旋转渐变或位图填充，拖动圆形旋转手柄。

③ 要对渐变颜色进行修改，可以打开"颜色"面板，选择各种填充类型，或对填充的颜色进行设置，如果渐变颜色结点不够，可以直接将鼠标放置在"渐变定义栏"，这时鼠标提示增加颜色结点，直接单击左键即可添加结点，如图 8-37 所示。配合 Ctrl 键单击可以删除多余的渐变结点。

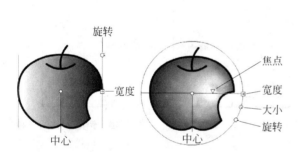

图 8-36 线性渐变和放射性渐变的调节编辑手柄

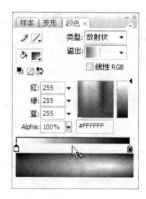

图 8-37 渐变颜色编辑面板

4. 复杂图形绘制工具

上节介绍的线条工具、形状工具可以用来绘制较规则的形状，如果要绘制比较复杂的图形，就要用到功能强大的钢笔工具、铅笔工具、刷子工具、墨水瓶、颜料桶、橡皮等，本节介绍这几种工具的使用方法。

（1）"钢笔工具"。钢笔工具可以用来绘制直线和曲线，特别是精细的曲线或图形，也可以用来绘制精确的路径。

操作技巧：

① 使用钢笔工具依次单击可以创建多边形，单击和拖动可以创建曲面图形。

② 配合"部分选取工具"对所绘制图形的锚点进行调节，从而绘制出精确复杂的图形。使用"钢笔工具"单击绘制好的锚点可以将曲线转换为直线，再次单击可以删除锚点。使用

"钢笔工具"也可以编辑如铅笔、笔刷、线条、椭圆或矩形工具的锚点。

③ "钢笔工具"下放置了几个辅助工具，分别是"添加锚点工具"、"删除锚点工具"和"转换锚点工具"。其中前两个工具主要是用于添加和删除锚点，"转换锚点工具"主要用于直线和曲线角点的转换，如图 8-38 所示。

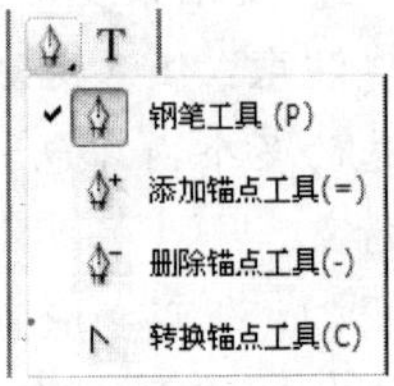

④ 设置钢笔工具首选参数，选择"编辑"|"首选参数"菜单命令（或按 Ctrl＋U 键），然后在类别中单击"绘画"选项，如图 8-39 所示。

图 8-38　钢笔工具下的相关工具

- 选择"显示钢笔预览"可以在画线段时进行预览；
- 选择"显示实心点"可以指定选定的锚记点显示为实心点；
- 选择"显示精确光标"可以指定钢笔工具指针以十字准线指针的形式出现，而不是以默认钢笔工具图标的形式出现，这样可以提高线条的定位精度。

（2）"铅笔工具"。使用铅笔工具，与真实铅笔绘图的方式和感觉大致相同。用铅笔工具在舞台上拖动进行绘画。按住 Shift 键拖动可将线条限制为垂直方向或水平方向。要在绘画时平滑或伸直线条和形状，可以给铅笔工具选择一种绘画模式，如图 8-40 所示（选择铅笔工具后，工具箱最下端出现 S. 按钮，单击即可）。

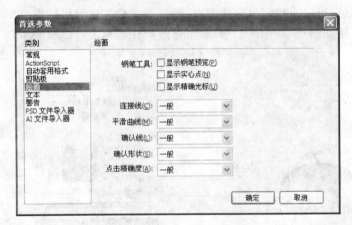

图 8-39　钢笔工具的首选参数

图 8-40　铅笔工具的三种模式选项

① 选择"直线化"可以绘制直线，在接近三角形、椭圆（包括正圆）、矩形和正方形形状的时候，会被自动拉伸为这些几何形状。

② 选择"平滑"可以绘制平滑曲线。

③ 选择"墨水"可以绘制任意而又不用修改的线条。

（3）"刷子工具"。刷子工具能绘制出画笔般的笔触，就像使用毛笔或笔刷一样。它可以绘制出具有书法效果的线条。如果使用数位板绘图，可以通过改变数位板上的压力来改变笔触的宽度，很多 Flash 动画师都使用数位板结合刷子工具进行绘图和动画制作。

在使用笔刷工具涂色时，可以使用导入的位图作为填充。选择刷子工具后可以看到工具箱底部出现对应选项，用以对笔刷的参数进行调节，如图 8-41 所示。使用刷子工具绘图时按住 Shift 键拖动可将笔触限定为水平方向和垂直方向。

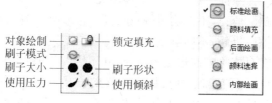

图 8-41　刷子工具的设置选项和刷子的 5 种模式

笔刷工具有 5 种绘制模式。

①"标准绘画"模式可以在同一层的线条和填充上涂色。

②"颜料填充"模式可以对填充区域和空白区域涂色,不影响线条。

③"后面绘画"模式可以在同层舞台的空白区域涂色,不影响线条和填充。

④"颜料选择"模式会将新的填充应用到选择区中(即简单地选择一个填充区域并应用新填充)。

⑤"内部绘画"模式可以对笔触开始的填充进行涂色,但不会对线条涂色。如果在空白区域开始涂色,该填充不会影响任何现有填充区域。

(4)"墨水瓶工具"。"墨水瓶工具" 可以为对象添加边线轮廓,也可以改变线条的颜色、粗细和笔触样式等属性。对直线只能应用纯色,而不能应用渐变或位图。

要为对象添加轮廓,先选择"墨水瓶工具",在对象边缘附近单击鼠标即可;如果更改线条的粗细、颜色和笔触样式等属性,需要先在属性检查器中进行设置,再单击所需要更改的线条即可。

(5)"颜料桶工具"。颜料桶工具可以给对象填充颜色,也可更改已填充区域的颜色。可用纯色、渐变填充以及位图进行填充。颜料桶工具封闭区域空隙可有几种不同的选项,如图 8-42 所示。使用方法比较简单,先选择"颜料桶工具",在属性检查器里设置填充颜色,在对应的选项里选择一个空隙的大小选项,如果空隙太大,就需要手动封闭。

(6)"滴管工具"。"滴管工具" 可以从一个对象复制填充和笔触属性,然后立即将它们应用到其他对象;滴管工具还允许从位图图像取样用做填充。使用方法是:首先选择"滴管工具",然后单击将其属性应用到其他笔触或填充区域的笔触及填充区域(当单击一个笔触时,该工具自动变成墨水瓶工具。当单击已填充的区域时,该工具自动变成颜料桶工具,并且打开"锁定填充"按钮)。最后,单击其他笔触或已填充区域以应用新属性。

(7)"橡皮擦工具"。橡皮擦工具能够擦除舞台上笔触和填充色。选择橡皮擦工具以后,会出现形状和大小的调节。橡皮擦工具可以定义 5 种擦除模式,如图 8-43 所示。如果想删除舞台上的所有内容,双击橡皮擦工具即可。

图 8-42　"颜料桶工具"的 4 种填充模式

图 8-43　橡皮擦的 5 种擦除模式

① "标准擦除"可以擦除同一层上的笔触和填充。

② "擦除填色"只擦除填充，不影响笔触。

③ "擦除线条"只擦除笔触，不影响填充。

④ "擦除所选填充"只擦除当前选定的填充，并不影响笔触，而不管笔触是否被选中（以这种模式使用橡皮擦工具之前，需选择要擦除的填充）。

⑤ "内部擦除"只擦除橡皮擦笔触开始处的填充。如果从空白点开始擦除，将不会擦除任何内容。以这种模式使用橡皮擦并不影响笔触。

⑥ "水龙头"可快速擦除所选笔触或填充色。

(8) "缩放工具"。"缩放工具" 可放大或缩小舞台的视图，便于图形的编辑。

① 要对"缩放工具"进行放大或缩小之间的切换，可使用"放大" 或"缩小" 按钮选项。

② 若要放大图形的一部分，可使用缩放工具拖出一个矩形选取框选中这部分。Flash可以设置缩放比率，从而使框选的部分充满整个窗口。

③ 双击"工具"面板中的"缩放"工具，可将视图恢复为100%缩放比率。

④ 通过调节舞台右上方的选项来调节显示比例，如图8-44所示。

(9) "颜色控件"。工具箱中的"笔触颜色"和"填充颜色"控件可以选择纯色或渐变的颜色，交换笔触颜色和填充颜色，还可以选择默认的笔触颜色和填充颜色（黑色笔触、白色填充），如图8-45所示。一般的图形既有笔触颜色又有填充颜色，文本对象和笔触只有填充颜色，用线条、钢笔和铅笔工具绘制的线条只有笔触颜色。

图 8-44　窗口显示比例调节

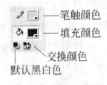

图 8-45　颜色控件

5. 实例

【例8-2】　绘制卡通小熊。

Flash的工具箱和使用方法已经介绍完毕，如何综合利用工具箱中的各种工具绘制自己所需要的图形，需要反复练习，才能做到熟能生巧。下面通过一个卡通小熊绘制实例来介绍Flash基本绘图方法。

步骤1：设置文档。新建一个宽800像素、高600像素的Flash文档，背景颜色设置为白色，帧频设置为25帧。

步骤 2：绘制头部。使用"椭圆工具"绘制一个椭圆，作为头的基本形状，将边线颜色设置为深褐色(♯993300)，填充颜色设置为棕黄色(♯DB9C4D)，使用"部分选取工具"按图 8-46 所示对结点进行调节。

步骤 3：绘制眼睛和嘴底色。选择"椭圆工具"，将工具箱中的"对象绘制"按钮打开(可以保证在同一图层中绘制不同的对象)。嘴底色为浅褐色(♯EFCDA7)，眼睛为黑色，高光为白色。通过复制的方法绘制出对称的眼睛，如图 8-47 所示。

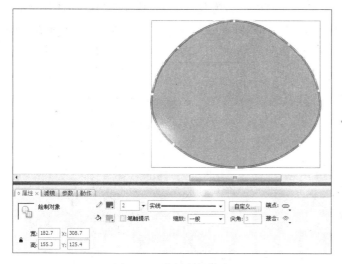

图 8-46　绘制头部轮廓

图 8-47　绘制眼睛和嘴底

步骤 4：绘制鼻子。同样使用"椭圆工具"绘制出鼻子和鼻子上的高光。鼻子颜色为黑色，高光的填充色设置为黑到白的线性渐变，如图 8-48 所示。选择工具箱中的"渐变变形工具"，对渐变进行调节，将水平方向调节为垂直方向。在右面的"颜色"面板中将白色的Alpha 值设置为 72%。

图 8-48　设置渐变

步骤 5：绘制嘴巴和耳朵。选择工具箱中的"线条工具"，先绘制一个水平的直线（按住键盘 Shift 键），线条粗细为 2 像素，颜色为黑色。再使用"部分选取工具"将直线调节成弧线，最后使用"线条工具"绘制出小熊的"人中"。新建一个图层，将其命名为"耳朵"，使用"椭圆工具"绘制耳朵，每个耳朵由两个椭圆组成，浅色部分为浅褐色（＃EFCDA7），深色填充色为棕黄色（＃DB9C4D），边线为深褐色（＃993300）。复制出右边的耳朵，并将"耳朵"图层移至"头部"图层下方，如图 8-49 所示。

步骤 6：绘制身体部分(1)。新建一个图层命名为"身体"，将其置于"耳朵"图层下面，先使用"钢笔工具"绘制身体的大体形状，注意将"对象绘制"按钮关闭，如图 8-50 所示。再使用"部分选取工具"对所绘制的图形进行精细调节，调节效果如图 8-51 所示。

图 8-49　绘制耳朵

图 8-50　绘制身体基本形状

步骤 7：绘制身体部分(2)。使用"选择工具"删除多余的线，再使用"线条工具"添加一些细节，如图 8-52 所示。使用工具箱中的"颜料桶工具"和"墨水瓶工具"填充身体的颜色，衣服填充色为蓝色（＃0952B5），身体部分为浅褐色（＃EFCDA7）和棕黄色（＃DB9C4D），如图 8-53 所示。

图 8-51　对身体进行精细调节

图 8-52　删除多余部分

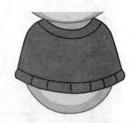

图 8-53　填充颜色

步骤 8：绘制身体部分(3)。使用"橡皮工具"擦除身体下部的部分边线（配合"擦除线条"的橡皮擦模式）。使用"文本工具"绘制文字"BEAR"，将字体设置为"方正少儿简体"（需要安装),字体大小为38,字体颜色为黄色(♯FFFF00),如图8-54所示。

图 8-54　添加胸前文字

步骤9：绘制手臂。新建一个图层将其命名为"右胳膊",将其置于"身体"图层下。使用绘制身体的方法绘制胳膊,如图8-55所示。新建一个图层并将其命名为"左胳膊",将其置于"右胳膊"图层下,将刚绘制的右胳膊复制,粘贴到左胳膊图层里,选择"修改"|"变形"|"水平翻转"菜单命令,将其水平翻转,并移至合适位置,如图8-56所示。

图 8-55　绘制右臂

图 8-56　复制左臂

步骤 10：绘制腿。新建右腿图层，将图层置于左右胳膊图层与身体图层之间。使用同样的方法绘制右腿，效果如图 8-57 所示。复制出左腿，将其移至合适位置，到这里整个卡通小熊就绘制完成了，最终效果如图 8-58 所示。

图 8-57　绘制右腿

图 8-58　复制左腿

8.2.3　Flash 处理文字和位图

1. 处理文字对象

（1）创建文本。Flash 中可以创建 3 种类型的文本字段：静态文本、动态文本和输入文本。静态文本显示不会动态更改字符的文本；动态文本字段显示动态更新的文本，如新闻公告、股票报价或天气报告等；输入文本字段允许用户将文本输入到表单或调查表中。

创建完文本以后，可以在属性检查器中对所创建的文本进行编辑，如图 8-59 所示。其中编辑格式选项可以设置文本的行间距、缩放、左边距和右边距。

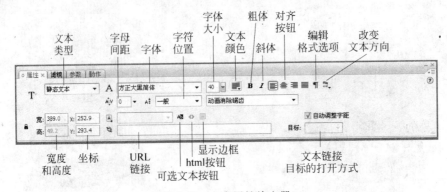

图 8-59　文本属性检查器

（2）编辑文本。Flash 中的文本编辑方式与 Word 类似。可以使用剪切、复制和粘贴命令在 Flash 文件内或其他应用程序之间移动文本。按住 Shift 键单击可选择多个文本块。

可以变形、缩放、旋转、倾斜和翻转文本块以产生有趣的效果。将文本块当做对象变形时,磅值的增减不会反映在属性检查器中。已变形文本块中的文本依然可以编辑。

如果想对文本的基本形状进行编辑,就要对文本进行两次分离(第一次分离可以将多个文字变成单个文字,第二次分离可以把单个文字分离为图形),如图 8-60 所示。对文本分离可以将文本转换为组成它的线条和填充,以便对其进行改变形状、擦除和其他操作。一旦将文本分离,就不能再将它们作为文本来编辑。分离后的文本就像普通的图形一样可以设置渐变颜色、增加描边、设置封套变形等操作。

原文字 　　　　第一次分离为单个字 　　　　第二次分离为线条和填充

图 8-60　文本的两次分离

2. 导入位图对象

Flash CS3 可以导入多种文件格式的矢量图形和位图,如图 8-61 所示。

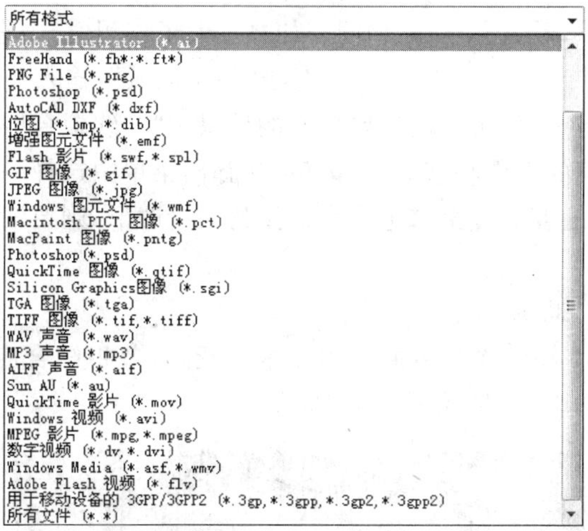

```
所有格式                                    ▼
Adobe Illustrator (*.ai)
FreeHand (*.fh*;*.ft*)
PNG File (*.png)
Photoshop (*.psd)
AutoCAD DXF (*.dxf)
位图 (*.bmp,*.dib)
增强图元文件 (*.emf)
Flash 影片 (*.swf,*.spl)
GIF 图像 (*.gif)
JPEG 图像 (*.jpg)
Windows 图元文件 (*.wmf)
Macintosh PICT 图像 (*.pct)
MacPaint 图像 (*.pntg)
Photoshop (*.psd)
QuickTime 图像 (*.qtif)
Silicon Graphics图像 (*.sgi)
TGA 图像 (*.tga)
TIFF 图像 (*.tif,*.tiff)
WAV 声音 (*.wav)
MP3 声音 (*.mp3)
AIFF 声音 (*.aif)
Sun AU (*.au)
QuickTime 影片 (*.mov)
Windows 视频 (*.avi)
MPEG 影片 (*.mpg,*.mpeg)
数字视频 (*.dv,*.dvi)
Windows Media (*.asf,*.wmv)
Adobe Flash 视频 (*.flv)
用于移动设备的 3GPP/3GPP2 (*.3gp,*.3gpp,*.3gp2,*.3gpp2)
所有文件 (*.*)
```

图 8-61　Flash 支持导入的文件格式

可以将插图导入到当前 Flash 文档的舞台中或先导入到当前文档的库中,再插入到 Flash 中。也可以通过将位图粘贴到当前文档的舞台中来导入。所有直接导入到 Flash 文档中的位图都会自动添加到该文档的库中。

(1) 在外部编辑器中编辑位图。如果系统上安装了 Fireworks 或 Photoshop 等其他图像编辑应用程序,则可以从 Flash 中启动该应用程序,从而编辑导入的位图,步骤如下:

① 在"库"面板中,右击该位图的图标,从弹出的快捷菜单中选择"编辑方式"菜单命令。

② 选择用于打开该位图文件的图像编辑应用程序,然后单击"确定"按钮。

③ 在图像编辑应用程序中对该文件执行所需的修改。

④ 在图像编辑应用程序中保存该文件,该文件会在 Flash 中自动更新。

⑤ 返回到 Flash 中继续编辑文档。

(2) 分离位图。分离位图会将图像中的像素分到离散的区域中,分离位图后,可以使用

Flash 工具对位图进行修改。可以用分离的位图进行填充,方法是用滴管工具选择该位图,然后用颜料桶工具或其他绘画工具将该位图应用为填充。分离后的位图可以使用"橡皮擦"工具将其余部分擦除,或者使用套索工具对其进行选择性的删除等。

(3) 将位图转换为矢量图形。"转换位图为矢量图"命令会将位图转换为具有可编辑的矢量图形,而且可减小文件大小。将位图转换为矢量图形后,矢量图形不再链接到"库"面板中的位图元件。

如果导入位图包含复杂的形状和多种颜色,则转换后的矢量图形文件会比原来的位图文件大。尝试"转换位图为矢量图"对话框中的各种设置,找出文件大小和图像品质之间的最佳平衡点。

位图转换方法:首先选择当前场景中的位图,然后选择"修改"|"位图"|"转换位图为矢量图"菜单命令,弹出"转换位图为矢量图"对话框,如图 8-62 所示。

图 8-62 "转换位图为矢量图"对话框

在"颜色阈值"中输入一个介于 1 和 500 之间的值(当两个像素进行比较后,如果它们在 RGB 颜色值上的差异低于该颜色阈值,则两个像素被认为是颜色相同。如果增大了该阈值,则意味着降低了颜色的数量)。对于"最小区域",输入一个介于 1~1000 的值,用于设置在指定像素颜色时要考虑的周围像素的数量。"曲线拟合"从弹出菜单中选择一个选项,用于确定绘制轮廓的平滑程度。"角阈值"从弹出菜单中选择一个选项,以确定是保留锐边还是进行平滑处理。要创建最接近原始位图的矢量图形,则要输入较低的值。

3. 实例

【例 8-3】 "儿童节"动画。

位图和文字在 Flash 动画作品中的应用非常广泛,本节将综合应用位图和文字来制作一幅庆祝儿童节的公益画。效果如图 8-63 所示。

图 8-63 庆祝儿童节

制作步骤如下。

步骤 1:新建文档。新建一个 Flash 影片文档,设置舞台尺寸为 600×400 像素,其他参数默认。

步骤 2:导入位图。选择"文件"|"导入"|"导入到库"菜单命令,弹出"导入到库"对话

框,选择要导入的图像文件(儿童节背景.jpg 和鸽子群.jpg),单击"打开"按钮,将图像导入到"库"面板中,如图 8-64 所示。

步骤 3:导入背景层。如图 8-65 所示,首先将库中的"儿童节背景"位图拖放到舞台上,并将图层 1 重命名为"背景"。

图 8-64　导入到库中的位图文件

图 8-65　导入背景层

步骤 4:添加和分离文字。单击时间轴左下角的 按钮插入一个新图层,命名为"儿童节",选择"文字工具",在"属性"面板中将字体设为"隶书",在舞台上输入"儿童节"3 个字,单击"选择工具",按 Ctrl+B 键将文字分离为单个字,如图 8-66 所示,此时每个文字都可以单独编辑。

步骤 5:继续编辑文字。将 3 个字分别拖放到 3 个气泡中,并将"儿"字的大小调整为88,颜色变为绿色,"童"字改为红色,"节"字改为蓝色,如图 8-67 所示,还可按前面的方法为每个文字添加"投影"、"发光"等效果。

图 8-66　分离文字

图 8-67　单独编辑每一个文字

步骤 6:导入鸽子图像。新建一个图层,命名为"鸽子",并将其他两个图层隐藏,以利于鸽子图层的修改,如图 8-68 所示,图层右面的 表示该图层目前不可见。将库中的"鸽子群"拖放到该图层中,使用"选择工具"选中鸽子群图像,按 Ctrl+B 键分离位图,被分离的图像呈点状显示,如图 8-69 所示。

步骤 7:删除图像背景。选择绘图工具箱中的"套索工具" ,单击工具栏下方选项栏中的魔棒工具 ,单击选中图像背景,按 Delete 键,删除选中的黑色背景。

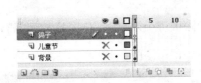

图 8-68 插入鸽子图层

图 8-69 分离位图

步骤 8：删除不需要的鸽子。单击"任意变形工具" ，选择图中不需要的鸽子，按 Delete 键将其删除，配合"橡皮工具"擦除不需要的残余像素，最后保留 3 个姿态较好的鸽子，完成后如图 8-70 所示。

步骤 9：调整鸽子的大小和位置。将"儿童节"和"背景"两个图层变为可见状态（单击 即可），如图 8-71 所示，对每一个鸽子，利用"变形工具"将其缩小至合适的大小，分别拖放至合适位置，如图 8-72 所示，至此"儿童节"公益画制作完毕，完整效果见图 8-71，按 Ctrl＋ Enter 键测试影片观看效果。

图 8-70 保留三个需要的鸽子

图 8-71 完整效果

图 8-72 调整鸽子的位置和大小

8.2.4 Flash 基础动画制作

1. 帧的基本概念和操作

帧是影像动画中最小单位的单幅影像画面，相当于电影胶片中的每一格镜头，一帧就是一副静止的画面，连续的帧快速播放，就形成动画。本节先从帧的基本概念和操作入手，从而深入理解动画的原理，为后面各种动画的制作打下基础。

（1）帧的分类。Flash 文档中，帧表现在"时间轴"面板上每个图层的一个个小方格，如图 8-73 所示，它是播放时间的具体表现，也是动画播放的最小单位，可以控制动画运动的方式、播放顺序和时间等。

从图 8-73 可以看出，每隔 5 个帧有"帧序号"标识，根据帧的性质不同，可分为"关键帧"

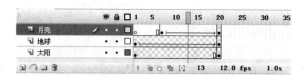

图 8-73　帧的表现形式

和"普通帧"。

① 关键帧定义了动画的变化环节,逐帧动画的每一帧都是关键帧,补间动画在动画的转折点上创建关键帧,然后由 Flash 自动创建两个关键帧之间的画面内容。实心圆点 是有内容的关键帧,空心原点 是没有内容的关键帧。

② 普通帧显示为普通的单元格,空白单元格是没有内容的普通帧,而有内容的普通帧根据动画类型的不同显示不同的颜色,如动作补间的帧显示为浅蓝色,形状补间的帧显示为浅绿色,而没有定义补间动画的关键帧后面的普通帧显示为灰色,它继承和延伸该关键帧的内容。

（2）帧的基本操作。关于帧的基本操作方法如下:

① 添加帧。制作动画时常常根据需要添加帧,比如作为背景的帧,如果只有一帧,则从第二帧开始就没有了背景,因此需要继续添加相同的帧。添加新帧可以在需要添加处右击,从弹出的快捷菜单中选择"插入帧"菜单命令,或按快捷 F5 键;插入关键帧需要右击,从弹出的快捷菜单中选择"插入关键帧"菜单命令或按快捷 F6 键;建立空白关键帧选择"插入空白关键帧"或按快捷 F7 键。

② 选定帧。鼠标单击即选定,选定帧以后会出现小方格,表明帧已被选中,可以用鼠标拖动帧的位置以调整各部分动画播放的时间;双击或右击可以进入帧的属性窗口中,在此可以设置动态属性;鼠标停留在帧上时用鼠标水平拖动可同时选定多个连续帧,以进行帧的删除或移动,也可以配合 Ctrl 键选择多个不连续的帧。

③ 翻转帧。选定连续的帧后右击,从弹出的快捷菜单中选择"翻转帧"菜单命令,可将该段动画的顺序整体翻转,即原来的最后一帧变为第一帧,第一帧变为最后一帧,以制作出与原动画方向相反的效果。

④ 移动和复制帧。首先选取要移动的帧,被选中的帧显示为黑色背景,然后按住鼠标左键拖动到要移动的新位置,释放左键,帧的位置就发生了变化。复制帧的方法是首先选定需要复制的帧,右击,从弹出的快捷菜单中选择"拷贝帧"菜单命令,然后到新位置单击,选择"粘贴帧"菜单命令。

⑤ 删除帧。某些帧不再需要时可将其删除,如果删除的是关键帧,可右击,从弹出的快捷菜单中选择"清除关键帧"菜单命令,关键帧删除前后的变化如图 8-74 所示。如果删除普通帧,则右击,从弹出的快捷菜单中选择"删除帧"菜单命令。

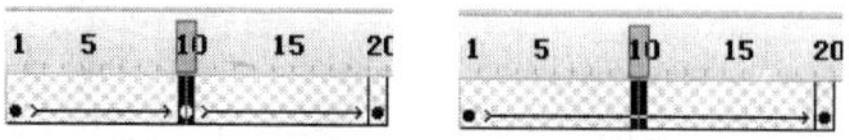

图 8-74　清除关键帧的前后对比

2. 逐帧动画

动画的基本原理就是视觉暂留。人眼在观察景物时,光信号传入大脑神经,需经过一段短暂的时间,光的作用结束后,视觉形象并不立即消失,这种残留的视觉称"后像",视觉的这一现象则被称为"视觉暂留"。视觉暂留是光对视网膜所产生的视觉在光停止作用后,仍保留一段时间的现象,其具体应用是电影的拍摄和放映。原因是由视神经的反应速度造成的,其时值是 1/24s。视觉暂留是动画、电影等视觉媒体形成和传播的根据。

如果把动态连续的图片(动作分解图),逐张迅速播放,就可以欺骗人们的眼睛,看到动画效果。逐帧动画就是按照这个原理来制作的。如果将图 8-75 中的卡通小兔走路的每个动作都绘制 Flash 的帧里,然后快速播放(一定要注意大小、位置和播放的帧速率),就可以得到小兔走路的动画。

图 8-75　卡通小兔走路的动作分解图

下面通过一个"火柴小人"的简单动画介绍逐帧动画的制作方法。

【例 8-4】　"火柴小人"动画。

步骤 1:新建 Flash 文档,保持默认的参数设置。

步骤 2:绘制火柴小人头部:选择"椭圆工具",将填充颜色设为"无"◫,笔触颜色为黑色,笔触高度为 4,在舞台上绘制一个圆形;选择"线条工具",将笔触颜色设为黑色,高度为 4,在圆形的合适位置绘制两短一长三条直线分别代表眼睛和嘴巴,然后利用"选择工具"将其调整为"笑脸型",调整的过程如图 8-76 所示(将鼠标放到直线上,鼠标变为 形状,按下左键拖曳即可)。将"线条工具"的笔触高度调整为 8,在小人的下方合适位置绘制几个线条,作为小人的四肢,如图 8-77 所示。

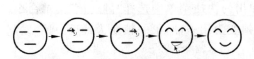

图 8-76　火柴小人头部的绘制过程

图 8-77　第 1 帧上的火柴小人

步骤 3:鼠标单击第 5 帧,按 F6 键插入关键帧,将该帧中的小人图形修改为如图 8-78 所示,修改过程是,用橡皮擦擦掉左面手臂一部分,然后再绘制一条斜线,作胳膊上举状。

步骤 4:选择第 10 帧,按 F6 键插入关键帧,将该帧中的小人图形修改为如图 8-79 所示,修改的方法类似上步,可以配合"任意变形工具"将上举的手臂旋转 45 度,然后利用键盘上的方向键调整左手臂的位置,使之与水平直线重合,然后将右胳膊按步骤 3 中的方法修改。

图 8-78　第 5 帧.　　　　　图 8-79　第 10 帧小人的修改过程

步骤 5：分别在第 15 帧、20 帧、25 帧、30 帧、35 帧、40 帧插入关键帧，相应修改每一帧中的小人手臂，效果如图 8-80 所示。

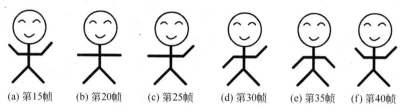

| (a) 第15帧 | (b) 第20帧 | (c) 第25帧 | (d) 第30帧 | (e) 第35帧 | (f) 第40帧 |

图 8-80　各关键帧上的小人图形

步骤 6：选择第 45 帧，按 F5 插入普通帧。动画制作完毕，按 Ctrl＋Enter 键测试动画，可以看到火柴小人挥舞手臂的效果。

3. 补间动画

补间动画也叫关键帧动画，它与逐帧动画的制作原理相同，只不过补间动画不需要一帧一帧来画，而是由用户先设置好关键帧，再交给 Flash 软件自动生成中间的帧动画，这样就大大降低了用户的工作量。补间动画分为形状补间动画和动作补间动画两种。下面具体介绍这两种补间动画的制作方法。

（1）形状补间。形状补间就是将图形对象变形的动画（也叫变形动画），其制作方法是，在一个关键帧上绘制一个形状，然后在另一个关键帧更改该形状或绘制另一个形状，接着在这两个关键帧之间定义补间形状，Flash 会自动补上中间的形状渐变过程。

制作变形动画注意事项：形状补间只能用于分解以后的图形对象，不能用于图形组合、元件或导入的图片；第二，必须设定形状补间动画的初始和结束两个关键帧。

【例 8-5】　制作一个红色正方形变为黄色五角星又变为绿色圆形的动画效果。具体步骤如下。

步骤 1：新建 Flash 文档，选择"矩形工具"，在舞台上绘制一个红色的正方形，如图 8-81所示。

步骤 2：选择第 30 帧，按 F7 键插入一个空白关键帧，在"矩形工具"处单击鼠标，在弹出菜单选择"多角星形工具"，将填充色改为黄色，线条颜色为红色，单击"选项"，弹出如图 8-82 所示的"工具设置"对话框，将"样式"改为星形，"边数"改为 5，确定后在第 30 帧的舞台中央绘制一个五角星，如图 8-83 所示。

图 8-81　第 1 帧上的红色正方形　　图 8-82　更改参数绘制五角星　　图 8-83　第 30 帧上的五角星

步骤 3：选择第 60 帧，同样按 F7 插入空白关键帧，在该帧上绘制一个绿色的圆形。如图 8-84 所示。

步骤 4：设置形状补间动画。选择第一帧，在"属性"面板中选择"补间"下拉列表中的"形状"，如图 8-85 所示。

图 8-84　第 60 帧上的圆形

图 8-85　定义补间形状

步骤 5：此时，第 1 帧到第 30 帧之间出现了一条带箭头的实线，并且帧格背景变为绿色，用同样的方法将第 30 帧的补间设为"形状"，时间轴上的变化如图 8-86 所示。

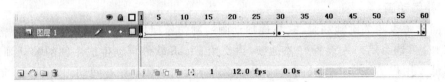

图 8-86　定义了补间形状的"时间轴"面板

步骤 6：完成形状补间动画。按下 Enter 键，可以看到红色正方形逐渐变为黄色五角星接着又变为绿色圆形的动画效果，如图 8-87 所示。

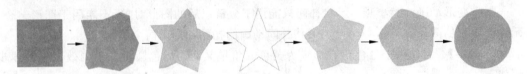

图 8-87　形状补间的变化过程

（2）动作补间。动作补间的制作方法是在一个关键帧创建一个对象，然后在另一个关键帧改变该对象的大小、位置、颜色、透明度、旋转、滤镜等属性，定义好补间后 Flash 自动补上中间的动画过程。因此，运动补间动画常见的方式有移位动画、旋转动画、缩放动画、透明度动画、变色动画等。

动作补间与形状补间的区别在于构成补间动画的对象不同，前文已述，形状补间的动画对象必须是分解后的图形对象，而动作补间恰恰相反，除了形状外的其他对象（如元件、文字、位图等）都可以创建动作补间动画，形状只有组合为"组"或转换为"元件"后才可以成为动作补间动画中的"演员"。

【例 8-6】　制作一个汽车运动的动画补间效果，具体步骤如下。

步骤 1：新建 Flash 文档，将文档大小设置为 800×530，帧频设为 25fps，选择"文件"|"导入"|"导入到库"菜单命令，将素材中的"马路.jpg"和"绿色小汽车.png"两幅图片导入到库中。

步骤 2：将"马路"从库中拖动到图层 1 第一帧，并将该图层命名为"马路"，锁定该图层，如图 8-88 所示。

步骤 3：在"马路"图层上面新建一个图层，将其命名为"汽车"，将"绿色小汽车"图片从

图 8-88　导入背景图片

库中拖放到舞台,利用"变形工具"将汽车的高度和宽度缩小为 50×50,并将其放到马路的最远处,如图 8-89 所示。

步骤 4:选中"马路"图层的第 50 帧,同时按住 Ctrl 键选择"汽车"的第 50 帧,按 F6 键插入关键帧,将第 50 帧上的小汽车调整为 500×500,并将其拖放到舞台最下端,让小汽车的顶端与舞台下边沿对齐,目的是让汽车驶出视线,如图 8-90 所示。

图 8-89　导入汽车并调整大小和位置

图 8-90　第 50 帧上的汽车大小和位置

步骤 5:选择"汽车"图层的第 1 帧,在"属性"面板的"补间"下拉列表选择"动画",此时"汽车"图层第 1 帧到第 50 帧之间出现一条带箭头的实线,且帧格背景变为淡紫色,如图 8-91 所示。

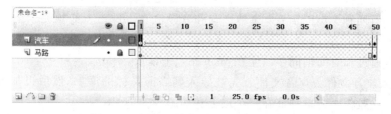

图 8-91　添加了动作补间的"时间轴"面板

步骤 6：为了使汽车的运动效果更加真实，可以利用"缓动"选项进一步调整汽车的运动速度。单击第 1 帧，按 Ctrl+F3 键打开"属性"面板，单击"缓动"右侧的调节按钮，将其改为－80，如图 8-92 所示。此处稍作解释，若缓动数值在－1～－100 之间，运动速度从慢到快，朝运动结束的方向加速补间；若在 1～100 之间，动画速度是从快到慢，朝运动结束的方向减速补间。根据实际情况，将该值调整为负值，出现的效果是汽车越来越快，与实际相符。

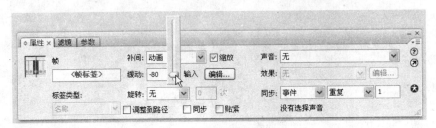

图 8-92　调节"缓动"选项

步骤 7：完成补间动画，按 Ctrl+Enter 键测试，可以看到小汽车从远处驶来，逐渐变大并消失在视野中的运动效果，如图 8-93 所示。

图 8-93　测试动画效果

8.2.5　导入声音和视频

1. 导入声音

Flash 提供许多使用声音的方法，例如可以使声音独立于时间轴连续播放，或使动画和一个音轨同步播放，还可以为按钮或元件添加声音使其具有更强的互动性和真实效果。

Flash 中有两种类型的声音：事件声音和音频流。事件声音必须完全下载后才能开始播放，除非人为停止，否则它将一直连续播放。音频流在前几帧下载了足够的数据后就开始播放，还可以通过和时间轴同步以便在 Web 站点上播放。

（1）导入声音文件。声音文件首先被导入到当前文档的库中，然后再加入 Flash 文档的时间轴上，一般将声音单独放在一个层上。如图 8-94 所示。

导入声音的方法是,选择"文件"|"导入"|"导入到库"菜单命令,然后在弹出的对话框中,定位并打开所需的声音文件即可。

(2)在影片中添加声音。要将声音从库中添加到影片,一般把声音单独分配到一个图层,然后在属性检查器的"声音"控制中设置选项,如果有多个声音,可以单击下拉列表框,选择其中一个播放。如图 8-95 所示。

图 8-94 添加了声音的图层

图 8-95 设置声音控制选项

(3)使用声音编辑控件。要定义声音的起始点或控制播放时的音量,可以使用属性检查器中的声音编辑控件。Flash 可以改变声音开始播放和停止播放的位置。通过这个功能可以删除声音文件的无用部分来减小文件的体积。

单击图 8-95 中"属性"面板右侧的"编辑"按钮,弹出如图 8-96 所示的"编辑封套"对话框,用折线来控制声音大小。

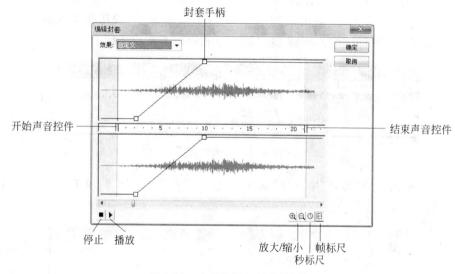

图 8-96 声音的标记封套对话框

2. 导入视频

Flash 允许把视频、数据、图形、声音和交互式控制融为一体,从而创造出丰富的视频效果。Flash 的视频格式为 Flv,Flv 的视频压缩格式更适合网上播放,越来越多的专业视频站点都使用了 Flash 的视频功能。

Flash 视频分为嵌入式和渐进式两种,其中嵌入式需要全部下载完以后播放,渐进式则采用的是流方式播放(边下载边播放)并可以对视频进行播放控制。嵌入式视频和渐进式视频的导入方法类似,这里以渐进式视频为例介绍导入的方法。

(1)选择"文件"|"导入"|"导入视频"菜单命令,出现"导入视频"向导,如图 8-97所示。

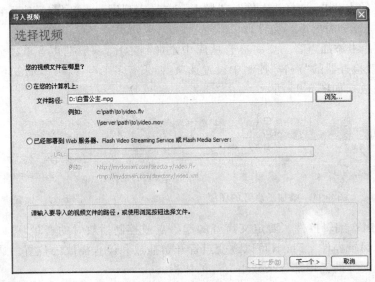

图 8-97　"导入视频"向导

（2）选择存储在本地计算机的视频剪辑，或输入已经上传到 Web 服务器的视频 URL 地址，单击"下一个"按钮，如果出现如图 8-98 所示的消息框，说明所选文件格式不能被 Flash 编码，必须安装 DirectShow 或 QuickTime 相应版本才能进行下一步。

图 8-98　出现警示框

（3）在随后出现的"部署"中选择"从 Web 服务器渐进式下载"，单击"下一个"按钮，如图 8-99 所示。

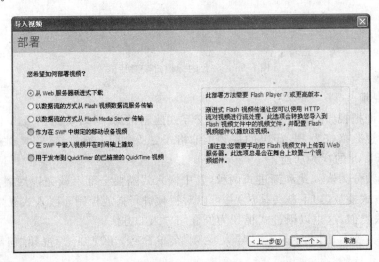

图 8-99　"部署"视频

（4）如果部署的视频文件不是 FLV 格式的视频文件，将会显示"编码"面板，如图 8-100 所示，可以对视频、音频的转换、压缩格式、大小进行设置。

图 8-100　对非 FLV 格式的文件进行编码处理

（5）单击"下一个"按钮，选择视频外观后单击"下一个"按钮，出现"完成视频导入"向导，单击"完成"按钮，弹出一个"Flash 视频编码进度"框，如图 8-101 所示。到这里视频导入已经完成，选择菜单栏"控制"｜"测试影片"菜单命令可以测试刚刚导入的视频。

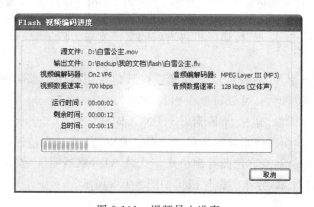

图 8-101　视频导入进度

8.2.6　Flash 影片发布与导出

Flash 文档完成以后，可以发布用于播放的文件。默认情况下，"发布"命令可以创建 Flash 的 SWF 文件和将 Flash 影片插入浏览器窗口中的 HTML 文档。也可以以其他文件格式（如 GIF、JEG、PNG 和 QuickTime 格式）发布 FLA 文件。

1. 发布 Flash 文档

发布 Flash 文档的过程分为两步。首先选择发布文件格式,然后用"发布"命令发布 Flash 文档。

动画编辑好以后,选择"文件"|"发布设置"菜单命令,在打开的对话框中,选择要创建的每种文件格式的选项,如图 8-102 所示。默认选定 SWF 格式和 HTML 格式,可以单击右面的两个选项卡对 Flash 和 HTML 再作进一步的详细设置。如图 8-103 所示。

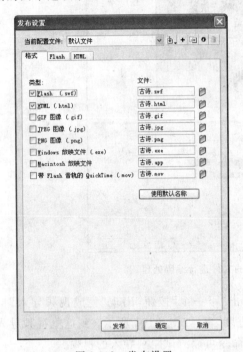

图 8-102　发布设置

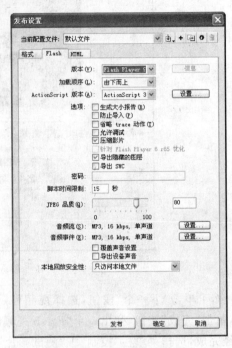

图 8-103　Flash 格式参数设置

设置好参数后单击"发布"按钮即可将当前的文档发布为所设置的格式。

2. 导出影片

Flash 中的"导出影片"命令可以创建能够在其他应用程序中编辑的内容,并将影片直接导出为单独的格式。例如,可以将整个影片导出为 Flash 影片、单一的帧或图像文件、不同格式的活动和静止图像,包括 GIF、JPEG、PNG、BMP、PICT、QuickTime 或 AVI 等。影片将导出为序列文件,而图像则导出为单个文件。PNG 是唯一支持透明度(作为 AlPha 通道)的跨平台位图格式,某些非位图导出格式不支持 A1pha(透明度)效果或遮罩层。导出的图片格式如图 8-104 所示,导出的影片格式如图 8-105 所示。

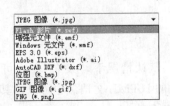

图 8-104　可以导出的图片格式

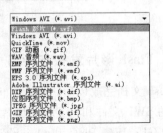

图 8-105　可以导出的影片格式

导出影片或图像的步骤如下。

（1）打开要导出的 Flash 影片，在当前影片中选择要导出的帧或图像。

（2）选择"文件"|"导出"|"导出影片"菜单命令或选择"文件"|"导出"|"导出图像"菜单命令。

（3）输入导出文件的名称。

（4）从"格式"弹出菜单中选择文件格式。

（5）单击"保存"按钮，如果所选的格式需要更多信息，会出现一个"导出 Flash Player"对话框。

（6）为所选的格式设置导出选项。

（7）单击"确定"按钮，然后单击"保存"按钮即可将当前 Flash 文档导出为所需格式。

8.3　Flash 高级操作

8.3.1　元件和实例

1. 元件和实例概述

在利用 Flash 制作动画时，经常会出现重复使用一个图形元素的情况，比如制作满天飞的气球，这些气球可以从一个图形中衍生出来。Flash 提供了元件和库的解决方案，可以重复使用同一个元件，从而使 Flash 生成的文件体积成倍减小。

元件是指在 Flash 中创建的图形、按钮或影片剪辑，可以自始至终在当前影片或其他影片中重复使用。创建的任何元件都会自动变为当前文档元件库的一部分，如图 8-106 所示。

实例是指位于舞台上或嵌套在另一个元件内的元件副本。实例可以与它的元件在颜色、大小和功能上差别很大，如图 8-107 所示。编辑元件会更新它的所有实例，但对元件的一个实例修改则只影响到该实例本身。

图 8-106　元件库中的元件

图 8-107　元件的重复使用

2．元件的类型和创建

1）元件的类型

创建元件时首先要选择元件类型，这取决于在影片中的需要，Flash 中的元件分为 3 种类型。

（1）图形元件。对于静态图像或动画片段可以使用图形元件，图形元件与影片的时间轴同步运行。交互式控件和声音不会在图形元件的动画序列中起作用。

（2）按钮元件。使用按钮元件可以在影片中创建响应鼠标单击、滑过或其他动作的交互式按钮，方便用户控制。

（3）影片剪辑元件。影片剪辑元件可以创建能重复使用的动画片段。影片剪辑拥有它们自己的独立于主影片时间轴播放的多帧时间轴，既可以将影片剪辑看作主影片内的小影片，它们可以包含交互式控件、声音甚至其他影片剪辑实例，也可以将影片剪辑实例放在按钮元件的时间轴内，以创建动画按钮。

2）创建元件

元件的创建方法一般有两种，一种方法是新建元件，另一种方法是直接将舞台里的对象转换为元件。

新建元件的方法是，选择"插入"|"新建元件"菜单命令，弹出如图 8-108 所示的"创建新元件"对话框。输入元件名称，选择要创建的元件类型，单击"确定"按钮即可在当前文档中新建一个元件，并切换到元件编辑模式，元件的名称出现在场景名称（如"场景 1"）的右侧。

除了新建元件以外，还可以将场景中已有的对象转换为元件。选择场景中的对象，选择"修改"|"转换为元件"菜单命令（或按 F8 键），则弹出如图 8-109 所示的"转换为元件"对话框，该对话框与创建新元件对话框唯一不同之处就是多了一个"注册"网格，可以在 9 个小格中单击选择一个注册点，如选择中心为注册点可以单击位于中心的小格，则变为 ⣿。单击"确定"按钮后被选择对象就变成了一个元件，Flash 将其添加到库中，以方便再次使用，而舞台上选定的对象此时就变成了该元件的一个实例。元件转换前后对象本身以及"属性"面板的变化对比如图 8-110 所示。

图 8-108 "创建新元件"对话框

图 8-109 "转换为元件"对话框

3）创建实例

一个元件创建完之后，就可以在影片中任何需要的地方创建该元件的实例了。当修改元件之后，该元件所有的实例都被更新。

在创建了元件的一个实例后，使用"属性"面板可以指定该实例的颜色效果、动作、设置图形显示模式或更改实例的行为等，而所做的任何更改都只影响当前实例，并不影响库中的元件。

4）编辑元件

编辑元件时，Flash 会更新影片中该元件的所有实例。Flash 提供了 3 种方式来编辑

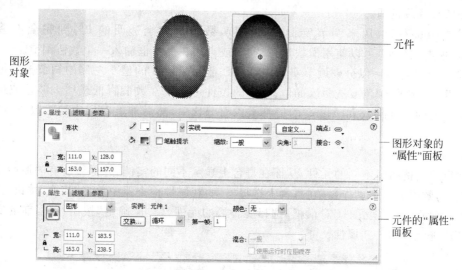

图 8-110　转换元件前后对比

元件。

（1）在当前位置编辑元件，可以执行以下操作。

① 在舞台上双击该元件的一个实例。

② 在舞台上选择该元件的一个实例，然后右键单击，从弹出菜单中选择"在当前位置编辑"。

③ 在舞台上选择该元件的一个实例，然后选择"编辑"|"在当前位置编辑"。

（2）在新窗口中编辑元件。在舞台上选择该元件的一个实例，然后右击，从弹出的快捷菜单中选择"在新窗口中编辑"菜单命令。

（3）在元件编辑模式下编辑元件，执行以下操作。

双击"库"面板中的元件图标。

① 在舞台上选择该元件的一个实例，右击，然后从弹出的快捷菜单中选择"编辑"菜单命令。

② 在舞台上选择该元件的一个实例，然后选择"编辑"|"编辑元件"菜单命令。

③ 在"库"面板中选择该元件，然后从库选项菜单中选择"编辑"菜单命令，或者右击"库"面板中的该元件，并从弹出的快捷菜单中选择"编辑"菜单命令。

5）编辑实例

（1）更改实例属性。每个元件实例都有独立于该元件的属性。可以更改实例的色调、透明度和亮度；重新定义实例的行为（例如，把图形更改为影片剪辑）；可以设置动画在图形实例内的播放形式；也可以倾斜、旋转或缩放实例，并不会影响元件。此外，可以给影片剪辑或按钮实例命名，这样就可以使用动作脚本更改它的属性。

（2）改变实例的颜色和透明度。在实例的"属性"面板中，从"颜色"弹出菜单中选择以下选项之一。

① "亮度"选项调节图像的相对亮度或暗度，度量是从黑（－100％）到白（100％）。单击该三角形，然后拖动滑块，或者在文本框内输入一个值来调节亮度。

② "色调"选项用相同的色相为实例着色。使用"属性"面板中的色调滑块设置色调百分比，从透明（0％）到完全饱和（100％）。单击该三角形，然后拖动滑块，或者在文本框内输

入一个值来调节色调。

③ "Alpha"选项用来调节实例的透明度，数值从完全透明的 0% 到完全不透明的 100%。单击三角形，可以使用滑块进行调节，或直接在文本框输入一个数值调节。

④ "高级"选项可以分别调节实例中红、绿、蓝和 Alpha 的值。左侧的调节控件可以按指定的百分比降低颜色或透明度的值；右侧的控件可以按常数值降低或增大颜色或透明度的值。当前的红、绿、蓝和 Alpha 的值都乘以百分比值，然后加上右列中的常数值，产生新的颜色值。

6）交换元件

可以给实例指定不同的元件，从而在舞台上显示不同的实例，并保留所有的原始实例属性（如色彩效果或按钮动作）。在舞台上选择实例，在属性检查器中单击"交换"按钮，打开如图 8-111 所示的"交换元件"对话框，选择要替换的元件，单击"确定"按钮，则当前的实例就继承了所选元件的公共属性。

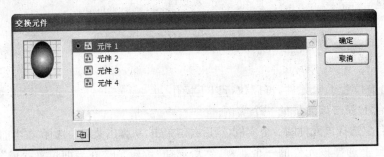

图 8-111　"交换元件"对话框

7）调节实例的混合方式

对于影片剪辑元件和按钮元件，Flash CS3 拥有和 Photoshop 类似的叠加方式，有多种混合模式可供选择，如图 8-112 所示。选择场景中的实例，在"属性"面板里选择不同混合选项就可以达到不同的混合效果，如图 8-113 所示。

图 8-112　Flash CS3 提供的多种混合方式

图 8-113　变暗的混合方式

3. 影片剪辑元件

影片剪辑元件是使用最频繁的元件类型,利用它可以制作出十分丰富的动画效果。下面制作一个豹子奔跑的动画范例了解影片剪辑元件的使用方法。

【例8-7】 豹子奔跑的动画。

步骤1:新建Flash影片文档,保持属性默认设置。

步骤2:选择"文件"|"导入"|"导入到舞台"菜单命令,将素材中的一张豹子的图片(豹4.png)导入到舞台。

步骤3:选中舞台上的豹子图像,按F8键将其转换成名为"豹子"的图形元件,如图8-114所示。

步骤4:将舞台上的豹子实例放到舞台右边,在第30帧按F6键插入关键帧,将该帧中的豹子实例水平移到舞台左边。创建第1帧~第30帧的补间动画。

步骤5:测试影片,可以看到豹子图片从左边移动到右边的动画效果,但并不是真正的豹子奔跑效果。

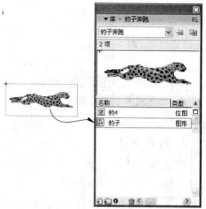

图8-114 转换为图形元件

步骤6:由于补间动画的"演员"是一个静态的图片实例,因此制作出的动画仅仅是一张豹子的图片在移动,要想制作出比较逼真的豹子奔跑效果,需要将补间动画的主角换成一个豹子奔跑的动画片段。这就需要用影片剪辑来完成。继续上面的步骤,选择"插入"|"新建元件"菜单命令,弹出"创建新元件"对话框,将元件命名为"豹子奔跑",元件类型为"影片剪辑",单击"确定"按钮,进入到元件的编辑场景中。

步骤7:选择"文件"|"导入"|"导入到库"菜单命令,将素材中的豹子图像序列(豹1.png~豹8.png)全部导入到库中,然后将豹1.png~豹8.png对应放到第1帧到第8帧中,如图8-115所示。

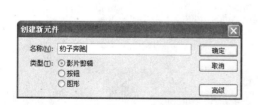

图8-115 创建"豹子奔跑"的影片剪辑元件

步骤8:返回到"场景1",选择舞台上原来创建的"豹子"图形元件实例,打开"属性"面板,单击"交换"按钮,在弹出的"交换元件"对话框,如图8-116所示,选择"豹子奔跑"影片元件,单击"确定"按钮。

步骤9:舞台上的图形实例变为影片剪辑实例,测试影片,即可看到真正的豹子奔跑效果。

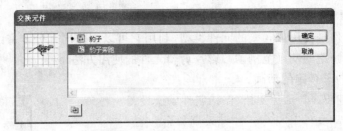

图 8-116　"交换元件"对话框

本动画的实现原理是,将影片剪辑元件作为补间动画的主角。影片剪辑元件是一个豹子奔跑的动画片段,补间动画是位移动画的效果,两者叠加在一起就形成了豹子连续奔跑的动画效果。

4. 按钮元件

按钮实际上是 4 帧的交互影片剪辑。当为元件选择按钮行为时,Flash 会创建一个 4 帧的时间轴。前 3 帧显示按钮的 3 种可能状态,第 4 帧定义按钮的活动区域。时间轴实际上并不播放,它只是对指针运动和动作做出反应,跳到相应的帧。

要在影片中制作一个交互式按钮,可把该按钮元件的一个实例放在舞台上,然后给该实例指定动作。动作必须指定给影片中按钮的实例,而不能指定给按钮时间轴中的帧。

按钮元件的时间轴上的每一帧都有一个特定的功能,如下所示。

(1) 第 1 帧是弹起状态,代表指针没有滑过时该按钮的状态。

(2) 第 2 帧是指针经过状态,代表当指针滑过按钮时,该按钮的外观。

(3) 第 3 帧是按下状态,代表单击按钮时,该按钮的外观。

(4) 第 4 帧是单击区域,定义响应鼠标单击的区域。该区域在影片中是不可见的。

本节通过一个水晶按钮的实例讲解按钮的具体制作步骤。

【例 8-8】 制作水晶按钮。

步骤 1:新建 Flash 文档,舞台大小设置为 458×350 像素。导入图片"水晶按钮底图.jpg"到舞台,并将该图层命名为"按钮底图",锁定该图层,如图 8-117 所示。

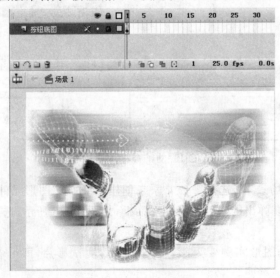

图 8-117　导入按钮背景

步骤2：建立按钮元件。按Ctrl＋F8键新建一个元件，名称改为"水晶按钮"，类型设置为"按钮"，单击"确定"按钮。进入按钮的绘制界面，将默认的"图层1"重命名为"按钮底色"，在"弹起"帧中绘制一个宽和高为156的圆形，选择该圆形，选择"窗口"|"对齐"菜单命令，开启"对齐"面板，打开"相对于舞台"按钮，并让其水平方向和垂直方向居中，如图8-118所示。

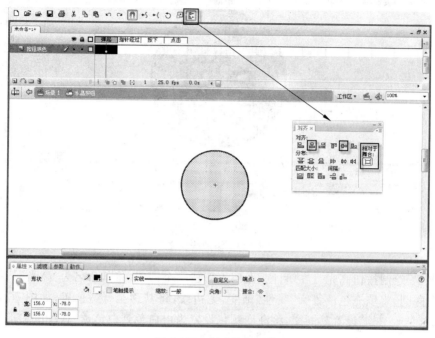

图8-118　创建按钮元件

步骤3：绘制按钮底色。按钮的边线颜色设置为深蓝色（♯000066），笔触粗细设置为3，填充色设置为"放射状"渐变，颜色从浅蓝（♯00FFFF）渐变到蓝色（♯0066FF），设置效果如图8-119所示。

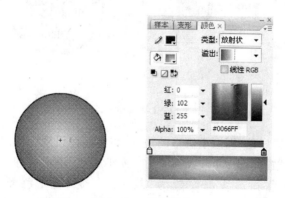

图8-119　填充渐变

步骤4：设置按钮文字。在"按钮底色"图层上新建一个图层，将其命名为"百度"，使用"文本工具"输入文字"百度"，将字体设置为"方正大黑简体"（非系统默认字体，需安装），字体大小设置为"50"，颜色设置为深蓝色（♯000033），同样也将其对齐到舞台中心，如

图 8-120 所示。

图 8-120　添加按钮文字

　　步骤 5：绘制按钮高光。在"百度"图层上新建一个图层，将其命名为"高光"。在该图层绘制一个椭圆，将填充色设置为"线性"渐变，无边线，将其移至合适位置，如图 8-121 所示。使用"渐变变形工具"设置其渐变，将渐变颜色设置为由白色到白色透明（Alpha）的渐变。

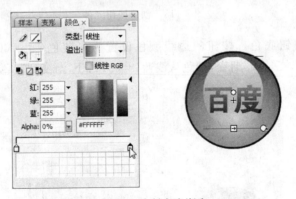

图 8-121　绘制高光渐变

　　步骤 6：选择"按钮底色"图层上圆形的边线，将其颜色设置为从深蓝（#000066）到白色的"线性"渐变，具体设置如图 8-122 所示。在"按钮底色"下面新建一个图层，将其命名为"立体底"，将其填充色和边线都设置为"线性"渐变，填充色颜色是由白色到蓝色（#0066FF），边线颜色是从白色到深蓝色（#000066），边线粗细也设置为 3，将其位置对齐到舞台中心，效果如图 8-123 所示。

　　步骤 7：设置其他关键帧。按住 Ctrl 键，依次单击选择"指针经过、按下和单击"下面各图层的关键帧，按快捷键 F6 插入关键帧，如图 8-124 所示。

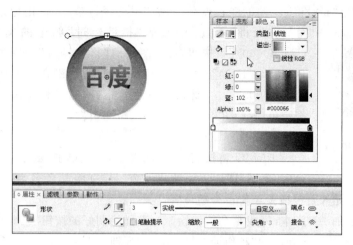

图 8-122　设置边线渐变

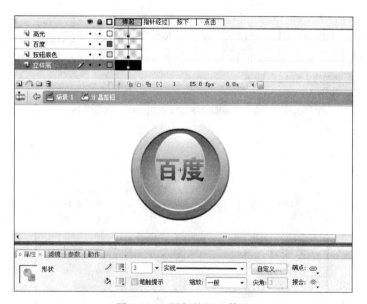

图 8-123　添加按钮立体底

图 8-124　添加关键帧

步骤 8：设置"指针经过"帧的颜色变化。例如鼠标经过按钮时，由原来的蓝色变为红色。首先将"百度"图层的"指针经过"帧中的文字设为深红色（♯6A0000）。"按钮底色"图层的"指针经过"帧中填充色渐变由黄色（♯CCFF00）至红色（♯CC0000），边线颜色渐变由白色至深红色（♯6A0000）。"立体底"图层的"指针经过"帧中填充色渐变由白色至橙色（♯CC3300），边线颜色渐变由白色至深红色（♯6C0505），具体效果如图 8-125 所示。

图 8-125　调节指针经过时颜色

步骤 9：将按钮拖入"场景 1"中。单击"场景 1"进入舞台，在舞台中"底图"图层上面新建一个图层并将其命名为"按钮"，将库面板中的"水晶按钮"元件直接拖曳至舞台合适位置。

步骤 10：添加 AS 脚本，完成整个按钮绘制。选择绘制好的按钮实例，在其上右击选择右键快捷菜单"动作"，在弹出的"动作面板"中输入 AS 脚本：

```
on (release) {getURL("http://www.baidu.com", "_blank");}
```

按 Ctrl＋Enter 键进行影片测试，这时会发现，单击"百度"按钮会自动弹出一个新的浏览器窗口，直接连接到 www.baidu.com 站点。鼠标经过蓝色水晶按钮的时候，水晶按钮会变成红色，最终效果如图 8-126 所示。

图 8-126　水晶按钮绘制完成效果

8.3.2　路径动画

1. 路径动画概述

第 8.2.4 节利用补间动画制作的位置移动动画是沿着直线进行的，然而现实生活中，有很多运动路径是弧形或是不规则的，如月亮围绕地球旋转，蝴蝶在花丛中飞舞等，在 Flash 中利用"路径动画"就可以制作出丰富的运动效果。将一个或多个图层连接到一个引导图层，使一个或多个对象沿同一条路径运动的动画称为"路径动画"，因此路径动画通常又叫引导线动画。

2. 路径动画实例：蝴蝶飞舞

一个最基本的路径动画由两个图层组成，位于上面的层是"引导层"，图层标志为 ，位于下面的层是"被引导层"，同普通图层一样。下面通过制作一个较为复杂的蝴蝶飞舞动画介绍路径动画的制作方法，本例除了介绍路径动画外，还复习了影片剪辑元件的制作方法。

【例 8-9】 蝴蝶飞舞动画。

步骤 1：新建一个文档，将舞台宽高设置为 800×528 像素，帧频设置为 25 帧。按 Ctrl＋R 键，导入素材图片"蝴蝶.jpg"和"花.jpg"，单击"确定"按钮。这时两张图片就被导入到了舞台上，先删除舞台上的蝴蝶图片，选择花的图片，将其宽高设置为 800×528，将该图层命名为"花底"，效果如图 8-127 所示。

步骤 2：创建蝴蝶元件。按 Crtl＋F8 键新建一个元件并将其命名为"蝴蝶"，将类型设置为"影片剪辑"类型，单击"确定"按钮。将元件库中的"蝴蝶.jpg"图片拖曳至蝴蝶元件舞台上。单击舞台上的蝴蝶元件，选择"修改"|"位图"|

图 8-127　导入背景图片

"转换位图为矢量图"菜单命令，在弹出的"转换位图为矢量图"对话框中，单击"确定"按钮。选择图中白色的背景，直接按 Delete 键删除，如图 8-128 所示。

步骤 3：将翅膀分离为元件。使用工具箱中的"套索工具"，框选左侧的翅膀（身体和触须除外），如图 8-129 所示。在选择的左翅膀上右击，在快捷菜单中选择"转换为元件"菜单命令，这时会弹出"转换为元件"对话框，将元件名称设置为"左翅膀"，类型设置为"影片剪辑"，单击"确定"键。这时会发现左翅膀已经变成了元件对象的选择状态，元件库中已经有了"左翅膀"元件。选择舞台中的左翅膀，直接按 Delete 键删除。用同样的方法将右翅膀转换为"右翅膀"元件，并删除，如图 8-130 所示。

图 8-128　位图转换为矢量图

图 8-129　选定左翅膀

图 8-130　将左右翅膀转换为元件

步骤 4：制作扇动翅膀的蝴蝶元件。在蝴蝶元件中新建一个图层并将其命名为"左翅膀"，将元件库中的"左翅膀"元件拖曳到"左翅膀"图层，并将其和蝴蝶的身体对齐。选择"任意变形工具",单击左翅膀将其中心移至右侧。在"左翅膀"图层第 5 帧,按 F6 键创建关键帧。在第 5 帧上使用"任意变形工具"将左翅膀横向挤压变形,如图 8-131 所示。选择该图层第 1 帧,在其上右击,从弹出的快捷菜单中选择"复制帧"菜单命令,再选择该层第 9 帧,在其上右击,从弹出的快捷菜单中选择"粘贴帧"菜单命令,创建其中的补间动画。选择"图层 1"的第 9 帧,按 F5 键创建帧。用制作左翅膀动画的方法制作右翅膀动画,效果如图 8-132 所示。

图 8-131 左翅膀使用变形制作动画

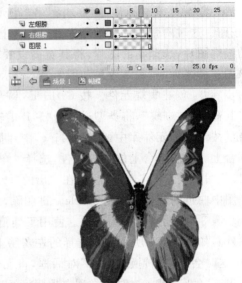

图 8-132 完成扇动翅膀动画

步骤 5:创建路径。切换到场景 1 中,新建一个图层并将其命名为"路径",使用"钢笔工具",在"路径"图层绘制一段曲线路径,效果如图 8-133 所示。

图 8-133 绘制飞行路径

步骤6：新建飞舞蝴蝶图层。在"路径"图层和"花底"图层中间新建一个图层并将其命名为"飞舞蝴蝶"图层，将元件库中的"蝴蝶"元件拖曳至该图层。使用"任意变形工具"将蝴蝶缩放，并将其放到路径的最左端，如图8-134所示。选择所有图层的第150帧，按快捷键F6新建3个关键帧，如图8-135所示。

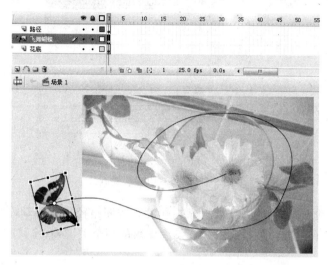

图8-134　放置蝴蝶到路径最左端

图8-135　设置关键帧

步骤7：设置动画。选择飞舞蝴蝶的第150帧，将这一关键帧中蝴蝶的位置移至花朵的上方（路径的最右端），创建补间动画，如图8-136所示。

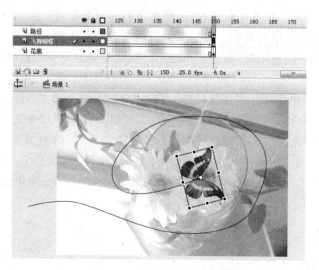

图8-136　设置结束点动画

步骤8：设置引导层动画。在路径图层的"路径"文字上右击，在弹出的快捷菜单上选择"引导层"菜单命令，这时会发现路径图层已经变为了引导层。如图8-137所示。

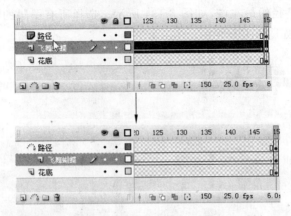

图8-137　设置引导层动画

步骤9：调节动画。播放动画，发现蝴蝶并没有按照路径进行移动，主要原因就是因为蝴蝶的圆心点并没有放置到路径上。调节飞舞蝴蝶的两个关键帧，将其中心点移至路径上，如图8-138所示。

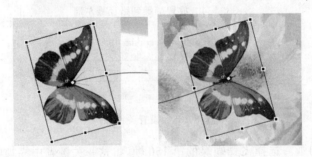

图8-138　将中心点移到路径上

步骤10：完成动画。预览动画时发现，蝴蝶飞行时只是朝着一个方向，并没有沿着路径的曲线进行旋转，看起来很不真实。接下来进行调节，选择"飞舞蝴蝶"图层中除关键帧以外的任意一帧，在"属性"面板中将"调整到路径"勾选，这时会发现蝴蝶按路径的曲线弧度进行旋转，如图8-139所示。

步骤11：添加停止命令。在预览时还发现一个问题，动画播放到第150帧时蝴蝶并没有停在鲜花上，而是自动跳回到第1帧循环播放，可以为其添加停止的Action Script命令让蝴蝶最终停留在鲜花上。选择"路径"图层的第150帧（如果给帧加AS命令，必须保证该帧是关键帧），在其上右击，从弹出的快捷菜单中选择"动作"菜单命令，在"动作"面板中直接输入脚本"stop();"。再次预览动画会发现，播放到第150帧后，蝴蝶会停留到花上，并扇动翅膀，如图8-140示。

8.3.3　遮罩动画

1. 遮罩动画概述

遮罩动画在Flash动画制作中很常用。水中的涟漪、放大镜效果和标志闪光效果，都可

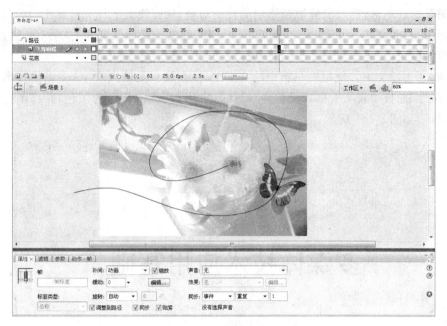

图 8-139　蝴蝶沿路径自动飞舞

图 8-140　蝴蝶飞舞动画制作完成效果

以使用遮罩动画来实现。遮罩动画的原理是，在舞台前有一个"电影镜头"，这个电影镜头并不局限于圆形，可以是任意形状，甚至是文字。当播放影片时，并不是将舞台上所有对象都显示出来，而是只显示"电影镜头"拍摄出来的对象，其他不在镜头区域内的对象并不显示。也就是说，在被应用了遮罩的图层上，只有遮罩范围内的内容是可见的，如果设置了遮罩层的运动效果，则随着镜头的不断移动，镜头内的景色也在不断变化，从而制作出丰富多彩的动画效果。

2. 实例

【例 8-10】 彩虹字。

下面通过制作彩虹文字的实例讲解遮罩动画的制作方法，本例中的遮罩对象是文字，而被遮罩的是彩虹矩形,通过设置被遮罩层的补间动画,从而使文字具有彩虹变幻的效果。

步骤 1:设置文档。在 Flash 中新建一个文档,将文档尺寸设置为 800×600 像素,背景颜色设置为白色,帧频设置为 25fps,将其标题命名为彩虹字。

步骤 2:创建文字。使用工具箱中的文本工具,在舞台上输入文字"多媒体技术应用基础",在"属性"面板中将文本格式设置为"黑体",字体大小 68,颜色为黑色,并将图层命名为"中文遮罩",如图 8-141 所示。

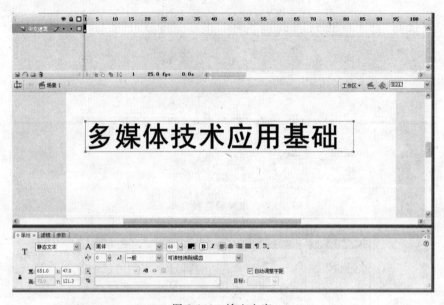

图 8-141 输入文字

步骤 3:创建英文。新建一个图层并将其命名为"英文",在该图层输入英文,将字体设置为"黑体",大小 25,颜色设置为白色;再新建一个图层将其命名为"英文背景",使用工具箱中的"基本矩形工具"绘制一个 360×41、边角半径为 20 的圆角矩形,颜色设置为灰色(♯666666),位置、相关参数以及图层顺序如图 8-142 所示。

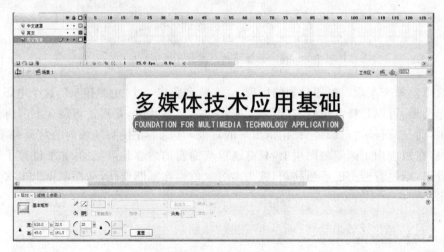

图 8-142 添加英文背景

步骤4：创建被遮罩图层。在"中文遮罩"图层的下方新建一个图层并将其命名为"被遮罩层"，使用工具箱中的"矩形工具"，在该图层绘制一个 1000×90 的矩形，填充颜色设置为"彩虹渐变"，如图 8-143 所示。

图 8-143　添加被遮罩层

步骤5：设置动画。选择刚绘制的彩虹矩形，在其上右击，从弹出的快捷菜单中选择"转换为元件"菜单命令，在弹出的转换为元件对话框中将名称设置为"彩虹矩形"，类型设置为"图形"；选择所有图层的第 100 帧，按 F6 键在 4 个图层上分别插入关键帧。

步骤6：完成动画。选择"被遮罩层"图层的第 100 帧，将该帧中的彩虹矩形位置向左移动，如图 8-144 所示。然后选择该图层第一帧，在其上右击，从弹出的快捷菜单中选择"创建补间动画"；选择"中文遮罩"图层，在其中文名字上右击，从弹出的快捷菜单中选择"遮罩层"菜单命令，这时选择的图层变为遮罩层，并遮住了下一层，如图 8-145 所示。按 Enter 键，对整个动画进行预览，可以看到文字如彩虹一样不断变化颜色。完成整个遮罩动画。

图 8-144　第 100 帧上被遮罩层的对象位置

8.3.4　滤镜与时间轴特效

1. 滤镜特效

在 Flash 中，可以在属性检查器的"滤镜"面板里为文本、影片剪辑、按钮等对象添加滤镜效果，并且设置滤镜效果动画。Flash 提供的滤镜特效有投影、模糊、发光等 7 种，每种滤镜效果都有自己的参数设置，这里不再赘述，部分常用滤镜的效果及参数如图 8-146～图 8-148 所示，这些滤镜效果可以叠加使用。

图 8-145　遮罩动画效果

图 8-146　"投影"滤镜效果

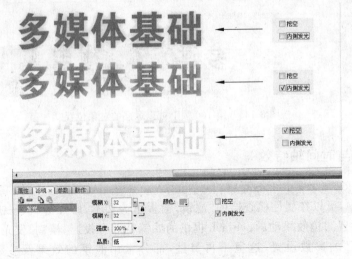

图 8-147　"发光"滤镜效果

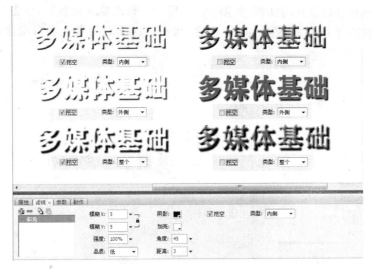

图 8-148　"斜角"滤镜效果

2. 时间轴特效

时间轴特效是一种快速制作复杂动画特效的手段。为对象添加时间轴特效时,Flash会自动创建一个图层并且将对象移至该图层,且特效所需的所有补间和变形动画都位于这个图层中。新图层的名称和特效的名称相同,后面会附加一个数字,代表在文档内的所有特效中应用此特效的顺序。下面介绍时间轴特效的制作方法。

选择要增加特效的图形或文字并在其上右击,从弹出的快捷菜单中选择"时间轴特效"|"效果"菜单命令。从列表中选择一种特效。如图 8-149 所示(也可选择"插入"|"时间轴特效"菜单命令)。

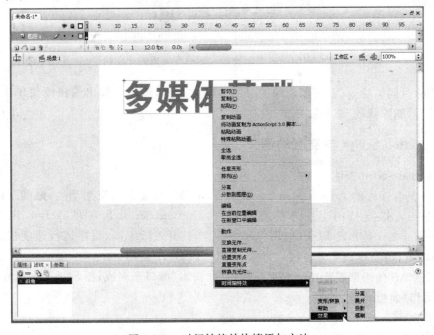

图 8-149　时间轴特效快捷添加方法

此时弹出所选特效设置对话框,如图 8-150 所示。修改默认设置后,单击"更新预览"按钮可查看新设置的特效。如满意,单击"确定"按钮。这样时间轴上会自动生成动画帧,如图 8-151 所示。

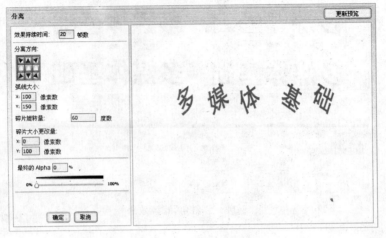

图 8-150　设置特效属性

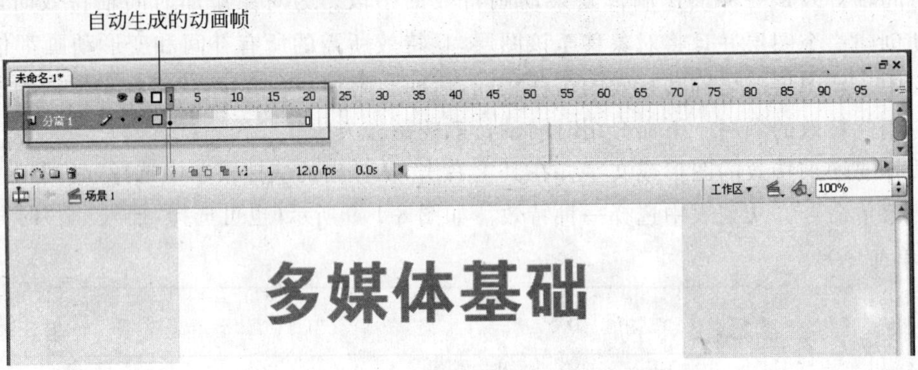

图 8-151　时间轴特效对话框及生成的动画帧

要删除时间轴特效,右击要删除的时间轴特效对象,然后从弹出的快捷菜单中选择"时间轴特效"|"删除特效"菜单命令。

8.3.5　Action Script 与交互动画

1. Action Script 概述

Flash 具有强大的 Action Script 编程语言,能够制作复杂的交互动画,做到真正的人机交互。Flash CS3 支持两个版本的脚本语言:Action Script 2.0 和 Action Script 3.0,Action Script 3.0 是开发 Flash 应用程序的首选,其开发效率高、程序运行速度快。为了兼容低版本,Action Script 2.0 也可以继续在 Flash CS3 中使用。

所有的 AS 代码都需要在"动作"面板中的"脚本"窗口来完成,图 8-152 是 Action Script 3.0 的"动作"面板。

2. 实例

【例 8-11】　环游世界。

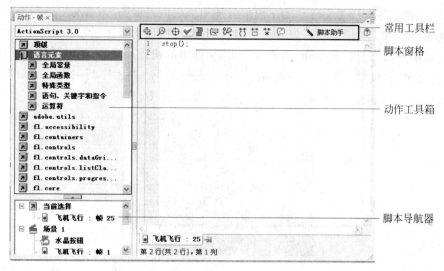

图 8-152　Action Script 3.0 的"动作"面板

下面通过一个飞机环游世界的实例介绍交互动画的制作步骤和基本思路,本例较为综合,基本上用到了前面所有的知识点,请读者对照步骤仔细领会各种动画的制作方法以及简单 AS 命令的使用。

步骤 1:新建文档及绘制背景。新建一个文档,将大小设置为 800×600 像素,帧频设置为每秒 25 帧。使用"矩形工具"绘制一个宽高为 800×600 像素的矩形,将其坐标都设置为 0。矩形的颜色设置为线性渐变,渐变颜色由浅蓝(♯33CCFF)到深蓝(♯003399),如图 8-153 所示。

步骤 2:导入世界地图。按 Ctrl+R 键选择路径导入文件"世界地图.swf",单击"打开"按钮。这时世界地图被导入到场景中(如果在舞台中看不见,有可能是图层位置的原因,可进行适当调整),此时自动生成一个新图层,将该图层命名为"世界地图",将渐变矩形的图层命名为"渐变底",如图 8-154 所示。

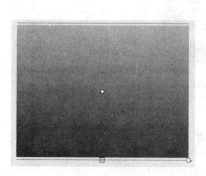

图 8-153　设置背景

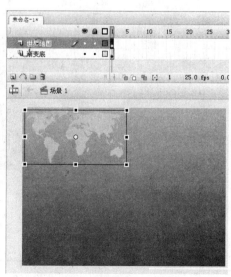

图 8-154　导入世界地图

步骤3：将地图转换为元件。为了更加方便地编辑世界地图，需要将导入的地图转换为元件。选择"世界地图"图层第一帧（这样可以选择地图所有元素图形），在其上右击，从弹出的快捷菜单中选择"分离"菜单命令，再次右击，从弹出的快捷菜单中选择"转换为元件"菜单命令，将其命名为"世界地图"，类型设置为"影片剪辑"（转换为元件的主要目的是为了给地图增加滤镜特效），单击"确定"按钮。调节其位置及大小，效果如图8-155所示。

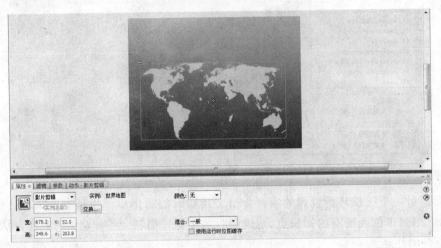

图 8-155　调节地图并将其转换为元件

步骤4：为世界地图添加滤镜。双击元件库中的"世界地图"元件，进入"世界地图"元件的舞台，将填充色设置为白色。进入"场景1"舞台，选择"世界地图"图层第一帧，再次单击舞台中的世界地图实例，为其添加"投影"滤镜特效，将投影颜色设置为蓝色（＃003399），具体设置及效果如图8-156所示。

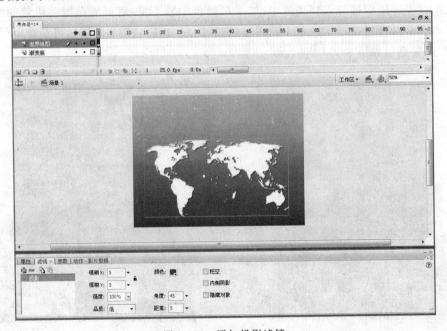

图 8-156　添加投影滤镜

步骤5：完成世界地图的绘制。在"世界地图"图层和"渐变底"图层中间新添加一个图层并将其命名为"圆角遮罩"。使用"基本矩形工具"绘制一个圆角矩形，宽高为780×580像素，xy坐标都设置为10，将边角半径都设置为20，具体设置及效果如图8-157所示。在"圆角遮罩"图层文字上右击，选择"遮罩层"，将该图层转换为遮罩图层，效果如图8-158所示。

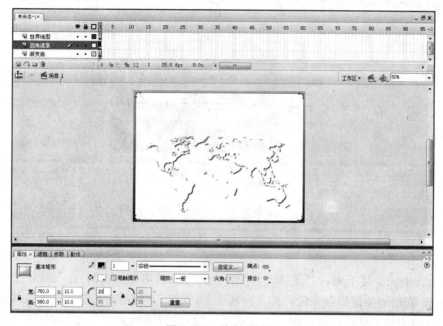

图 8-157 绘制遮罩层

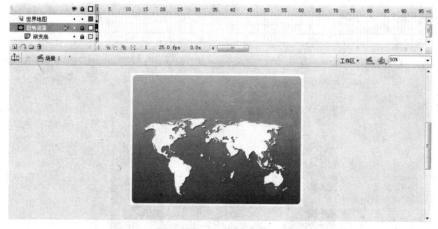

图 8-158 设置遮罩

步骤6：导入飞机。按Ctrl＋R键选择路径导入文件"飞机.swf"，将该图层放置在最顶层，并命名为"飞机飞行"。同样的方法将其"分离"并转换为元件，将元件名称命名为"飞机"，调整飞机大小并将其移至左侧，如图8-159所示。

步骤7：制作飞机飞行动画。飞机飞行的航线是：美国—意大利—印度—澳大利亚。为保证地图在以后的帧中一直存在，选择除"飞机飞行"以外的3个图层的第100帧，按

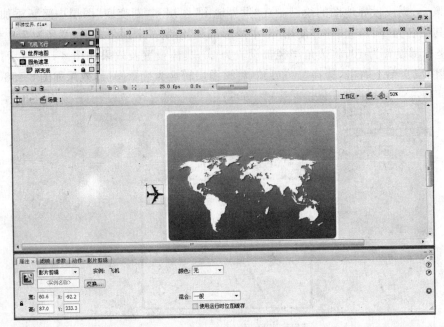

图 8-159　导入飞机

F5 键增加普通帧。接下来,在"飞机飞行"图层的第 25 帧增加关键帧,将飞机移至美国的位置,在第 50 帧增加关键帧将飞机移至意大利位置,在第 75 帧增加关键帧将飞机移至印度位置,第 100 帧增加关键帧将飞机移至澳大利亚位置,最后添加关键帧之间的补间动画,效果如图 8-160 所示。

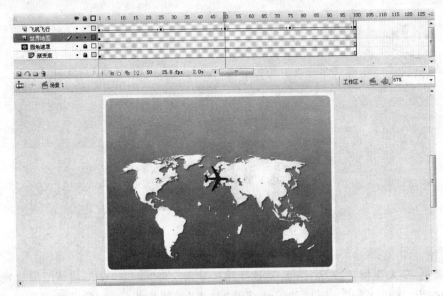

图 8-160　设置飞机动画

　　步骤 8:添加 AS 脚本。分别在"飞机飞行"图层的 1、25、50、75、100 这 5 个关键帧上添加 AS 脚本"stop();",效果如图 8-161 所示。

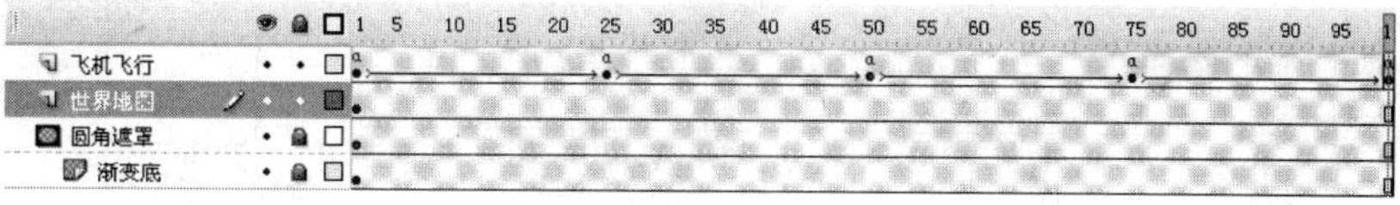

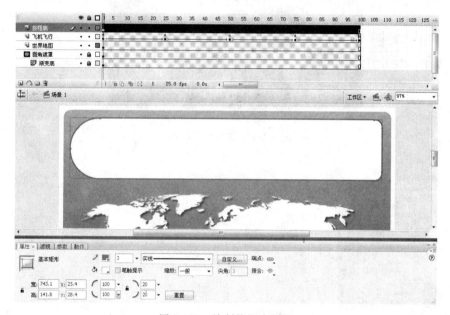

图 8-161　添加 AS 脚本

步骤 9：绘制按钮底。在添加按钮之前，先绘制一个按钮底图，在最顶层新建一个图层并将其命名为"按钮底"，使用"基本矩形工具"在该图层上绘制一个圆角矩形，边线颜色设置为蓝色(♯1676C6)，其他具体设置和效果如图 8-162 所示。

图 8-162　绘制按钮底图层

步骤 10：添加按钮。使用前面的方法绘制一个"水晶按钮"元件。在"按钮底"图层上方添加一个新图层并将其命名为"按钮"图层，将绘制好的水晶按钮元件拖曳至"按钮"图层，如图 8-163 所示。接下来为按钮添加 AS 脚本，单击水晶按钮实例，为按钮添加 AS 脚本"on (release){play();}"（该脚本必须添加给舞台中的按钮实例，而不是添加给按钮的关键帧），效果如图 8-164 所示。测试预览，发现可以使用按钮来控制飞机的飞行。

步骤 11：为飞机飞行添加声效。按 Ctrl＋R 键选择路径导入文件"飞机飞行声效.mp3"。此时声音文件被直接导入到元件库中。在"场景 1"的"飞机飞行"图层上添加一个新图层并将其命名为"飞行声效"，在新图层的第 2、26、51、76 帧插入空白关键帧（快捷键F7），将元件库中的"飞机飞行声效.mp3"文件直接拖曳到这些关键帧上，如图 8-165 所示。在属性栏中将"重复"的次数设置为 1，如图 8-166 所示。

步骤 12：添加风景图片。按 Ctrl＋F8 键，新建一个元件，将其命名为"各国建筑"，类型设置为"影片剪辑"，单击"确定"按钮。在各国建筑元件的绘制窗口下，按 Ctrl＋R 键，选择路径导入文件"世界风光.swf"。对导入的 4 个建筑物进行两次分离，将其分离成可编辑图形，如图 8-167 所示。

图 8-163　添加水晶按钮

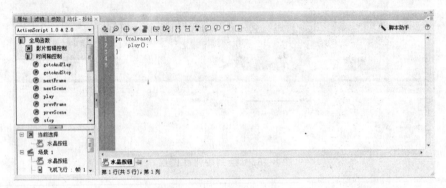

图 8-164　添加 AS 脚本

图 8-165　添加声效

图 8-166　设置声效

图 8-167　导入并分离矢量元素

步骤 13：将风景插入到动画中。框选"自由女神"图形，按 Ctrl＋C 键复制该图形。进入到场景 1，在"按钮"图层上面新建一个图层并将其命名为"各国建筑"，在该图层的第 25 帧插入一个空白关键帧，选择第 25 帧，按 Ctrl＋V 键粘贴"自由女神"，调节大小及位置，如图 8-168 所示。

图 8-168　将风景元素插入文档

步骤 14：插入其他图片。同样的方法，将"比萨斜塔"图形复制到"各国建筑"图层的第 50 帧，将"泰姬陵"图形复制到"各国建筑"图层的第 75 帧，将"悉尼歌剧院"图形复制到第 100 帧，如图 8-169 所示。

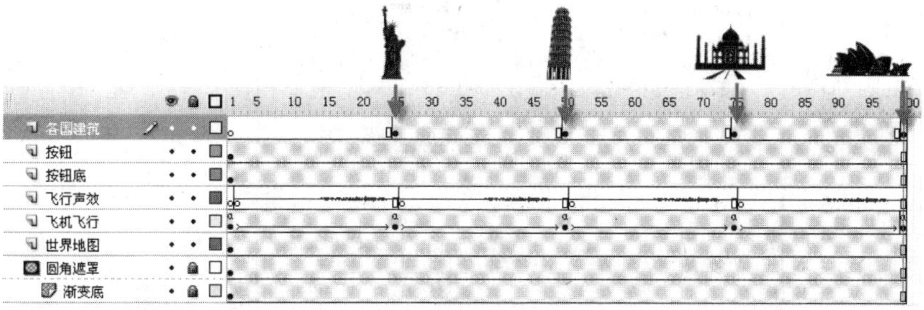

图 8-169　设置关键帧

步骤 15：添加文字标注。选择场景 1 中的"各国建筑"图层的第 25、50、75 和 100 帧，使用"文本工具"分别输入中英文国名，旅游简介等，为了便于关键帧文字的位置匹配，需要调出标尺并设置相关辅助线，具体位置及文字内容如图 8-170 所示。设置文字属性略。

图 8-170　添加文字

步骤 16：发布动画。做到这里，整个交互动画实例就制作完成了。接下来发布整个动画，选择菜单栏"文件"｜"发布设置"，弹出"发布设置"对话框，在"格式"选项卡中先设置需要发布的格式及存储位置，如图 8-171 所示。然后在 Flash 选项卡中选择发布的播放器版本、AS 的版本、图片压缩设置和声音压缩设置，参数设置完毕，单击"发布"按钮，即可发布

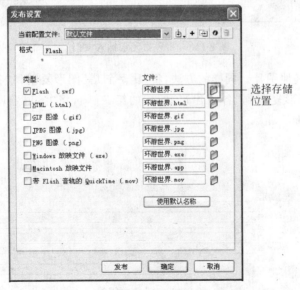

图 8-171　发布设置图

整个动画。最终发布的交互动画效果如图 8-172 所示。

图 8-172　交互动画制作完成效果

本 章 小 结

Flash 是一种矢量交互式动画设计工具,可以把图形图像、音乐、视频等多种媒体元素融合到一起,制作出丰富的动画效果,其应用极其广泛。

第 8.1 节首先介绍了 Flash 的特点和应用领域,然后对 Flash 的工作界面作了简要介绍,Flash 是一种基于时间轴的多媒体动画制作工具,因此"时间轴"、"舞台"和"操作"面板构成了其工作界面的主要部分。

第 8.2 节为 Flash 的基本操作部分,要制作出优秀的动画作品首先要熟练应用 Flash 各种工具,Flash 工具箱按区域分为工具、查看、颜色、选项几部分,其中较常用的工具如选择工具、变形工具、文本工具、形状工具、钢笔工具、颜料桶工具等。Flash 基本动画包括逐帧动画和补间动画,逐帧动画需要定义多个关键帧,每个关键帧中的动作都有微小区别,各关键帧连接在一起就形成了动画。补间动画只需要定义起始和结束两个关键帧,中间的动作由 Flash 自动填补,根据舞台中"演员"的身份不同,补间动画又可分为形状补间和运动补间。

第 8.3 节为 Flash 高级操作部分,首先对元件和实例的概念作了详细介绍,并对元件和实例的各种操作结合实例进行了说明,元件一般有 3 类:图形元件、影片元件和按钮元件。路径动画和遮罩动画是比较复杂的两类动画,本节结合实例具体说明了其制作方法。AS 命令是制作交互动画的基础,本书仅对其进行了简要说明,通过综合实例介绍了其简单应用。

学习本章要特别注意其中的各类实例,有的为了说明一个知识点而比较简单,有的综合运用多个知识点,步骤较多,过程复杂,读者可以按照课本所述步骤,利用光盘中的素材,反复练习,以便更好地熟悉 Flash 的使用。

思 考 题

1. Flash 有哪些特点，Flash 动画与传统动画在制作上有什么区别？
2. Flash 有哪些主要的应用领域，举例说明；除此以外还可以使用 Flash 制作什么？
3. 请阐述 Flash 中场景、帧、图层、时间轴之间的关系。
4. 请阐述元件、实例和库的关系。
5. 元件的种类有哪些？各自有什么特点？
6. 简述 Flash 动画制作的种类，形状补间动画与运动补间动画区别是什么？
7. 路径动画(引导线动画)的制作流程有哪些？
8. 遮罩动画的原理是什么？有哪些图层构成？
9. 时间轴特效有什么优点？如何添加时间轴特效？

第 9 章 多媒体创作软件 PowerPoint

学习目标

- 了解 PowerPoint 2007 的新功能和应用领域。
- 掌握在 PowerPoint 中插入文字、图形图片、音视频的方法。
- 掌握动作按钮和超链接的设置方法。
- 了解演示文稿的放映、打印。
- 掌握 SmartArt 的编辑方法。
- 了解在 PowerPoint 中插入和播放 Flash 的方法。
- 掌握利用 PowerPoint 制作各种动画特效的方法。
- 了解幻灯片母版的作用及其编辑方法。
- 了解演示文稿的几种发布途径。
- 了解第三方工具在 PowerPoint 中的用途。
- 了解交互式幻灯片的含义及其制作方法。

9.1 PowerPoint 基础知识

9.1.1 PowerPoint 概述

PowerPoint 是 Microsoft 公司的办公软件 Office 的套件之一。Microsoft Office 自问世以来，便以其强大的功能、方便的操作形式、易学易用等特点获得了用户的好评和广泛使用，Microsoft Office 目前流行的版本是 Microsoft Office 2007，在 Microsoft Office 2003 的基础上做了较大范围的扩展，功能更加实用，操作更人性化。

PowerPoint 2007 是一款专门制作演示文稿的应用软件，利用它能够方便地制作出集文字、图形、图像、声音以及视频等多媒体元素于一体的演示文稿，把要表达的信息组织在一组图文并茂的画面中，方便用户的观看和演示。不仅如此，用户还可以把它们打印出来，制成标准的幻灯片，作为资料保存。另外，用户也可以利用计算机和投影仪进行演示，并且可以加上各种动画、特技、声音等多媒体效果，使演示文稿更加生动活泼，增强了说服力。本章重点介绍 Office PowerPoint 2007 的基本操作及其高级应用，特别是一些特殊动画效果的制作。

9.1.2 PowerPoint 功能与特点

PowerPoint 制作的演示文稿可以用幻灯片的形式进行演示，非常适用于学术交流、演讲、工作汇报、辅助教学和产品展示等需要多媒体演示的场合。在编辑功能上，PowerPoint 提供了各式各样的幻灯片版式，可制作包含文本、图片、表格、组织结构等不同格式的幻灯片。它还提供了丰富多样的适用于各行各业的设计模板，用户只需要填入内容就可以制作出精美的幻灯片。除此之外,在幻灯片内容的编辑方面,与 word 操作非常类似,文本、图片的插入与删除是基本功能,各种多媒体对象如影片、声音、动画等都可以方便地插入到幻灯片中播放,而每一对象的显示方式还可以设置数百种不同的动画与声音搭配,动画的效果无须创建,只需设置效果参数即可。内建的 Microsoft 剪辑管理器更是演示文稿多样化的素材宝库。另外,PowerPoint 还有很多其他功能,如转换成 HTML 文件,利用控件转换为视频文件,与 Office 软件中其他产品集成运用等。

PowerPoint 2007 在继承了旧版本优秀特点的同时,明显地调整了工作环境及工具按钮,更加直观和便捷。此外,PowerPoint 2007 还新增了功能和特性。

(1) 新的界面格局。PowerPoint 2007 摒弃了传统的菜单和工具栏界面,而是采用了动态带状选项卡的形式,同时取消了引以为特色的任务窗格,使很多功能一目了然,方便用户查找和使用。

(2) 新的文件格式。PowerPoint 2007 提供了基于 XML 的新文件格式,可以创建很小的文件,而且此格式为可以打开的文件格式,这将意味着第三方可以打开和创建 PowerPoint 演示文稿。与以前版本不同,PowerPoint 2007 的默认文件格式扩展名为 PPTX。

(3) 超强的图形功能。PowerPoint 2007 的图形功能得到了很大改进,以前只能通过 Photoshop 来制作的诸如倾斜、发光、镜像、投影等效果,现在 PowerPoint 均可以自己完成。

(4) 超强的主题风格。PowerPoint 2007 包含 24 种主题风格,与此同时,每种主题还可以实现浓淡和渐变调整,因此用户可以按照自己的意图选择更多的色彩搭配。

(5) 独特的 SmartArt。低版本中的"流程图"组件在新版中统称为 SmartArt,SmartArt 堪称 PowerPoint 2007 最为出色的设计,它为用户提供了 7 大类近百种流程图方式,把普通文字转换为图形,使得交流更为直观。

(6) 重用幻灯片功能。可以从现有的若干演示文稿中创建新的演示文稿,这种功能与 Microsoft SharePoint 集成在一起,用于联网和在线协同环境。

9.1.3 PowerPoint 应用领域

PowerPoint 是 21 世纪新的"世界语",每天与 PPT 打交道的人大约在 2 亿以上。其应用领域列举如下:

(1) 课堂教学。自从 20 世纪 80 年代计算机辅助教学(CAD)兴起之后,幻灯片逐渐代替了黑板和粉笔,每个老师在上课之前都要准备计算机教学课件,使用最方便、应用最广泛的就是 PowerPoint。PPT 能够生动地展现教学内容,动态地呈现变化和结果,细致地分析事物发展规律,多媒体化的表达方式更能引起学生学习兴趣。如图 9-1 是心理学的某一节课件。

(2) 企业培训。除了学校课堂教学之外,大多数专门的培训公司、各企业的员工培训等也首选 PPT 来制作讲授资料,如图 9-2 是某公司的培训 PPT。

(3) 演示与汇报。除了正式讲课之外,其他很多需要讲解的多人场合都需要 PPT 来增强演示效果和说服力,例如产品演示、项目招标、统计汇报、进度计划、年终总结等。如图 9-3 为中国互联网统计报告,图 9-4 是某幻灯片公司的广告。

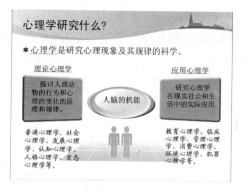

图 9-1 PPT 应用于课堂教学领域

图 9-2 PPT 应用于公司培训

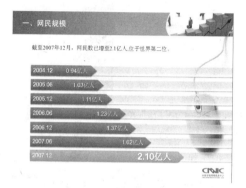

图 9-3 中国互联网统计报告

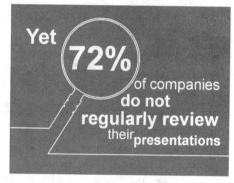

图 9-4 某幻灯片公司的广告

（4）个人多媒体创作。众多的 PPT 爱好者利用 PowerPoint 的各种高级功能制作个人多媒体作品，或抒发感情，传递祝福，或参加比赛，展示才艺，或自娱自乐等。这些作品动画表现丰富，图片制作精美，内容贴近主题，让人回味无穷。如图 9-5 为"奥运中国"PPT 制作大赛的优秀作品示意图。

（5）其他领域。例如 PPT 绘画，如图 9-6 完全为 PPT 绘制而成，此外，PPT 还可以制作海报和招贴等。

图 9-5 "奥运中国"PPT 作品

图 9-6 PowerPoint 中绘制的大自然

9.1.4 PowerPoint 工作界面

进入 PowerPoint 2007 的方法通常有两种，一是从程序菜单中选择启动 Microsoft

Office PowerPoint 2007 程序，另一种是双击一个已存在的 PowerPoint 文件图标。PowerPoint 2007 的工作界面与以前的版本有了较大改变，如图 9-7 所示，下面简单介绍一下这个崭新的界面布局。

图 9-7　PowerPoint 2007 的工作界面

PowerPoint 2007 的界面布局不再是"菜单＋工具栏"样式，而是采用了新的带状选项卡和迷你工具栏，整个界面分为五部分，最上面为功能区，包含了 PowerPoint 2007 的所有功能，以下有详细介绍；中间空白部分为幻灯片编辑区，没有了低版本中位于右侧的任务窗格，整个编辑区变得更加宽敞；编辑区的下方为备注区，可将不便于在幻灯片中出现的内容以及演示时需要口语表达的内容写在其中；左边为幻灯片列表区，当前演示文稿中所有的幻灯片都会按添加顺序排列，可以"幻灯片"或"大纲"两种视图方式显示；最下方为状态栏，可以查看幻灯片总页数、所选择的主题名称、视图方式以及幻灯片缩放比例。

下面对 PowerPoint 2007 的功能区和迷你工具栏做简要介绍。

1. Office 按钮

PowerPoint 2007 左上角有一个圆形按钮，称为"Office 按钮"，是 PowerPoint 2007 中唯一的下拉式菜单，主要对文档进行各种操作。如图 9-8 所示，类似于 Windows 的"开始"菜单，在这里可以新建、打开、保存演示文稿，还可以打印、设置演示文稿文件的各种属性、发送给他人等，在这里还可以找到"最近使用的文档"，另外还可以设置"PowerPoint 选项"，如图 9-9 所示。

2. "开始"选项卡

该选项卡集成了演示文稿操作最常用的功能，例如"剪贴板"功能，幻灯片的插入、删除、版式修改功能，"字体"和"段落"的格式设置，"绘图"功能以及文本的查找替换等。如图 9-10 所示。

3. "插入"选项卡

该选项卡集成了所有能在幻灯片中插入的对象，如图 9-11 所示。可以插入"表格"、"图片"、"剪贴画"、"相册"、"SmartArt"、图表等（相册和 SmartArt 是 07 版新增功能，本书将作

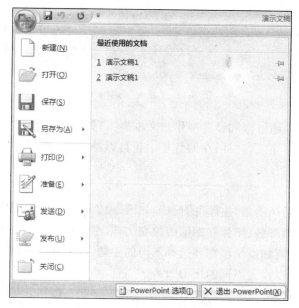

图 9-8　PowerPoint 功能菜单

图 9-9　PowerPoint 选项

图 9-10　"开始"选项卡

图 9-11　"插入"选项卡

重点介绍），还可以插入超链接和设置动作，"文本框"、"页眉和页脚"、"艺术字"、"对象"等的插入也是在该选项卡中完成，此外，在幻灯片中还可以插入各种媒体，如音频、视频等，有关操作方法将在后面详细介绍。

4."设计"选项卡

该选项卡最重要的功能是"主题"的设计，如图 9-12 所示。PowerPoint 2007 引入了"主题"的概念，主题是存储颜色、字体和图形的独立文件，主题使得用户能够创建外观统一的演示文稿，可以根据个人喜好或情境需要选择不同的主题，针对同一主题可以选择不同的色彩搭配和字体类型，还可以设置不同的图形效果。

图 9-12　"设计"选项卡

5."动画"选项卡

该选项卡主要是设置每页幻灯片中各对象的动画效果、切换声音、速度、换片方式等，如图 9-13 所示。

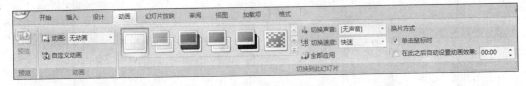

图 9-13　"动画"选项卡

6."幻灯片放映"选项卡

该选项卡可以设置幻灯片的放映方式、录制旁白、排练计时、设置分辨率等，如图 9-14 所示。

图 9-14　"幻灯片放映"选项卡

7."格式"选项卡

在不选中任何编辑对象时，"格式"选项卡并不出现，一旦选择了某一编辑对象，如文本框,则自动出现"格式"选项卡,如图 9-15 所示,可以插入各种形状的图形,可以设置形状的外观、填充、边框、大小、效果等;可以插入、编辑和设置艺术字效果;可以使多个对象按要求排列,如对齐、组合、旋转、改变层的顺序等。

图 9-15 "格式"选项卡

8. 迷你工具栏

迷你工具栏是一种动态工具栏,在选择了幻灯片的一段文字时,它会自动弹出来,供用户使用,免去了在功能区寻找所需选项的麻烦,迷你工具栏以半透明工具栏的形式出现,鼠标悬停时可使之完全显示,如图 9-16 所示。

图 9-16 迷你工具栏

9.2 PowerPoint 基本操作

本节重点讲解幻灯片的基本操作,包括如何创建演示文稿,如何编辑幻灯片的内容,在幻灯片中插入图形、图片、剪贴画,设置幻灯片内文字的动画效果、幻灯片之间的切换、放映和打印幻灯片等。

9.2.1 创建演示文稿

可以用几种不同的方式创建新的演示文稿:

1. 从模板新建演示文稿

模板提供了与所添加幻灯片内容的字体、版式、颜色等相一致的设计方案,可以使用 PowerPoint 2007 自带的模板,或者从 Microsoft 网站、其他提供模板的网站下载模板,甚至还可以自己定义模板。用模板创建演示文稿可以按以下步骤操作。

步骤 1:单击左上角的 Office 按钮,选择"新建"菜单命令,打开"新建演示文稿"对话框,如图 9-17 所示。

步骤 2:从屏幕左侧的模板类别列表中选择"已安装的模板",这是 PowerPoint 2007 自带的模板和主题,还可以从 Microsoft Office Online 网站提供的可用模板种类中选择,屏幕中间和右面可以预览所选的模板,如果是 Microsoft 网站提供的,则需要计算机连接 Internet 方可下载,如图 9-18 所示。

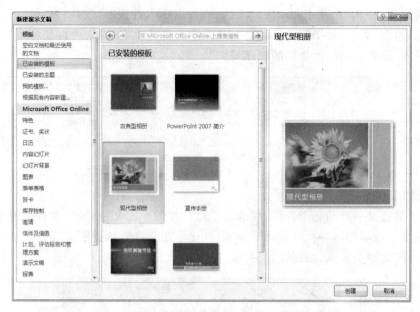

图 9-17 "新建演示文稿"对话框

图 9-18 从 Microsoft 网站即时下载模板

　　步骤 3：选择好模板后，单击"创建"按钮（图 9-17）或"下载"按钮（图 9-18），即可将所选设计模板应用到新建的演示文稿中，如果是下载，则要视网络连接状况，等待一定时间后可以看到新建演示文稿的出现。

　　现在就可以往演示文稿中添加内容、设置格式和插入其他幻灯片了。

2. 根据现有内容新建演示文稿

　　另外一种新建演示文稿的方法是简单复制与所要建立的演示文稿内容及格式相似的现有演示文稿，具体操作步骤如下。

　　步骤 1：单击 Office 按钮，选择"新建"菜单命令，打开"新建演示文稿"对话框。

　　步骤 2：单击"根据现有内容新建"选项，打开相应对话框，如图 9-19 所示。

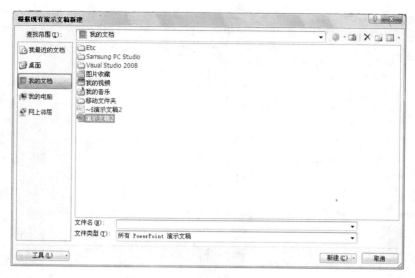

图 9-19   从现有的演示文稿新建

步骤 3：选择所需的现有演示文稿，单击"新建"按钮，就创建了原来演示文稿的副本，可在此基础上进行修改，而且此修改不会对原来的演示文稿造成任何影响。

3. 从头开始创建演示文稿

如果从"开始"菜单打开 PowerPoint 2007，则 Office 自动为用户新建了一个空白的演示文稿，而从"新建演示文稿"对话框中也可以选择新建空白演示文稿，此时创建的演示文稿只有一页幻灯片，而且背景为白色。另外，也可以新建一个有主题的空白演示文稿，具体做法是，在"新建演示文稿"对话框中单击"已安装的主题"，选择所需要的主题进行应用，并单击"创建"按钮，这时就会出现一个空白演示文稿，包含有颜色主题和所选主题的字体。

9.2.2   演示文稿的编辑和格式设置

1. 幻灯片的新建、删除和移动

新建一个演示文稿后，系统会自动添加一个空白幻灯片，如同图 9-7 所示，当需要插入新幻灯片时，可按下列步骤操作。

步骤 1：在"幻灯片视图"中定位到要插入幻灯片的位置，如果当前选中了某页幻灯片，则新建的幻灯片默认插入到当前幻灯片之后，也可以在两张幻灯片中间单击鼠标，此时可看到一条直线闪烁，表明新建的幻灯片将在此位置插入。

步骤 2：单击"开始"选项卡中"幻灯片"组的"新建幻灯片"按钮，在下拉选项框中选择所需要的版式，如图 9-20 所示，此时便插入了一张有特定版式的新幻灯片。

步骤 3：还可以用其他方法新建幻灯片，如"复制所选幻灯片"可将当前选中的幻灯片复制一份同时插入到当前幻灯片之后；"重用幻灯片"可以从其他演示文稿中复制所需的幻灯片到本演示文稿中。操作方法请读者自行练习。

某页幻灯片不需要时可将其删除，删除方法是，选中要删除的幻灯片，直接按键盘上的Delete 键或者右击，从弹出的快捷菜单中选择"删除幻灯片"菜单命令。

每页幻灯片之间的顺序可以调换，移动幻灯片的方法是，在幻灯片列表区，用鼠标左键

图 9-20　新建幻灯片

按住被移动的幻灯片不放,然后将其拖动到目标位置后松开鼠标左键。

2. 在幻灯片中输入文本

操作方法与 Word 类似,不同的是在 PowerPoint 中,文本都必须输入到文本框中,每添加一张新幻灯片后,系统会根据所选择的幻灯片版式自动添加所需的文本占位符,所谓占位符,是指在幻灯片母版中定义的、带有统一格式的文本框,例如标题占位符、正文占位符、图片占位符等,可以在占位符中输入文本、插入图片等。也可以根据需要插入新的文本框,不过新插入的文本框的字体和段落格式需要编辑者自己设置。

3. 设置文本格式

PowerPoint 模板中包含颜色、字体、字号和其他格式参数,通过设置这些参数可以制作出外观漂亮的演示文稿。通过使用现有的模板,用户可以将精力集中到演示文稿的内容制作上。

只有在未使用模板的演示文稿的空白幻灯片中创建文本框时,才需要进行大量的格式设置,大多数情况下,可以直接使用模板中的格式或只对某些格式进行个别修改。如果需要对每一张幻灯片修改同样的格式,可以直接修改幻灯片母版,有关的操作将在 9.3 节介绍。

在学习设置文本格式前,先要学会区分对象的编辑状态和选中状态,如图 9-21(a)所示,编辑状态下可以编辑文本框内容,此时文本框的边框为虚线;选中状态下可以设置文本框的格式,如填充颜色、边框粗细、段落格式等,此时文本框的边框为实线,如图 9-21(b)所示。

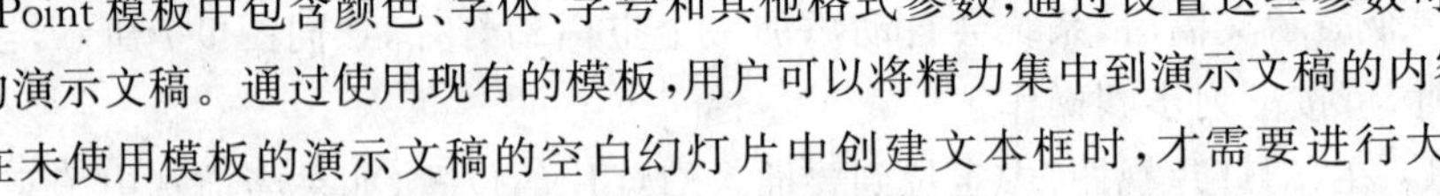

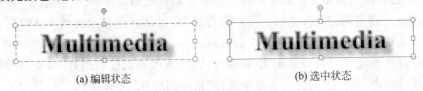

(a) 编辑状态　　　　　　　　　　　　(b) 选中状态

图 9-21　对象的编辑状态和选中状态

选中需要设置格式的字体或段落,可通过以下 3 种方式设置文本格式。

(1) 使用"开始"选项卡中的"字体"和"段落"组中的选项,这里列出的都是常用的格式设置,如图 9-22 所示。

图 9-22 "字体"和"段落"组

(2) 使用"字体"和"段落"对话框,可以一次进行多项修改,还可以设置默认值。单击"字体"和"段落"右下角的小箭头 可以打开这两个对话框,如图 9-23 所示。

图 9-23 "字体"和"段落"对话框

(3) 在选中文本上右击,使用浮动工具栏(见图 9-16)选项单独应用文本格式。

为了增强幻灯片的演示效果,可以考虑如下格式设置。

① 增大或减小字号。如果幻灯片中只有少数几个要点,可以增大字号来填充页面;此外,也可以缩小占位符中的文本以容纳更多内容,但要考虑到投影演示时后排的观众能够看清,一般幻灯片上的文字不要小于 24 号。如果输入的文本超出了占位符显示的范围,PowerPoint 将使用"自动调整"功能缩小文本。

② 替换字体。可以使用某些特殊的字体以引起观众的注意,但要注意不能使用过于新奇的特殊字体,特别是如果需要在不同的计算机上演示,最好应用 PowerPoint 自带的字体格式,否则可能会因为目标计算机上没有安装所用字体而影响演示效果。

③ 添加粗体、斜体或颜色。使用这些设置来强调某些内容,引起关注。

④ 添加文本效果。应用阴影、边框、发光、棱台、三维旋转等特殊文本效果,具体操作见第 9.2.3 节。

4. 设置项目符号和编号

为使幻灯片中的文本具有更清晰的段落结构,经常要使用项目符号和编号,其中项目符号通常用于各项目之间没有顺序的情况,而编号则适用于各项目有顺序限制的情况。

默认情况下,在文本框中输入的文本会自动添加项目符号,当输入第一个列表项内容后,按 Enter 键将开始一个新的带项目符号的列表项。若要修改原有项目符号或为文本添加项目符号或编号,首先选中要添加项目符号或编号的文本,然后右击,从弹出的快捷菜单中选择"项目符号和编号"菜单命令,则可以打开如图 9-24 所示的对话框,可以添加、修改或去掉项目符号和编号。

图 9-24 设置项目符号或编号

如果不满意几个默认的项目符号,还可以单击"图片"按钮或者"自定义"按钮选择更多的图片或字符作为项目符号。此外,可以设置符号的大小、百分比和颜色,以增强演示效果。

5. 插入艺术字

艺术字可以产生特殊的文本效果,如阴影、旋转、拉伸或彩色文本,PowerPoint 将艺术字图片作为对象对待,因此应用于其他对象的属性如格式、三维等也同样适用于艺术字。但 PowerPoint 2007 还将艺术字的内容作为文本来对待,这意味着用户可以对任何艺术字对象的文本进行拼写检查。

插入艺术字的步骤如下。

步骤 1:单击"插入"选项卡"文本"组中的"艺术字"按钮,出现艺术字库,如图 9-25 所示。需要说明的是,艺术字库中的颜色与当前所选主题有关,改变主题后,字库的颜色也会相应改变。

步骤 2:单击喜欢的样式,幻灯片上将出现一个文本框。

步骤 3:在文本框内输入要用艺术字设置格式的文本即可。

如果先选中文本后单击"插入艺术字"按钮,则步骤 2 和步骤 3 均可省略,直接出现了所选文本的艺术字格式。图 9-26 是部分艺术字的效果示例。需注意的是,尽量不要使用过多的艺术字,否则演示文稿会变得混乱,只需要在强调某个内容时使用艺术字。

图 9-25 艺术字样式

图 9-26 艺术字的特殊效果文字

9.2.3 在演示文稿中插入图形、图片和表格

1. 插入图形

PowerPoint 2007 提供了功能强大的绘图工具,利用绘图工具可以绘制各种线条、连接符、几何图形、星形以及箭头等复杂的图形。插入图形的步骤如下。

步骤 1:在功能区切换到"插入"选项卡,在"插图"组中单击"形状"按钮,如图 9-27 所示。

步骤 2:选择需要的图形,这里分为"最近使用的形状"、"线条"、"矩形"、"基本形状"、"箭头总汇"、"公式形状"、"流程图"、"星与标志"、"标志"、"动作按钮"10 类,每类下面有若干种形状,根据需要选择即可。

步骤 3:此时幻灯片上的鼠标变为了十字形,在合适位置拖曳鼠标,即可画出所选形状。

可以对绘制的图形进行个性化的编辑。和其他操作一样,在进行设置前,应首先选中该图形。对图形最基本的编辑包括修改形状样式、旋转图形、对齐图形、层叠图形、组合图形、设置大小等。下面逐一介绍。

(1) 修改形状样式。"格式"选项卡的"形状样式"组可以编辑形状的外观样式。可以选择形状或线条的外观样式(与主题色调一致,如图 9-28 所示),修改填充和线条轮廓的颜色(如图 9-29 所示),可以选择无填充色、图片填充、渐变填充以及纹理填充。PowerPoint 2007 还增加了"形状效果"功能,如图 9-30 所示,可以设置阴影、映像、发光、柔化边缘、棱台以及三维旋转等效果,在一定程度上满足了用户的需求,无须再使用诸如 Photoshop 等素材处理工具进行效果修饰了。

图 9-27 插入形状

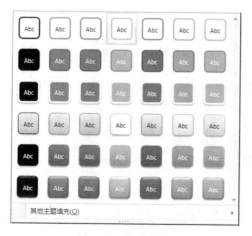

图 9-28 外观样式

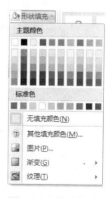

图 9-29 填充颜色

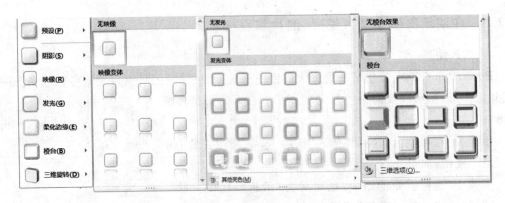

图 9-30　形状效果

（2）旋转图形。旋转图形与旋转文本框、文本占位符一样，只要拖动其上方的绿色旋转控制点任意旋转图形即可。也可以在"格式"选项卡的"排列"组中单击"旋转"按钮，在弹出的菜单中选择"向左旋转 90°"、"向右旋转 90°"、"垂直翻转"和"水平翻转"等菜单命令，如图9-31 所示。

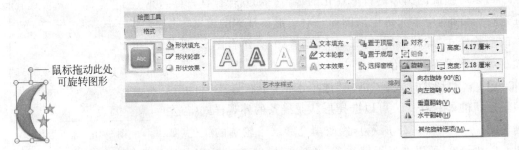

图 9-31　旋转图形

（3）对齐图形。当在幻灯片中绘制多个图形后，可以在功能区的"排列"组中单击"对齐"按钮，如图 9-32 所示。在弹出的菜单中选择相应的菜单命令来对齐图形，需注意的是首先要选中所有需要对齐的图形。

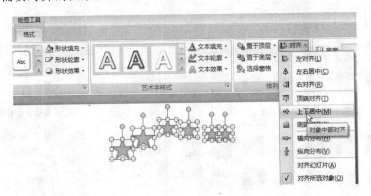

图 9-32　对齐图形

（4）层叠图形。对于绘制的图形，PowerPoint 将按照绘制的顺序将它们放置于不同的对象层中，如果对象之间有重叠，则后绘制的图形将覆盖在先绘制的图形之上，即上层对象遮盖下层对象。当需要显示下层对象时,可以通过调整它们的叠放次序来实现。

要调整图形的层叠顺序,可以在功能区的"排列"组中单击"置于顶层"按钮和"置于底层"按钮右侧的下拉箭头,在弹出的菜单中选择相应命令即可,如图9-33所示。

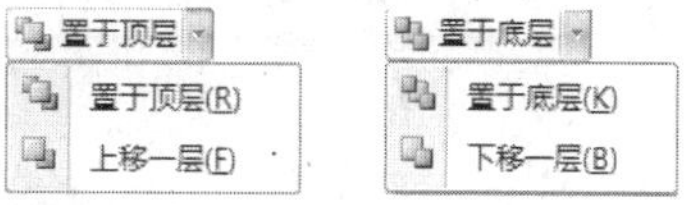

图9-33 层叠图形

(5)组合图形。在绘制多个图形后,如果希望这些图形保持相对位置不变,可以使用"组合"按钮下的命令将其进行组合,也可以同时选中多个图形,右击,从弹出的快捷菜单中选择"组合"|"组合"菜单命令,如图9-34所示。当图形被组合后,可以像一个图形一样被选中、复制或移动。

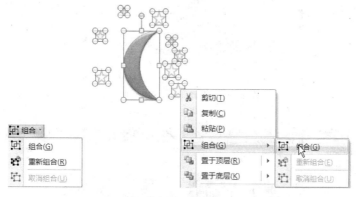

图9-34 组合图形

2. 插入图片

在幻灯片中使用图片可以增强演示文稿的视觉效果,俗话说,一图抵千言,在幻灯片中适当使用图片,不仅使得幻灯片具有"图文并茂"的效果,而且具有更强的吸引力和冲击力,听众在观看幻灯片时,首先关注的就是形象的图片,其次才是抽象的文字。需要注意的是,插入的图片要与整个演示文稿的内容相关,风格尽量一致,这样才能起到图片应有的作用,否则将会适得其反。

可以使用3种方法在幻灯片中插入图片。

方法1:单击"开始"选项卡"幻灯片"组中的"版式"按钮,打开版式库,在库中选择标题和内容幻灯片版式或标题和两栏内容幻灯片版式等,如图9-35所示,这些版式中都包含一个有6个图标的内容工具箱,这6个图标分别代表表格、图标、剪贴画、图片、SmartArt图形和媒体剪辑。单击代表图片的图标,打开如图9-36所示的"插入图片"对话框,选择一幅图片即可插入。

方法2:首先定位到要插入图片的幻灯片,选择功能区"插入"选项卡"插图"组中的"图片"按钮,也将打开如图9-36所示的"插入图片"对话框。选择要插入的图片,单击"插入"按钮即可将图片插入到当前幻灯片中。

方法3:在"我的电脑"或"资源管理器"中找到要插入的图片,或者从Internet网上搜索到合适的图片后右击,从弹出的快捷菜单中选择"复制"或按Ctrl+C键先将其复制到剪贴板,然后返回到PowerPoint中要插入图片的幻灯片中右击,从弹出的快捷菜单中选择"粘贴"或按Ctrl+V键即可将刚复制的图片粘贴到当前幻灯片中。

相比之下,方法3操作起来更加灵活方便。

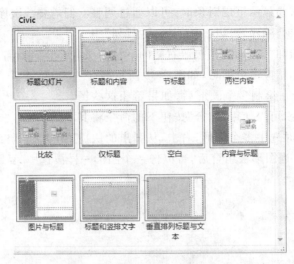

图 9-35　选择带有图片的版式图

图 9-36　"插入图片"对话框

　　插入到 PowerPoint 中的图片可以修改和设置格式以满足自己的需要，如调整图片大小、更改颜色、样式、形状、效果，调整亮度、对比度，与其他对象对齐、组合、调整层次等，这些功能全部集成在"图片工具"工具栏的"格式"选项卡中，如图 9-37 所示，前文已述，PowerPoint 2007 的一个显著特点就是增强的图片处理功能，以"图片样式"和"图片效果"为例，这是 PowerPoint 2007 新增的选项，"图片样式"可以修改图片的显示外观，以前的版

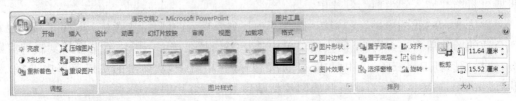

图 9-37　设置图片的格式

本中要想使图片成为椭圆形,需要比较复杂的操作,而在 2007 版本中,只需要在图片样式中选择就可以了,如图 9-38 所示。还可以通过"图片效果"对图片进行阴影、镜像、发光、柔滑边缘、棱台、三维效果的设置,如图 9-39 所示。

图 9-38　修改图片样式

图 9-39　修改图片效果

3. 插入表格

表格对于信息的传达有十分重要的作用,可以使内容看起来一目了然,而且还方便于不同内容的比较,在一些个人演示文稿、统计性报告、汇报、报表、管理方案等的制作中经常会

图 9-40 输入表格的
　　　　列数和行数

用到表格。如果在 Word 里面用到过表格，那么在 PowerPoint 中对表格的操作将会比较熟悉。

　　添加表格的方法与插入图片的方法类似，既可以选择带有表格的幻灯片版式，也可以直接插入表格。在"插入"选项卡"表格"组中单击"表格"按钮，打开"插入表格"对话框，如图 9-40 所示，输入表格的行数和列数后单击"确定"按钮，则在当前的幻灯片中插入了指定行和列的空表格，根据主题输入表格内容即可，如图 9-41 所示。

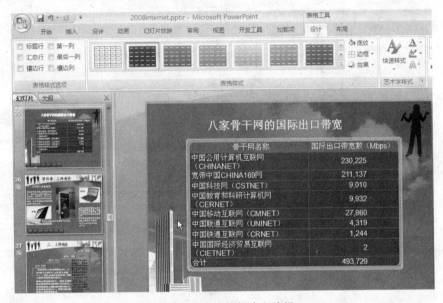

图 9-41　表格的创建和编辑

　　在表格任一单元格中单击时，功能区内将显示一个名为"表格工具"的动态选项卡，该选项卡内包括两个子选项卡："设计"和"布局"，图 9-42 所示的是"表格工具"栏的"设计"选项卡，可以对表格的样式、边框、填充色等进行格式修改，图 9-43 所示的是"表格工具"栏的"布局"选项卡，可以插入或删除表格的行和列、合并/拆分单元格、设置对齐方式、表格尺寸等。

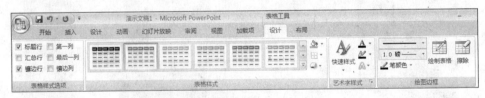

图 9-42　设置表格的样式、边框

图 9-43　操作表格的行和列，设置对齐方式

9.2.4　在演示文稿中插入多媒体

在幻灯片中不但可以显示各种静态的文字、图形和图片,而且还可以播放动态的音视频文件,使得幻灯片在演示时不但图文并茂,而且有声有色,多媒体的加入既能增强说服力,还能够很好地吸引听众的兴趣,达到较好的演示效果。但要注意,与图片一样,要使用与演示文稿内容相关的音频和视频,多媒体的作用是辅助演讲者的演示,增强演示效果,而不是制造噪音和分散注意力。

以下是在 PowerPoint 中有效使用声音和影片有两个指导原则。

(1) 在插入多媒体文件之前,最好将声音和影片文件放在与演示文稿相同的文件夹中,这是因为 PowerPoint 只是在演示文稿中放置了一个指向实际媒体文件的链接,然后提取文件进行播放,如果将媒体文件放在其他地方,当转移演示文稿文件时,就有可能因为找不到链接文件而无法正确播放。因此,为了确保插入的多媒体在任何地方都可以播放,一定要将所使用的多媒体文件与演示文稿放在同一个文件夹中。

(2) PowerPoint 并不能播放所有类型的媒体文件,如果媒体文件是不兼容的格式,用户可以使用其他格式转换软件将其转换为 PowerPoint 可以识别的文件类型。

同插入图片和表格的方法一样,有两种方式可以插入多媒体文件,一种是通过选择带有多媒体内容的幻灯片版式,单击其中的"插入媒体剪辑"按钮,可以打开"插入影片"对话框,选择要插入的影片文件即可。另一种方法是使用"插入"选项卡中的"媒体剪辑"组,可以选择插入影片或声音,如图 9-44 所示。下面分别介绍。

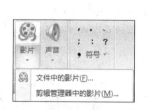

图 9-44　插入媒体剪辑

1. 插入"文件中的影片"

可以插入用户指定的影片文件。选择"文件中的影片"后,将打开"插入影片"对话框,如图 9-45 所示。在 PowerPoint 中,可以插入的影片格式为 *.asf、*.avi、*.mpeg、*.wmv以及 Microsoft 录制的电视节目。选择要插入的影片后,单击"确定"按钮,此时会出现一个对话框,如图 9-46 所示,需要用户指定一种影片的播放方式,如选择"自动",则影片将在幻灯片放映时自动播放;如选择"在单击时",则幻灯片放映时影片不会播放,只有当鼠标单击影片时才开始播放。影片插入到幻灯片中后,可以调整播放区域的大小、位置,以获得最佳的放映效果,如图 9-47 所示。

使用这种方法插入的影片在播放时或者自动开始,或者单击鼠标开始,然而却无法实现自由控制,比如暂停、快进、重新播放等,要想更方便地控制插入的影片,可以使用插入Windows Media Player 控件的方法,其操作步骤与插入 Flash 动画(参考后面的 9.3.4 节)

类似,所不同的是需要在其他控件中选择"Windows Media Player",而且需要设置影片的路径属性,本书第10章中PPT综合实例就采用了这种插入影片的方法,界面如图9-48所示。

图 9-45 "插入影片"对话框

图 9-46 指定影片的播放方式

图 9-47 调整插入影片的大小和位置

图 9-48 嵌入 Windows Media Player 播放影片

2. 插入"剪辑管理器中的影片"

插入"剪辑管理器中的影片"指的是插入 Office 剪辑库中的影片,该剪辑库中包括 Office 自带的剪辑、本地计算机影片文件和网上下载的剪辑,选择"剪辑管理器中的影片"后,PowerPoint 将打开"剪贴画"任务窗格,如图9-49所示,其中"搜索范围"包括"我的收藏集"(本地计算机的影片文件)、"Office 收藏集"(Office 自带的剪辑)和"Web 收藏集"(可以从 Office 网站获取的剪辑);"结果类型"包括剪贴画、照片、影片、声音,此处是"影片";在影片列表中单击要插入的影片缩略图,即可将所选影片插入到当前幻灯片。插入的影片在普通视图下显示为一幅图片,可以拖动四周的小方框来调整大小,当放映幻灯片时,则显示为动态的影片。单击"管理剪辑"可以使剪辑管理器自动搜索本地计算机上的所有影片并显示在影片列表中。单击"Office 网上剪辑"可以进入 Microsoft 网站免费下载剪贴画、动画、声音等,如图 9-50 所示。

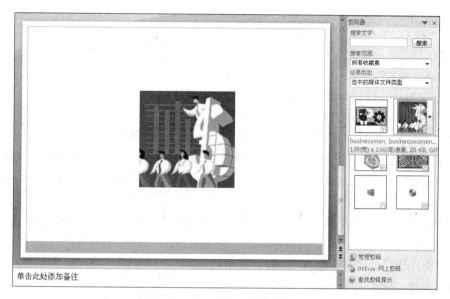

图 9-49　插入剪辑管理器中的影片

图 9-50　Microsoft 网站免费下载剪贴画等多媒体

　　插入到幻灯片中的影片可以设置其播放属性,单击插入的影片,在功能区自动出现"图片工具"|"格式"和"影片工具"|"选项"两个选项卡,如图 9-51 所示,"图片工具"|"格式"可以设置影片的外观显示,与设置普通图片的格式相同,可参阅 9.2.3 节中插入图片的相关介绍。"影片工具"|"选项"可以对影片进行预览与播放设置。以下简要介绍有关选项设置。

图 9-51　影片播放设置

（1）“预览”。单击该按钮，可以预览插入的影片。

（2）“幻灯片放映音量”。可以设置为“低”、“中”、“高”、“静音”4 种选项。

（3）“播放影片”。

①“自动”。当包含影片的幻灯片放映时立即播放影片。

②“在单击时”。只有演讲者单击影片时才开始播放。

③“跨幻灯片播放”。即使切换到下一张幻灯片，影片仍继续播放，不过这一功能应慎用，因为如果选择了此项设置，则连续幻灯片中与影片位置重叠的文本或图表将被遮住无法显示。

（4）“放映时隐藏”复选框。对于影片来说一般不会选择该项，它对声音剪辑的播放最有用。

（5）“全屏播放”。在播放影片时将幻灯片焦点切换到全屏影片，影片播放结束后焦点再返回到幻灯片。

（6）“影片播完返回开头”。影片播放完毕后返回到影片的第一帧，如果选择在单击时播放影片，此选项尤为有用。

3．插入“文件中的声音”

插入声音文件与插入影片文件的操作类似，不同的是在“插入声音”对话框中，文件的类型为 PowerPoint 所支持的声音文件格式，如 MIDI、MP3、WAV 、WMA 等，如图 9-52 所示。与插入影片相同，在选择了声音文件以后，需要用户指定一种声音的播放方式，可在“影片工具”栏的“选项”选项卡的“影片选项”组中“播放影片”下拉列表中选择“自动”或“在单击时”项。

图 9-52　“插入声音”对话框

插入的声音文件在幻灯片中以图标  表示,单击该图标,在功能区会自动出现"图片工具"栏"格式"选项卡和"声音工具"栏"选项"选项卡,如图 9-53 所示,一般用得较多的是后者,对声音文件可以进行预览与编辑。以下简要介绍声音文件编辑的主要功能。

图 9-53 声音编辑

(1)"预览"。单击该按钮,可以试听插入的音频。

(2)"幻灯片放映音量"。可以设置为"低"、"中"、"高"、"静音"4 种选项。

(3)"放映时隐藏"复选框。如果选中,则在幻灯片放映时不显示小喇叭图标。

(4)"循环播放,直到停止"。循环播放声音直到停止声音,切换到下一张幻灯片时,循环播放的声音也将停止,除非还选择了跨幻灯片播放选项。

(5)"播放声音"。可以选择"自动"、"在单击时"和"跨幻灯片播放","自动"指幻灯片放映时自动播放声音,一般用于播放背景音乐,选择"在单击时",只有在单击小喇叭图标时才播放声音,如果要在 PowerPoint 演示中根据需要播放声音,可以选择该项。"跨幻灯片播放"指从当前的活动幻灯片开始,跨越连续的幻灯片播放声音。

(6)"声音文件最大大小"。单位为千字节(KB),这不是指声音剪辑的最大文件尺寸,而是指任何超出这一文件大小的声音剪辑都将被链接而不是嵌入到演示文稿中,修改该参数可以允许尺寸较大的声音文件(只能是 WAV 格式)嵌入到演示文稿中,这样虽然增大了演示文稿的体积,但是当移动演示文稿时不用再担心声音不会播放,因为嵌入到演示文稿中的声音与原声音文件无任何联系,而原声音文件也不用随演示文稿一起移动。

4. 插入"剪辑管理器中的声音"

插入声音剪辑的操作与插入影片剪辑的操作类似,这里不再详述。

5. 插入"播放 CD 乐曲"

在 PowerPoint 演示过程中还可以播放 CD 上的特定乐曲,例如可能需要将 CD 上的音乐作为背景音乐或用来引入演示文稿。插入 CD 乐曲的步骤如下。

步骤 1:将 CD 光盘插入到驱动器,定位至要插入 CD 的幻灯片。

步骤 2:选择"插入"选项卡中的"声音"组中的"播放 CD 乐曲",打开如图 9-54 所示的对话框。

步骤 3:在"剪辑选择"组框中选择要播放的开始曲目和开始时间,如果只想播放部分乐曲,可以设置开始和结束的时间。

步骤 4:根据需要选择是否循环播放和是否在播放时隐藏声音图标,CD 乐曲在幻灯片中以  表示。当然这些选项也可以在插入 CD 乐曲以后在"声音工具"的"选项"中修改。

步骤 5:单击"确定"按钮,关闭对话框,插入 CD 乐曲。

图 9-54 插入 CD 乐曲

6. 插入"录制声音"

选择此项功能后,将现场录制一段声音,并插入到当前幻灯片中。选择"录制声音",则打开"录音"对话框,如图 9-55(a)所示,单击 ● 录制按钮,则开始录音,此时从麦克风输入的声音将被录制,单击 ■ "停止"按钮,停止录制,并且显示声音的总长度,如图 9-55(b)所示,单击 ▶ 播放按钮,可以试听录音,如不满意,可以再次单击 ● 录制按钮重新录音。录制好声音以后,可以为该段声音重新命名,以便识别。最后单击"确定"按钮,可将录制的声音插入到当前幻灯片中。

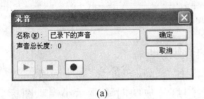
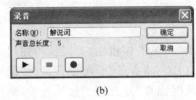

(a)   (b)

图 9-55 "录音"对话框

9.2.5 设置动作按钮和超链接

在幻灯片上添加动作按钮或超链接,可以改变幻灯片的播放顺序、执行外部程序或播放声音、影片等,可使幻灯片在演示时能够灵活控制,实现更好的演示效果。

PowerPoint 提供了 12 种动作按钮可以放置到幻灯片上,添加动作按钮的步骤如下。

步骤1:在"插入"选项卡的"插图"组中选择"形状",将滚动条拉到最下端,可以看到有12 种动作按钮,有上一项、下一项、开始、结束等,选择需要的动作按钮,例如选择"▷"表示"前进或下一项",如图 9-56 所示。

从"插入"选项卡的"形状"组中选择"动作按钮"

图 9-56 插入一个动作按钮

步骤2：将鼠标移动到幻灯片上，此时成为十字形，在合适的位置按住鼠标左键拖动，画出按钮，松开鼠标左键后会出现"动作设置"对话框，PowerPoint会根据所选定的按钮设置默认动作，用户也可以自己设置其他动作，如运行本地程序文件、播放声音等。如图9-57所示。

图 9-57　设置动作按钮的执行动作

步骤3：设置完按钮的执行动作后单击"确定"按钮。

步骤4：按需要可继续插入其他的动作按钮，如图9-58所示。如需修改按钮的执行动作，可以选中按钮后右击，从弹出的快捷菜单中选择"编辑超链接…"，再一次打开"动作设置"对话框，修改动作即可。

图 9-58　插入动作按钮后的幻灯片

除了利用动作按钮改变幻灯片放映顺序以外，还可以利用"超链接"，即普通的文字、图片等也可以控制幻灯片流程或者执行其他文件、打开网页等。插入超链接的方法很简单，首先选中要作为超链接的文字或对象，然后在"插入"选项卡"链接"组中单击"超链接"按钮或右击，从弹出的快捷菜单中选择"超链接"菜单命令，如图9-59所示。

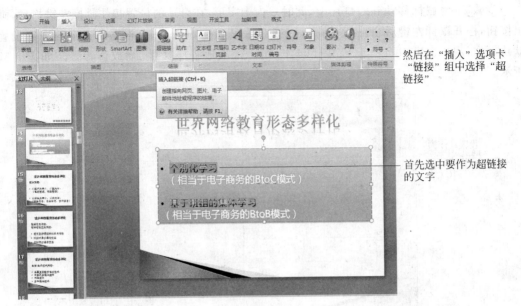

然后在"插入"选项卡"链接"组中选择"超链接"

首先选中要作为超链接的文字

图 9-59　设置超链接

随即将打开"插入超链接"对话框,如图 9-60 所示,该对话框中,"要显示的文字"一栏的内容即是要作为超链接的文字,即人们所称的"超文本";PowerPoint 中的超链接可以链接到 4 种目标,第 1 种"原有文件或网页"指的是本机的任何文件或 Internet 网址;第 2 种"本文档中的位置"指的是本演示文稿中的幻灯片;第 3 种"新建文档"指的是新建一个 PowerPoint 演示文稿并与之链接;第 4 种"电子邮件地址"指的是链接一个邮件地址,放映时单击超链接则会打开默认电子邮件程序(如 Outlook Express),并以链接的邮件地址为收件人,进行邮件的编辑和发送。其中最常用到的是前两种,即打开或运行其他的文件、网页和跳转到其他的幻灯片。

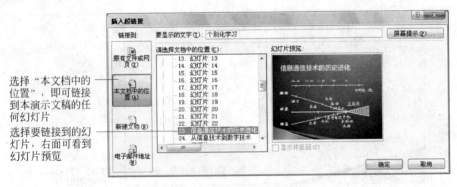

选择"本文档中的位置",即可链接到本演示文稿的任何幻灯片

选择要链接到的幻灯片,右面可看到幻灯片预览

图 9-60　"插入超链接"对话框

9.2.6　放映演示文稿

PowerPoint 2007 为幻灯片提供了几种基本的演示方法,用户可以根据自己的需要和喜好选择其中的一种来放映幻灯片,查看编辑的效果。

1. 直接演示

在 PowerPoint 2007 的任何一种视图中,单击应用窗口最下端状态栏中的"幻灯片放映"命令按钮,或在"视图"选项卡"演示文档视图"组中单击"幻灯片放映"按钮,如图 9-61 所示,即可进入幻灯片放映视图,并从当前幻灯片开始演示。在幻灯片放映视图中,幻灯片以全屏方式显示,且一直保持在屏幕上,直到用户单击了鼠标或敲击了键盘上相应的键为止。单击鼠标,可切换到下一张幻灯片演示,也可以单击幻灯片上的超链接或动作按钮;使用键盘上的 PageUp、PageDown 键或上下移动键,可以切换到上一张或下一张幻灯片显示。在最后一张幻灯片上单击鼠标后,则返回到原来的视图中。

图 9-61 幻灯片直接演示

2. 使用"幻灯片放映"菜单命令

用户也可以通过选择菜单命令来实现演示文稿的放映,此时还可以设置幻灯片的放映方式。

在 PowerPoint 2007 应用窗口中,在"幻灯片放映"选项卡中单击"设置幻灯片放映"按钮,弹出"设置放映方式"对话框,如图 9-62 所示。

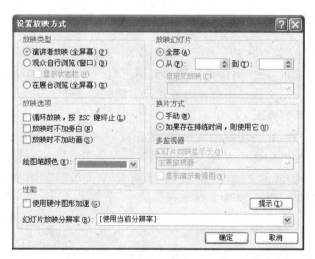

图 9-62 "设置放映方式"对话框

在该对话框中,共有"放映类型"、"放映幻灯片"、"放映选项"、"换片方式"几种选项。"放映类型"有 3 个选项,默认为演讲者放映,即演讲者完全控制幻灯片的演示,通常用于配合演讲者的解说,"放映幻灯片"中的设置可以使演讲者演示全部的幻灯片或者只显示部分幻灯片。

3. 放映时用快捷菜单

在放映视图的左下角有一组带箭头的按钮,用户在刚进入放映视图时看不到这些按钮,但只要移动一下鼠标,它们就会显示出来,如图 9-63 所示, 表示上一个动作,相当于按下

PageUp；✐将弹出快捷菜单，可以选择一种屏幕笔对幻灯片进行注释；▤表示弹出快捷菜单，相当于右击鼠标；➡表示下一个动作，相当于按下 PageDown。在放映视图中右击，则会弹出如图 9-63 所示的快捷菜单。利用弹出的快捷菜单可以对幻灯片的放映进行控制，例如可以切换到上一张幻灯片、下一张幻灯片、定位至指定幻灯片、控制或切换屏幕、调出屏幕笔作注释、结束放映等。具体的使用方法请读者自行练习。

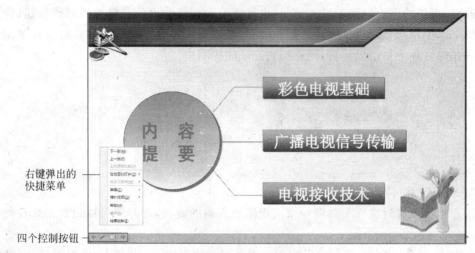

图 9-63　放映时的快捷菜单

9.2.7　打印演示文稿

由于演示文稿中的幻灯片是一种特殊的组织结构，所以演示文稿的打印并非像其他软件一样简单，在打印之前，用户有必要对演示文稿进行一些设置工作，如选择不同的打印方式和打印内容，指定演示文稿的不同输出方式及不同的版式等。

1. 设置演示文稿的页面

与 Word 文件一样，在打印演示文稿前，首先应对演示文稿的页面进行设置，其中包括设置幻灯片打印的尺寸、幻灯片方向、起始序号等。具体设置方法如下：

（1）打开要打印的演示文稿，单击"设计"选项卡"页面设置"组中的"页面设置"按钮，系统将弹出"页面设置"对话框，如图 9-64 所示。

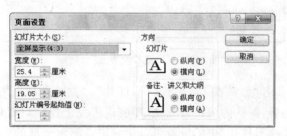

图 9-64　"页面设置"对话框

（2）单击"幻灯片大小"右面的下拉箭头，在弹出的列表中选择纸张的大小，如选择"A4纸张"。

（3）在"幻灯片编号起始值"文本框中,可以输入或选择从第几页开始打印。

（4）选择幻灯片、备注、讲义和大纲的打印方向,一般为默认值。

（5）设置完毕后单击"确定"按钮。

2. 设置页眉和页脚

设置好演示文稿的页面后,还可以对页眉和页脚进行设置,具体方法如下。

（1）单击"插入"选项卡"文本"组中的"页眉和页脚"按钮,弹出如图 9-65 所示的"页眉和页脚"对话框。

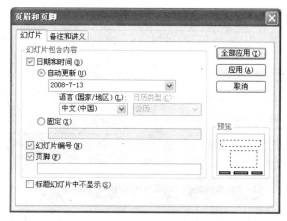

图 9-65　"页眉和页脚"对话框

（2）选中"日期和时间"复选框,将会在幻灯片左下角显示所设置的日期时间,可以设为自动更新（即始终为当前时间）或固定时间（插入的时间不变）两种方式。

（3）选中"幻灯片编号"复选框,则系统按幻灯片顺序自动为幻灯片编号且显示在右下角。

（4）选中"页脚"复选框,在文本框中可以输入要显示在幻灯片正下方即页脚处的内容。

（5）选中"标题幻灯片中不显示"复选框,则以上设置对标题幻灯片无效。

（6）单击"全部应用"则将设置应用到本演示文稿的所有幻灯片,若单击"应用"按钮,则该设置应用到当前幻灯片。

3. 打印幻灯片、备注或讲义

经常需要将幻灯片、备注页或讲义打印出来作为讲稿或存档,此时需要连接打印机,设置好打印机后,单击 Office 按钮,选择"打印"菜单命令,该菜单下有 3 个子菜单,分别是"打印"、"快速打印"和"打印预览",如图 9-66 所示。选择"打印"菜单命令可以弹出如图 9-67 所示的"打印"对话框,下面详细介绍幻灯片或讲义的打印方法。

（1）打印范围设置。可选择打印全部幻灯片、当前幻灯片和部分幻灯片。打印部分幻灯片时,需要输入幻灯片的编号或范围,例如,打印第 2 页～第 13 页幻灯片,则需要在文本框中输入"2～13",如图 9-68 所示。

（2）打印内容设置。打印内容包括:幻灯片、讲义、备注页和大纲视图。系统默认的选择为"幻灯片"。常用的打印内容为"讲义",即将多页幻灯片放到一页纸上打印。打印讲义时,可以设置"每页幻灯片数"为 1、2、3、4、6、9,选择每页幻灯片数后,可以在右面的小窗口预览效果,可以指定幻灯片的顺序为"水平"或"垂直"。

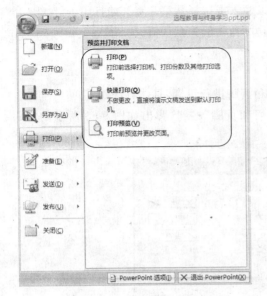

图 9-66　"打印"菜单

图 9-67　打印幻灯片

设置"打印范围"
为2~13页

设置"打印份数"
为3份，且逐份打印

设置"打印内容"
为"讲义"，每页
幻灯片数为6

图 9-68　打印讲义

（3）颜色设置。在"颜色/灰度"下拉列表框中可以选择要打印的颜色方式，"颜色"表示以幻灯片中的原有颜色打印，"灰度"表示打印出来的效果为黑白图案，即使幻灯片是彩色的，打印使用灰度填充对象，用黑白图案或灰色图案代替彩色图案。"纯黑白"表示将演示文稿中所有颜色转换成黑色或白色。

（4）打印份数。在"打印份数"文本框输入要打印的份数，如果文档的打印份数大于1，此时"逐份打印"复选框变为可选状态，如果选中该复选框，则系统将一份一份地打印文件，否则系统将把每一页重复打印指定的次数，然后再打印下一页。

如果选中"根据纸张调整大小"复选框，则幻灯片的大小自动适应打印页的大小；如果选中"幻灯片加框"复选框，则在每张幻灯片的周围打印一个边框。

9.3 PowerPoint 高级操作

上节主要介绍了 Office PowerPoint 2007 的基本操作,本节再重点介绍 PowerPoint 的一些较高级的操作,例如在演示文稿中插入相册和 SmartArt 图形、制作复杂动画特效、演示文稿中插入 Flash、编辑幻灯片母版、发布演示文稿、以第三方工具扩展 PowerPoint、制作交互式幻灯片等。

9.3.1 使用 PowerPoint 创建相册

假如要快速制作一份演示文稿,该文稿中包含用户某个文件夹下所有的照片,此时就可以用"相册"功能很快地完成工作。下面介绍插入相册的步骤。

步骤 1:将所有要插入的照片都集中到一个文件夹中。

步骤 2:新建一个空白演示文稿,选择功能区"插入"选项卡"插图"组中的"相册"|"新建相册"选项,打开如图 9-69 所示的"相册"对话框。该对话框提供了很多选项设置,不过很多按钮只有在执行了步骤 3 之后才可以使用,因此将在下面介绍这些选项的使用方法。

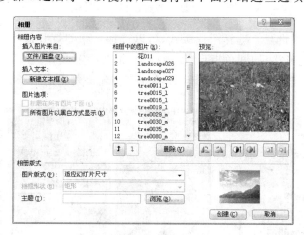

图 9-69 "相册"对话框

步骤 3:单击"文件/磁盘"按钮,打开"插入新图片"对话框,如图 9-70 所示。

步骤 4:浏览到步骤 1 所创建的文件夹,按 Ctrl+A 键选择所有照片,然后单击"插入"按钮返回到图 9-70 所示的"相册"对话框。

此时所选的全部照片的文件名都在"相册中的图片"中列出。该对话框还可以完成以下功能。

(1) 预览照片。单击照片名称可以在右侧的小窗口中预览。

(2) 调整照片前后顺序。单击⬆按钮可以将当前选中的照片上移一个位置,单击⬇按钮则下移一个位置,该列表中照片的前后位置决定了照片在演示文稿中的先后顺序。

(3) 删除照片。单击"删除"按钮可将不需要的照片除去。

(4) 旋转照片。单击◰按钮可将照片向左旋转,单击◳按钮可以向右旋转;

(5) 调整照片。单击◑、◐、◧、◨ 4 个按钮可对选中照片进行对比度和亮度的调整。

图 9-70　选择要制作相册的图片

步骤 5：相册版式设置。选择图片版式，可以选择每张幻灯片放 1、2、4 张照片，或者加标题显示。选择相框形状，如圆角矩形、简单框架、柔滑缘矩形等。最后选择主题。

步骤 6：单击"创建"按钮。PowerPoint 将立刻创建一份相册电子文稿，如图 9-71 所示。

图 9-71　相册演示文稿

9.3.2　插入和编辑 SmartArt 图形

PowerPoint 2007 最酷的改进之一就是其图形功能的全面革新，这使得任何用户（包括不熟悉专业图形处理软件的用户）都可以用 PowerPoint 制作出视觉极佳的演示文稿，而 SmartArt 则是必不可少的选择。SmartArt 是 PowerPoint 2007 所有图示的统称。

使用 SmartArt 的优点如下。

（1）以视觉形式表现各类概念和思想，可以使得抽象的概念形象化，复杂的问题条理化。

（2）SmartArt 与演示文稿外观匹配，色彩协调，有较强的视觉冲击力。

（3）SmartArt 提供的各种图示可以展现不同的内涵，如列表、组织结构、流程、循环、层次等。

如图 9-72 所示列举了几个 SmartArt 布局的示例。

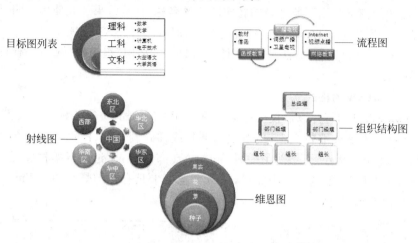

图 9-72　SmartArt 布局示例

下面详细介绍 SmartArt 的使用方法。

1. 插入 SmartArt

可以用两种方法插入 SmartArt 图形，一种是应用包含 SmartArt 占位符的幻灯片版式，单击"开始"选项卡"幻灯片"组中的"新建幻灯片"按钮的下拉箭头，从弹出的版式库中选择任一种带"内容"的板式。在新插入的幻灯片中单击占位符中的"插入 SmartArt 图形"按钮，即可打开"选择 SmartArt 图形"对话框，如图 9-73 所示。

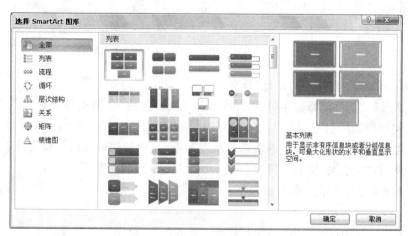

图 9-73　选择 SmartArt 图形

该对话框分为 3 个窗格。

（1）最左侧的窗格为 SmartArt 类别，最上面的是"全部"，可以浏览系统中所有可用的 SmartArt 版式，其他类别则将相关的 SmartArt 归入相应的逻辑类型，如"列表"、"流程"、"循环"等，如果安装了第三方供应商提供的 SmartArt 集合或者安装了从 Microsoft 网站上下载的更新内容,将会有更多的类别可供选择。

(2) 中间的窗格显示了特定类别中所有可用的布局,各布局都用缩略图表示,以方便用户根据自己的需要进行选择。

(3) 最右边的窗格显示了所选择的特定图示的名称、预览效果及其使用说明。

选择好要使用的 SmartArt 后单击"确定"按钮即可将其放入到幻灯片中。

插入 SmartArt 的另一种方法是单击"插入"选项卡"插图"组中的"SmartArt 图形"按钮来插入 SmartArt。

2. 设置 SmartArt 的格式

SmartArt 插入到幻灯片以后仅仅是空的图示,还需要对其进行各种格式设置才能满足自己的需求,例如添加或编辑文本、更改主题颜色或样式到形状、添加或删除 SmartArt 中的单个形状、调整形状大小、更改为另一种 SmartArt 布局等,无论进行哪种设置,都是通过两个"SmartArt 工具"功能选项卡来完成,这两个选项卡只有在幻灯片中的 SmartArt 图形被选中时才可以看到,如图 9-74 和图 9-75 所示。

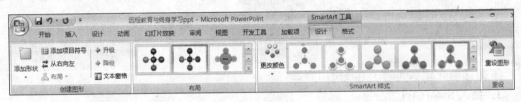

图 9-74 "SmartArt 工具"栏的"设计"选项卡

图 9-75 "SmartArt 工具"栏的"格式"选项卡

(1) "SmartArt 工具"栏的"设计"选项卡。

① "添加形状"。可以添加单独的 SmartArt 形状,包括"在前面添加形状"、"在后面添加形状"等,例如所选的射线图默认为 4 个射端,如果想再添加两个射端,可以选择该按钮。

② "从右向左"。一般的图示箭头都是从左到右,可以使用该按钮切换为从右向左。

③ "升级"和"降级"。提升或降低所选 SmartArt 组件的层次级别。

④ "文本窗格"。显示文本窗格以便将 SmartArt 文本作为项目符号要点编辑,这是一个切换选项。

⑤ "布局"。显示同一个 SmartArt 类型的更多布局,该组的选项随所选的 SmartArt 图示类别自动变化。

⑥ "更改颜色"。更改 SmartArt 图形中的颜色组合。

⑦ "SmartArt 样式"。提供所选 SmartArt 图形的更多不同颜色和效果的样式,包括二维和三维两大类。

⑧ "重设图形"。将图形重新设为原来的状态。如果改变了元素的大小,此选项比较

有用。

（2）"SmartArt工具"栏的"格式"选项卡。

①"更改形状"。更改所选SmartArt元素的形状，例如可以将圆形改为矩形等。

②"增大"和"减小"。增大或减小所选的SmartArt元素。

③"形状样式"。应用已设置好格式的样式到所选的SmartArt元素。

④"形状填充"、"形状轮廓"、"形状效果"。更改、添加或删除所选SmartArt元素的形状填充、形状轮廓和形状效果。

⑤"艺术字样式"。应用已设置好格式的艺术字样式到所选的SmartArt元素中的文本，同样可以更改文本的填充、轮廓和效果。

⑥"排列"。对所选的SmartArt元素重新排列、对齐、组合和旋转。

⑦"大小"。精确调整所选SmartArt元素的大小，也可用鼠标选中SmartArt元素后直接拖动调节大小。

3. 在 SmartArt 中添加和编辑文本

（1）在SmartArt中添加文本可以有两种方法。一种是单击形状元素中的占位符文本，直接输入文字即可；另一种是在"文本窗格"中输入文本，切换"SmartArt工具"栏的"设计"选项卡"创建图形"组中的"文本窗格"按钮，即可显示或隐藏文本窗格，或者在选中SmartArt图形后，单击左侧的小三角，也可以打开"文本窗格"，如图9-76所示。

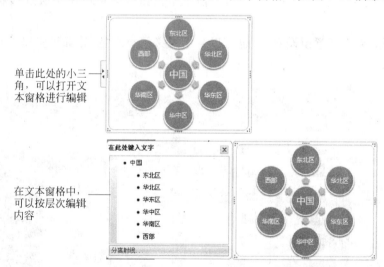

图 9-76　打开"文本窗格"编辑文本

（2）编辑SmartArt元素中的文本方法有多种，可以使用"迷你工具栏"，也可以使用"开始"选项卡中的"字体"组，还可以选择"SmartArt工具"栏"格式"选项卡"艺术字样式"组中的效果。

4. 调整 SmartArt 的大小和位置

可以对整个SmartArt图形或其中的某一元素进行大小和位置的调整，如果选中的是整个SmartArt图形，则可以拖动其周围8个控制点进行大小的调整，用鼠标左键拖动其边框进行位置的调整，如图9-77(a)所示。如果想调整其中的某一个元素的大小和位置，则可以单击该元素，拖动8个控制点调整大小，鼠标左键拖动边框调整其位置。如图9-77(b)

所示。

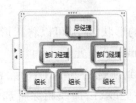 

(a) 选中的是整个SmartArt图形　　(b) 选中的是其中某一元素

图 9-77　选择不同的对象调整其大小和位置

5. 增强形状效果

可以对 SmartArt 图形的各个组成部分单独编辑，以使得 SmartArt 整个图形更加引人注目，此时需要选中单独的形状进行编辑。

步骤 1：选择要编辑的 SmartArt 图形中的形状，如果要同时为多个形状设置相同的格式，可以按住 Ctrl 键进行多选。

步骤 2：选择了形状后将激活"SmartArt 工具"栏，单击"格式"选项卡使之处于活动状态。

步骤 3：在"形状样式"组中选择预设效果，当鼠标停留在某个效果上时，选中的形状效果会立即发生改变，如果喜欢某个效果，只需要单击鼠标即可应用于所选形状，如图 9-78 所示。

步骤 4：如果不满意预设效果，也可以自己定义填充颜色、轮廓形状以及形状效果，如图 9-79 所示。

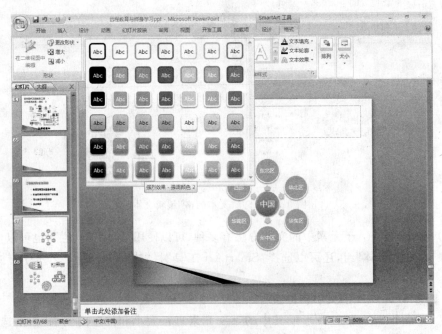

图 9-78　应用预设的形状效果

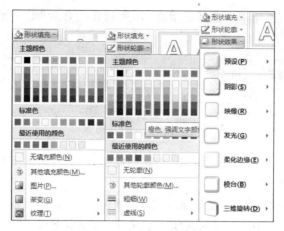

图 9-79　自定义形状效果

9.3.3　创意动画效果制作

PowerPoint 中的动画是指设置幻灯片切换或给文本或对象添加进入、退出、强调路径等各种运动效果和声音效果。例如,可以设置本页幻灯片淡入淡出、可以设置文本项目逐字从左侧飞入,或在显示图片时播放掌声等。为幻灯片上的文本、图形、图示、图表和其他对象增加动画效果,可以突出重点、控制信息流,并增加演示文稿的趣味性。本节除对PowerPoint 动画的设置做一般介绍外,还将以具体实例的方式讲解如何利用 PowerPoint的 4 种动画组合制作有创意的动画效果,如胶片动画、卷轴动画、翻页动画效果等。

1. 设置幻灯片切换

设置幻灯片切换是最常用的动画效果之一。可以应用幻灯片切换到整个演示文稿或只是应用到当前的幻灯片。PowerPoint 提供了各种切换选项,如淡出、溶解、擦除等,在这些主要类别中还可以选择方向,如向上、向下、向左、向右等。设置幻灯片切换的方法如下。

步骤 1:在"普通视图"中选中"幻灯片"选项卡,或在"幻灯片浏览视图"下选择要应用切换效果的幻灯片,按住 Shift 键可以选择多张幻灯片,或按 Ctrl+A 键可以选择所有幻灯片,如图 9-80 所示。

在"幻灯片"视图中,按Ctrl+A键将选中所有幻灯片

图 9-80　选择要设置切换效果的多张幻灯片

步骤2：在"动画"选项卡中选择显示在"切换到此幻灯片"组中的切换选项，如图9-81所示。

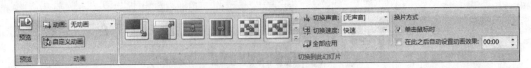

图9-81 "动画"选项卡

步骤3：要看到更多的选项，可单击"切换到此幻灯片"右侧的下拉箭头，从切换选项库中选择一种切换，如图9-82所示。

步骤4：要为切换添加声音效果，可以从"切换声音"下拉列表框中选择声音，如图9-83所示。如果要使用用户计算机中的其他声音文件，选择最下面的"其他声音…"选项，打开"添加声音"对话框，选择需要的声音，单击"确定"按钮。

步骤5：设置"切换速度"为快速、中速和慢速中的一种。

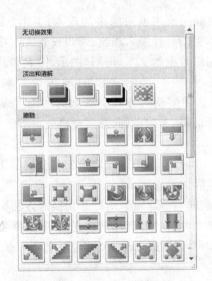

图9-82 切换选项库图

图9-83 切换声音

步骤6：设置"换片方式"。可以在"单击鼠标时"或者"在此之后自动设置动画效果"后面的时间框内输入时间，后者无须用户干预会自动切换到下一张幻灯片。

2. 为对象添加动画效果

PowerPoint中的"自定义动画"可以为对象添加不同的动画效果，功能强大，操作方便，利用不同动画的组合可以创作复杂动画效果。设置自定义动画的步骤如下。

步骤1：单击"动画"选项卡中的"自定义动画"按钮，打开"自定义动画"任务窗格，如图9-84所示。

步骤2：选择要设置动画效果的文本或对象。

步骤3：单击"自定义动画"任务窗格中的"添加效果"按钮，显示一个有更多选项的菜单，可以设置四大类动画效果，如图9-85所示，分别是：进入——确定文本或对象如何进入幻灯片,强调——为文本或对象添加强调效果,退出——确定文本或对象如何退出幻灯片,动作路径——设置文本或对象的动作路径。每一类效果中都包含了几十种不同的效果,这些效果又分为基本型、细微型、温和型和华丽型,如图9-86所示的进入效果所有类型。选择一种自己满意的效果之后单击"确定"按钮。

图 9-84 "自定义动画" 任务窗格

图 9-85 四类动画

图 9-86 可以添加的 进入效果

步骤4:添加了动画效果后,"自定义动画"任务窗格的内容有了新的变化,如图9-87(a)所示,请与图9-84进行对比。可以对该动画效果进行更为详细的设置,例如,动画开始方式默认为"单击时",另外还有两个选项分别是"之前"、"之后","之前"指的是与前一动画同时出现,"之后"指的是前一动画出现后本动画自动出现,还可以设置时间延迟,比如前一动画出现后延迟1秒再出现本动画,如图9-87(b)所示,首先将开始方式设为"之后",然后单击动画顺序列表中第一项右侧的箭头,在下拉菜单中选择"计时",则打开如图9-87(c)所示的对话框,将"延迟"栏修改为1秒即可。

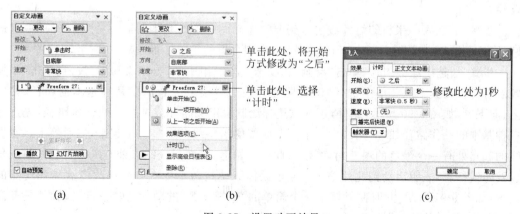

(a)   (b)   (c)

图 9-87 设置动画效果

此外,还可以设置动画出现的方向,如"自底部"、"自顶部"等,可以设置动画的速度为"非常快"、"快速"、"中速"、"慢速"等。

步骤5:如果对设置的动画类型不满意,可以修改为其他动画效果,如将"飞入"改为"百叶窗"等。去除动画效果,可以单击 按钮,将动画移除。若想预览动画的效果,可以单击 按钮在当前窗口查看动画效果,也可以单击"幻灯片放映"按钮,以放映的形式更清晰地观赏整个幻灯片的动画效果。

可以为多个元素添加动画效果,并指定其出现的顺序,从而使得整个幻灯片的放映流畅有序。如图9-88所示。

图9-88　多个动画效果的顺序设置

以上简单介绍了制作动画的基本步骤,下面综合运用进入、强调、退出和路径4种动画介绍如何制作富有创意的复杂动画。

3. 创意动画制作

【例9-1】 路径动画—舞动的蝴蝶。

"自定义动画"中的"动作路径"可以做出酷似Flash中的某些动画效果,例如弹跳的小球,翩翩起舞的蝴蝶、奔跑的小汽车等,下面利用动作路径制作一个"蝴蝶飞舞"的效果。

步骤1:插入一张新幻灯片或定位到要制作动画的幻灯片上,插入一个蝴蝶的图片(最好是GIF格式,效果更为逼真)到幻灯片上,放到合适的位置。如图9-89所示。

步骤2:选中蝴蝶图片,单击"动画"选项卡"动画"组中的"自定义动画"按钮,单击"添加效果"按钮,在其下拉菜单中选择"动作路径",在下级菜单中列出了几种基本的路径,如向上、向下等,如图9-90所示,此外,还可以选择绘制自定义路径或选择其他动作路径,先选择一种基本的动作路径如"对角线向右上",此时蝴蝶沿斜线向上"动"了起来,然后停下。在虚线的起点处有一个绿色的斜三角,表示从此处开始运动;在虚线终点处有一个红色的斜三角以及斜线标志,表明运动到此处停止。通过鼠标拖动这两个标志则可以改变起点和终点的位置,如图9-91所示。此时便做好了一个简单的"蝴蝶飞舞"的动画,在"自定义动画"任务窗格中单击"幻灯片放映"按钮,放映幻灯片并观察效果。

图 9-89　添加动画对象

图 9-90　选择动作路径

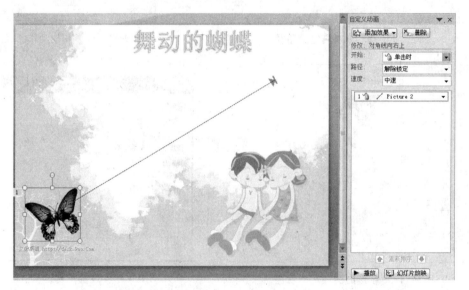

图 9-91　改变动作路径的终点

　　步骤 3：更改动画效果：上面所制作的蝴蝶飞舞只是沿直线运动，并不美观，下面可以将其改为自定义路径。在图 9-91 的"自定义动画"任务窗格中，选中动画 1，此时"添加效果"按钮变为了"更改"按钮，单击此按钮，选择"动作路径"|"绘制自定义路径"|"曲线"菜单命令，此时的鼠标在幻灯片上成为十字形，可以用鼠标在幻灯片的空白处绘制蝴蝶的运动轨迹，按空格键或双击鼠标可结束曲线的绘制。如图 9-92 所示。按下"播放"按钮或在幻灯片放映视图下可以观看蝴蝶飞舞的效果。

　　步骤 4：应用内置的动画效果：PowerPoint 还提供了许多已定义好的路径，包括基本、直线和曲线、特殊共 3 类几十种路径，如图 9-93 所示。例如选择一个"8"字形，如图 9-94 所示。通过调整路径四周的 8 个控制点可以改变路径范围的大小。

　　步骤 5：设置重复运动：通过观察效果发现蝴蝶总是从起始位置飞到结束位置就停止了，如果想让蝴蝶一直在屏幕上飞舞，可以设置其重复次数，选择蝴蝶动画，单击右面的箭头，在下拉框内选择"效果选项…"，打开如图 9-95 所示的"垂直数字 8"对话框，在"计时"选

图 9-92 绘制自定义路径

图 9-93 选择其他动作路径

图 9-94 8 字形的蝴蝶运动轨迹

图 9-95 设置重复运动

项卡中可以设置运动的速度、重复等,可以设置具体的重复次数或者选择"直到下次单击"、"直到幻灯片末尾"都可以让蝴蝶不断地飞舞,这几者的差别读者一试便知。

【例 9-2】 卷轴动画。

本例同样利用路径动画来制作一个卷轴打开的效果作为演示文稿的封面,最后效果如图 9-96 所示。

(a) 卷轴合拢时

(b) 卷轴正在打开

(c) 卷轴完全打开, 文字出现

图 9-96 卷轴效果

步骤 1：插入背景图片：为了使整个页面美观，首先插入一个与主题相关背景图片，并将其设为全屏大小。本例要制作的是为庆祝祖国成立60周年的演示文稿封面，因此主题色为红色，背景元素和卷轴都是红色调，突出喜庆气氛。

步骤 2：插入左轴图片、右轴图片和卷轴中间底图，调整好各自的位置，将底图的层次设为最底层。如图 9-97 所示。

图 9-97　插入左轴、右轴和底图

步骤 3：设置动画：选中左轴，在"自定义动画"任务窗格中单击"更改"按钮，选择"动作路径"|"向左"菜单命令，并将终止位置拖到底图的最左端，如图 9-98 所示，同样的方法设置右轴的路径动画，注意方向是"向右"。中间底图的"进入"动画可以设为"劈裂"，将方向设为"中间向左右展开"。同时选中 3 个动画，将其"开始"设为"之前"，即让 3 个动画同时进行，并将速度改为"中速"，如图 9-99 所示。放映幻灯片，观看效果。

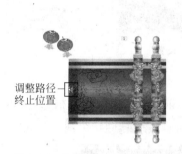

调整路径
终止位置

图 9-98　设置左轴的路径动画

图 9-99　设置 3 个动画的效果

步骤 4：完善动画：通过放映发现，左右两轴和底图在运动过程中不时会有脱节情况，如图 9-100 所示，而且无论怎么调整三者运动的速度、延迟等，都不能很好地解决这个问题。有没有效果更好的方法呢？答案是肯定的。删除所有的动画效果，然后插入两个白色无边的矩形，矩形的大小要以盖住底图为宜，调整两轴置为顶层，如图 9-101 所示。白色矩形在白色背景下是看不见的，此处就是利用了白色矩形的运动来代替底图的动画，达到较好的效果。

图 9-100　动画衔接出现脱节

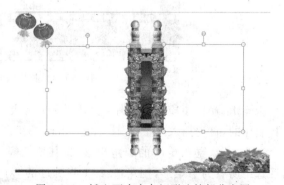

图 9-101　插入两个白色矩形遮挡部分底图

步骤 5：重新设置路径动画：同时选中左轴和左边矩形，按步骤 3 的方法设置向左的路径动画，继而同时选中右轴和右边矩形，设置向右的路径动画，并将 4 个动画设为"之前"、"中速"，如图 9-102 所示，预览动画可以看到图 9-96 的卷轴效果。

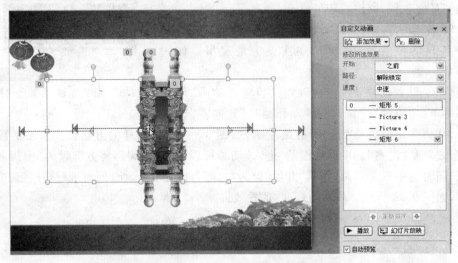

图 9-102　卷轴动画最终设置

【例 9-3】　胶片动画。

本例制作一个类似电影胶片的运动效果，如图 9-103 所示，在演示文稿的首页，可以放置上下两个左右运动的胶片，以使演示更具吸引力。下面介绍其制作步骤。

图 9-103　胶片动画效果

步骤 1：制作小段空白胶片：这里的胶片不是插入的图片而是利用 PowerPoint 的绘图工具制作的，首先插入一个高 4cm、宽 12cm 的矩形框，将填充色和边框均设为黑色，再插入一个高 0.4cm、宽 0.6cm 的圆角矩形，将其填充颜色和边框均设为白色。复制 9 个小矩形，然后选中所有的小矩形，用第 9.2.3 节讲过的"对齐"方法将其设为"顶端对齐"、"横向分布"，效果如图 9-104 所示。将所有小矩形组合，复制一份放到胶片的底端，选中所有的图形再次组合。至此做好了一小段空白胶片，如图 9-104 所示。

图 9-104　制作小段空白胶片

步骤 2：制作所有空白胶片：制作好一小段空白胶片后，只需多次复制、粘贴、连接、对齐、组合就可以生成其他的胶片了，这步不再赘述，如图 9-105 所示。调整好上下胶片的位置。需要注意的是，上下两段胶片的长度一定要超出幻灯片的宽度，否则胶片的运动效果很不美观。

图 9-105　制作完整的空白胶片

步骤 3：插入图片：胶片效果之所以吸引人，是因为上面的多幅图片，插入的图片必须要与主题相关，利用第 9.2.3 节介绍的插入图片的方法插入多张图片，并将所有图片都调整为同样大小（如高 2.2cm，宽 3.5cm），按步骤 1 中的方法将其对齐和设置横向分布，如图 9-106 所示。图片格式设置完毕后需要将其与底部的空白胶片组合，以有利于下一步的动画效果设置。用同样的方法填充底部胶片的图片。

图 9-106　设置所有图片的对齐和分布

步骤 4：添加路径动画：要使胶片运动必须要设置相应的动画，选中上面的胶片组合，设置其路径动画为"向右"，调整路径的起点和终点位置达到满意。相应地设置下面的胶片组合为"向左"。放映幻灯片观看动画效果。

步骤 5：设置动画效果选项：预览发现胶片的运动只有一次便结束，而且总是开头和结尾比较慢，中间速度偏快，此时需要进一步设置效果选项。在右侧的"自定义动画"中同时选中两个动画，单击右侧的下拉箭头选择效果选项，如图 9-107 所示，在打开的对话框中选择"效果"选项卡，取消选择"平稳开始"和"平稳结束"复选框，如图 9-108 所示。再按上例中的方法将其重复设为"直到幻灯片末尾"，此时再次放映幻灯片，便可以看到胶片匀速运动的效果了。如果感觉运动时间有些过快，可以再次打开图 9-108 所示的对话框，在"计时"选项卡中设置具体的运动时间即可。

【例 9-4】　翻页动画和立体魔方效果。

本例将进入和退出动画有机配合，制作一个类似书翻开和闭合的动画效果，并将此方法推广到制作图片立体魔方效果。最终效果如图 9-109 和图 9-110 所示。下面主要介绍翻页动画效果的制作步骤。

图 9-107　同时选中两个动画并打开"效果选项"

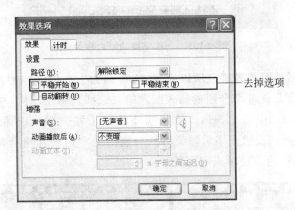

图 9-108　设置匀速运动的效果

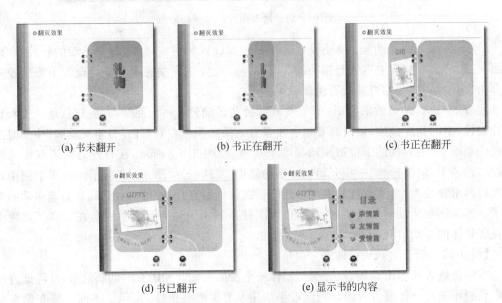

(a) 书未翻开　　　　　　　(b) 书正在翻开　　　　　　　(c) 书正在翻开

(d) 书已翻开　　　　　　(e) 显示书的内容

图 9-109　翻页动画效果示意

图 9-110　图片翻转魔方效果示意

步骤1：制作中间的书钉：从图9-109可以看到翻开的书中间有一排书钉,可以用PowerPoint的绘图工具来制作。首先插入两个直径1cm的圆形,将其填充色改为黑色,边框线颜色为浅灰色,粗细为4.5磅,这样的设置使圆形看起来有立体效果,接着插入一个椭圆,将其高和宽设为0.7cm和2.2cm,为了看起来有真实感,需要将其填充色设为黑白渐变,方法是选中椭圆后右击,从弹出的快捷菜单中选择"设置形状格式"菜单命令,在"填充"页面选择"渐变填充",详细设置见图9-111,将3个图形组合,再复制3个,调整好位置后将4个组合为一个整体。设置完毕后效果如图9-112所示。

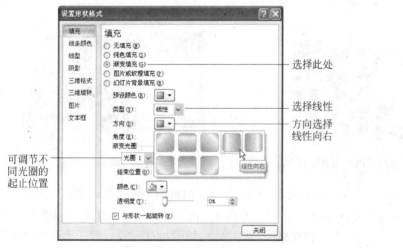

图 9-111　设置渐变　　　　　　　　　　图 9-112　制作完成的书钉

步骤2：添加所需的页面：要制作翻书效果至少需要3个页面,即封面外页、封面内页和目录页,如果想让书连续的翻页,可以继续往后加页,制作方法是一样的,这里就以3页为例,其他的请读者自行添加。书的封面可以是图形或者图片,图片可以制作更为美观的效果。例如插入一个粉色圆角背景图片并将其样式设为"矩形投影",如图9-113所示,将其复制两份分别做封面内页和目录页,调整好3个页面的位置,并将目录页置于封面页的底层,如图9-114所示。

步骤3：添加每页的内容：在封面外页添加一个文本框,输入"礼物"并设置字体为66号、华文琥珀、蓝色,将文本框与背景图片组合,如图9-115所示。在封面内页插入一个图片,在"图片工具"|"格式"|"图形样式"处选择"旋转,白色",添加两个文本框,内容分别为"gift"、"每个人都是另一个人的礼物…",按图9-115设置艺术字样式和自己喜欢的颜色。

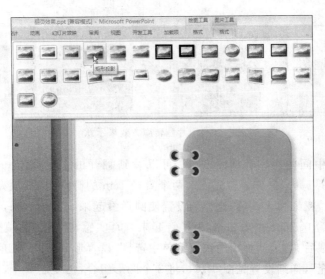

图 9-113　插入封面外页图片

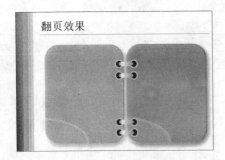

图 9-114　添加封面内页和目录页

图 9-115　添加每页内容

在填加目录页的内容时,由于其在底层,不易选中,此时可用 PowerPoint 2007 提供的类似 Pohtoshop 的选择窗格,选中封面首页,在"图片工具"栏"格式"选项卡"编辑"组中选择"选择"|"选择窗格…"菜单命令,如图 9-116 所示,则打开了"选择可见性"窗格,如图 9-117 所示。单击每个对象右侧的"眼睛"图标可设置该对象的显示或隐藏。可将封面外页暂时隐藏,以便设置目录页的内容,但切记最后一定要显示封面页,否则放映时无法看到该页面。将目录页添加如图 9-118 所示内容并将文本框和小图标加以组合。

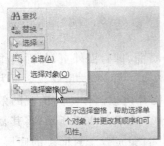

图 9-116　打开"选择窗格"

步骤 4：设置动画：这是最为关键的一步,要设置动画的页面为封面外页和封面内页,要想让书具有"翻开"的自然效果,需要同时用到"退出"动画中的"层叠"和"进入"动画中的"伸展",并合理设置方向和动画次序。

在"动画"选项卡的"动画"组中单击"自定义动画"按钮,弹出"自定义动画"任务窗格。单击"添加效果"按钮,选择"退出"|"其他效果"菜单命令,在"添加退出效果"对话框中选择"温和型"中的"层叠"效果,单击"确定"按钮,返回任务窗格,然后修改其方向为"到左侧",如图 9-119 所示,单击"播放"按钮可看到封面外页向左翻开至消失的效果。

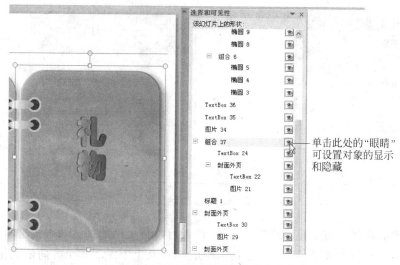

图 9-117　设置封面外页的显示和隐藏

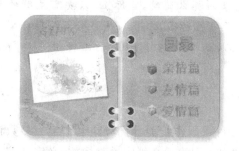

图 9-118　设置目录页的内容

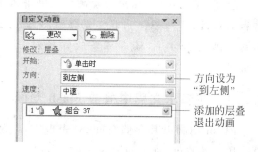

图 9-119　封面外页的动画设置

参考以上步骤将封面内页的动画"进入"效果设置为"伸展",修改其方向为"自右侧","开始"选择"之后",如图 9-120 所示,放映幻灯片,就可以观看到书页翻开的效果。

步骤 5：设置触发器：在图 9-109 可以看到有"打开/关闭"按钮,能够控制书页的翻开和闭合,这实际上利用了动画中的"触发器"功能。首先添加一个红色按钮图片,并在下面插入文本框,输入"打开",将文本框和按钮图片组合。然后同时选中两个动画,打开"效果选项",在"计时"处单击"触发器",如图 9-121 所

图 9-120　封面内页的动画设置

示,选择"单击下列对象时启动效果",在后面的下拉列表中选择刚添加的图片组合作为触发器。单击"确定"按钮,放映幻灯片,可以看到仅当单击"开始"按钮时才能触发翻页效果,单击其他任何地方都无法启动动画,而且每次单击"开始"按钮都可以重复执行翻页动画。

请读者自行练习设置书页合闭动画,并添加"关闭"触发器。

本例中主要综合运用了两个特殊的动画：伸展和层叠,这两个动画的配合使用还可以设置类似翻转魔方的图片切换效果,与翻页设置的不同之处有两个：一是两个图片要完全

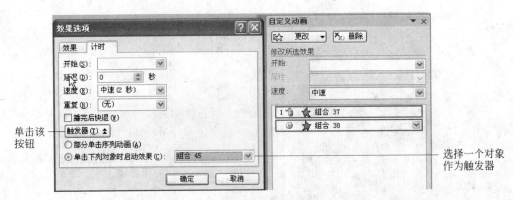

图 9-121　设置触发器

重合;二是伸展动画要与层叠动画同时进行,读者可以将上面的翻页动画按这两点要求重新设置,就可以看到魔方效果了,多张图片连续切换,而且上下左右4个方向依次轮换,魔方的效果就会非常逼真和生动。

　　总结:PowerPoint中的动画效果并非人们想象的那么简单,实际上,只要有足够的创意和耐心,PPT可以做出非常复杂的动画效果,由于篇幅所限,本节只是介绍了几种典型的创意动画制作方法,读者可多欣赏精彩PPT作品,给今后制作PPT动画提供一些新的思路。

9.3.4　在演示文稿中播放 Flash 动画

　　Flash动画以其存储空间小、表现丰富、易于传播、制作精美等优势获得了绝大多数计算机用户的喜爱,如将符合主题的Flash动画文件嵌入到演示文稿中适时播放,必定使演示文稿更加有说服力和表现力,增强幻灯片的演示效果。本节学习如何在演示文稿中播放Flash动画。

　　此处所提及的Flash动画指的是使用Macromedia Flash(或其他的动画制作软件)创建的动画图形,并将其保存为Shockwave文件(以swf为文件扩展名),在演示文稿中播放时需要使用特定的ActiveX控件和Macromedia Flash播放器。概括地说,要能在PowerPoint中运行Flash文件,首先要保证计算机上必须安装Flash播放器,而且必须在幻灯片中添加指定的ActiveX控件并在该幻灯片中创建一个指向Flash文件的链接。除此方法之外,还可以利用第三方插件在幻灯片中快速插入SWF文件,本书在第9.3.7节中有介绍。

　　【例9-5】　利用ActiveX插件在演示文稿中播放Flash动画。

　　步骤1:如果读者的计算机中未安装任何Flash播放器,则必须首先安装Flash播放器,才能保证幻灯片放映时嵌入其中的Flash动画能够正常播放。可到其官方网上下载并安装Macromedia Flash播放器的最新版本。

　　步骤2:插入ActiveX控件:与低版本的PowerPoint不同,PowerPoint 2007的控件工具箱在"开发工具"选项卡中,默认状态下,该选项卡是不显示的,将其显示出来的方法是,单击Office按钮,在下拉菜单中单击"PowerPoint选项"按钮,打开如图9-122所示的"PowerPoint选项"对话框,将"在功能区显示'开发工具'选项卡"复选框选中。

　　步骤3:在PowerPoint的幻灯片视图下,显示要在其中播放Flash的幻灯片,选择"开

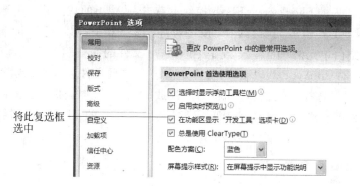

图 9-122 设置 PowerPoint 选项显示"开发工具"选项卡

发工具"选项卡中"控件",如图 9-123 所示,控件工具箱中列出了用户交互所需的常用控件,例如文本框控件 、按钮控件 ■、列表框控件 ▦ 等,此外,还有 100 多个其他控件,单击"其他控件"按钮 ☀,弹出图 9-124 所示的对话框,选择 Shockwave Flash Object,单击"确定"按钮后,鼠标变成十字形,在幻灯片合适位置绘制该控件,可拖动尺寸柄以调节控件的大小。如图 9-125 所示,插入的控件在幻灯片显示为中间有两条斜线的空白区域,表示尚未加载Flash 影片。

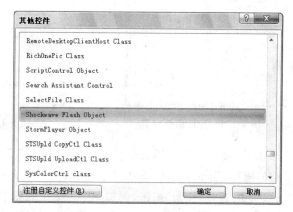

图 9-124 "其他控件"对话框

图 9-123 "控件"工具箱

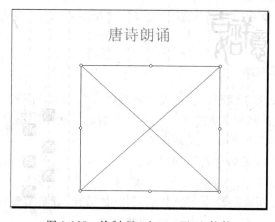

图 9-125 绘制 ShockwaveFlash 控件

步骤 4：在插入的 Shockwave Flash 控件上右击，从弹出的快捷菜单中选择"属性"菜单命令，打开如图 9-126 所示的窗口，在"按字母序"选项卡中，单击 Movie 属性，在取值栏（Movie 旁边的空白单元格）中，输入要播放的 Flash 文件的完整驱动路径，该路径要包括文件名在内，例如，E:\hlh\youziyin. swf(要确定有该文件且文件名无误)或统一资源定位器（URL）。设置完毕，选择放映视图，观看幻灯片放映效果，此时，如果已安装好 Flash 播放器，且 Flash 文件名和路径设置正确，则可以看到幻灯片上的 Flash 动画播放，如图 9-127所示。

图 9-126　控件属性设置

图 9-127　幻灯片放映时的 Flash 动画

步骤 5：要设置动画播放的特定选项，可在"属性"对话框中执行以下操作。

（1）确保 Playing 属性设为 True。该设置使幻灯片显示时自动播放动画文件。如果 Flash 文件内置有"开始"按钮，例如图 9-127 中的 ▶ 按钮，则 Playing 属性可设为 False。

（2）如果不想让动画反复播放，可在 Loop 属性中选择 False(单击单元格以显示向下的箭头，然后单击该箭头并选择 False)。

（3）要嵌入 Flash 文件以便将该演示文稿传递给其他人，可在 EmbedMovie 属性中选择 True。

9.3.5　使用幻灯片母版

幻灯片母版是存储关于模板信息的设计模板的一个元素，这些模板信息包括字形、占位符大小和位置、背景设计和配色方案等。幻灯片母版的目的是使用户进行全局更改，并使该更改应用到演示文稿中的使用该版式的所有幻灯片。

通常可以使用幻灯片母版进行下列操作。

（1）更改字体式样或项目符号。

（2）插入要显示在所有幻灯片上的艺术图片(如徽标、背景图等)或文字。

（3）更改占位符的位置、大小、格式、动画效果等。

（4）根据自己的需要添加新的自定义版式。

1. 修改幻灯片母版

要查看或修改幻灯片母版，单击"视图"选项卡"演示文稿视图"组中的"幻灯片母版"按钮，打开"幻灯片母版"编辑页面，如图 9-128 所示。

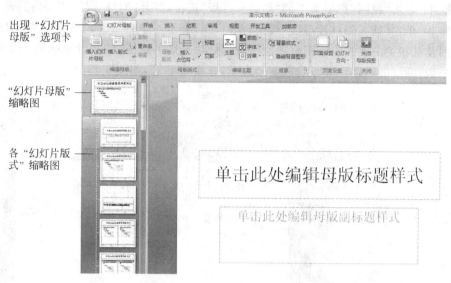

图 9-128　幻灯片母版编辑界面

将鼠标指针放在"幻灯片版式"缩略图上，会显示版式的名称以及由哪些幻灯片使用，选择幻灯片母版或特定的幻灯片版式后可进行修改，修改的区域一般包括标题区、副标题区、对象区、日期区、页脚区、页码区。

例如，可以修改标题或副标题的字体样式、大小等，或者添加一个 Logo 图标，修改对象区的项目符号等。如图 9-129 所示，将对象区的项目符号改为其他图片，并添加了一个 Logo 图标。

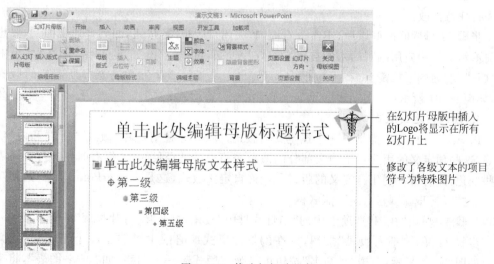

图 9-129　修改幻灯片母版

注意：对"幻灯片母版"的修改将会影响所有使用该母版的幻灯片，而对具体"幻灯片版式"的修改只影响使用该版式的幻灯片。

2. 增加幻灯片母版

默认情况下只有一个"幻灯片母版"，可以增加多个自定义幻灯片母版，操作步骤如下。

步骤1：单击"视图"选项卡中的"幻灯片母版"按钮，打开"幻灯片母版"编辑页面。

步骤2：单击"插入幻灯片母版"按钮，此时便打开了一个自定义幻灯片母版，幻灯片母版缩略图及其相关的版式缩略图出现在已有幻灯片母版的下方，如果此前仅有一个单独的幻灯片母版，则新的幻灯片母版就被编号为"幻灯片母版2"，如图 9-130 所示。

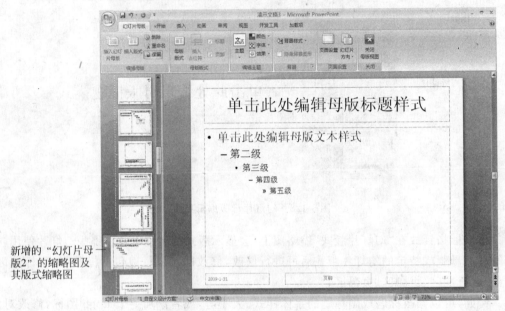

新增的"幻灯片母版2"的缩略图及其版式缩略图

图 9-130　插入自定义的幻灯片母版

步骤3：就像用户可以对原始幻灯片母版进行任意修改一样，可以对新插入的幻灯片母版进行任意修改。

步骤4：母版修改好以后，单击最右面的"关闭母版视图"按钮，回到普通视图下，要想在当前演示文稿中应用刚刚插入的自定义幻灯片母版，可以在"开始"选项卡"幻灯片"组中单击"版式"右面的下拉箭头，在下拉框中找到"自定义设计方案"，单击选择所需要的版式即可，如图 9-131 所示。

3. 创建自定义版式

PowerPoint 2007 提供了 9 个预定义的版式，例如"标题幻灯片"版式、"标题和内容"版式等，这些预定义的版式对于绝大部分的演示文稿来说已经足够了，但有时用户可能还需要一些变化，此时可以创建自定义的版式。允许自定义版式，这是 PowerPoint 2007 的新功能之一。按以下步骤创建自定义版式。

步骤1：单击"视图"选项卡中的"幻灯片母版"按钮，打开"幻灯片母版"编辑页面。

步骤2：单击"插入版式"按钮，则在幻灯片版式缩略图中增加了一个新的"自定义版式"，如图 9-132 所示，单击"重命名"按钮可以为该版式起一个名字，如"表格-图表"，将来在选择版式时比较容易找到。

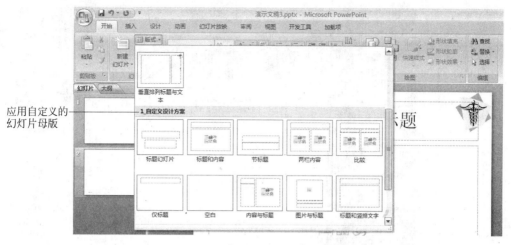

应用自定义的
幻灯片母版

图 9-131　应用自定义的幻灯片母版设计方案

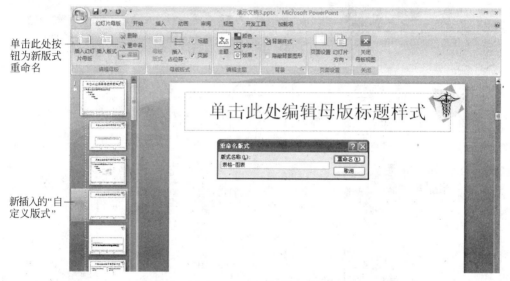

单击此处按
钮为新版式
重命名

新插入的"自
定义版式"

图 9-132　添加自定义版式

步骤 3：插入占位符：新增加的自定义版式默认只有页脚区、日期时间区和幻灯片页码
3 个占位符，可以单击"插入占位符"按钮，插入其他的对象，如内容、文本、图片、图表、表格、
SmartArt、媒体以及剪贴画等。选择需要的占位符，在幻灯片版式上拖动鼠标创建，如
图 9-133 所示。

步骤 4：自定义版式创建好以后，关闭母版编辑视图，在普通视图下单击"开始"选项卡
"幻灯片"组中的"版式"右侧的小箭头，看到新定义的幻灯片版式出现在下拉列表中，就可以
与其他版式一样使用了，如图 9-134 所示。

9.3.6　发布演示文稿

1. 打包到 CD

经常会遇到这种情况：在本机上编辑的效果很好的演示文稿到了其他计算机上可能会

单击此处可以
插入占位符

图 9-133　插入其他占位符

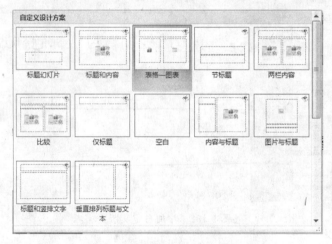

图 9-134　使用自定义版式

出现一些异常,比如设定好的动画无法正确运行,某些链接无法打开,一些特殊字体不能正常显示等,出现这些现象的原因是因为操作系统的配置以及 PowerPoint 的版本不同,甚至演示计算机上根本没有安装 PowerPoint,那么,如何保证在演示计算机上得到和本机相同的效果呢? 最简单的办法就是使用"打包到 CD"。PowerPoint 提供的这种发布功能可以将演示文稿以及所需的所有字体、链接文件等全部写入 CD(当然也可以创建一个 CD 文件夹另存到磁盘上),默认情况下,还会包含 PowerPoint Viewer(PowerPoint 查看器),这样即使在演示计算机上没有安装 PowerPoint,也可以正常运行自己的演示文稿。按以下步骤操作就可以将演示文稿打包到 CD。

步骤 1: 打开要打包的演示文稿。

步骤 2：单击 Office 按钮，选择"发布"|"CD 数据包"菜单命令，打开如图 9-135 所示的对话框。

步骤 3：确定要复制的文件，当前演示文稿的文件名显示在"要复制的文件"区域，如果要将多个演示文稿打包到该 CD，单击"添加文件"对话框，选择要打包的演示文稿，单击"添加"按钮。如果有多个演示文稿被打包，则界面如图 9-136 所示。单击上下箭头按钮可以调整播放顺序。

图 9-135　"打包成 CD"对话框

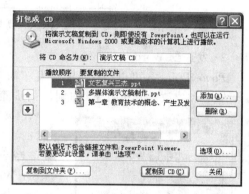

图 9-136　将多个演示文稿打包

步骤 4：单击"选项"按钮，打开"选项"对话框，如图 9-137 所示，各选项含义如下。

（1）程序包类型。程序包分为"查看器程序包"和"存档程序包"两种，前者可以更新文件格式，将 PowerPoint Viewer 一起复制到 CD 文件夹，而且可以让用户指定如何在查看器中播放，有"按指定顺序自动播放"、"仅自动播放第一个演示文稿"、"让用户选择要浏览的演示文稿"以及"不自动播放 CD"4 个选项；如果选择"存档程序包"，则不更新文件格式，不使用查看器播放，也不查看器打包，一般情况下选择"查看器程序包"。

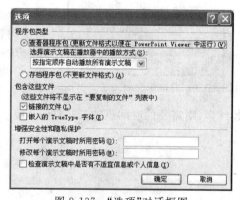

图 9-137　"选项"对话框图

（2）链接的文件。默认情况下，PowerPoint 会将链接文件打包，如果不需要打包链接文件，也可将此复选框去掉。

（3）嵌入的 TrueType 字体。如果无法确定演示计算机中是否安装了演示文稿中使用的字体，可选择此复选框，PowerPoint 会将所选演示文稿中使用的字体一起打包，以保证演示时的外观与创建时相同。

（4）打开每个演示文稿时所用的密码和修改每个演示文稿时所用密码。如果不希望别人打开或修改自己的演示文稿，可在此设置密码。

（5）检查演示文稿中是否有不适宜信息或个人信息。在打包的过程中打开"文档检查器"对话框，可选择是否检查批注、注释、不可见的幻灯片内容、不在幻灯片上的内容、文档属性、个人信息以及演示文稿备注等。

步骤 5：如果要在硬盘上创建包含所有打包文件的文件夹，在图 9-136 中单击"复制到文件夹"按钮，打开"复制到文件夹"对话框，如图 9-138 所示，输入文件夹名称，选择存放位置，单击"确定"按钮，PowerPoint 将创建文件夹并把所有文件复制到该文件夹中，如果想刻录到 CD 盘，可以插入空白 CD，在图 9-136 中单击"复制到 CD"按钮即可。

图 9-138　"复制到文件夹"对话框

2. 发送到 Word 讲义

PowerPoint 还可以将演示文稿发布为 Word 格式的讲义，作为演讲时的讲稿，方便演讲者查看和修改。发布为 Word 讲义的步骤如下。

图 9-139　将演示文稿发送到 Word

（1）打开要发布到 Word 的演示文稿，单击 Office 按钮，选择"发布"|"使用 Microsoft Office Word 创建讲义"菜单命令，弹出如图 9-139 所示的"发送到 Microsoft Office Word"对话框，有 5 种 Word 版式可供选择："备注在幻灯片旁"、"空行在幻灯片旁"、"备注在幻灯片下"、"空行在幻灯片下"以及"只使用大纲"，可根据自己的需要选择要发布的 Word 版式，如果演示文稿中的备注较多，可选择第一种或第三种，如果想在演示之前随时添加讲稿内容，可以选择留空行在幻灯片旁或幻灯片下。

（2）选择好版式后，单击"确定"按钮，自动打开 Word 程序，并可以看到演示文稿的内容在不断写进的动态过程，这个过程的长短因幻灯片的数量而异，幻灯片页数越多，则需要的时间就愈长。图 9-140 为已生成的 Word 讲义示例。

图 9-140　生成的 Word 讲义过程示例

9.3.7 以第三方工具扩展 PowerPoint

PowerPoint 本身提供了许多高级的演示文稿设计功能,但即使最复杂的应用也不可能满足所有人的需求,幸运的是,许多第三方的开发者以 PowerPoint 用户的身份创建了很多有用的工具,只需要下载到本地安装,即可拥有其功能。本节仅介绍几个典型的扩展及其安装方法,读者可以在很多网站上找到更多的功能扩展。

1. 将 PowerPoint 转换为 Flash

将 PowerPoint 转换为 Flash 可以使得演示文稿在网络上方便快速地传播,而且还可以在制作时加以配音,形成在线视频学习资料。转换工具有很多,这里主要介绍一种免费易用的插件——FlashSpring。

(1) 首先需要从 FlashSpring(已改名为 iSpring)官方网站 www.ispringsolutions.com 下载免费的最新版本,如图 9-141 所示,其文件名为 iSpring free,保存到本机后,双击进行安装,弹出如图 9-142 所示的对话框,单击 Next 按钮,按步骤安装即可,需要说明的是,安装过程中必须关闭所有打开的 PowerPoint 程序,否则将提示错误。

图 9-141　iSpring 官方网站

(2) 安装完毕后,再次打开 PowerPoint,发现其功能区增加了一个新的选项卡 iSpring Free,如图 9-143 所示,其中主要使用 Quick Publish 和 Publish 两个功能,前者是快速发布,后者为按指定的参数发布。

(3) 打开要转换为 Flash 的演示文稿,单击 Publish 按钮,弹出如图 9-144 所示的对话框,该对话框用来对将要生成的 Flash 参数进行设置,例如指定 Flash 文件名和存放路径、发布所有的幻灯片还是选中的幻灯片、指定幻灯片切换的时间间隔等,最大的区域是预览区,位于右下角。所有参数设定完毕后,单击 Publish 按钮,即可开始转换,转换的时间长短以所选择的幻灯片数量有关,转换过程中会出现进度条,如图 9-145 所示。

(4) 转换完成后,在硬盘上指定位置会出现一个新的 swf 文件,单击该 Flash 文件播放,如图 9-146 所示,现在可以方便地放到网上传播了。

图 9-142　安装 iSpring Free

图 9-143　增加了 iSpring Converter 选项卡

图 9-144　转换设置对话框

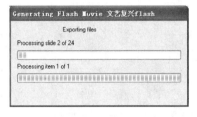

图 9-145　转换进度条　　　　　　　　　图 9-146　查看生成的 Flash 文件

2. 利用 3D 效果插件制作 3D 幻灯片

利用 PowerPoint 能够制作出图文声像并茂的幻灯片,可这其中并不能使用 3D 动画效果,让人感觉非常可惜。其实想要制作出 3D 效果的幻灯片也并非难事,只要使用一个小插件就能够轻松地制作出漂亮炫目的幻灯片,这个插件中带有大量 3D 动态效果,它就是 Power Plugs 3D,可以在很多网站上免费下载得到它的试用版,要想使用专业版需要支付一定的费用。这里仅以试用版做介绍。

步骤 1:从网站上下载"Power Plugs 3D-Transitions-Trial.exe"文件,双击执行后按照步骤进行安装。

步骤 2:安装好 Power Plugs3D 后,该程序会自动在 PowerPoint 中安装相应插件,并会在 PowerPoint 工具栏中增加三个快捷按钮,如图 9-147 所示,通过它们就可以给幻灯片增加 3D 切换特效了。

图 9-147　Power Plugs 安装后 PowerPoint 中加载项的变化

步骤 3:按照正常步骤编辑好一篇演示文稿,单击工具栏中的 Add 3D Transition 按钮,出现如图 9-148 所示的对话框,在 Style 下拉列表中选择各种切换效果,可以通过上部的 Effect 区域进行预览,在这种所见即所得工作方式下能便利地为每张幻灯片定义不同风格的转场特效。另外,还有一些人性化选项,比如设定转场效果切换的速度、是否采用背景音乐、由鼠标单击切换下一张还是延迟一定时间之后自动切换等。如果需要对一篇页数很多的幻灯片文档定义转场效果,可以直接在 Style 下拉列表中选择 Random Transition,这样可以由程序随机分配转场特效。

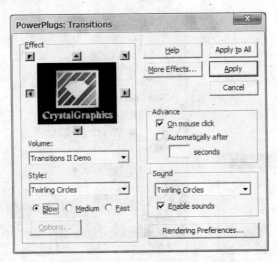

图 9-148　给幻灯片添加 3D 效果

步骤 4：完成上述设置操作之后，单击 View Show with3D 按钮可以预览整个幻灯片的转场效果，满意后再单击 Pack 3D Effects 按钮把各种特效整合到幻灯片文档中，这样即使在没有安装 PowerPlugs 的计算机中也能欣赏各种 3D 特效了。

3. 利用 Adobe Presenter 开发在线学习课程

Adobe Presenter 由 Adobe 公司开发制作，可利用 PowerPoint 创建在线学习课程，并把演示文稿转化为 Flash，在网络上发布和传播。Adobe Presenter 安装后可在 PowerPoint 中嵌入使用，可以在演示文稿中录制或导入音视频，编辑声画同步，导入 Flash 素材，编辑演讲人的信息，插入和编辑测试题等，最后发布为 Flash 电子学习材料，在 Adobe Presenter 的帮助下可利用 PowerPoint 迅速开发出高质量的、有声有色的课程学习材料，而且功能强大，操作简便。以下简单介绍一下 Adobe Presenter 的安装及使用。

（1）首先必须从 Adobe 网站上下载 Adobe Presenter 的最新版本，保存到本地硬盘，双击执行安装程序，按提示进行安装，需注意在安装之前必须关闭所有打开的 Microsoft 程序。

（2）安装完毕后，打开 PowerPoint，可发现在功能区多了一个 Adobe Presenter 选项卡，如图 9-149 所示，该选项卡中的全部功能都用于编辑和发布在线学习课程。

图 9-149　AdobePresenter 选项卡

（3）利用 PowerPoint 和 Adobe Presenter 快速创建基于 Flash 的演示文稿和电子教学课程通常需要以下步骤。

① 设置首选项。如图 9-150 所示,可设置演讲人的信息,可插入照片、简介、联系方式等;选择发布服务器,如果要在网络上发布,需要正确设置服务器 URL;指定音频源,一般选择话筒输入。

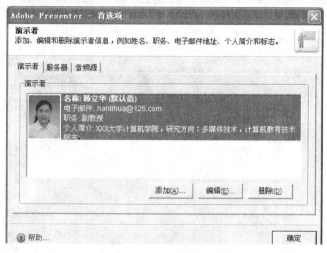

图 9-150　首选项设置

② 添加和编辑音频。可以用麦克风录制讲课声音,如图 9-151 所示,或者导入已经录制好的声音或背景音乐,并与幻灯片的播放设置为同步。

③ 添加和编辑视频。可以利用摄像头等视频输入设备捕获视频后插入到幻灯片,如图 9-152 所示,也可以导入其他的视频文件(支持各种视频格式),并对其进行编辑。

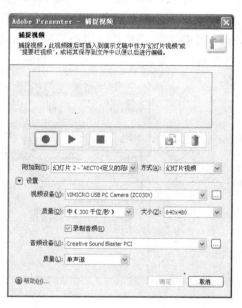

图 9-151　录制声音

图 9-152　捕获视频

④ 添加多媒体。可以在幻灯片中导入其他音视频文件、SWF 文件等。

⑤ 创建测验和调查。可以在演示文稿的前面或结尾插入测验题,以检验学习效果,

Adobe Presenter 提供了多种测试题类型选择,如选择题、填空题、连线题等,如图 9-153 所示。

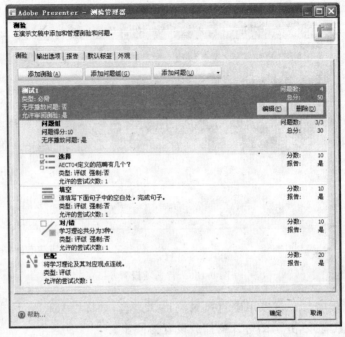

图 9-153　添加测试题

⑥ 发布到 Flash 或 PDF 或 Connect 服务器。演示文稿编辑完成后,可以单击"发布"按钮,如图 9-154 所示,选择从本地发布到"我的电脑"或发布到 Adobe Connect Pro 服务器或 Adobe PDF,发布完毕后可以查看效果,如图 9-155 所示,如需修改可返回演示文稿进行编辑后重新再发布。

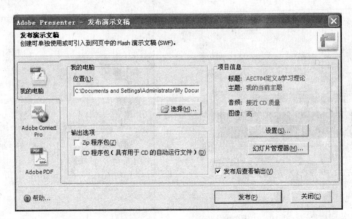

图 9-154　发布演示文稿

9.3.8　交互式幻灯片制作

人们平常所见到的幻灯片大都是按用户指定的顺序逐页演示,控制按钮和超链接的作

图 9-155　发布后的 Flash 文件

用也仅限于改变幻灯片的播放顺序、执行外部程序等简单的功能,而本节所讲述的"交互式幻灯片"指的是使幻灯片在播放时能够接受用户输入的指令,自动执行事先编制好的程序代码,根据不同的情况作出不同的反应,从而使幻灯片具有人机交互功能。

要制作交互式幻灯片,必须会使用微软开发的一种通用的自动化语言(Visual Basic For Application,VBA)来编写程序代码。VBA 是 Visual Basic 的子集,可以认为 VBA 是寄生于 Visual Basic 应用程序的版本。VBA 和 Visual Basic 的区别包括如下几个方面。

(1) Visual Basic 是设计用于创建标准的应用程序,而 VBA 是使已有的应用程序(Excel、Word、PowerPoint 等)自动化。

(2) Visual Basic 具有自己的开发环境,而 VBA 必须寄生于已有的应用程序。

(3) 要运行 Visual Basic 开发的应用程序,用户不必安装 Visual Basic,因为 Visual Basic 开发出的应用程序是可执行文件(＊.EXE),而 VBA 开发的程序必须依赖于它的父应用程序,例如 Excel 和 PowerPoint。

尽管存在这些不同,VBA 和 Visual Basic 在结构上仍然十分相似。事实上,如果你已经了解了 Visual Basic,会发现学习 VBA 非常容易。相应地,学完 VBA 会给学习 Visual Basic 打下坚实的基础。

关于 VBA 的语法等知识读者可以在专门的 VBA 程序开发书籍中学到,本书由于篇幅所限,不再介绍 VBA 的有关内容。下面以一个简单的例子来介绍一下如何使用 VBA 制作交互式的幻灯片,读者如果已经具备了 Visual Basic 程序设计的基础,则很容易在具体的学习和应用中举一反三,迅速掌握。

【例 9-6】　制作交互式幻灯片。本幻灯片的功能是,在幻灯片上展现几幅动物的图片,然后给出几个选项请用户选择,选择之后单击按钮进行判断,弹出相应的对话框告诉用户是否选择正确。下面详述制作该幻灯片的主要步骤。

步骤 1:插入一张空白幻灯片,将所需图片插入,调整大小并放置在合适的位置,如图 9-156 所示。

图 9-156　插入所需图片

步骤 2：打开"开发工具"选项卡，在"控件"组中包含常用的开发控件，如图 9-157 所示。在幻灯片中放入 1 个标签，3 个选项按钮和 1 个命令按钮，放置的方法是，在"控件工具箱"中选择相应的控件，鼠标移动到幻灯片上就变成为细十字形，拖动鼠标左键即可在幻灯片上"画"出所需的控件。

步骤 3：控件添加好以后还需设置其属性，例如字体的颜色、大小、类型等，设置属性的方法是，用鼠标选中幻灯片中的控件，例如选择在上一步中添加的"标签"，打开"属性"窗口，如图 9-158 所示，按照图示修改其 Caption（标题）、Font（字体）、ForeColor（字颜色）等属性，在幻灯片中的标签会按照设置进行改变。同样的方法可以设置其他控件的属性，例如把 3 个选项按钮的 Caption 属性分别设置为"7 只，4 种"、"8 只，4 种"和"8 只，5 种"，将其字体设置为"黑体"等。将命令按钮的 Caption 属性设置为"看看选得对不对?"并将其字体设为下划线效果。设置后的效果如图 9-159 所示。

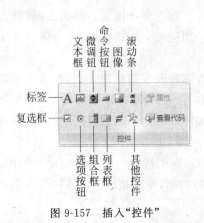

图 9-157　插入"控件"

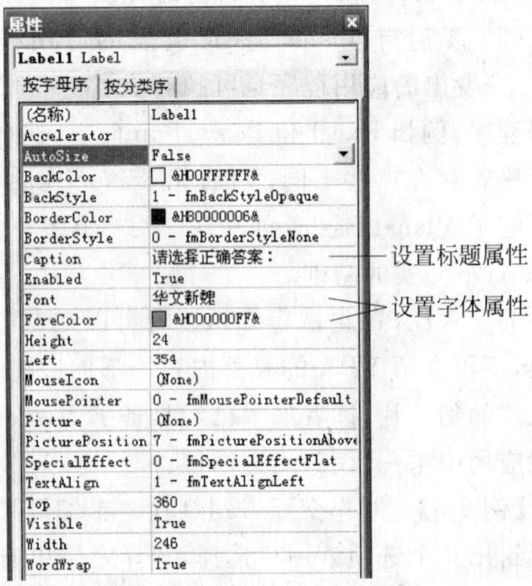

图 9-158　设置控件属性

图 9-159　在幻灯片中插入控件

步骤 4：编写命令按钮的代码：双击命令按钮，系统自动添加 CommandButton1 的 Click 过程头部（Private Sub CommandButton1_Click()）和尾部（End Sub），用户只需要在中间输入判断是否答对的代码，如图 9-160 所示。利用一个选择语句 If…Then…Else…End If 即完成判断。

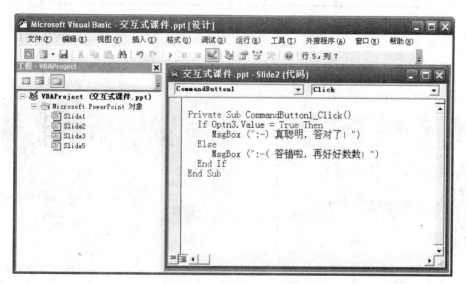

图 9-160　录入 VBA 代码

步骤 5：切换到幻灯片放映视图，查看程序运行效果。需要注意的是，如果 PowerPoint 的宏安全级别设置过高，则在演示幻灯片时将无法执行代码，即出现单击按钮没有任何反应的现象。在"开发工具"选项卡中选择"代码"|"宏安全性"菜单命令，打开信任中心宏安全性设置对话框，如图 9-161 所示。选择"禁用所有宏，并发出通知"单选按钮，即可选择是否运行可能不安全的宏。然后保存演示文稿后关闭再重新打开，将出现"安全声明"对话框，如图 9-162 所示，单击"启用宏"按钮后，再次放映幻灯片，则可执行刚才编写的 VBA 代码了。

步骤 6：运行界面如图 9-163 所示，当选择错误以后，PowerPoint 自动弹出提示框"：一（答错啦，再好好数数！"，只有选择了正确的答案才会弹出"：一）真聪明，答对了！"的提示框。

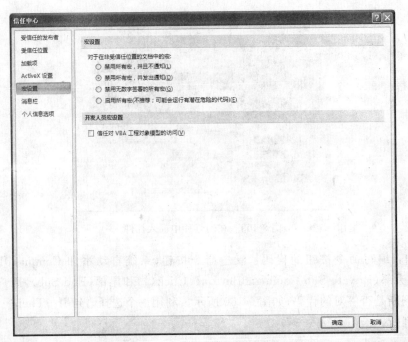

图 9-161 宏安全性设置对话框

图 9-162 安全警告对话框

图 9-163 含有 VBA 代码的幻灯片演示界面

以上仅举了一个简单的例子说明了 VBA 在 PowerPoint 中的应用,事实上,只要熟悉 Visual Basic 编程,就可以按照自己的需要制作出功能复杂、交互性强的幻灯片。

本 章 小 结

PowerPoint 是一款专门制作演示文稿的应用软件,它能够方便地制作出集文字、图形、图像、声音以及视频等多媒体元素于一体的演示文稿,把要表达的信息组织在一幅图文并茂的画面中,方便用户观看和演示。

第 9.1 节首先介绍了 PowerPoint 2007 的功能特点、应用领域、新的工作界面和格局。

第 9.2 节主要对 PowerPoint 的基本操作进行简要介绍,例如创建演示文稿、幻灯片中文字的编辑和格式设置,在演示文稿中插入各种媒体,如图形图片、表格、声音、影片等,插入动作按钮和超链接使得各幻灯片间可以相互跳转,更加灵活。演示文稿的其他基本操作还有放映以及打印。

本书第 9.3 节重点介绍了 PowerPoint 的一些高级操作,以便让有一定基础的 PowerPoint 爱好者了解 PowerPoint 的更多更强大的功能,例如制作诸如路径、卷轴、胶片、翻页、触发器等复杂的创意动画,在演示文稿中插入 Flash、将演示文稿打包为 CD、引入第三方插件、制作交互式幻灯片等,几乎涉及了 PowerPoint 各种功能,而在每一节内容的最后又给读者留下了知识拓展和思考的空间。

思 考 题

1. PowerPoint 2007 在哪些方面的功能比低版本有显著增强?
2. PowerPoint 的应用领域有哪些?
3. PowerPoint 2007 的界面格局有什么特点?
4. 如何在演示文稿中快速对齐多个对象?
5. 如何在演示文稿中显示和隐藏对象?
6. 演示文稿中插入图片的方法有哪些?
7. 嵌入到演示文稿中的声音与链接的声音有什么区别?
8. SmartArt 在演示文稿中有什么作用?
9. 在制作卷轴动画时,怎样控制卷轴的运动时间和速度?
10. 翻页动画与翻转魔方效果在动画设置上有何不同?
11. 为什么要编辑幻灯片母版?它对整个演示文稿的设计有什么影响?
12. 如何制作交互式幻灯片?它的语言类型与 Visual Basic 有何区别?

第 10 章　多媒体软件综合应用

学习目标

- 综合运用 Photoshop 各种功能,制作 PPT 幻灯片各类模板背景。
- 在 Photoshop 中,利用图层样式,制作简单的项目符号标识、按钮等。
- 在 PowerPoint 中,制作、修改 PPT 幻灯片母版。
- 利用 SmartArt,创作多样文本框组合。
- 根据实际需要为幻灯片内容设置各种动画。
- 根据实际需要为幻灯片内容设置各种格式。
- 掌握在幻灯片中插入视频媒体的方法。
- 了解网站界面设计的制作过程。
- 会利用 Photoshop 制作网站页面。
- 利用 Flash 制作网站中所需的动画。
- 掌握用 Photoshop 切割网站的方法。

本章为实例篇,通过两个综合应用实例,进一步熟悉多媒体三大流行软件的应用,体会其强大功能。第一个实例利用 Photoshop 和 PowerPoint 制作一个教学课件,第二个实例利用 Photoshop 和 Flash 制作一个网站首页。

10.1　用 Photoshop 和 PowerPoint 制作 PPT

10.1.1　用 Photoshop 制作 PPT 模板背景

对于一份 PPT 演示文稿来说,美观实用的模板非常重要,互联网上有大量的模板可以下载,稍加修改便可以利用,对于不熟悉 Photoshop 图像处理的人来说,这是非常方便的。但是,很多具有针对性的 PPT 需要独具特色、更加专业的模板,来提升演示文稿的设计与制作品位,这就要求制作者能够利用 Photoshop 图像处理软件来亲自制作模板。本部分将以一个外国美术史知识的演示文稿为例,带领大家利用 Photoshop 动手制作幻灯片模板背景,为下一步制作演示文稿做准备。

1. 制作封面背景

步骤 1:打开三幅素材图像,如图 10-1～图 10-3 所示。

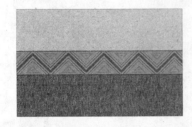　　

图.10-1　素材 1　　　　　图 10-2　素材 2　　　　　图 10-3　素材 3

步骤 2：在 Photoshop 中新建一个 800×600 像素的图像文件。选择素材 1 上部的点状图案部分，拖曳到新建的图像文件中，如图 10-4 所示。

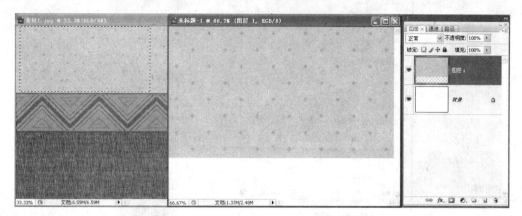

图 10-4　将指定选区拖曳到新建图像文件

步骤 3：复制一层，将图案对齐。单击图层面板右上角的菜单，选择"向下合并"菜单命令，将两个图案层合并为一层，如图 10-5 所示。

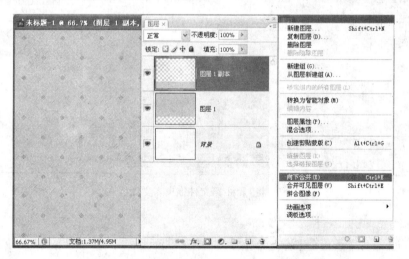

图 10-5　运用复制图层方式将图像文件填满图案

步骤 4：选择"图像"|"调整"|"曲线"菜单命令，在弹出的"曲线"对话框中将"输入"值设置为"90"，"输出"值设置为"140"，如图 10-6 所示。

步骤 5：将"素材 2"拖曳到正在制作的图像文件中，如图 10-7 所示。

步骤 6：可以看到，素材 2 图像比较大，需要进行缩小处理。选中素材 2 图像所在的"图层 2"为当前层，选择"编辑"|"自由变换"菜单命令，在"工具属性栏"中将图层的长和宽分别设置为"50％"，单击"确定"按钮，如图 10-8 所示。

步骤 7：将图像调整到合适位置。单击"图层"面板下部的"添加图层蒙版"按钮，为建筑所在图层添加蒙版，如图 10-9 所示。

步骤 8：利用黑色画笔将蒙版处理为如图 10-10 所示，即将天空部分隐藏为不可见。

步骤 9：将建筑所在层的"图层模式"设置为"正片叠底"，如图 10-11 所示。

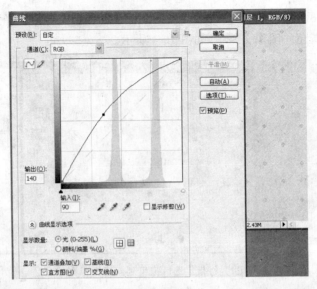

图 10-6　调整曲线

图 10-7　将"素材 2"文件拖曳入主图像文件

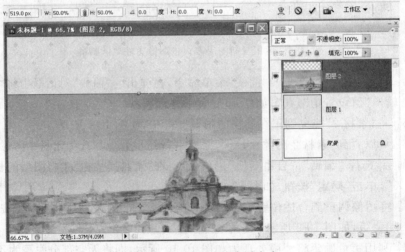

图 10-8　图层变换为合适大小

图 10-9　为图层添加蒙版

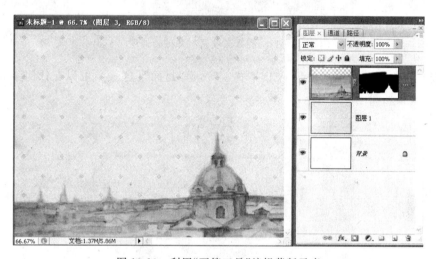

图 10-10　利用"画笔工具"编辑蒙版示意

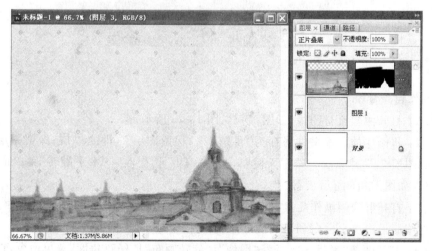

图 10-11　改变图层模式

步骤10：将"素材3"拖曳到正在制作的图像文件中。重复执行步骤6、7、8，将图像调整为如图10-12所示状态。注意，在执行"自由变换"命令时进行了旋转。

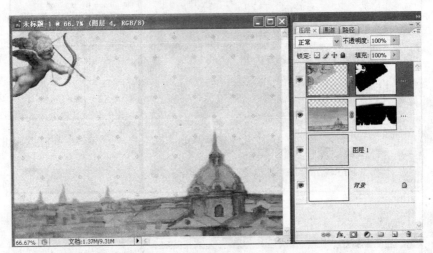

图10-12　引入天使素材并进行处理

步骤11：保存本图像文件为PSD格式，名称为"封面"（这一步可以在任何步骤之间进行）。最终效果如图10-13所示。

图10-13　完成效果

2. 制作目录背景

步骤1：打开两幅素材图像，如图10-14、图10-15所示。

步骤2：将刚才的图像文件另存为"目录1"。保留图层1，即底纹层；保留图层3，即天使层；删除图层2，即建筑层。选中天使层，选择"编辑"|"变换"|"水平翻转"菜单命令，将天使层调整为如图10-16所示状态。

步骤3：打开群像绘画作品素材文件，将其拖曳到正在制作的目录图像文件中。添加图层蒙版，在蒙版上拖曳出由白到黑的线形渐变，将图像处理为如图10-17所示。

步骤4：打开图像"素材5"。选择"图像"|"旋转画布"|"任意角度"菜单命令，在弹出的

图 10-14　素材文件 1

图 10-15　素材文件 2

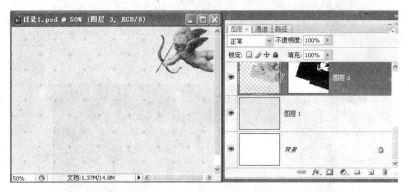

图 10-16　调整封面背景 PSD 文件示意

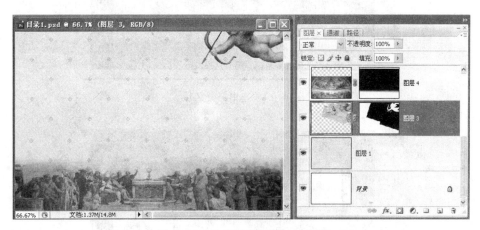

图 10-17　处理好的图层与蒙蔽那

对话框中将角度调整为逆时针的"3.4"度，单击"确定"按钮，如图 10-18 所示。

　　步骤 5：经过旋转，图像中间纸张部分已完全摆正。利用工具栏中的"矩形选取"工具，选中如图 10-19 所示部分。

　　步骤 6：利用工具栏中的"移动"工具，将选中部分拖曳到如图 10-20 所示位置。

　　步骤 7：去选区。放大图像，利用工具栏中的"修复画笔"工具，将拼接缝去除，如图 10-21 所示。

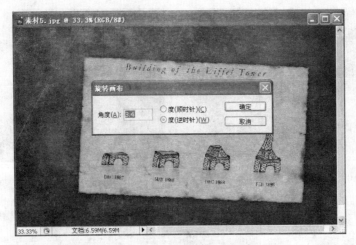

图 10-18　转正素材文件

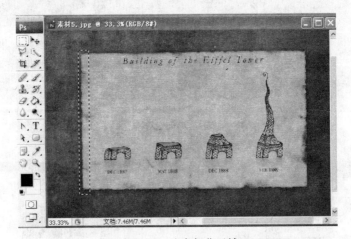

图 10-19　选中部分区域

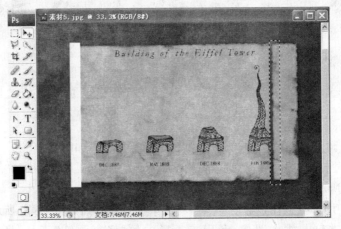

图 10-20　移动选中区域

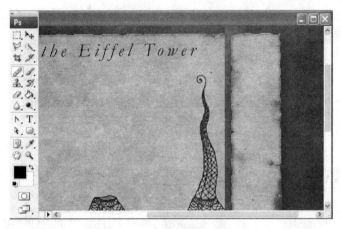

图 10-21　去除拼接缝隙

步骤 8：利用工具栏中的"裁切"工具，将处理好的这条纸张裁切下来，如图 10-22所示。

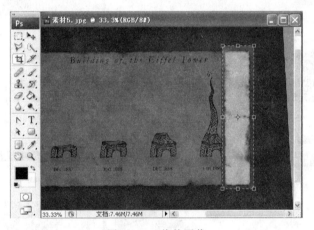

图 10-22　裁剪图像

步骤 9：对裁切完成的图像选择"图像"|"旋转画布"|"90 度(顺时针)"菜单命令。执行后的状态如图 10-23 所示。

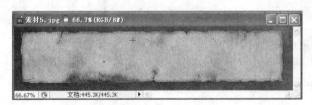

图 10-23　旋转画布

步骤 10：利用工具栏中的"快速选择"工具，选中纸条周围深色部分，如图 10-24 所示。

步骤 11：选择"选择"|"反选"菜单命令，选中纸条部分，利用"移动"工具将其拖曳到"目录 1"文件中。调整合适大小和位置，如图 10-25 所示。

步骤 12：将纸条所在图层的"图层模式"设置为"强光"，效果如图 10-26 所示。

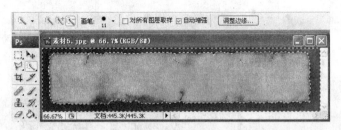

图 10-24　选中背景部分

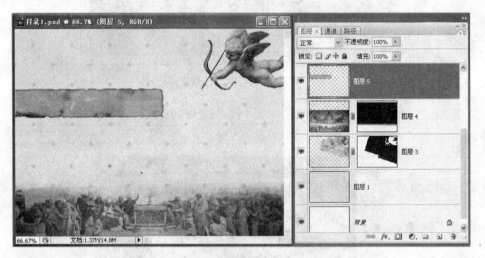

图 10-25　将所需部分拖曳到目录图像文件中

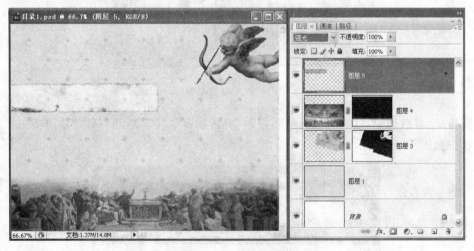

图 10-26　设置图层模式

步骤 13：再复制 3 个纸条层，调整好位置。最终效果如图 10-27 所示。

3. 制作内容背景

步骤 1：打开一幅素材图像，如图 10-28 所示。

步骤 2：将刚才的图像文件另存为"内页 1"。保留底纹层和一层纸条层，删除其他图

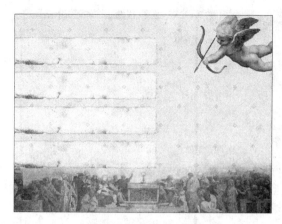

图 10-27　完成效果图　　　　　　　　　　　图 10-28　素材图像

层。将纸条层调整为合适位置,"强光"模式不变,再复制一层,将图层模式改为"滤色",如图 10-29 所示。

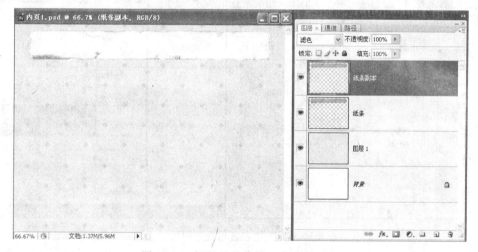

图 10-29　调整目录背景 PSD 文件示意

步骤 3:选中"素材 6"中的花束,拖动到"内页 1"文件中,调整合适大小,"填充"值调整为"80%",如图 10-30 所示。

步骤 4:新建一层,在图层上选取如图 10-30 所示区域为内容区域,填充为白色,添加"投影"和"内阴影"两个图层样式,阴影"不透明度"值适当调小,使得阴影更加柔和,如图 10-31 所示。

步骤 5:最后,将本层"填充"值调整为"60%",图层模式设置为"颜色减淡",如图 10-32 所示。最终效果如图 10-33 所示。

步骤 6:删除纸条层和白色填充层,将花束层的图层模式设置为"强光"。另存一个文件,作为第二种内页形式备用,如图 10-34 所示。

步骤 7:删除所有图层,将背景层填充为黑色,选择"滤镜"|"纹理"|"纹理化"菜单命令,为黑色添加任意一种纹理。另存一个文件,作为第三种内页形式备用,如图 10-35 所示。

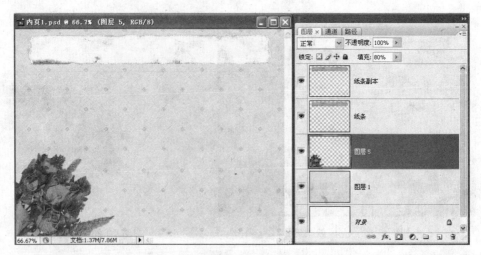

图 10-30　调整装饰元素

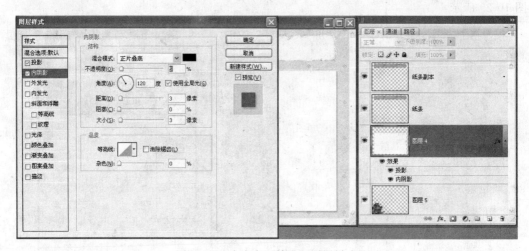

图 10-31　为内容区域设置图层样式

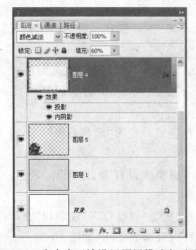

图 10-32　为内容区域设置图层模式与透明度　　　　图 10-33　设置完成效果

图 10-34　第二种内页效果

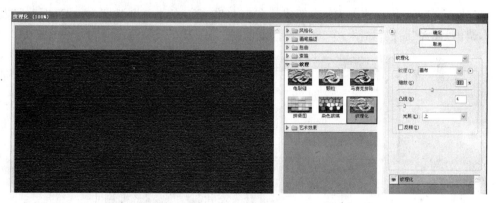

图 10-35　制作第三种内页,添加滤镜

4. 制作项目符号标识

步骤 1:关闭 Photoshop 软件,在所提供的素材中找到后缀名为 f1. asl 的文件,这是一个 Photoshop 外挂的图层样式集合文件,对其进行复制,图 10-36 为其预览图。

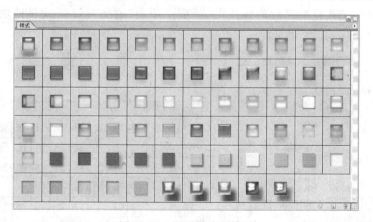

图 10-36　图层样式预览图

步骤 2:打开 Photoshop 样式所在文件夹,将步骤 1 复制的"f1"文件粘贴到该文件夹中,关闭该文件夹,如图 10-37 所示。

图 10-37　将外挂样式复制到图层样式文件夹

步骤 3：打开 Photoshop 软件，新建一个 22×22 像素的文件。选择"窗口"|"样式"菜单命令，调出"样式"面板，如图 10-38 所示。

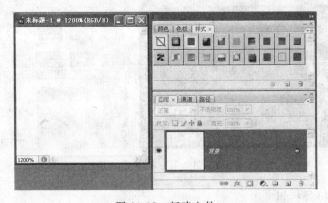

图 10-38　新建文件

步骤 4：单击"样式"面板右上方的菜单，调出 f1 样式，如图 10-39 所示。在弹出的"是否用 f1.asl 中的样式替换当前的样式"对话框中单击"追加"，f1 样式将追加到当前的"样式"面板中，如图 10-40 所示。

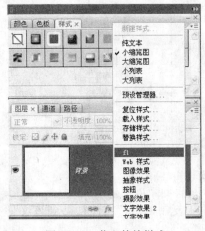

图 10-39　载入外挂样式

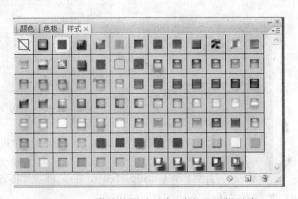

图 10-40　将外挂样式追加到演示面板示意

步骤5：复制一层，使新复制的层为当前层，在样式面板中单击，选中一个合适的样式，如图 10-41 所示。

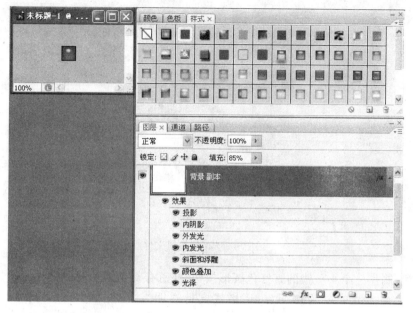

图 10-41　为图层应用样式

步骤6：根据所做模板背景的整体色调，将现有的蓝色调钮调整为绿色调，调整方法为——打开"图层"面板中的"投影"、"内阴影"、"外发光"等样式，将其中的蓝色设置为绿色，如图 10-42 所示。

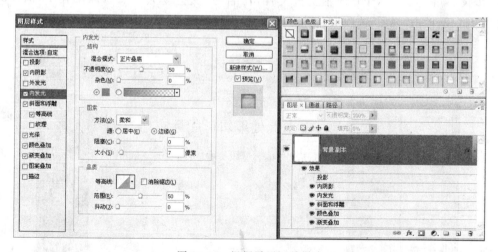

图 10-42　根据需要调整样式

步骤7：存储文件。选择"文件"|"存储为 Web 和设备所用格式"菜单命令，打开对话框，在右方"预设"中设置"gif32 无仿色"，可在图像左下角看到图像大小为 399 字节，也可以进行不同设置，比较图像质量与图像大小，选择合适的设置，如图 10-43 所示。

步骤8：单击"存储"按钮，在弹出的对话框中选择合适的路径，并为图标设定名称，确定

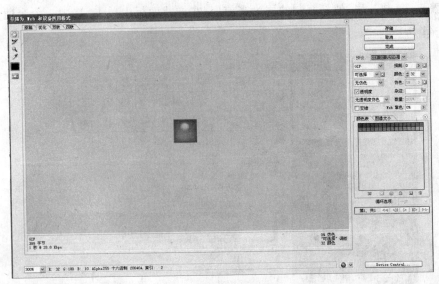

图 10-43　存储按钮文件

存储。同理，制作一个小一些的紫红色圆形按钮，注意存储前要使背
景为不可见，将背景存储为透明（.gif 格式支持透明）。按钮图如
图 10-44 所示。

图 10-44　完成按钮示意

Photoshop 中模板背景制作的工作至此全部完成。

10.1.2　用 PowerPoint 制作幻灯片母版

步骤 1：新建一个 PPT 演示文稿文件，命名为"文艺复兴三杰"，双击在 PowerPoint
2007 中打开，单击"视图"选项卡，切换到幻灯片母版视图，如图 10-45 所示。

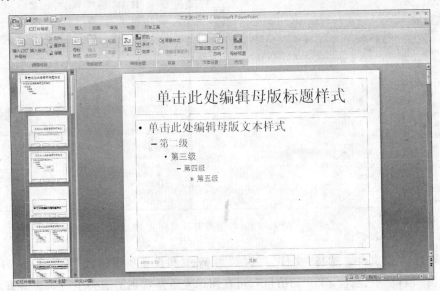

图 10-45　切换到"母版"视图

步骤2：可删除一些没用的幻灯片母版。选中标题母版，右击标题母版空白位置，从弹出的快捷菜单中选择"设置背景格式"菜单命令，在其弹出的对话框中选中"图片或纹理填充"单选按钮，单击"文件"按钮，找到母版背景图像文件，单击"插入"按钮，如图10-46所示。

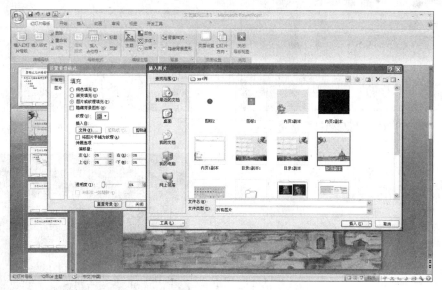

图10-46　设置标题母版背景

步骤3：同样方法插入其他准备好的母版背景，如图10-47所示。

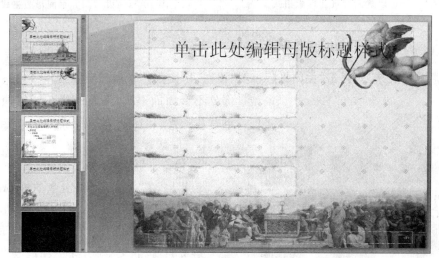

图10-47　设置其他母版背景

步骤4：选择喜欢的样式对各个母版内容的格式进行设置，如图10-48～图10-51所示。

注意：

（1）项目符号标识的引入方法。

（2）一个母版中，只能有一个标题文本框，所以目录母版中，只有一个文本框，如果复制多个，除了第一个以外，其他文本框在幻灯片正常状态下中将不能更改文字。

（3）多练习熟悉"格式"选项卡内容。

图 10-48　设置标题母版格式

图 10-49　设置目录界面母版格式

图 10-50　设置内容页面母版格式 1

图 10-51　设置内容页面母版格式 2

10.1.3　用 PowerPoint 制作演示文稿内容

母版制作完毕后,单击"关闭母版视图"按钮,切换到正常编辑状态。由于篇幅关系,本部分不会面面俱到,而是围绕重要知识点,着重进行几张典型幻灯片的介绍。

图 10-52　"时代背景"幻灯片完成效果

1. "时代背景"幻灯片

"时代背景"幻灯片如图 10-52 所示。

步骤 1:在"插入"选项卡中单击 SmartArt,弹出如图 10-53 所示的对话框,在"流程图"中选择第二种,单击"确定"按钮,如图 10-54 所示。

步骤 2:双击文本框,在"设计"选项卡中将出现多重 SmartArt 选项,请在其中选择一种,并单击"更改颜色"按钮,在弹出的方案中选择绿色的第二种,如图 10-55 所示。

步骤 3:打开在流程图外框的"在此处输入文字"对话框,将输入文本的位置调整为 3 个,输入合适的文本,如图 10-56 所示。

步骤 4:对于不常接触 SmartArt 的人来说,驾驭它是有些难度的。在此,将 SmartArt 中的形状和文本框一一选中,进行"剪切"操作,然后删除 SmartArt 流程图外框,再将形状和文本

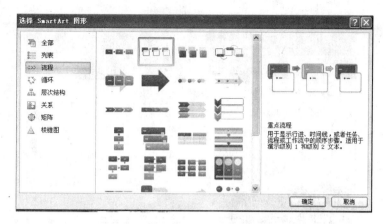

图 10-53 "SmartArt"选项卡

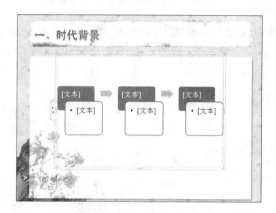

图 10-54 插入"SmartArt"流程图

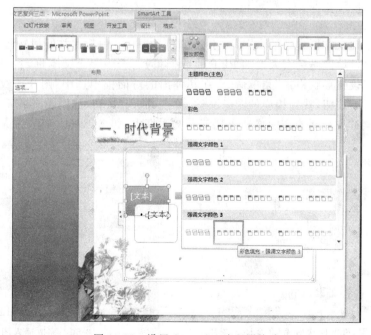

图 10-55 设置 SmartArt 流程图格式

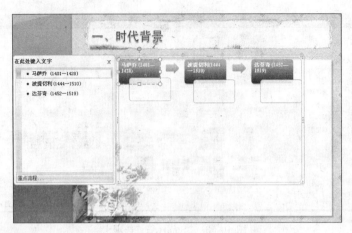

图 10-56　在"SmartArt"中输入文本

框粘贴回来，这样，这些形状和文本框就可以当做一般的形状来处理了，如图 10-57 所示。

　　步骤 5：复制这些形状和文本框，调整好大小和位置，输入文字，如图 10-58 所示。

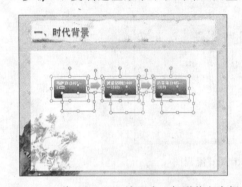

图 10-57　将 SmartArt 处理为一般形状文本框

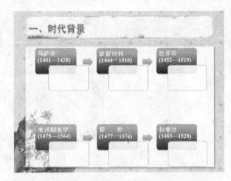

图 10-58　复制形状和文本框，输入文字

　　步骤 6：空白文本框中拟插入图片，事先在 Photoshop 中裁切并处理好几张小图(注意，引用大图片也可以，但是会大大增加 PPT 的数据量)。选中一个文本框，右击，从弹出的快捷菜单中选择"设置形状格式"菜单命令，在其弹出的对话框中选中"图片或纹理填充"单选按钮，单击"文件"按钮，找到相应的图像文件，单击"插入"按钮，如图 10-59 所示。

　　步骤 7：同样方法将 6 幅图像插入到下方文本框中，如图 10-60 所示。

图 10-59　利用"设置形状格式"命令插入图片

图 10-60　完成插入图片

步骤 8：为这些形状和文本框设置动画效果。单击"动画"选项卡左部的"自定义动画"按钮，调出"自定义动画"面板，如图 10-61 所示。

图 10-61　调出"自定义动画"面板

步骤 9：选中所有文本框，即除箭头以外的形状，如图 10-62 所示。

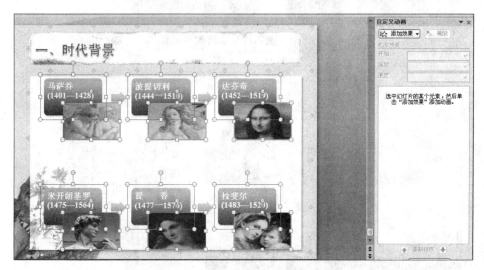

图 10-62　选中所有文本框

步骤 10：单击"添加效果"按钮，在"进入"菜单中选择"淡出"，如菜单中无"淡出"选项，可单击"其他效果"将其调出，如图 10-63 所示。设置完淡出效果的状态如图 10-64 所示。

步骤 11：在所有动画效果选中的状态下，将"速度"设置为"非常快"，将"开始"设置为"之前"，如图 10-65 所示。

步骤 12：选中所有叫做"组合××"的动画，将其"开始"设置为"之后"。然后选中所有的 4 个箭头，为它们添加"擦除"效果，如图 10-66 所示。

步骤 13：将 4 个动画的"开始"均设置为"之后"，"方向"设置为"自左侧"，如图 10-67 所示。

图 10-63　添加"淡出"动画效果

步骤 14：将刚刚设置的 4 个箭头动画按图中流程分别拖曳到它们应该出现的位置。最后，将其他的内容复制到幻灯片上并设置动画，如图 10-68 所示。

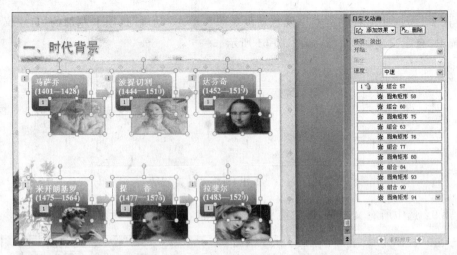

图 10-64　整体添加动画效果示意

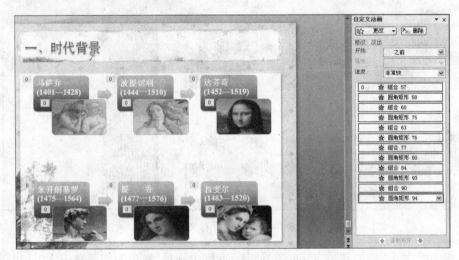

图 10-65　设置动画属性

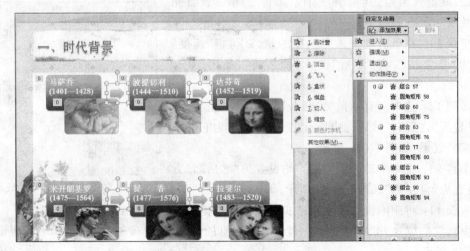

图 10-66　进一步设置动画属性及箭头动画效果

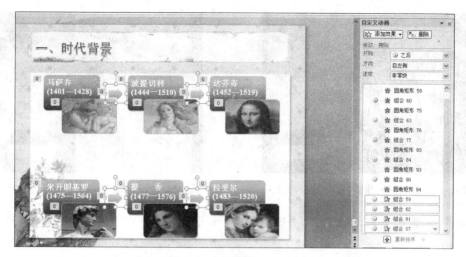

图 10-67　设置箭头动画属性

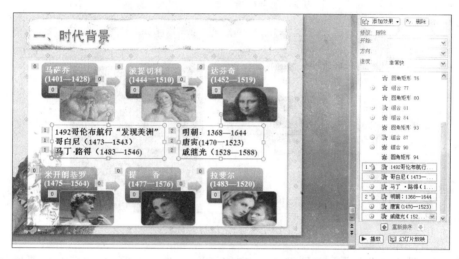

图 10-68　设置其他文本动画

2. 西斯廷天顶画幻灯片

本幻灯片运用动画来实现对巨幅天顶画中的部分作品进行展示和说明的效果。

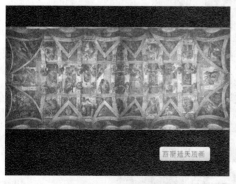

图 10-69　西斯廷天顶画整体展现幻灯片 1

图 10-70　单击放大部分图像效果 1

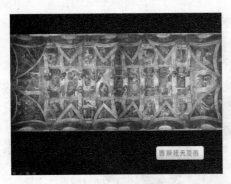

图 10-71　西斯廷天顶画整体展现幻灯片 2　　　　图 10-72　单击放大部分图像效果 2

步骤 1：新建一张幻灯片，在"开始"选项卡中单击"版式"按钮，选中黑色模板，如图 10-73 所示。

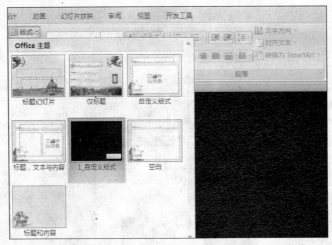

图 10-73　选定幻灯片模板

步骤 2：复制西斯廷天顶画图像，粘贴在幻灯片上，输入标题文字"西斯廷天顶画"。为它们设置动画，画作设置为"擦除"，文本框设置为"淡出"，如图 10-74 所示。

图 10-74　粘贴与设置幻灯片内容

步骤 3：在"开始"选项卡中"绘图"组中单击"矩形"按钮，在想要特别突出的位置画一个矩形，如图 10-75 所示。

图 10-75　指定位置画出矩形

步骤 4：选中刚画的矩形，还是在"绘图"组中单击"形状填充"按钮，在弹出的菜单中选择"无填充颜色"；再单击"形状轮廓"按钮，在弹出的菜单中选择"红色"，设置"粗细"为 4.5 磅，如图 10-76、图 10-77 所示。

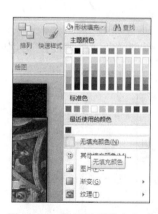

图 10-76　设置矩形填充方式

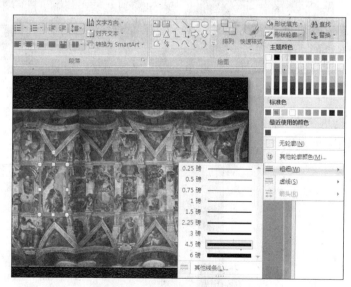

图 10-77　设置矩形线条宽度

步骤 5：用同样方法在另一处需要标明的位置设置红色框（或者复制并调整刚才的红色框），并为两个红框设置"劈裂"动画效果，如图 10-78 所示。

步骤 6：复制"上帝创造亚当"素材图片到合适位置，并为图像设置"缩放"动画进入效果，"显示比例"为"从屏幕中心放大"，如图 10-79 所示。

图 10-78　为红框设置动画

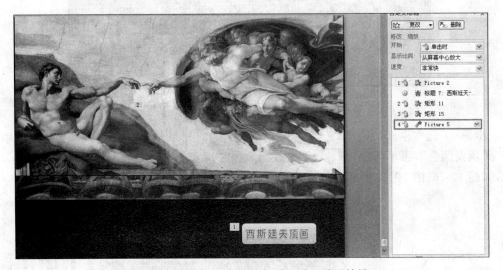

图 10-79　再粘贴一层图片，设置进入动画效果

步骤 7：为图像设置"擦除"动画退出效果，设定单击时"上帝创造亚当"画面退出，如图 10-80 所示。

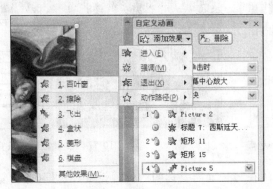

图 10-80　设置退出动画效果

步骤 8：重复"步骤 6"和"步骤 7"，将另外一幅"先知图"也进行设置，如图 10-81 所示。

图 10-81　为另一幅图像设置进入与退出动画效果

　　步骤 9：将第二个红色矩形的动画拖曳到两幅画面的动画之间，如图 10-82 所示。

　　步骤 10：在"幻灯片放映"选项卡中单击"从当前幻灯片开始"按钮，观看放映效果。

3. 圣母的婚礼作品幻灯片

　　步骤 1：在幻灯片中插入第一幅"圣母的婚礼"图片。选中图像，在"格式"选项卡中单击"重新着色"按钮，在弹出的菜单中选择"设置透明色"，鼠标将变成小画笔形状，在圆弧上方的黑色部分单击，这部分将设置为透明，如图 10-83 所示。

　　步骤 2：为图像设置"淡出"进入效果，注意将"速度"设置为"非常快"，如图 10-84 所示。

图 10-82　设置动画的先后次序

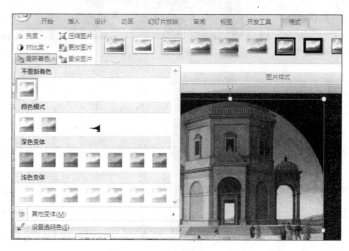

图 10-83　为图像设置透明

图 10-84 设置进入动画

步骤 3：引入另外一幅"圣母的婚礼"图片，并按照"步骤 1"、"步骤 2"提示进行设置。此时两幅图像在幻灯片中是重叠的，如图 10-85 所示。

图 10-85 设置第二幅图像的透明

步骤 4：选中第二幅图像，单击"添加效果"按钮，依次选中"动作路径"|"绘制自定义路径"|"直线"，准备绘制动作路径，如图 10-86 所示。

步骤 5：此时鼠标变为十字形，在图像大约中心位置拖曳出一条如图 10-86 所示的直线，绿色箭头为路径起点，红色箭头为路径终点，直线长度可根据情况随时调整，如图 10-87 所示。

步骤 6：完成，可观看放映，如图 10-88 所示为动作最终效果。

4. 视频幻灯片

本张幻灯片将通过引入控件的方式引入视频，这样引入的视频能够在演示文稿播放过程中进行控制，比较方便。

图 10-86　设置第二幅图像的路径动画 1

图 10-87　设置第二幅图像的路径动画 2

图 10-88　幻灯片播放最终效果

步骤1：新建一张幻灯片，在"开始"选项卡中单击"版式"按钮，选中如图10-89所示的模板。

步骤2：在"插入"选项卡中单击"形状"按钮，在"星与旗帜"一栏中选择"前凸弯带形"，在幻灯片上拖曳出一个相应形状，如图10-90和图10-91所示。

图10-89　选用合适模板　　　　　　　　　　　图10-90　"形状"面板

步骤3：选中刚刚插入的形状，在"格式"选项卡中单击"形状填充"按钮，选中白色；在"形状轮廓"中选择深红色；在"形状效果"中选择"发光"组列出的第一行最后一个发光效果，如图10-92～图10-94所示。

图10-91　画出"前凸弯带形"形状　　　　　　图10-92　设置形状背景颜色

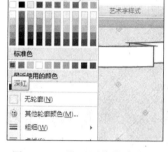

图 10-93　设置图像轮廓颜色

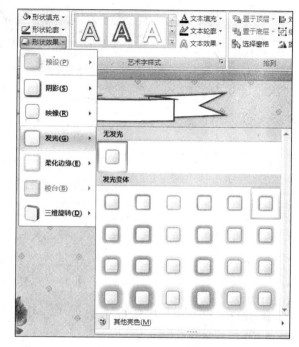

图 10-94　设置形状特效

　　步骤4：仍然选中这个形状，输入文字"达·芬奇"，字号设置为"24"号；在"格式"选项卡的"艺术字样式"组中将"文本填充"颜色设置为"红色，强调文字"，如图 10-95 所示。

　　步骤5：单击"开发工具"选项卡，单击"控件"组中的"其他控件"按钮，调出"其他控件"面板。如果没有"开发工具"选项卡，则单击软件最左上方的圆形图标，在弹出的菜单中单击"PowerPoint 选项"，调出如图 10-96 所示的面板，勾选"在功能区显示开发工具"复选框，如图 10-97 所示，即可。

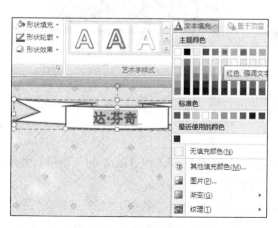

图 10-95　在形状中输入文字

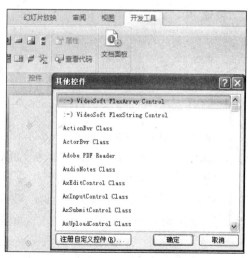

图 10-96　"其他控件"面板

图 10-97　调出"开发工具"选项卡示意

步骤 6：在"其他控件"选框中选择 Windows Media Player，单击"确定"按钮，如图 10-98 所示。

步骤 7：在幻灯片中拖曳出一个 Windows Media Player 界面，大小可随意调整，如图 10-99 所示。

图 10-98　选择"Windows Media Player"控件　　图 10-99　拖曳出 Windows Media Player 界面

步骤 8：选中幻灯片上的 Windows Media Player 界面，在"开发工具"选项卡的"控件"组中单击"属性"按钮，弹出"属性"面板，如图 10-100 所示。

步骤 9：将制作好的视频复制到正在制作的 PPT 所在的目录下。回到 PowerPoint 软件环境中，单击"属性"面板的"（自定义）"，右侧将出现一个 ▭ 图标，单击此图标，进入"Windows Media Player 属性"对话框，如图 10-101 所示。

步骤 10：单击"浏览"按钮，找到视频文件所在的位置，单击"确定"按钮。视频文件将在播放到此张幻灯片时自动播放，如不希望自动播放，可不勾选"Windows Media Player 属性"对话框中的"自动启动"复选框。最后播放幻灯片观看效果，如图 10-102 所示。

其他幻灯片的内容制作不再赘述。

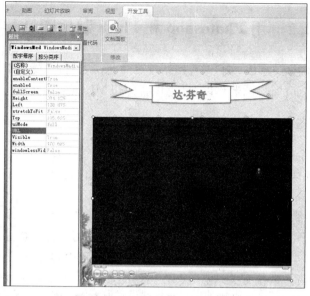

图 10-100　调出控件"属性"面板

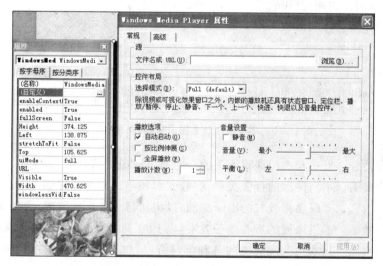

图 10-101　"Windows Media Player 属性"对话框

图 10-102　插入视频文件

10.2 用 Photoshop 和 Flash 制作网站首页

本章以"多媒体技术应用基础"课程网站首页的制作为例,主要利用 Photoshop 和 Flash 软件,介绍网站首界面的设计、制作以及切割生成 HTML 页面的完整过程。

10.2.1 制作准备

在正式制作一个网站页面之前,需要两步准备工作,首先要确定这个网站的主要功能模块,然后根据功能模块手工绘出网站的草图,有了这两步作为基础,后面的工作就可以顺利进行了。

1. 确定网站功能模块

"多媒体技术应用基础"课程网站的建设目标是,为学习本课程搭建一个师生交流、信息共享的平台,方便学生在该平台上浏览课程通知通告、课程内容介绍、下载课件资源、欣赏优秀作品、交流学习所得、链接有关站点等。在网站的页面设计上,要体现本门课程的特色,充分利用 Photoshop、Flash 等设计工具,发挥多种媒体的优势,建立一个页面美观、资源丰富、功能实用、操作简便的课程网站。

本课程网站的具体功能模块划分如图 10-103 所示。

图 10-103 "多媒体技术应用基础"课程网站构成

(1) 通知公告。发布与本门课程相关的一些通知和即时信息。

(2) 课程大纲。本门课程的授课大纲、实验大纲和考试大纲的详细说明。

(3) 课程内容。本门课程教材的电子文档,以树状目录的形式展现,方便学生浏览。

(4) 课程教案。本门课程的所有电子教案,以 PPT 形式发布,可在线浏览或下载学习。

(5) 学习资源。与本门课程有关的各种学习资料,包括一些辅助教材、图片、音视频形式的资源等。

(6) 案例欣赏。一些教学中的精彩案例展示,例如 Flash 动画、Photoshop 作品、网页素材与模板、PPT 案例等。

(7) 常用软件。本课程用到的一些软件下载,例如音频处理软件、视频处理软件、格式转换软件、图像处理软件、网络下载软件、压缩软件等。

(8) 热门站点。与本课程有关的一些热门网站链接。

(9) 名词术语。本门课程用到的一些名词术语集合。

(10) 最新动态。与本课程相关的各种最新技术动态、信息的集合。

(11) 讨论交流。对本课程的意见和建议、疑难问题发布等。

2. 手绘网站界面

确定了网站功能以后,下一步就是勾勒出整个网站的效果草图,它反映的是整个网站的布局和大体效果,网站设计及开发人员可以在制作网站之前就该图进行讨论,及时修改完善网站的细节和布局,提高网站设计制作效率。"多媒体技术应用基础"网站手绘效果如图 10-104 所示。

图 10-104　手绘网站界面

10.2.2　利用 Photoshop 绘制网站界面

1. 制作网页头部

一般网站的头部(俗称 Banner)包括网站标志、网站标题、顶部栏和菜单栏等,为了读者学习方便,本节完整地叙述了利用 Photoshop 制作静态网站头部的整个过程,在 10.2.3 节还将介绍如何利用 Flash 制作一个带有扫光动画的网站 Banner。

步骤 1:新建纸张。打开 Photoshop CS3,选择"文件"|"新建"菜单命令(或直接按 Ctrl+N 键)新建纸张。在弹出的新建对话框中将其名称命名为"多媒体技术应用基础网站首页",将其宽度设置为 1000 像素,高度设置为 1250 像素,单击"确定"按钮,如图 10-105 所示。宽度和高度的设置要依据网站的实际分辨率,比如希望网站的最佳分辨率是 1024×768,那么网站的页面宽度一般不要超过 1000 像素,否则在 1024 的分辨率下会出现横向滚动条。

步骤 2:设置标尺。标尺可以精确定位各个元素的位置。在显示标尺之前首先设置一下标尺的显示单位,选择"编辑"|"首选项"|"单位与标尺"菜单命令,在弹出的"首选项"对话框中,将"单位与标尺"的单位设置为"像素",如图 10-106 所示。选择"视图"|"标尺"菜单命令,确认标尺前面已经勾选(或直接按 Ctrl+R 键)。

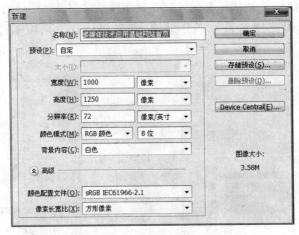

图 10-105　新建纸张

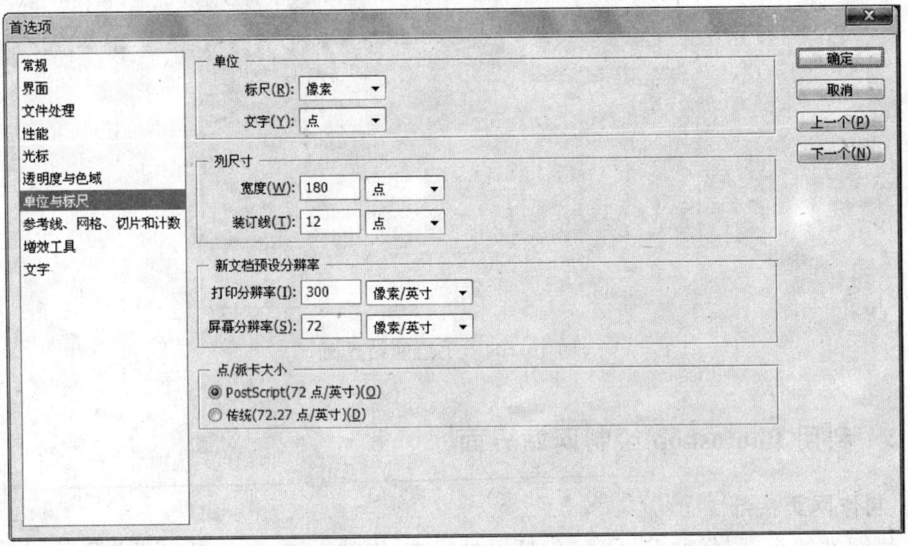

图 10-106　设置标尺单位

步骤 3：制作背景。单击工具箱中的"设置前景色"，在弹出的拾色器对话框中，将前景色的 RGB 值设置为 192、192、192（即灰色），单击"确定"按钮，如图 10-107 所示。按 Alt＋Delete 键用前景色填充背景图层。

步骤 4：设置辅助线。辅助线可以使页面的绘制更为精确。选择"视图"|"新建参考线"菜单命令，在弹出的新建参考线对话框中，将"取向"设置为"水平"，将位置设置为 32，单击"确定"按钮，如图 10-108 所示。使用此方法在水平方向再添加两条辅助线，分别为 160、191，效果如图 10-109 所示。

步骤 5：绘制背景。新建一个图层并将名称改为"Banner 背景"。选择工具箱中的"矩形选框工具"，在顶部绘制一个矩形选区，位置大小如图 10-110 所示。将前景色设置为纯白色，按 Alt＋Delete 键用前景色填充选区，按 Ctrl＋D 键取消选区，如图 10-111 所示。

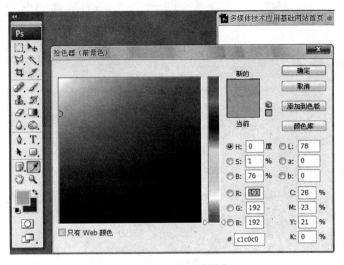

图 10-107　设置前景色

图 10-108　"新建参考线"对话框

图 10-109　添加的辅助线

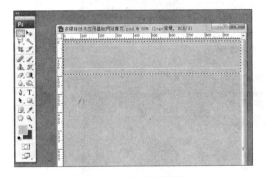

图 10-110　绘制矩形选区

图 10-111　填充矩形选区

　　步骤 6：继续绘制 Banner 背景。在"图层"面板里选择"Banner 背景"图层，单击"图层"面板下方的"添加图层样式"按钮，为图层添加渐变叠加效果，颜色为浅灰色（R：229 G：229 B：229）到白色，如图 10-112 所示。新建一个图层，将其命名为"水波纹 1"，选定该图层，选择工具箱中的"钢笔工具"在合适位置绘制一个波浪形的图形，并配合键盘 Ctrl 和 Alt 键进行精细调节，效果如图 10-113 所示。按 Ctrl＋Enter 键将所绘制的路径转换为选区，接下来，使用工具箱中的"画笔工具"在选区绘制渐变，将画笔主直径设置为 100 像素，硬度设置为 0％，沿着波浪线的边缘绘制，效果如图 10-114 所示。

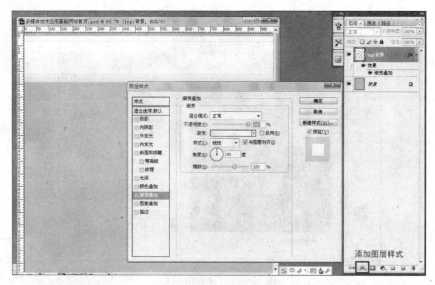

图 10-112　添加渐变效果

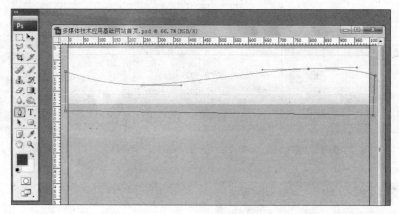

图 10-113　绘制波纹图形

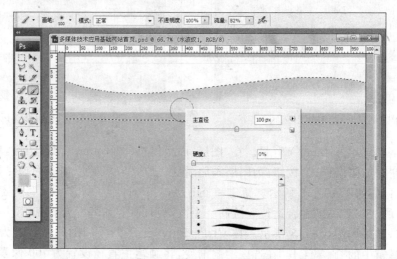

图 10-114　用画笔绘制波浪渐变

步骤 7：完善 Banner 背景。可以适当地使用工具箱中的橡皮工具,擦除部分渐变,这样整个波浪线不至于太死板。按 Ctrl＋D 键取消选区,选择水波纹 1 图层,将其"不透明度"值设置为 36％,如图 10-115 所示。用同样的方法绘制一个新的波浪线将其命名为"水波纹2",效果如图 10-116 所示。

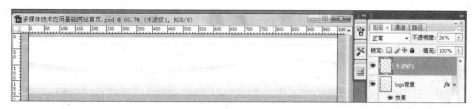

图 10-115　修改后的水波纹 1 图层效果

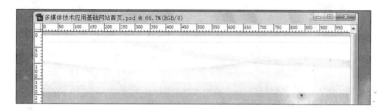

图 10-116　水波纹 2 效果

步骤 8：导入背景素材。打开素材文件"logo 素材.psd",从中找到"视频线数据线"图层,将其直接拖至"多媒体技术应用基础网站首页"里,并移至合适位置,将图层的混合模式设置为"深色",效果如图 10-117 所示。

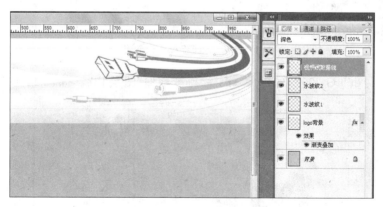

图 10-117　导入背景素材

步骤 9：导入其他素材。按照上一步骤的方法将素材里的"fl"、"ps"、"视频飞艇"和"课程标志"打开并拖曳到"多媒体技术应用基础网站首页"里,位置大小如图 10-118 所示。选择"课程标志"图层,为该图层添加"渐变叠加"图层样式,渐变颜色由深红(R:197 G:5 B:0)到浅红(R:255 G:88 B:44),效果及参数如图 10-119 所示。

步骤 10：绘制标志倒影。选择"课程标志"图层中的标志,配合键盘 Alt 键,向下拖曳该标志,这样就在原标志的下方复制一个相同的标志。接下来,选择"编辑"|"变换"|"垂直翻转"菜单命令,将复制的标志副本做垂直镜像。为该图层添加"颜色叠加"图层样式,叠加的

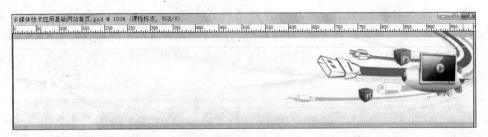

图 10-118　导入其他素材

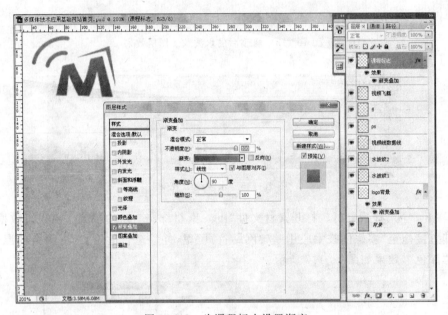

图 10-119　为课程标志设置渐变

颜色为灰色（R：209 G：209 B：209），删除"渐变叠加"图层样式，如图 10-120 所示。然后

图 10-120　为标志添加倒影效果

单击"图层"面板下方的"添加图层蒙版"按钮,为该图层添加一个新的图层蒙版。单击该图层的蒙版缩览图,选择工具箱中的"渐变工具",为该图层填充一个从黑到白的蒙版,具体效果如图 10-121 所示。

图 10-121　添加蒙版后的效果

步骤 11:完成标志绘制。选择工具箱中的"横排文字工具",在标志的右面输入文本"多媒体技术应用基础",将字体设置为"汉仪菱心体简"(并非系统默认字体,需要安装特殊字体),将字体大小设置为 48 点,将消除字体的方法设置为"锐利",为该字体图层添加"渐变叠加"图层样式,渐变颜色由深红(R:197 G:5 B:0)到浅红 (R:255 G:88 B:44),效果及参数如图 10-122 所示。再次选择工具箱中的"横排文字工具",在标志的右面输入英文名称"FOUNDATION FOR MULTIMEDIA TECHNOLOGY APPLICATION",将字体大小设置为 12 点,将消除字体的方法设置为"锐利",字体颜色设置为灰色(R:123 G:119 B:119),效果如图10-123 所示。

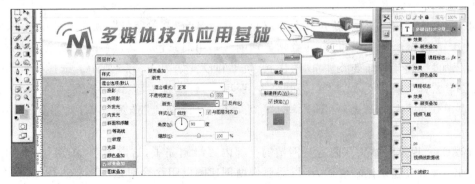

图 10-122　添加课程名称

图 10-123　添加课程英文名称

步骤 12：绘制网站顶部。新建一个图层并将其命名为"顶部渐变"，选择工具箱中的"矩形选框工具"在该图层绘制一个矩形（注意矩形底部对齐辅助线），并用前景色将其填充，然后取消选区。为该图层添加"渐变叠加"和"描边"图层样式，渐变颜色由深红（R:197 G:5 B:0)到浅红（R:255 G:88 B:44)，描边颜色为深红色（R:167 G:15 B:3)，边线大小为 3 像素，如图 10-124 所示。

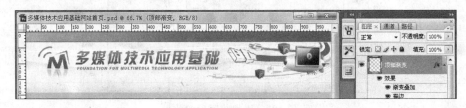

图 10-124　添加顶部矩形

步骤 13：添加顶部内容：顶部左侧为学校标志和名称，右侧为"设为主页|加入收藏|联系我们"等内容，效果如图 10-125 所示。

图 10-125　绘制顶部内容

步骤 14：绘制菜单栏。新建一个图层并将其命名为"菜单背景"，利用工具箱中的"矩形选框工具"在底部绘制一个矩形（注意贴齐辅助线），用前景色对其进行颜色填充。接下来为该图层添加"投影"和"渐变叠加"图层样式，效果和设置如图 10-126 所示。选择工具箱中的"横排文字工具"，输入文本"首页|通知公告|课程大纲|课程内容|课程教案|学习资源|案例欣赏|常用软件|热门站点|名词术语|最新动态|讨论交流"作为菜单，效果如图 10-127 所示。

步骤 15：规整网站头部内容。网站的头部内容绘制完了，这时发现"图层"面板中的图层相对较多，修改起来比较麻烦，所以需要借助创建图层组命令对这些图层进行结组。选择"图层"面板下的"创建新组"图标，在图层中创建一个组文件夹，双击文件夹名称，将其改为 logo banner。接下来，选择最上面图层，按住 Shift 键，同时选择"背景"图层上面的"Banner

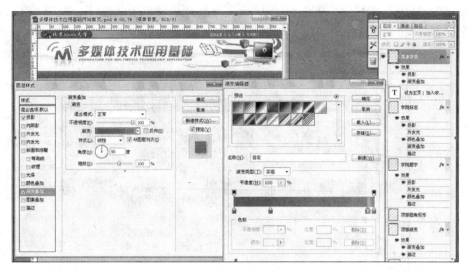

图 10-126　绘制底部矩形

图 10-127　绘制的菜单效果

背景"图层,这样就选择了除"背景"图层以外的所有图层(图层被选定状态为蓝色),将这些图层拖曳到 logo banner 图层文件夹图标上并释放鼠标左键,这样,一个图层组就设置完成了,单击 logo banner 图层文件夹左面的箭头可以控制是否收起该文件夹,如图 10-128 所示。

2. 绘制用户登录模块

步骤 1：新建一个图层并将其命名为"用户登录标题背景",使用工具箱中的"矩形选框工具"菜单栏下方左面绘制一个标题栏,使用前景色对其进行颜色填充。为该图层添加"渐变叠加"的图层样式,颜色从浅灰(R：224 G：224 B：224)到白色。使用工

图 10-128　创建图层组

具箱中的"横排文字工具"在标题背景左面输入文本"用户登录",将字体设置为"宋体",字体

大小设置为"14 点",消除锯齿方法设置为"无",字体颜色设置为红色(R：207 G：14 B：0)，将文字设置为"仿加粗",效果如图 10-129 所示。

图 10-129　绘制用户登录标题栏

步骤 2：绘制箭头。新建图层并将其命名为"灰色箭头",使用"椭圆选区工具"配合 Shift 键绘制一个正圆,将其填充为灰色(R：62 G：62 B：62),为该图层添加"描边"的"图层样式",边线为 2px,颜色设置为浅灰色(R：215 G：215 B：215)。再新建一个图层使用"画笔工具"绘制一个向右的箭头,颜色为白色,粗细为 2,硬度为 100%。按 Ctrl＋E 键向下合并图层,将两个图层合并为一个图层。箭头效果如图 10-130 所示。

图 10-130　绘制箭头

步骤 3：完成用户登录标题栏的绘制。新建一个图层并将其命名为"用户登录 more 底",使用工具箱中的"圆角矩形工具"在用户登录标题背景右侧绘制一个圆角矩形,为该图层增加"内阴影"和"颜色叠加"图层样式,叠加颜色为深红色(R：199 G：9 B：2),效果参数如图 10-131 所示。使用工具箱中的"横排文字工具",在用户登录 more 底上输入文本"LOGIN",为其增加"投影"的"图层样式",效果参数如图 10-132 所示。

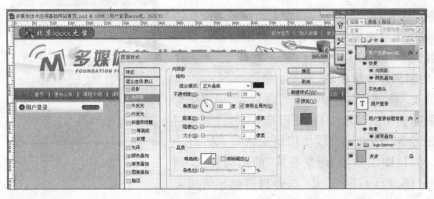

图 10-131　绘制 LOGIN 按钮

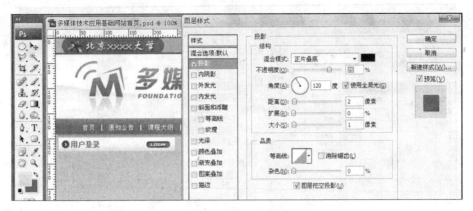

图 10-132　添加投影图层样式

步骤 4：绘制登录框。新建一个图层并将其命名为"用户登录底"，使用工具箱中的"矩形选框工具"，在用户登录标题栏下方绘制一个矩形，设置渐变叠加样式，如图 10-133 所示。

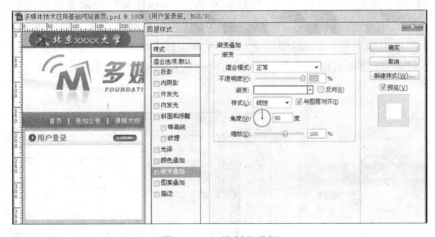

图 10-133　绘制登录框

步骤 5：绘制用户名密码。选择工具箱中的"横排文字工具"，在用户登录底上输入文本"用户名 密码 验证码 ABCD"，将字体设置为"宋体 12 点"，字体颜色设置为灰色，选择"窗口"|"段落"菜单命令，设置字间距和行间距。新建一个图层并将其命名为"用户登录输入框"，使用工具箱中的矩形选框工具绘制 3 个矩形，并用前景色将其填充，并为该图层添加"颜色叠加"和"描边"的"图层样式"，颜色叠加为浅灰色（R：246 G：245 B：245），描边颜色为深灰色（R：88 G：88 B：88），粗细为 1 像素，效果如图 10-134 所示。

步骤 6：绘制"用户登录"按钮。新建一个图层并将其命名为"登录按钮底"，使用工具箱中的"圆角矩形工具"绘制一个圆角矩形，将圆角半径设置为 4px，使用前景色填充图形。再为该图层添加"渐变叠加"的"图层样式"，渐变色由灰色（R：105 G：104 B：104）至浅灰（R：196 G：196 B：196）。选择绘制好的按钮底，按住 Alt 键拖曳复制出一个副本将其移至右侧。在两个按钮底上分别输入文字"登录"和"取消"，设置好字体格式，为该文字图层添加"描边"的"图层样式"，边线的颜色设置为灰色（R：72 G：71 B：71），粗细设置为 1 像素，

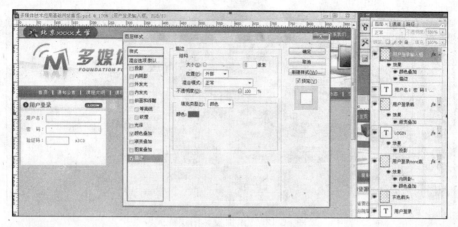

图 10-134　用户名密码及输入框的绘制

完成效果如图 10-135 所示。

　　步骤 7：按钮细节绘制。按住 Alt 键拖曳复制"登录按钮底"，将渐变叠加颜色改为由深灰（R：61 G：60 B：60）至浅灰（R：108 G：107 B：107）。选择使用工具箱中的"多边形套索工具"，在该图层上绘制剪裁区域，如图 10-136 所示。按 Delete 键将选择区域删除。选择剪切好的图形，按 Alt 键向右拖曳复制出一个相同的图形，将图层的不透明度设置为 38%，如图 10-137 所示。

图 10-135　绘制登录和取消按钮

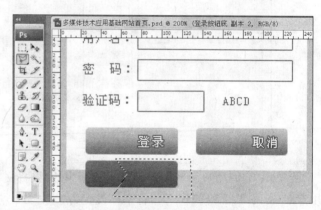

图 10-136　使用"多边形套索工具"选取部分按钮

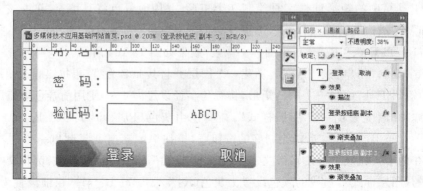

图 10-137　完善按钮细节

步骤 8：完成按钮绘制。新建一个图层并将其命名为"白色箭头"。使用工具箱中的"矩形选框工具"绘制一个小正方形，将其填充成白色。配合键盘"Alt"键复制多个小正方形，将其排列成箭头的形状，如图 10-138 所示。将白色箭头以及所有白色箭头副本图层合并为一个图层，将其名字改为"白色箭头"。将"白色箭头"图层与"登录按钮底 副本 2"和"登录按钮底 副本 3"图层合并，并将其复制并移至右面的按钮上，效果如图 10-139 所示（注意图层的顺序）。

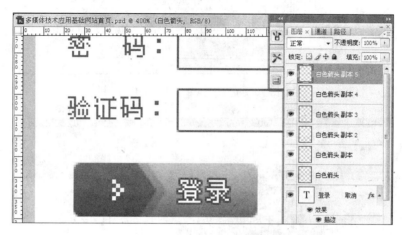

图 10-138　绘制按钮箭头

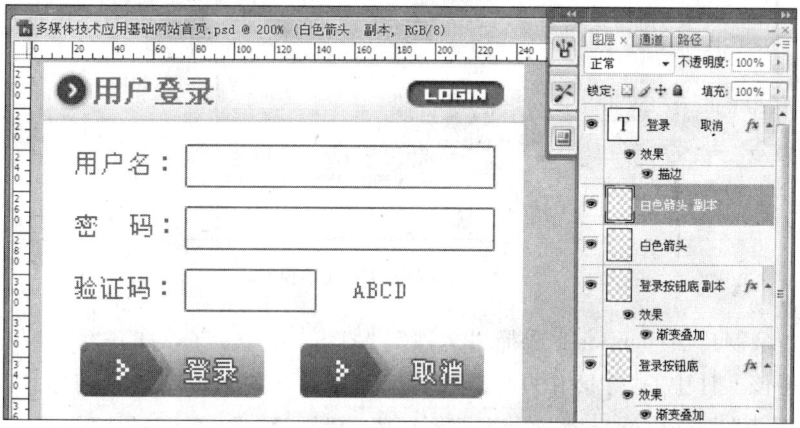

图 10-139　完成按钮绘制

步骤 9：规整图层。按照上文所述方法，将图层规整成图层文件夹，将该文件夹命名为"用户登录"，便于调节和编辑。

3. 绘制页面内容模块

步骤 1：绘制图片新闻。选择"文件"|"打开"菜单命令，选择"平面设计欣赏.jpg"文件，将其直接拖曳至当前正编辑的 psd 文件中，并为其重命名为"图片新闻"，如图 10-140 所示。

步骤 2：绘制其他模块。按照绘制"用户登录"模块的方法绘制"学习资源、案例欣赏、最新动态、常用软件、热门站点、交流讨论、名词术语"模块（注意图层的规整），完成效果如图 10-141 所示。

图 10-140　绘制图片新闻模块

图 10-141　添加网站其他模块

　　步骤 3：绘制广告 banner。选择"文件"|"打开"菜单命令，打开"广告 banner 背景.jpg"文件，将该文件中的"背景"图片直接拖曳至"多媒体技术应用基础网站首页"文件中，并将其重命名为"广告 banner 背景"，为该图层添加"描边"的"图层样式"，描边的粗细设置为 1 像素，描边颜色设置为黑色，位置大小如图 10-142 所示。

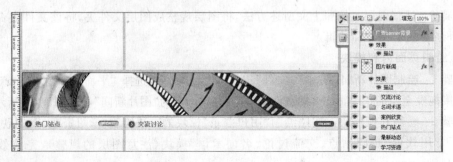

图 10-142　添加广告 banner

步骤 4：继续绘制广告 banner。选择工具箱中的"横排文字工具"，在广告 banner 背景上输入文字"多媒体技术基础即将开课！"，为该图层添加"投影"、"渐变叠加"和"描边"的"图层样式"，"描边"的颜色设置为白色，描边粗细设置为 3 像素，"渐变叠加"的颜色从橙色（R：255 G：30 B：0）至深黄色（R：255 G：156 B：0），效果参数如图 10-143 所示。

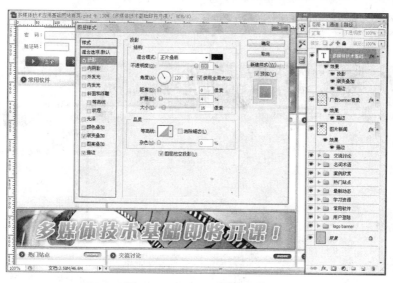

图 10-143　美化广告 banner

步骤 5：绘制版权模块。新建一个图层并将其命名为"版权背景"，选择工具箱中的"矩形选框工具"，在网站下方绘制一个矩形，将其填充为白色。再次新建图层并将其命名为"版权色带"，在版权背景上方绘制一个矩形，用前景色将其填充。为该图层添加"渐变叠加"的"图层样式"，"渐变叠加"的颜色从红色（R：255 G：0 B：0）至深黄色（R：255 G：204 B：0），效果参数如图 10-144 所示。

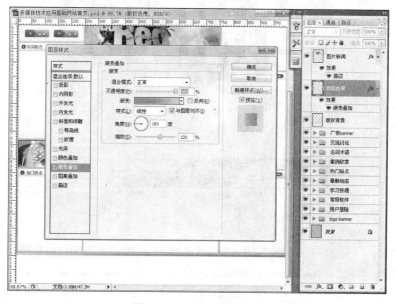

图 10-144　绘制版权色带

步骤6：完成版权绘制。复制图层文件夹"logo banner"里面的"课程标志"，并将复制的图层命名为"版权 logo"。选择工具箱中的"横排文字工具"，在版权背景上输入相应文字，并设置字体属性。接下来，将版权模块的图层规整成图层文件夹，将该文件夹命名为"版权信息"，便于调节和编辑，如图 10-145 所示。

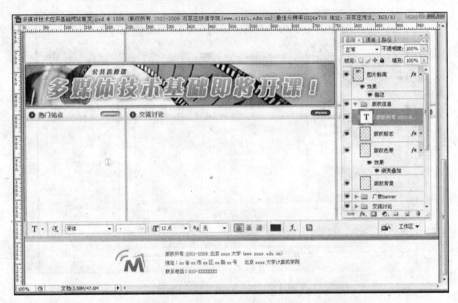

图 10-145　规整图层文件夹

步骤7：到这里，整个网站的 Photoshop 绘制部分基本完毕，整体效果如图 10-146 所

图 10-146　网站绘制完毕整体效果

示。但是,大片的空白页面难以看到网站最终效果,可以在每个模块放置一些测试性文字,使得整个网站更丰满和真实,当然这些内容都是需要在网站中动态添加的,如图 10-147 所示。

图 10-147　添加文字后的网站整体效果

10.2.3　利用 Flash 制作网页 Banner 动画

为增强网站的视觉效果,本节利用 Flash 制作一个网站 Banner 动画来代替上节制作的静态 Banner。

首先需要在 Photoshop 中将前面制作的网站头部单独保存,作为动画的底图,如图 10-148 所示。

图 10-148　网站 banner 底图

打开 Flash CS3,按以下步骤制作动画。

步骤 1:设置文档。在 Flash 中新建一个文档,单击"属性"面板中的大小设置按钮,在弹出的"文档属性"对话框中,将文档尺寸设置为宽 1000 像素、高为 128 像素的矩形,背景颜色设为白色,帧频设置为 25fps,单击"确定"按钮,如图 10-149 所示。

步骤 2:导入图片素材。选择"文件"|"导入"|"导入到库"菜单命令,在"导入到库"对

图 10-149　新建文档

话框中同时选择"fl. png、ps. png、视频飞艇. png、网站 banner 底图. png"4 个文件,如图 10-150 所示。

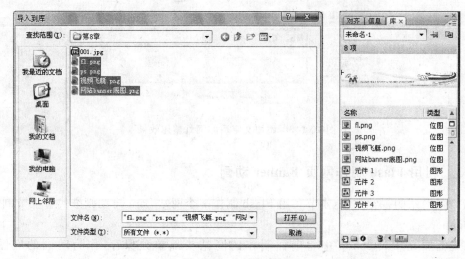

图 10-150　导入素材

步骤 3:设置 Flash 背景。将当前图层重命名为"背景",将"元件 4"拖曳至舞台中,在属性栏中将其 x、y 坐标都设置为 0,这样背景图片就完全和舞台大小相吻合,如图 10-151 所示。

步骤 4:制作标志扫光动画说明。标志扫光动画是 banner 里常见的动画制作效果,是通过遮罩动画和补间动画来实现的。制作标志扫光动画需要两个元件:一个是标志的蒙版图形;另外一个就是扫光的光效元素。这两个元件都可以用 Flash 软件绘制。

步骤 5:绘制标志蒙版图形。在时间轴新建一个图层,将其命名为"标志蒙版",使用工具箱中的"钢笔工具"绘制基本图形,再使用"部分选取工具"对图形进行精细调节,绘制一个与原标志大小形状一样的蒙版图形,如图 10-152 所示。使用颜料桶工具将其填充(填充颜色随意),删除边线,如图 10-153 所示。

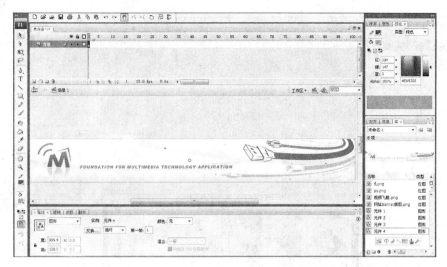

图 10-151　导入背景

图 10-152　绘制蒙版形状

图 10-153　为蒙版填色

　　步骤6：绘制扫光的光效元素。在时间轴中新建一个图层并将其命名为"标志扫光"。选择工具箱中的"矩形工具"，在"标志扫光"图层绘制一个宽20像素、高为136像素的矩形，填充色设置为线性渐变，无边线，如图10-154所示。在"颜色"面板中添加一个渐变结点，先将渐变的3个结点都设置为白色，然后将两边结点的 Alpha 通道设置为"0%"，如图10-155所示。这样，一个中间白色两边透明的光效就绘制完成了。

　　步骤7：设置扫光动画(1)。先设置光效移动动画，首先保证光效元素为元件才可以进行动画设置。选择上步绘制的光效元素，右击，从弹出的快捷菜单中选择"转换为元件"菜单命令，在弹出的对话框中将元件命名为"标志扫光元素"，类型设置为"影片剪辑"，单击"确定"按钮，将扫光元素移至文档左面，使用工具箱中的"任意变形工具"对其进行旋转，如

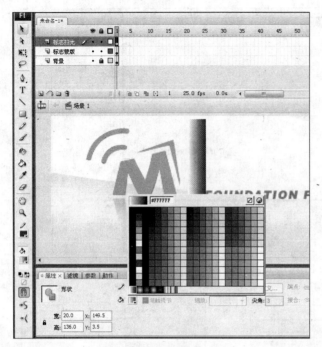

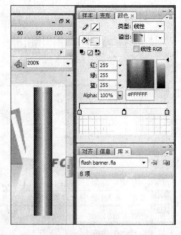

图 10-154　绘制光效元件　　　　　　　　　图 10-155　设置光效填充色

图 10-156 所示。选择"标志扫光"图层第 10 帧，按 F6 键插入一个关键帧，在"标志蒙版"图层第 10 帧和"背景"图层第 10 帧，按 F5 键插入帧。将"标志扫光"图层第 10 帧的扫光元素移至标志右面，如图 10-157 所示。

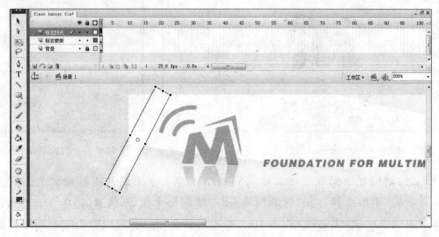

图 10-156　设置起始关键帧

步骤 8：设置扫光动画(2)。选择"标志扫光"图层第 1 帧，在其上右击，从弹出的快捷菜单中选择"创建补间动画"菜单命令，这时移动帧滑块便可以浏览动画效果。接下来，将"标志蒙版"图层拖曳至标志扫光图层之上，在该图层上右击，从弹出的快捷菜单中选择"遮罩层"菜单命令，这时"标志蒙版"图层便成为了"标志扫光"图层的遮罩层，如图 10-158 所示。

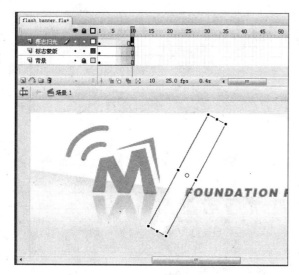

图 10-157　设置结束关键帧

图 10-158　设置扫光动画

步骤 9：设置网站文字动画(1)。新建一个图层并将其命名为"网站文字"。使用工具箱中的"文本工具"，在该图层输入文本"多媒体技术应用基础"，在属性栏中将字体设置为"汉仪菱心体简"(非系统默认字体需要安装，或选其他字体也可)，字体大小设置为 21，颜色设置为红色(♯990000)，加倾斜效果，字间距设置为 10，如图 10-159 所示。

图 10-159　设置网站文字

步骤 10：设置网站文字动画(2)。在步骤 9 中的文字上右击，从弹出的快捷菜单中选择"分离"菜单命令，将文字分离成多个元素，再次选择这些文字，右击，从弹出的快捷菜单中选择"分散到图层"菜单命令，这时会发现时间轴"图层"面板中增加了 9 个图层，每个文字一个图层，并且文件名称已经自动设置，如图 10-160 所示。此时可以删除"网站文字"图层。

步骤 11：设置网站文字动画(3)。为保证所有计算机显示的文字字体效果相同，在设置动画之前需将文字分离成图形。选择所有文字在其上右击，从弹出的快捷菜单中选择"分离"菜单命令，这样文字就被分离为图形(如果为文本状态的话，其他计算机没有安装该特殊字体，将被系统替换为宋体或其他常见字体，影响整体的效果)。为了保证动画的正确设置，

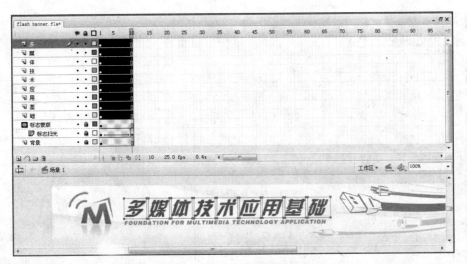

图 10-160　将文字分散到图层

需要将每个分离后的文字转换成单独的元件。选择"多"图层的第 10 帧,按 Shift 键,单击"础"图层的第 10 帧(同时选择多个图层的帧,方便进行多图层关键帧设置),按 F6 键插入多个关键帧。选择所有文字图层第 1 帧,使用工具箱中的"任意变形工具",配合 Shift 键,将其等比放大,并调节文字相应位置,效果如图 10-161 所示。

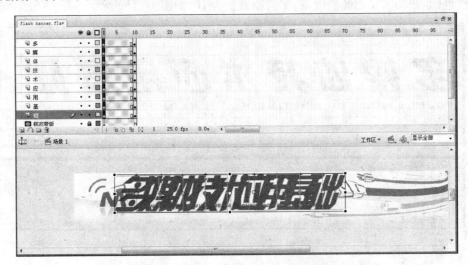

图 10-161　设置缩放动画关键帧

步骤 12:设置网站文字动画(4)。添加补间动画。选择所有文字第 1 帧,单击舞台中的文字,将属性栏中的颜色选项设置为 Alpha,将 Alpha 数量设置为 0%,如图 10-162 所示。接下来,设置文字关键帧出现的时间,将关键帧错开,帧数不够的可按 F5 键添加帧,设置效果如图 10-163 所示。

步骤 13:设置 fl 的动画。在步骤 2 中,导入了 fl.png 和 ps.png 两个图片素材,接下来将设置这两个素材的动画。在时间轴的图层中新建一个图层并将其命名为"fl",将库中的"fl.png"拖曳至舞台中并将其转化为元件,如图10-164所示。将"fl"图层第1帧拖曳到该

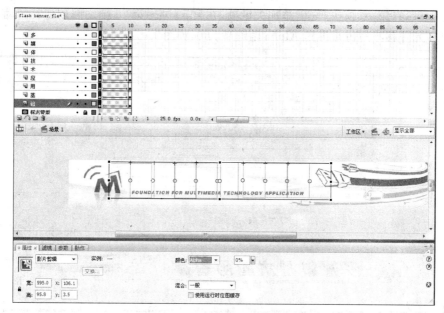

图 10-162　设置透明度

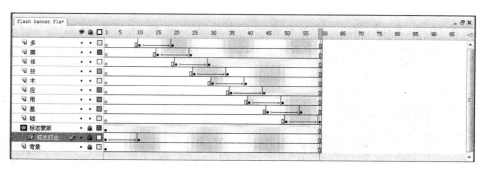

图 10-163　安排关键帧位置

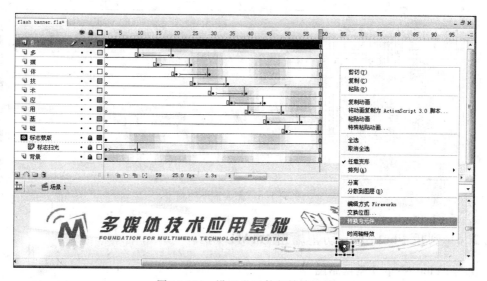

图 10-164　设置 fl 元件起始关键帧

图层第 59 帧,在第 70 帧按 F6 键添加关键帧,在第 59 帧~第 70 帧之间创建补间动画,将第
59 帧中 fl 元件移至右边并将其 Alpha 值设置为 0,如图 10-165 所示。

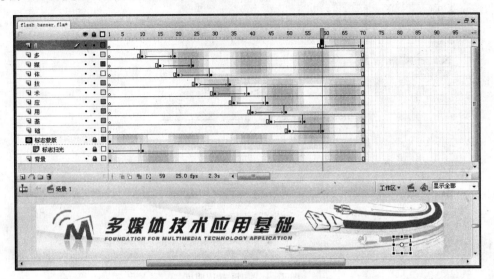

图 10-165　设置 fl 元件动画

　　步骤 14:设置其他动画。按照步骤 13 的方法设置 ps 和"视频飞艇"动画,为了让最后
一个画面保持一段时间,可以在后面增加一些帧,最终设置及效果如图 10-166 所示。预览
观看动画效果。

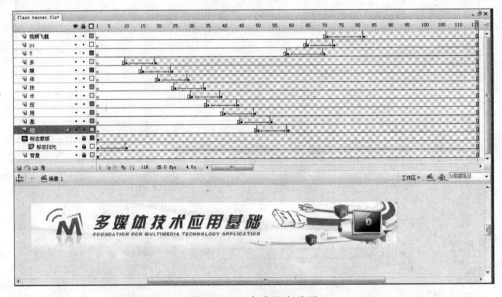

图 10-166　完成整个动画

10.2.4　利用 Photoshop 切割输出 HTML 网页

1. 用 Photoshop 切割网站图像

　　利用 Photoshop 的"切片工具"可以将一张完整的 PSD 图片切割输出为 HTML 网页,

然后再在网页制作工具(如 Frantpage、Dreamweaver 等)中进一步编辑。

　　网站切割的总体原则是,在保证能用的前提下尽量减少切片数量,因为切片的数量越多,将来输出的散碎图片也就越多,利用网页制作工具进行微调时就越复杂。静态网页(即不从数据库中获取信息)的切割非常简单,动态网页(需要从数据库中动态获取数据)的切割相对复杂,每一个需动态生成的元素都必须单独切割,进而利用网页制作工具中的相应控件替换。下面介绍利用网站切割和输出的方法。

　　步骤1:将以文本或控件形式在网页上显示的元素设为隐藏(因为这些内容需要在网页制作软件中重新添加),如菜单栏、版权页等,如图 10-167 所示。

图 10-167　隐藏菜单和底部版权文字内容

　　步骤2:对网站 banner 进行切割。选择工具箱中的"切片工具"直接对网站图片进行切割,可以使用"切片选择工具"进行精细调节,由于 banner 中切片 03 最终用 Flash 动画代替,这里直接将其切成一张图片,切割效果如图 10-168 所示。

图 10-168　利用"切片工具"对 banner 进行切割

步骤 3：对用户登录进行切割。由于里面的元素相对较多,用户登录的切割较麻烦一些,根据不同人的经验和制作方法的不同,切割方法也有所差异,切片 07、17、18 最后要制作成按钮,需要单独切割。切片 10、13、15 为文本框也需要单独切割,具体切割方法及效果如图 10-169 所示。

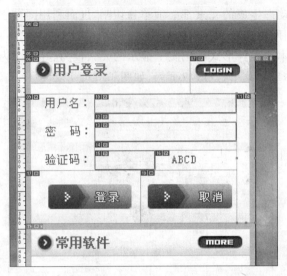

图 10-169　用户登录模块切割

步骤 4：图片新闻和学习资源的切割。图片新闻模块要用代码实现,这里将其单独切割。切片 08 为图片新闻模块、切片 10 为按钮、切片 13 为文本显示区域(由于切片的增加切片标号会发生变化,请读者认真对照),具体切割方法及效果如图 10-170 所示。

图 10-170　图片新闻和学习资源模块的切割

步骤 5：切割剩余部分。其余部分的切割和学习资源模块的方法基本相似。切片 43 是广告 banner,需要单独切割,切片 25、31、33、46、48、50 为按钮,切片 27、35、38、52、55、58 为文本区域。切片 63 为版权区,也需单独切割,如图 10-171 所示。到这里网站已经基本切割完毕,虽然步骤不多、方法简单,但是切割网站需要足够的耐心及实践经验。

2. 设置图片格式及相关参数输出 html 网页

步骤 1：设置图片格式。选择"文件"|"存储为 Web 和设备所用格式"菜单命令,这时会弹出"存储为 Web 和设备所用格式"对话框。先将显示模式设置为"双联"显示状态(这样

图 10-171　整个网站切割效果

可以实时监测图片的压缩损失），接下来按 Ctrl＋A 键选择所有切片（这个步骤相当重要，如果不选择全部切片的话，只能对个别图片进行格式设置，不会对所有切片发生作用）。将图片预设值设置为"JPEG 高"，具体效果及参数如图 10-172 所示。

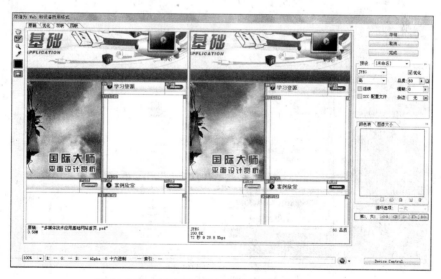

图 10-172　"存储为 Web 和设备所用格式"对话框

　　步骤 2：导出网站。单击"存储"按钮，这时弹出一个"将优化结果存储为"对话框，首先选择一个存储位置（新建一个文件夹"网站切割完"来放置切割生成的网页文件，目的是防止输出默认的 images 文件夹和其他文件混淆），然后将其命名为"index"，将保存类型设置为

"HTML 和图像(＊.html)"，将切片类型设置为"所有切片"，如图 10-173 所示。单击"保存"按钮，这时又弹出一个对话框，内容是关于兼容性的提示，单击"确定"按钮，即可输出网站，输出的网站会默认将切割的图片放置到一个"images"的文件夹中，图片名称以网页文件的名称加切片的序号组成，如图 10-174 所示。

图 10-173   "将优化结果存储为"对话框

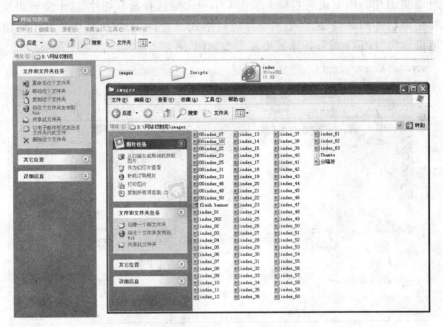

图 10-174   切割生成的文件列表

单击 Index.html 文件即可预览整个网站效果。接下来的工作即开始真正的"网页制作"了，例如插入 Flash 元素、添加 JavaScript 特效、从数据库中取出数据显示等，此部分内容超出本书范围，请读者参考网页制作的书籍进一步学习。

本 章 小 结

本章详细介绍了利用多媒体三大流行软件 Photoshop、Flash 和 PowerPoint 进行媒体创作的具体应用。

第10.1节详细介绍了一个 PPT 演示文稿的完整制作过程,首先利用 Photoshop 制作模板,包括如何制作封面背景、目录背景和内容背景、如何制作小按钮标志,然后利用 PowerPoint 将制作好的模板设置为幻灯片母版,并具体讲述了典型幻灯片的制作,包括利用 SmartArt 图示化内容、处理图片、添加动画、插入视频等,其中穿插述及了一些注意事项和技巧。

第10.2节详细介绍了一个网站首界面的完整制作过程,从确定网站功能模块、手绘网站示意图开始,到使用 Photoshop 一点一滴绘制网站中的各个元素,如背景、课程标志、各子模块、链接按钮、底部版权等,为增强网站的视觉效果,利用 Flash 制作了一个网站 Banner 动画来代替静态 Banner。最后介绍了利用 Photoshop 对页面进行切割以便输出 Html 的方法。由于篇幅所限,本章只对 Photoshop 绘制、Flash 动态化、Photoshop 切割输出等做了详细阐述,这仅仅是网站制作的第一步,后面的制作需要了解更多动态网页设计的知识,请读者参考其他专门的书籍进一步学习。

思 考 题

1. 如何根据主题需要,设计制作合适的幻灯片背景?
2. PPT 演示文稿中的动画有哪几类?各有什么作用?
3. 制作"个人简历"演示文稿,要求运用 SmartArt。
4. 利用 Photoshop 绘制一个网站界面,需要哪些步骤?
5. 利用 Photoshop 切割网站界面的总体原则是什么?

参 考 文 献

[1] 钟玉琢,等.多媒体技术基础及应用[M].北京：清华大学出版社,2006.
[2] 沃恩.多媒体技术及应用[M].7版.北京：清华大学出版社,2008.

高等学校计算机专业教材精选